海浪与振荡系统

Ocean Waves and Oscillating Systems

[挪]约翰·凡尼斯(Johannes Falnes) 著

刘恒序 陈海龙 郑雄波 崔琳 译

哈爾濱工業大學出版社

黑版贸审字 08-2017-067 号

内 容 简 介

本书系统介绍了海洋波浪与波浪能捕获振荡系统的相关理论，包括振荡系统的数学模型、波物相互作用的水动力问题、振荡浮子以及振荡水柱式波浪能装置的动力学和能量转换原理等基本理论。通过对本书的阅读，可以使读者掌握波浪与振荡系统的基本理论，掌握研究波浪能转换理论的基本方法，并在学习振动系统的数学模型以及振动物体在波浪中的运动模型和能量转换模型的过程中，提高应用微分方程理论解决实际问题的能力。

本书适合作为流体力学、水动力学等专业本科生和研究生的专业课教材，也可作为相关科研技术人员的参考用书。

图书在版编目(CIP)数据

海浪与振荡系统/(挪)约翰·凡尼斯(Johannes Falnes)著;刘恒序等译.—哈尔滨:哈尔滨工业大学出版社,2017.2
书名原文:Ocean waves and oscillating systems
ISBN 978-7-5603-6264-9

Ⅰ.①海… Ⅱ.①约… ②刘… Ⅲ.①海浪传播-研究 Ⅳ.①TN011

中国版本图书馆 CIP 数据核字(2016)第 256875 号

策划编辑　杨秀华
责任编辑　李长波
封面设计　博鑫设计
出版发行　哈尔滨工业大学出版社
社　　址　哈尔滨市南岗区复华四道街 10 号　邮编 150006
传　　真　0451-86414749
网　　址　http://hitpress.hit.edu.cn
印　　刷　哈尔滨市工大节能印刷厂
开　　本　787mm×1092mm　1/16　印张 13　字数 300 千字
版　　次　2017 年 2 月第 1 版　2017 年 2 月第 1 次印刷
书　　号　ISBN 978-7-5603-6264-9
定　　价　66.00 元

序

在人类共同应对气候变化的背景下，从海洋中获取丰富的可再生能源得到了世界范围的关注。我国作为能源消费大国，碳排放量位居世界前列。大力开发包括波浪能在内的海洋可再生能源，符合当前我国的能源发展战略，对优化我国能源结构，促进海洋资源开发和海岛经济建设、实现经济和产业结构转型都具有重要意义。

我国波浪能利用技术基础相对薄弱。近年来，在我国科技工作者的努力下，已经出版了不少关于海洋能利用的书籍，大多属于概念、原理、技术等大众化的读物，为我国海洋能科普发挥了重要作用；但是，可供专业技术人员参考的深入介绍海洋能转换基础理论和工程设计方法的书籍很少。本书系统介绍了海洋波浪与波浪能捕获振荡系统的相关理论，包括振荡系统的数学模型、波物相互作用的水动力问题、振荡浮子以及振荡水柱式波浪能装置的动力学和能量转换原理等基本理论。本书的原版作者 Johannes Falnes 是挪威科技大学物理系教授、著名的水动力学和波浪能利用泰斗级学者，在欧洲和世界波浪能利用技术研究领域享有极高的威望。他撰写的这本著作理论分析透彻，注重理论与技术相结合，深刻地剖析了波浪能转换过程的动力学机理，对于波浪能利用理论的研究和学习具有很好的指导意义。

译者刘恒序、陈海龙、郑雄波博士是哈尔滨工程大学的优秀青年教师，崔琳是国家海洋技术中心的高级工程师，他们在水动力学和波浪能理论与技术领域具有扎实的专业基础和经验，创新思想活跃，研究成果丰富。近年来，刘恒序和郑雄波博士以该书为基础教材，开设了本科生和研究生课程，对原著内容具有深刻的理解。因此，由他们翻译本书，能够较好地表达原作者的写作意图和英文原版的含义。译者把它介绍给国内读者，对于从事波浪能利用技术领域的教学、研发和工程设计人员，以及从事海洋能利用和水动力学研究方向的研究生，一定会有很大的帮助。

张亮

前　　言

本书旨在提供在振幅较小从而可以应用线性理论的情况下，对波浪和振荡系统中的相互作用进行全面的思考（浸水体和“振荡水柱”）。在实践中，这种小波浪假设在大多数时候都是有效的，即在一个波浪能转换器大多数工作工况下。然而，在比较罕见的极端波浪情形下，非线性效果就会变得很重要，而且这些情形会影响设计负荷，从而影响到船只和其他海上运行设备的成本。在其他的书中提到了解决这一问题的方法。

本书主要是基于在讲授水波和从海洋波浪中获取能量的研究生课堂上所记的笔记，自 1979 年到现在，已经多次教授这节课了。为了达到此书的目的，选择了符合更多人兴趣的那些主题，而不是课程中的那些与波的功率转换特别相关的内容。希望本书能够满足更广泛读者的兴趣，而不是仅仅在波浪能领域。

除了 1983 年，我的课程都是隔一年以上，主要是给在特隆赫姆大学的博士生上课，但是也有其他感兴趣的同学来上。此外，在 1986 年也有类似的每两周一节的课，上课的学生都是来自挪威的重工业行业的人们。另外的一个两周以上的课程，是在 1998 年瑞典哥德堡的查尔姆斯理工大学给国际学生上的。

1980 年 2 月，这堂课的课堂笔记以合订本的方式出版了，书名为 *Hydrodynamisk teori for bölgjekraftverk*（《波浪能设备中的水动力理论》），由我和 L. C. 伊韦尔森合写。特隆赫姆大学的实验物理部门发行了一百本。后来我修改了课堂笔记，并把它们译成了英语。1993 年，这一做法使我出版了一部两卷书，名为《获取海洋波浪能理论》。

在这里要感谢这节课的参与者克努特（Knut Bönke），是他的启发和鼓励，使该课堂的笔记在 1979 年打印了出来，并以合订本的方式出版了，也是他的持续鼓励，才让我多年后根据这些笔记撰写了教材。也要感谢耶尔哈尔斯（Jörgen Hals），他从 1997 年起就成了这节课的参与者，并作了此书的主题标引。同样，感激我的其他学生们，感谢他们的评论和修改。在此要特别提到以下几个已经毕业的学生（他们的博士学位获得年份）：L. C. 埃弗森（L. C. Iversen）（1980），凯灵斯泰得（A. Kyllingstad）（1982），马尔默（O. Malmo）（1984），A. 布兰德膜（A. Brendmo）（1995）和 H. 易兹摩恩（H. Eidsmoen）（1996）。还有我多年的合作者 P. M. 利耶勃肯（P. M. Lillebekken），他于 1981 年参加了这堂课，并且提出了很多珍贵的意见。

最重要的是，十分感激我的已故同事耶尔·布达（Kjell Budal）（1933—1989 年），他的首创精神是我在早期对波浪能应用产生兴趣的原因。在 1973 年末的石油危机中，针对海洋波浪能的使用开始了一个新的调研项目。当时没有水动力学的调研背景，但是布达已经进行了声学上的调研，并开发了一种特别的耳机，而我研究了电磁学和等离子物理中的波浪。在 1972 ~ 1974 年间，我们共同为物理系二年级的本科生撰写了一本（挪威的）教材 *Bölgjelære*（《波浪科学》）。这是一本在波浪上跨学科的教材，着重强调了声学和光学。

有此背景，在水动力波浪上的方法和态度横跨了更多的学科，而不再是传统的方法和态度了。在我看来，这影响了我们思考的方式，并促进了我们对水动力科学的贡献。这一背景也在此书中有所体现，尤其是在第3章中，其中振荡和波浪的互相作用是比较普遍的；其后的几个章节中特别讲到了水波浪（第4~7章）。

我对爱思唯尔出版商也充满感激，因其同意了我在第4.9、5.5和7.2这几部分中再次使用我在《应用海洋调研》论文中所写的内容。此外，也要感谢J. N纽曼（J. N. Newman）和教授阿兰（Alain Clément）博士，是他们提议使用WAMIT和AQUADYN计算机编码，这些编码已经分别用于计算在5.2.4和5.7.3分段中的数值结果。我也对史蒂芬·巴斯托博士（Dr. Stephen Barstow）表示感激，是他同意我使用他论证的问题4.4。

最后，我要感谢我的妻子，达格尼·伊丽莎白（Dagny Elisabeth），她多年来对我创作此书都提供了不懈的支持。我们的大儿子，马格尼（Magne），为此书的封面提供了他所拍摄的照片。

2001年9月4日

约翰·凡尼斯（Johannes Falnes）

目　　录

第1章　引　　言

在本书中,水上重力波及其与振荡系统(在零航速时)的相互作用在一定程度上是从跨学科的视角出发研究的。在深入探究本话题之前,进行了一个比较简单的不同类型的波之间的比较,包括声波和电磁波,以便读者能关注到这些波的些许异同。对振荡系统而言,水波的产生和吸收类似于声学中的扬声器和扩音器;在电磁学中,产生波类似于无线电工程的发射天线,吸收波类似于接收天线;在光学中,产生波类似于光发射原子,吸收波类似于光吸收原子。

在本书中讨论的波几乎只限于低振幅波,而这是为了适用于线性分析。其他几本书(例如下列这些人的专著,梅(Mei),福尔廷森(Faltinsen),萨尔普卡亚(Sarpkaya)和伊萨克森(Isaacson)或克拉巴尔蒂(Chakrabarti))主要探讨巨大的海洋波浪和极端波浪荷载,这些对于确定舰船、港口和其他海洋结构物的生存能力都非常重要。相比而言,本书的目的则是能全面理解在振幅很低的情况下波浪与振荡系统之间的相互作用,因为该种情况在大多数时候都是符合实际的。例如,一方面,一个波浪场的收入是由每年产出的能源决定的,而当振幅低,也就是线性相互作用适用时,基本上在一年中的大部分时间都能产出能源。另一方面,与许多其他类型的海洋设施相比波浪场也有自己的费用,而这笔费用在很大程度上是由极限荷载设计决定的。目前,在本书中并未包括同波的功率转换及其有用的应用相关的技术方面的话题。感兴趣的读者可参考其他文献。

本书后续章节的内容如下。除了第1章,在每一章的结尾都设计了许多问题。

第2章给出了在时域和频域中有关自由和强迫振荡的数学描述。本章一个重要的目的就是向学生介绍非常有用的数学工具,其通过对正弦振荡的综合性陈述来实现。

本章探讨了复数振幅和傅里叶变换之间的数学关联。本章也用更通俗的方式探讨了线性系统,尤其是因果线性系统,也因此推导出了克拉茂 - 克朗尼希关系。在一定程度上,本章还对一个简单的机械振荡系统进行了分析,引入了机械阻抗的概念,并探讨了系统中的能量计算,这也是物理解释的工具,也就是在随后的章节中所谓的水动力“附加质量”。

第3章中,将水波同其他类型的波,特别是声波做了一个简短的比较。本章也介绍了波浪色散、相速度和群速度的概念。此外,与波浪传播相关的能量传输也考虑了进来,辐射源(波发生器)产生的辐射功率会根据现象学定义的辐射电阻以数学形式表现出来。辐射阻抗这个复参数,也以现象学的方式被引入进来。对于机械波(如声波和水波)而言,其虚部可以通过附加质量表示出来。最后在第3章中,根据第2章提到的简单类型的机械振荡系统分析了机械波的能量吸收。还讨论了这个系统能最大限度吸收能量的优化参数。结论是共振时得到最大值。

从第4章开始,主要的课题就是更深入地探讨水波的水动力。对无黏不可压缩流体和无旋流体运动进行假设,进而发展了势流理论。本章通过流体方程的线性化及其边界条件推导出微幅波的基本方程。在接下来的大多数讨论中，无论是在确定还是不确定的水深中，不变的条件就是水深都是假定的。本章也对色散和波速进行了研究，并详细讨论了平面波和圆形波。非传播、短时的平面波也被考虑其中。另一个研究的主题是波浪传输的能量和动量。本书对真实的海浪频谱只进行了简单陈述。这部分在理论章节 4.7 和 4.8 中有所体现，这两节也广泛运用了格林定理。初次阅读时可以忽略这部分内容，可以在本书后续章节的学习中做必要的参考来阅读。鉴于第 4 章的大部分内容关注的是在频域中的讨论，因此最后一节谈到了在时域中的讨论。

第 5 章的主题是波浪和振荡体之间的相互作用，包括振荡体产生的波和波对振荡体的作用力。在开篇部分，介绍了六维广义向量，这与水下（三维）浮体的六个运动自由度相对应。在第 3 章中是根据现象学介绍的辐射阻抗，而在本章中把该概念定义为水动力方程，这样一来，一个三维体便扩展成 6×6 矩阵。在本章后面的部分，辐射阻抗矩阵被扩展成为一个相互作用、辐射而被限定数量的水下浮体。

在这种情况下，广义的激振力矢量就分解成了两部分，即弗劳德－克雷洛夫部分和衍射部分。这种情况尤其在接近于在“小型体”（或“长波长”）的情况中来讨论。从格林定理（正如在第 4 章总结部分提到的那样）中，得到了几个有用的互易定理，这便把激振力和辐射电阻联系在一起了，或是把二者同“远场系数”（或“科钦函数”）联系在一起了。随后这些定理应用于振荡系统，该系统是由同心轴对称体或二维体组成的。在这种情况下，该章探讨了奇异辐射电阻矩阵的出现。第 5 章大部分的内容都是在频域下进行讨论的，因此在 5.3 和 5.9 两节也进行了时域下的探讨。在后面的章节中，运动响应是主要话题。在前面的章节中考虑了两类水动力脉冲响应函数；其中一类是因果类的，因此，其必须符合克拉茂－克朗尼希关系。

第 6 章的主题是波浪能的提取，以解释波的吸收是一种波的干扰现象开篇。在本章末尾（6.4 节），根据若干（最多 6 个）自由度下振荡体的确切数量研究波浪能的吸收。该研究对在奇异辐射电阻矩阵中经常遇到的情况给出了物理学的解释，如第 5 章提到的那样（参见 5.7 和 5.8 节）。然而，本章的中心部分关注的是利用只有一个自由度的单体振动的情况下的波能转换。假设一个外力施加到振荡系统，且以实现动力输出和对振荡进行最佳控制为目的，这样，本讨论同第 3 章的最后一部分相比便有了一个不同的出发点。另外，研究了最大限度转换功率的条件，因为振荡体受限的情况也存在，这种情况是由于其设计的限幅或能量转换机构装机容量导致的。

在第4章中简要提及了振荡水柱（OWC），而后又在第7章中进行了更详细的讨论，振荡水柱与入射波和辐射波的相互作用是研究的主要课题。两种相互作用被认为是：辐射问题和激励问题。辐射问题主要探讨波辐射，而波辐射是由于振荡的动态空气压力超出了振荡水柱的内部水气界面。激励问题主要探讨振荡，而振荡是对所有的振荡水柱而言，当空气动力压力为零时入射波产生的。该章对相应的波－场的相互作用进行了比较。同时，对振荡水柱的波浪能提取也进行了讨论。在本章的最后，探讨了若干振荡水柱和振荡体同波的相互作用的情况。

第 2 章　振荡的数学描述

本章简要介绍了振荡理论，并应用简单的机械振荡系统，介绍了如下几个概念：自由振荡和强迫振荡，以及用复振幅表示的，物理量正弦变化的状态空间分析和表达式。为了稍微扩大讨论范围，本章也设计了因果线性系统和非因果线性系统，并应用傅里叶变换（Fourier transform），将系统的传递函数和脉冲响应函数联系起来。若假设正弦（或谐波）振荡，即可得出一些重要的关系，一方面，这些关系涉及功率和存储的能量；另一方面，涉及振荡系统的参数。同时，本章也介绍了共振和带宽的概念。

2.1　简单振子的自由振荡和强迫振荡

思考一下质量 - 弹簧 - 阻尼系统形式的简单机械振子。如式（2.1）所示，质量体 m 挂在弹簧 S 上。由于施加外力 F，质量体从平衡位置发生位移 x。

根据牛顿定律得出

$$m\ddot{x} = F + F_R + F_S \tag{2.1}$$

其中弹力和阻尼力分别为 $F_S = -Sx$ 和 $F_R = -R\dot{x}$。

如果假设弹簧和阻尼器具有线性特性，那么“刚度”S 和“力阻”R 就是比例系数，不受位移 x 和速度 $u = \dot{x}$ 的影响。那么根据牛顿定律得出如下常系数线性微分方程。

$$m\ddot{x} + R\dot{x} + Sx = F \tag{2.2}$$

其中，上点指的是相对于时间 t 的导数。

图 2.1 是由质量 - 弹簧 - 阻尼系统组成的机械振荡器。

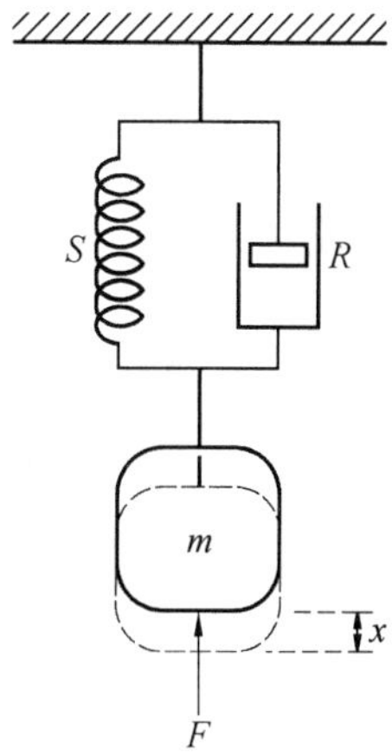

图 2.1　由质量 - 弹簧 - 阻尼系统组成的机械振荡器

2.1.1　自由振荡

若不存在外力，即 $F = 0$，那么当系统在瞬间释放时，即 $t = 0$，就能得到所谓的自由振荡，并得到一定的内部能量

$$W_0 = W_{p0} + W_{k0} = \frac{Sx_0^2}{2} + \frac{mu_0^2}{2} \tag{2.3}$$

此处的公式是势能和动能的总和，其中 x_0 是初始的位移，而 u_0 是初始的速度。当 $F = 0$ 时，很容易得出（见问题 2.1）方程（2.2）的通解为

$$x = (C_1\cos\omega_d t + C_2\sin\omega_d t)\mathrm{e}^{-\delta t} \tag{2.4}$$

其中

$$\delta = \frac{R}{2m}, \quad \omega_d = \sqrt{\omega_0^2 - \delta^2}, \quad \omega_0 = \sqrt{\frac{S}{m}} \tag{2.5}$$

分别是阻尼系数、不衰减固有角频率和衰减角频率。积分常数 C_1 和 C_2 可从初始状态得出(见问题 2.1),即

$$C_1 = x_0, \quad C_2 = \frac{u_0 + x_0\delta}{\omega_d} \tag{2.6}$$

在阻尼力为零的特殊情况下,振荡呈现周期为$\frac{2\pi}{\omega_0}$的完全正弦曲线,也就是所谓的振荡器固有周期。根据方程(2.4)得出,自由振荡是指数衰减的正弦振荡,正弦"周期"为$\frac{2\pi}{\omega_d}$,期间由于衰减阻力 R 消耗了功率,因此系统能量中的一小部分 $1 - \exp(-4\pi\delta/\omega_d)$ 损失了。把振荡器的品质因数定义为 Q,即在时间区间$\frac{1}{\omega_d}$中,储存的能量和平均损失的能量之比。

$$Q = (1 - e^{-2\delta/\omega_d})^{-1} \tag{2.7}$$

若阻尼系数 δ 很小,那么 Q 就很大,若 $\delta/\omega_0 \ll 1$,那么就可能用到以下展开的公式(见问题 2.2):

$$Q = \frac{\omega_0}{2\delta}\left(1 + \frac{\delta}{\omega_0} - \frac{1}{6}\frac{\delta^2}{\omega_0^2} + \vartheta\left\{\frac{\delta^3}{\omega_0^3}\right\}\right) \approx \frac{\omega_0}{2\delta} = \frac{\omega_0 m}{R} = \frac{S}{\omega_0 R} = \frac{(Sm)^{1/2}}{R} \tag{2.8}$$

$$\frac{\delta}{\omega_0} = \frac{1}{2Q}\left(1 + \frac{1}{2Q} + \frac{5}{24Q^2} + \vartheta\{Q^{-3}\}\right) \approx \frac{1}{2Q} \tag{2.9}$$

由于能量损失,自由振荡系统最终停止。若假设 ω_d,也就是说若 $\delta > \omega_0$ 或者 $R > 2(Sm)^{1/2}$,那么自由振荡就会"过阻尼"。[由方程(2.7)得出的品质因数 Q,就会随之复杂,也会失去其物理意义。那么微分方程(2.2)的通解就是两个真正的衰减指数函数的线性组合。"临界阻尼"的情况需要特别注意,也就是当 $R > 2(Sm)^{1/2}$ 或者 $\omega_d = 0$ 时,在这里忽略了。(但可见问题 2.11)

2.1.2　强迫振荡

微分方程(2.2)是非齐次方程时,也就是当 $F = F(t) \neq 0$ 时,通解可以写成特解加上对应的齐次方程(当 $F = 0$ 时,对应的方程)的通解(2.4)。现在来思考当外部驱动力 $F(t)$ 按照正弦时间变化的情况,其中角频率为 $\omega = 2\pi/T$,T 表示周期。让

$$F(t) = F_0\cos(\omega t + \varphi_F) \tag{2.10}$$

其中,F_0 表示振幅;φ_F 表示力的相移常数。

当满足如下条件时,选择特解的形式是很方便的,即

$$x(t) = x_0\cos(\omega t + \varphi_x) \tag{2.11}$$

表示相位,同时

$$u(t) = \dot{x}(t) = u_0\cos(\omega t + \varphi_u) \tag{2.12}$$

表示质量体 m 的对应速度。此处,振幅由 $u_0 = \omega x_0$ 表示,相位常数由 $\varphi_u - \varphi_x = \pi/2$ 表示。若想让方程(2.11)成为微分方程(2.2)的特解,偏移振幅应为(见问题 2.3)

$$x_0 = \frac{u_0}{\omega} = \frac{F_0}{|Z|\omega} \tag{2.13}$$

相位差

$$\varphi = \varphi_F - \varphi_u = \varphi_F - \varphi_x - \pi/2 \tag{2.14}$$

应为第一象限角或者第四象限角,且满足

$$\tan\varphi = (\omega m - S/\omega)/R \tag{2.15}$$

其中

$$|Z| = \{R^2 + (\omega m - S/\omega)^2\}^{1/2} \tag{2.16}$$

是复数力阻抗的绝对值(模数),关于这点稍后再论。

方程(2.11)或者(2.12)所表示的强迫振荡是对方程(2.10)所表示的驱动力的响应。现在假设 F_0 不受 ω 的影响,然后讨论响应 $x_0(\omega)$ 和 $u_0(\omega)$,从 $u_0(\omega) = F_0/|Z(\omega)|$ 开始。注意 $|Z|_{\min} = R$,因为 $\omega = \omega_0 = (S/m)^{1/2}$,而且 $|Z| \to \infty$,因为 $\omega = 0$ 同时 $\omega \to \infty$,发现 $(u_0/F_0)_{\max} = 1/R$,因为 $\omega = \omega_0$,而且 $u_0(0) = u_0(\infty) = 0$。在 $\omega = \omega_0$ 时得到共振,也就是当贡献于力阻抗的“反应”$\omega m - S/\omega$ 消失时。无量纲化的速度响应 $\sqrt{Sm}\,u_0/F_0$ 与 ω/ω_0 相比的曲线图如图 2.2 所示,其中 $\sqrt{Sm}/R$ 等于 10 和 0.5。注意当频率坐标为对数,且 $\omega = \omega_0$ 时,曲线图是对称的。

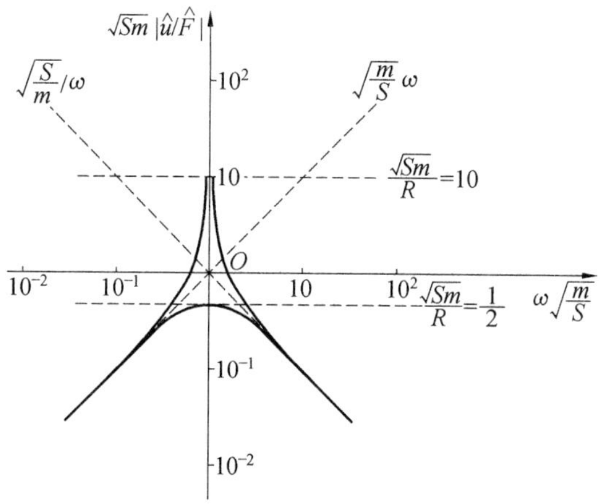

(a) 振幅(模数)对应的两个对数标度

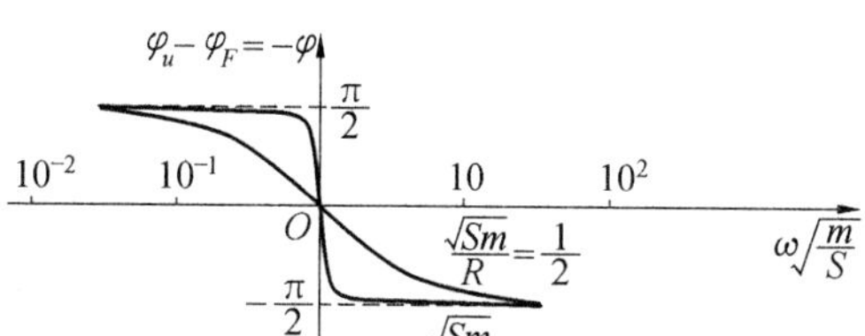

(b) 相位对应的相位差线性标度

图 2.2　在标准单位下,速度 u 和作用力 F 之间关系的频率响应,其中阻尼系数取两个不同的值

方程(2.15)得出的相位差 φ 在图 2.2 中得到了体现。在图 2.2 的曲线图中,振幅响应用双对数坐标图表示,相位响应用半对数图表示,通常把这种曲线图称为伯波图(Bode plot)或者波特图(Bode diagram)。接下来,思考共振带宽,也就是频率区间 $(\Delta\omega)_{\text{res}}$,其中

$$\frac{u_0(\omega)}{F_0} > \frac{1}{\sqrt{2}}\left(\frac{u_0}{F_0}\right)_{\max} = \frac{1}{R\sqrt{2}} \tag{2.17}$$

也就是动能超过最大值的一半。在区间的上端和下端，ω_u 和 ω_l，方程(2.16) 中的被开方数一样大。因此得出

$$\omega_u m - \frac{S}{\omega_u} = R = \frac{S}{\omega_l} - \omega_l m \tag{2.18}$$

不需去解这两个方程，从以上两个对称中发现 $\omega_u\omega_l = \omega_0^2 = S/m$，也就是 $S/\omega_u = m\omega_l$ 并且 $S/\omega_l = m\omega_u$。很明显

$$(\Delta\omega)_{\text{res}} = \omega_u - \omega_l = \frac{R}{m} = 2\delta \tag{2.19}$$

相对带宽为

$$\frac{(\Delta\omega)_{\text{res}}}{\omega_0} = \frac{2\delta}{\omega_0} = \frac{R}{\sqrt{Sm}} \tag{2.20}$$

并且，它是无量纲化速度响应最大值$\sqrt{Sm}\,u_0(\omega_0)/F_0 = \sqrt{Sm}/R$的倒数，正如图2.2 曲线图中表示的一样。从方程(2.8) 中，发现当这个值很大时($Q \gg 1$)，它几乎等于品质因数 Q。同样

$$(\Delta\omega)_{\text{res}} = \omega_0 \approx 1/Q \tag{2.21}$$

接下来，思考偏移响应，若写成无量纲化的形式，则可能是 $Sx_0(\omega)/F_0$。当 $\omega = 0$ 时，偏移响应得 1；当 $\omega = \infty$ 时，偏移响应得 0。共振时，利用方程(2.13) 和(2.16)，可得值为

$$Sx_0(\omega_0)/F_0 = S/(\omega_0 R) = (Sm)^{1/2}/R = \omega_0/(2\delta) \tag{2.22}$$

注意，$x_0(\omega)$ 最大时的频率低于共振频率，可用如下方程表示(见问题 2.4)，即当 $R < (2Sm)^{1/2}$ 或者 $\delta < \omega_0/\sqrt{2}$ 时，可得

$$\frac{Sx_{0,\max}}{F_0} = \frac{\omega_0}{2\delta}\left(1 - \frac{\delta^2}{\omega_0^2}\right)^{-1/2}, \quad \omega = \omega_0\left(1 - \frac{2\delta^2}{\omega_0^2}\right)^{1/2} \tag{2.23}$$

当 $R > (2Sm)^{1/2}$ 时，可得

$$\frac{Sx_{0,\max}}{F_0} = \frac{Sx_0(0)}{F_0} = 1 \tag{2.24}$$

当 Q 的值很大时，$x_{0\max}/F_0$ 和 $x_0(\omega_0)/F_0$ 之间只有很小的区别。利用方程(2.9) 可以发现

$$\frac{Sx_0(\omega_0)}{F_0} = Q - \frac{1}{2} + \frac{1}{24Q} + \boldsymbol{O}\{Q^{-2}\} \tag{2.25}$$

以及

$$\frac{Sx_{0,\max}}{F_0} = Q - \frac{1}{2} + \frac{1}{6Q} + \boldsymbol{O}\{Q^{-2}\} \tag{2.26}$$

此时

$$\omega = \omega_0\left(1 - \frac{1}{4Q^2} + \boldsymbol{O}\{Q^{-3}\}\right) \tag{2.27}$$

2.1.3 电模拟：简评品质因数

对于有电路知识背景的读者来说，注意到图2.1 中的机械系统模拟了图2.3 中的电路

后,可能会觉得很有趣,图 2.3 中电感 m、电容 $1/S$ 和电阻 R 是串联的。力 F 模仿激励电压,位置 x 模仿电容上的电荷,速度 u 模仿电流。如果基尔霍夫定律(Kirchhoff's law) 适用于回路,那么可得方程(2.2)。容抗 S/ω 与电容储存电能的能力相关(相当于图 2.1 中弹簧 S 的势能),同时"感抗"ωm 与电感储存磁能的能力相关(相当于图 2.1 中质量的动能)。当 $x(t)=0$ 时,能量(或者势能) 为零,并且当 $u(t)=\dot{x}(t)=0$ 时,磁能(或者动能) 为零。$x(t)=0$ 和 $u(t)=0$ 的瞬间换成四分之一的周期,即 $\pi/(2\omega_0)$,并且共振时,因为 $m\omega_0=S/\omega_0$,所以电能和磁能(或者势能和动能) 的最大值相等,$mu_0^2/2=m\omega_0^2x_0^2/2=Sx_0^2/2$。因此共振时,储存的能量在两个能量存储器之间来回摆动,并在每个系统的强迫振荡周期内摆动两次。

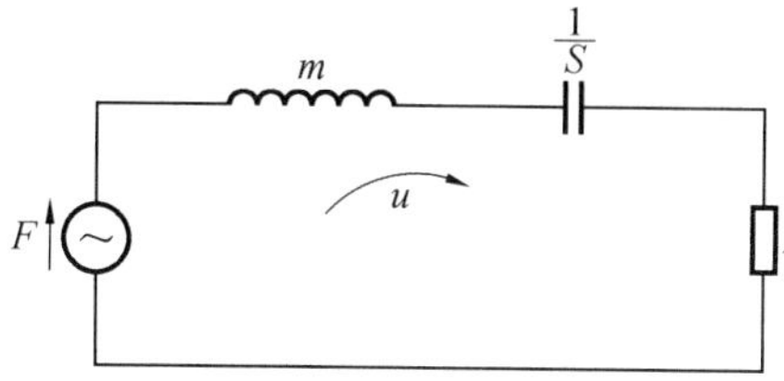

图 2.3　图 2.1 中机械系统的模拟

通过方程(2.7),可以在自由振荡的时间区间 $1/\omega_d$ 中,把品质因数 Q 定义为储存的能量和平均能量损失之比。如果在时间区间 $1/\omega_0$(而非 $1/\omega_d$) 中不考虑处于共振的强迫振荡,那么可能会得出不同的定义。在 $1/\omega_0$ 期间(更多的细节可见之后的 2.3 节),储存的能量为 $u_0^2/2$,而平均能量损失为 $Ru_0^2/(2\omega_0)$。这种另外的品质因数等于近似值的右侧,并且还会等于相对带宽(2.20) 的倒数,等于共振时,无量纲化的偏移振幅(2.22)(比如共振时偏移与零频率时偏移之间的比率),还等于电抗部分 $\omega_0 m$ 和 S/ω_0 与衰减阻力 R 之间的比值。"品质因数"一词通常只在 Q 值非常大时,即 $Q\gg 1$ 时,才应用。在这种情况下,这两个定义之间的相对区别无关紧要。

2.2　谐波振荡的复数表示

2.2.1　复振幅与相量

解决了正弦振荡之后,从数学的角度来说,应用复数表示的方式就更方便了,其中包括复振幅与相量的应用。复数表示的方式有一个很大的优点,即时间的微分可以简单地用乘以 $\mathrm{i}\omega$ 的形式表示,其中 i 代表虚数单位($\mathrm{i}=\sqrt{-1}$)。再次考虑强迫振荡,由于外部正弦作用力 $F(t)$ 的存在,因此用偏移响应 $x(t)$ 或者速度响应 $u(t)$ 表示,正如方程(2.11)、(2.12) 和(2.10) 中分别给出的。

通过应用欧拉公式(Euler's formula)

$$\mathrm{e}^{\mathrm{i}\psi}=\cos\psi+\mathrm{i}\sin\psi \tag{2.28}$$

或者等效的

$$\cos\psi=(\mathrm{e}^{\mathrm{i}\psi}+\mathrm{e}^{-\mathrm{i}\psi})/2,\quad \sin\psi=(\mathrm{e}^{\mathrm{i}\psi}-\mathrm{e}^{-\mathrm{i}\psi})/(2\mathrm{i}) \tag{2.29}$$

振荡量 $x(t)$ 可以写作

$$x(t)=x_0\cos(\omega t+\varphi_x)=\frac{x_0}{2}\mathrm{e}^{\mathrm{i}(\omega t+\varphi_x)}+\frac{x_0}{2}\mathrm{e}^{-\mathrm{i}(\omega t+\varphi_x)}=$$

$$\frac{x_0}{2}\mathrm{e}^{\mathrm{i}\varphi_x}\mathrm{e}^{\mathrm{i}\omega t}+\frac{x_0}{2}\mathrm{e}^{-\mathrm{i}\varphi_x}\mathrm{e}^{-\mathrm{i}\omega t} \tag{2.30}$$

通过代入复振幅(见图 2.4)

$$\hat{x} = x_0 e^{i\varphi_x} = x_0 \cos\varphi_x + i x_0 \sin\varphi_x \tag{2.31}$$

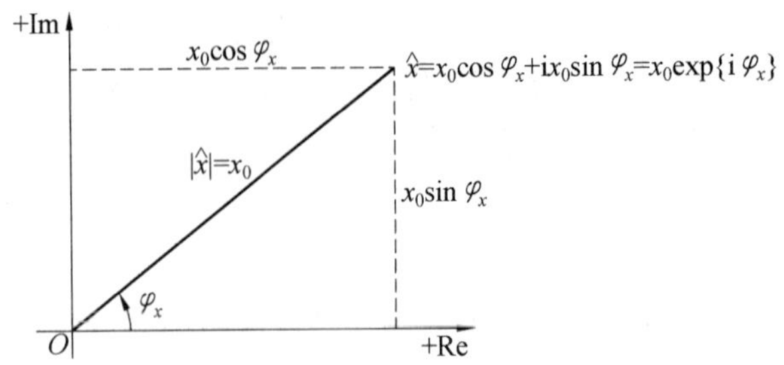

图 2.4 复振幅 $\hat{x}$ 的复数平面分解

以及 $\hat{x}$ 的复共轭

$$\hat{x}^* = x_0 e^{-i\varphi_x} = x_0 \cos\varphi_x - i x_0 \sin\varphi_x \tag{2.32}$$

得出

$$2x(t) = \hat{x}e^{i\omega t} + \hat{x}^* e^{-i\omega t} \tag{2.33}$$

注意,总和为实数,而其中两项为复数(并且彼此共轭)。另外一种形式是

$$2x(t) = \hat{x}e^{i\omega t} + \text{c. c.} \tag{2.34}$$

其中 c. c. 表示前一项的复共轭。

复振幅(2.31) 包含两个参数的信息:

(1)(绝对) 振幅 $|\hat{x}| = x_0$,为实数且为正数。

(2) 相移常数 $\varphi = \arg\hat{x}$,以弧度(rad) 或者度(°) 为单位的角。

表 2.1 给出了方法总结。在以上的表达式中,实函数 $x(t)$ 表示谐波振荡中的物理量。[注意:人们常见的实函数表示式为 $x(t)=\hat{x}e^{i\omega t}$。那么,由于 $x(t)$ 现在是复数,因此必须向大家暗示该复数是 $x(t)$ 中的实部,代表的是物理量。]

表 2.1 正弦振荡的各种数学描述,$\hat{x} = x_0\exp\{i\varphi_x\}$

$x(t) = x_0\cos(\omega t + \varphi_x)$
$x(t) = \dfrac{\hat{x}}{2}e^{i\omega t} + \dfrac{\hat{x}}{2}e^{-i\omega t}$
$x(t) = \dfrac{\hat{x}}{2}e^{i\omega t} + \text{c. c.}$
$x(t) = \text{Re}\{\hat{x}e^{i\omega t}\}$

瞬时值

$$x(t) = x_0\cos(\omega t + \varphi_x) = \text{Re}\{\hat{x}e^{i\omega t}\} \tag{2.35}$$

等于实轴上旋转复数平面向量 $\hat{x}e^{i\omega t}$ 的投影(见图 2.5)。当 $\omega t + \varphi_x$ 为复数平面上的第二象限角或者第三象限角时,$x(t)$ 的值为负数。

来思考一下位移、速度和加速度,以及它们之间的相互关系。假设振荡质点的位移为

$$x(t) = x_0\cos(\omega t + \varphi_x) = \frac{\hat{x}}{2}e^{i\omega t} + \text{c. c} = \text{Re}\{\hat{x}e^{i\omega t}\} \tag{2.36}$$

速度为

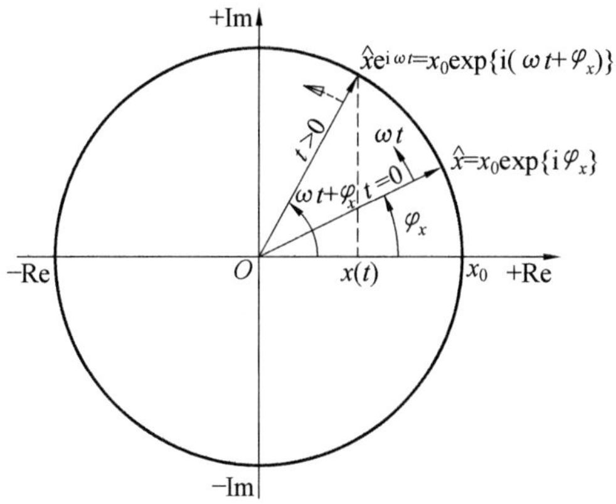

图2.5　时间 $t=0$ 和 $t>0$ 时,向量的表示

$$u=\dot{x}=\frac{dx}{dt}=-\omega x_0\sin(\omega t+\varphi_x)=\omega x_0\cos(\omega t+\varphi_x+\pi/2)=$$
$$\mathrm{Re}\{\omega x_0\exp\{i(\varphi_x+\pi/2)\}\exp(i\omega t)\}\tag{2.37}$$

因为 $e^{i\pi/2}=\cos\pi/2+i\sin\pi/2=i$,得出

$$u(t)=\dot{x}=\mathrm{Re}\{i\omega x_0\exp(i\varphi_x)\exp(i\omega t)\}=\mathrm{Re}\{i\omega\hat{x}e^{i\omega t}\}\tag{2.38}$$

积分

$$x=\mathrm{Re}\{\hat{x}e^{i\omega t}\}=\frac{\hat{x}}{2}e^{i\omega t}+\frac{\hat{x}^*}{2}e^{-i\omega t}\tag{2.39}$$

的导数得出相同的结果

$$u=\dot{x}=\frac{\hat{x}}{2}i\omega e^{i\omega t}+\frac{\hat{x}^*}{2}(-i\omega)e^{-i\omega t}=\frac{i\omega\hat{x}}{2}e^{i\omega t}+\frac{(i\omega\hat{x})^*}{2}e^{-i\omega t}=$$
$$\mathrm{Re}\{\hat{u}e^{i\omega t}\}=\frac{\hat{u}}{2}e^{i\omega t}+\mathrm{c.\,c.}\tag{2.40}$$

复数速度振幅为

$$\hat{u}=i\omega\hat{x}\tag{2.41}$$

其复共轭为 $\hat{u}^*=(i\omega\hat{x})^*=-i\omega\hat{x}^*$。

因此,物理量(处于速度振幅)对时间 t 的导数表示为 $i\omega$ 乘以相应的复振幅。一般来说,相比 d/dt,$i\omega$ 是更简单的运算符。这是用复数表示谐波振荡的一个优势。

同样,加速度为

$$a(t)=\dot{u}=\frac{du}{dt}=\mathrm{Re}\{i\omega\hat{u}e^{i\omega t}\}=\mathrm{Re}\{\hat{a}e^{i\omega t}\}\tag{2.42}$$

加速度复振幅为

$$\hat{a}=i\omega\hat{u}=i\omega i\omega\hat{x}=-\omega^2\hat{x}\tag{2.43}$$

图2.6中的相量图说明了复振幅 $\hat{x}$、$\hat{u}$ 和 $\hat{a}$ 的情况。但是不让复数平面的向量(相量)朝逆时针方向旋转。相反,可以想象相量是静止的,让坐标系(实轴和虚轴)朝顺时针方向转动。实轴上相量的投影等于位置 $x(t)$、速度 $u(t)$ 和加速度 $a(t)$ 的瞬时值。

类比方程(2.31),可以应用方程(2.10)和(2.12),分别将复振幅的外力和速度写为

$$\hat{F}=F_0\exp(i\varphi_F),\quad \hat{u}=u_0\exp(i\varphi_u)\tag{2.44}$$

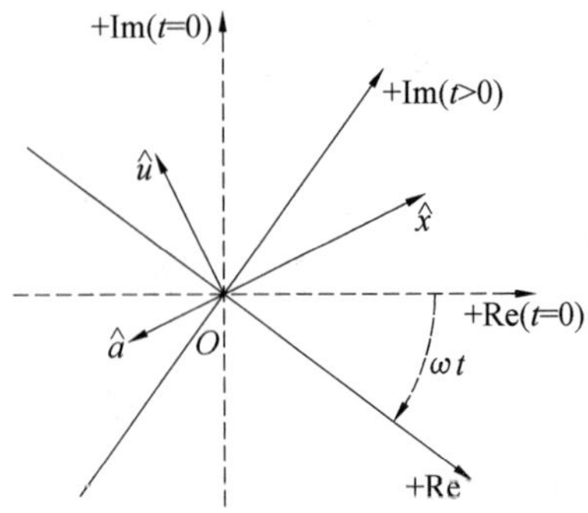

图 2.6　位置 x、速度 u 以及加速度 a 的相量图

因为

$$\hat{u}=\hat{\dot{x}}=\omega x_0\exp\{\mathrm{i}(\varphi_x+\pi/2)\}\tag{2.45}$$

得出

$$u_0=\omega x_0,\quad \varphi_u=\varphi_x+\pi/2\tag{2.46}$$

同样,得出加速度复振幅为

$$\hat{a}=\hat{\dot{u}}\hat{\ddot{x}}=(\mathrm{i}\omega)^2\hat{x}=-\omega^2\hat{x}\tag{2.47}$$

2.2.2　力阻抗

现在应该思考,在用复振幅表示正弦变化的量时,如何简化动态方程(2.2)。将

$$F(t)=\frac{\hat{F}}{2}\mathrm{e}^{\mathrm{i}\omega t}+\frac{\hat{F}^*}{2}\mathrm{e}^{-\mathrm{i}\omega t}\tag{2.48}$$

$$x(t)=\frac{\hat{x}}{2}\mathrm{e}^{\mathrm{i}\omega t}+\frac{\hat{x}^*}{2}\mathrm{e}^{-\mathrm{i}\omega t}\tag{2.49}$$

插入方程(2.2)得到(乘以 2 之后)

$$\begin{aligned}\hat{F}\mathrm{e}^{\mathrm{i}\omega t}+\hat{F}^*\mathrm{e}^{-\mathrm{i}\omega t}&=[(\mathrm{i}\omega)^2m+\mathrm{i}\omega R+S]\hat{x}\mathrm{e}^{\mathrm{i}\omega t}+[(-\mathrm{i}\omega)^2m-\mathrm{i}\omega R+S]\hat{x}^*\mathrm{e}^{-\mathrm{i}\omega t}=\\&\left(R+\mathrm{i}\omega m+\frac{S}{\mathrm{i}\omega}\right)\hat{u}\mathrm{e}^{\mathrm{i}\omega t}+\left(R-\mathrm{i}\omega m-\frac{S}{\mathrm{i}\omega}\right)\hat{u}^*\mathrm{e}^{-\mathrm{i}\omega t}\end{aligned}\tag{2.50}$$

或者

$$\left[\hat{F}-\left(R+\mathrm{i}\omega m+\frac{S}{\mathrm{i}\omega}\right)\hat{u}\right]\mathrm{e}^{\mathrm{i}\omega t}+\left[\hat{F}^*-\left(R-\mathrm{i}\omega m-\frac{S}{\mathrm{i}\omega}\right)\hat{u}^*\right]\mathrm{e}^{-\mathrm{i}\omega t}=0\tag{2.51}$$

现在代入复数力阻抗

$$Z=\mathrm{i}\omega m+R+\frac{S}{\mathrm{i}\omega}=R+\mathrm{i}\left(\omega m-\frac{S}{\omega}\right)\tag{2.52}$$

得到

$$(\hat{F}-Z\hat{u})\mathrm{e}^{\mathrm{i}\omega t}+(\hat{F}^*-Z^*\hat{u}^*)\mathrm{e}^{-\mathrm{i}\omega t}=0\tag{2.53}$$

若 $\hat{F}-Z\hat{u}=0$,则任意时间 t 都可以满足这个方程,得到

$$\hat{u}=\frac{\hat{F}}{Z}\tag{2.54}$$

或者

$$\hat{x}=\frac{\hat{u}}{\mathrm{i}\omega}=\frac{\hat{F}}{\mathrm{i}\omega Z} \tag{2.55}$$

当该方程两侧都取绝对值(模)时,得到方程(2.13)——若也依照方程(2.44)。

电阻抗是电压的复振幅与电流之比。同样,力阻抗是复数力振幅与复数速度振幅的比值。在公制单位中,力阻抗的量纲为

$$[Z]=\frac{\mathrm{N}}{\mathrm{m/s}}=\frac{\mathrm{Ns}}{\mathrm{m}}=\mathrm{kg/s} \tag{2.56}$$

阻抗 $Z=R+\mathrm{i}X$ 是 ω 的复值函数。这里 R 为力阻,$X=\omega m-S/\omega$ 为力抗,并在图2.7中作为 ω 的函数得到体现。注意当 $X=0$ 时,$\omega=\omega_0=\sqrt{S/m}$。在这个频率下,对应共振,速度振幅响应达到最大值

$$|\hat{u}/\hat{F}|_{\max}=|u_0/F_0|_{\max}=1/|Z|_{\min}=1/R \tag{2.57}$$

正如图 2.8 中复数平面所显示的,阻抗 Z 为

$$Z=R+\mathrm{i}X=|Z|\mathrm{e}^{\mathrm{i}\varphi} \tag{2.58}$$

其中

$$|Z|=\sqrt{R^2+X^2} \tag{2.59}$$

依照方程(2.16),可以进一步得出

$$\cos\varphi=R/|Z|,\quad \sin\varphi=X/|Z| \tag{2.60}$$

从中即得出方程(2.15)。注意,因为 $R>0$,所以得到 $|\varphi|<\pi/2$。

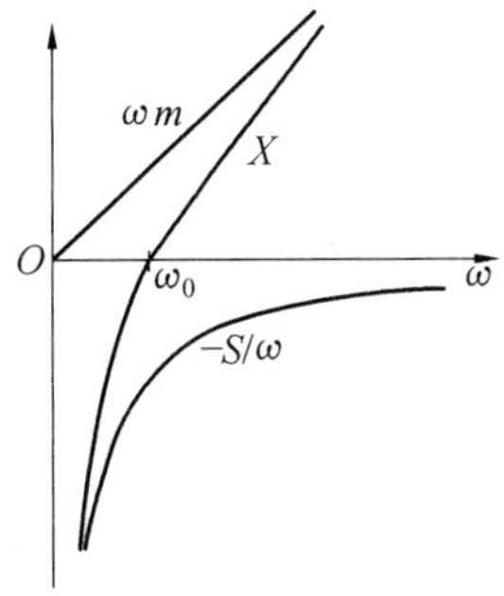

图 2.7　振荡系统的力抗与频率

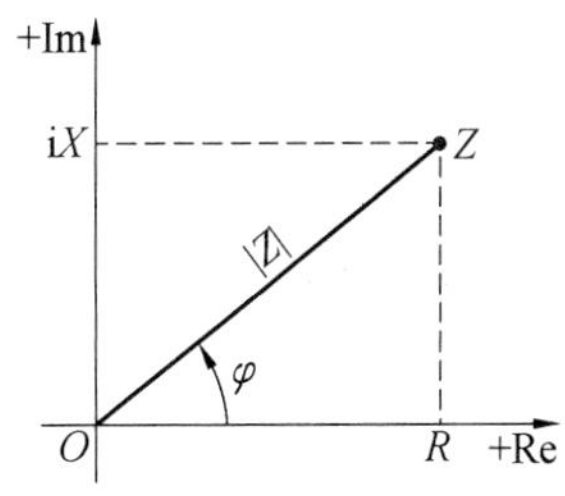

图 2.8　复数力阻抗 Z 的复数平面分解

我们得出

$$\hat{u}=\frac{\hat{F}}{Z}=\frac{|\hat{F}|\mathrm{e}^{\mathrm{i}\varphi_F}}{|Z|\mathrm{e}^{\mathrm{i}\varphi}}=|\hat{F}/Z|\exp\{\mathrm{i}(\varphi_F-\varphi)\} \tag{2.61}$$

或者

$$|\hat{u}|=|\hat{F}|/|Z|,\quad \varphi_u=\varphi_F-\varphi \tag{2.62}$$

可以选择时间原点为0,比如 $\varphi_F=0$;也就是说 $\hat{F}$ 是实数且为正数。所以 $\varphi_u=-\varphi$。φ 为正数的情况在图2.9中通过相量得到了表示,在图 2.10 中通过时间函数得到了表示。

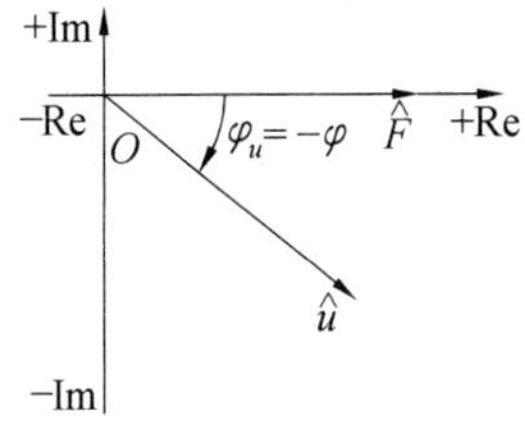

图 2.9　作用力 F 与所得速度 u 的复振幅(当 $\varphi>0$ 时)

当 $\varphi>0$ 时(见图2.9和2.10),相比力 F,速度 u 被认为会相位滞后或者出现相位延滞。这种情况下,相当于 $\omega>\omega_0$,电抗由惯性项 ωm 主导。在相反的情况下,即 $\omega_0>\omega$,$\varphi<0$,电抗

由刚度主导，并且在相位上，速度领先于力(或者速度出现了相位超前)。

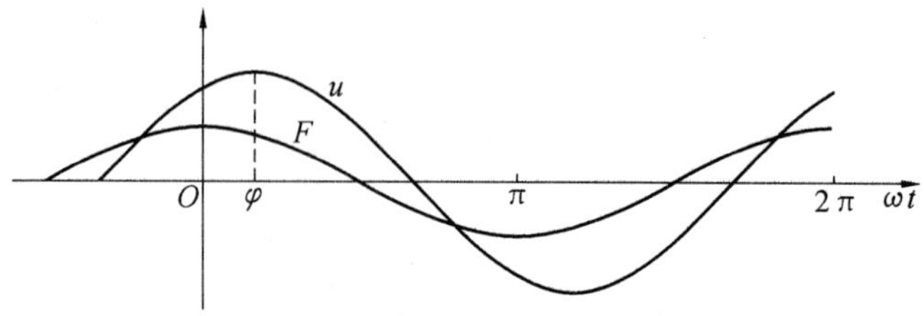

图 2.10　作用力 F 和得出的速度 u 与时间的关系(当 $\varphi > 0$ 时)。速度比力相位滞后

图 2.2 中展示了两个不同衰减阻力 R 值的频率响应图。如果 $\omega_0 \ll \omega$，那么就得出 $Z \approx \mathrm{i}\omega m$，也就是 $\hat{u} \approx \hat{F}/(\mathrm{i}\omega m)$，或者 $\hat{a} = \mathrm{i}\omega\hat{u} \approx \hat{F}/m$。因此

$$ma(t) \approx F(t) \tag{2.63}$$

相反，如果 $\omega_0 \gg \omega$，那么得出 $Z \approx -\mathrm{i}S/\omega$，也就是 $\hat{u} \approx \mathrm{i}\omega\hat{F}/S$ 或者 $\hat{x} = \hat{u}/(\mathrm{i}\omega) \approx \hat{F}/S$。因此

$$Sx(t) \approx F(t) \tag{2.64}$$

来思考一下机械振荡系统内力的平衡。微分方程(2.2)表达了外部作用力是如何与惯性力、阻尼力和弹力保持平衡的。力的平衡也可以用复振幅关系或者力的向量图来表示

$$m\hat{a} + R\hat{u} + S\hat{x} = \hat{F} \quad (\hat{a} = \mathrm{i}\omega\hat{u}, \hat{x} = \hat{u}/(\mathrm{i}\omega)) \tag{2.65}$$

或者

$$(R + \mathrm{i}X)\hat{u} = Z\hat{u} = \hat{F} \tag{2.66}$$

图 2.11 展示了数值例子 $R = 4$ kg/s，$\omega m = 5$ kg/s，以及 $S/\omega = 2$ kg/s 的相量图。对于那些数值，取 $X = 3$ kg/s，$|Z| = 5$ kg/s，以及 $\varphi = 0.64$ rad $= 37°$。阻尼力 $R\hat{u}$ 与速度 $\hat{u}$ 同相位。弹力 $S\hat{x}$ 与惯性力 $m\hat{a}$ 反相位。与速度相比，前者出现了 $\pi/2$ 的相位滞后，后者出现了 $\pi/2$ 的相位超前。

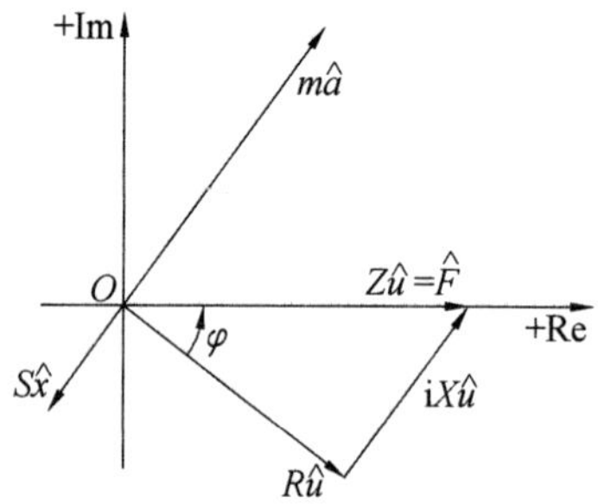

图 2.11　相量图表示力的平衡

2.3　功率与能量的关系

现在应该思考一下外力对这个简单的机械振荡系统带来的能量，正如图 2.1 所示，并探究这个能量是如何与衰减阻力 R 消耗的能量交换的，以及如何与弹簧 S 和质量体 m 上存储的势能和动能交换的。通过施加外力 $F(t)$ 所得的机械功率(做功速率)为

$$P(t) = F(t)u(t) = F(t)\dot{x}(t) \tag{2.67}$$

其中

$$F(t) = F_m(t) - F_R(t) - F_S(t) = ma(t) + Ru(t) + Sx(t) \tag{2.68}$$

依照动态方程(2.2)，因此得出

$$P(t) = P_R(t) + [P_{\mathrm{k}}(t) + P_{\mathrm{p}}(t)] \tag{2.69}$$

其中，R、m 和 S 获得的功率分别为

$$P_R(t) = -F_R(t)u(t) = Ru^2 \tag{2.70}$$

$$P_k(t) = F_m(t)u(t) = m\dot{u}u = \frac{d}{dt}W_k(t) \tag{2.71}$$

$$P_p(t) = -F_S(t)u(t) = S\dot{x}x = \frac{d}{dt}W_p(t) \tag{2.72}$$

其中

$$W_k(t) = \frac{m}{2}[u(t)]^2 \tag{2.73}$$

为动能，并且

$$W_p(t) = \frac{S}{2}[x(t)]^2 \tag{2.74}$$

为弹簧 S 中储存的势能。振荡系统中储存的能量为

$$W(t) = W_k(t) + W_p(t) \tag{2.75}$$

并且相应的功率或者能量的变化率为

$$P_k(t) + P_p(t) = \frac{d}{dt}W(t) \tag{2.76}$$

产生的功率 $P(t)$ 由两部分组成。

(1) $P_R(t)$，即衰减阻力 R 消耗的功率(参见瞬时"有功功率")。

(2) $P_k(t) + P_p(t)$(参见瞬时"无功功率")，即与存储的动能(质量体 m 中)和势能(弹簧 S 中)转换的功率。

谐波振荡:有功功率和无功功率

根据谐波振荡，得到

$$P(t) = F(t)u(t) = \left(\frac{\hat{F}}{2}e^{i\omega t} + \frac{\hat{F}^*}{2}e^{-i\omega t}\right)\left(\frac{\hat{u}}{2}e^{i\omega t} + \frac{\hat{u}^*}{2}e^{-i\omega t}\right) =$$

$$\frac{1}{4}(\hat{F}\hat{u}^* + \hat{F}\hat{u}^* + \hat{F}\hat{u}e^{2i\omega t} + \hat{F}^*\hat{u}^*e^{-2i\omega t}) \tag{2.77}$$

最后两项彼此互为复共轭关系，并且表示角频率为 2ω 的谐波振荡，因此它们总和的时间均值等于零。产生的平均时间功率为

$$P \equiv \overline{P(t)} = \frac{1}{4}\hat{F}\hat{u}^* + \mathrm{c.c} = \frac{1}{2}\mathrm{Re}\{\hat{F}\hat{u}^*\} = \frac{1}{2}\mathrm{Re}\{Z\hat{u}\hat{u}^*\} =$$

$$\frac{1}{2}\mathrm{Re}\{Z|\hat{u}|^2\} = \frac{R}{2}|\hat{u}|^2 = \tag{2.78}$$

$$\frac{R}{2}\left|\frac{\hat{F}}{Z}\right|^2 = \frac{R}{2|Z|^2}|\hat{F}|^2 = \frac{R}{2(R^2+X^2)}|\hat{F}|^2 \tag{2.79}$$

消耗的功率为

$$P_R(t) = Ru^2 = R\left(\frac{\hat{u}}{2}e^{i\omega t} + \frac{\hat{u}^*}{2}e^{-i\omega t}\right)^2 = \frac{R}{4}(2\hat{u}\hat{u}^* + \hat{u}^2e^{2i\omega t} + \hat{u}^{*2}e^{-2i\omega t}) \tag{2.80}$$

这里，后两项的平均时间功率和为零。因此

$$P_R = \overline{P_R(t)} = \frac{R}{2}|\hat{u}|^2 = \frac{R}{2}\hat{u}\hat{u}^* = \overline{P(t)} \tag{2.81}$$

所以,消耗的功率和产生的功率在平均时间内是相等的。

瞬间值为(如果让 $\varphi_F = 0$)

$$P(t) = \overline{P(t)} + \left(\frac{1}{4}\hat{F}\hat{u}e^{2i\omega t} + \text{c. c.}\right) = \overline{P(t)} + \frac{1}{2}|\hat{F}\hat{u}|\cos(2\omega t - \varphi) \quad (2.82)$$

即产生的功率,并且

$$P_R(t) = \overline{P(t)} + \left(\frac{1}{4}R\hat{u}^2 e^{2i\omega t} + \text{c. c.}\right) = \overline{P(t)} + \frac{1}{2}R|\hat{u}|^2\cos(2\omega t - 2\varphi) \quad (2.83)$$

为消耗的功率。因此,一般来说,$P_R(t) \neq P(t)$。差值 $P(t) - P_R(t) = P_k(t) + P_p(t)$ 是与系统中存储的能量交换的瞬时无功功率。

在共振的特殊情况下($\omega = \omega_0, \varphi = 0, Z = R$),得到 $P_R(t) = P(t) = (R/2)|\hat{u}|^2(1 + \cos 2\omega t) = R|\hat{u}|^2\cos^2\omega t$。因此在共振时,没有产生无功功率。存储的能量是常数,并在动能和势能之间转换,而动能和势能的最大值相等。

一般来说,存储的瞬间动能为

$$W_k(t) = \frac{m}{2}[u(t)]^2 = \frac{m}{2}|\hat{u}|^2\cos^2(\omega t - \varphi) = \frac{m}{4}|\hat{u}|^2[1 + \cos(2\omega t - 2\varphi)] \quad (2.84)$$

其中,平均动能为

$$W_k \equiv \overline{W_k(t)} = \frac{m}{4}|\hat{u}|^2 = \frac{m}{4}\hat{u}\hat{u}^* \quad (2.85)$$

并且瞬间势能为

$$W_p(t) = \frac{S}{2}[x(t)]^2 = \frac{S}{2}|\hat{x}|^2\sin^2(\omega t - \varphi) = \frac{S}{4}|\hat{x}|^2[1 - \cos(2\omega t - 2\varphi)] \quad (2.86)$$

其中,平均势能为

$$W_p \equiv \overline{W_p(t)} = \frac{S}{4}|\hat{x}|^2 = \frac{S}{4\omega^2}|\hat{u}|^2 \quad (2.87)$$

瞬间存储的总能量为

$$W(t) = W_k(t) + W_p(t) = W_k + W_p + (W_k - W_p)\cos(2\omega t - 2\varphi) \quad (2.88)$$

平均时间下为

$$W \equiv \overline{W(t)} = W_k + W_p = \frac{1}{4}(m|\hat{u}|^2 + S|\hat{x}|^2) = \frac{m}{4}|\hat{u}|^2\left[1 + \left(\frac{\omega_0}{\omega}\right)^2\right] \quad (2.89)$$

存储的总能量中,振荡部分的振幅为

$$W_k - W_p = \frac{1}{4\omega}\left(\omega m - \frac{S}{\omega}\right)|\hat{u}|^2 = \frac{X}{4\omega}|\hat{u}|^2 = \frac{X}{4\omega}\hat{u}\hat{u}^* \quad (2.90)$$

瞬时无功功率为

$$P_k(t) + P_p(t) = \frac{d}{dt}W(t) = -2\omega(W_k - W_p)\sin(2\omega t - 2\varphi) = -\frac{X}{2}|\hat{u}|^2\sin(2\omega t - 2\varphi) \quad (2.91)$$

发现电抗和无功功率也许与系统中存储的动能和势能之差相关。共振时($\omega = \omega_0$),

动能最大值 $m|\hat{u}|^2/2$ 等于势能最大值 $S|\hat{x}|/2 = S\omega_0^2|\hat{u}|^2/2$，随后电抗消失。如果($\omega < \omega_0$)，那么势能最大值大于动能最大值，而且力抗不再是零(而是变成负值)，因为部分储存的能量必须与外部能量交换，并且每个振荡周期内，来回交换两次。这种交换的起因是系统内存储的两种能量属于不同类型，之间存在不平衡。如果 $\omega > \omega_0$，那么动能最大值大于势能最大值，并且力抗为正值。大家可以注意，W_k 和 W_p 的平均值分别只是动能最大值 $m|\hat{u}|^2/2$ 和势能最大值 $S|\hat{x}|/2$ 的一半。

如果将产生的"复功率"定义为

$$P = \frac{1}{2}\hat{F}\hat{u}^* = \frac{1}{2}Z\hat{u}\hat{u}^* = \frac{1}{2}R|\hat{u}|^2 + \frac{1}{2}X|\hat{u}|^2 \tag{2.92}$$

那么可以从方程(2.78)和方程(2.83)中得出 $\mathrm{Re}\{\rho\} = P$ 等于平均产生的功率，平均消耗的功率，以及消耗的功率中振荡部分的振幅。不仅如此，从方程(2.91)中，可以得出 $\mathrm{Im}\{\rho\}$ 是瞬时无功功率的振幅。最终，可以从方程(2.82)中得出，$|\rho|$ 是产生的功率中振荡部分的振幅。注意，时间无关量 $\mathrm{Re}\{\rho\}$、$\mathrm{Im}\{\rho\}$ 以及 $|\rho|$ 有时也分别称为有功功率、无功功率和表观功率。

2.4　状态空间分析

方程(2.2)代表了图 2.1 中简单的振子，该方程为常系数二阶线性微分方程。将公式表达成如下两个一阶联立微分方程为一组的形式是很方便的

$$\dot{x}_1 = x_2,\quad \dot{x}_2 = -\frac{R}{m}x_2 - \frac{S}{m}x_1 + \frac{1}{m}u_1 \tag{2.93}$$

其中，代入状态变量

$$x_1(t) = x(t),\quad x_2(t) = u(t) = \dot{x}(t) \tag{2.94}$$

以及输入变量

$$u_1(t) = F(t) \tag{2.95}$$

方程(2.93)也可以写成如下矩阵记号的形式

$$\begin{bmatrix}\dot{x}_1\\ \dot{x}_2\end{bmatrix} = \begin{bmatrix}0 & 1\\ -\dfrac{S}{m} & -\dfrac{R}{m}\end{bmatrix}\begin{bmatrix}x_1\\ x_2\end{bmatrix} + \begin{bmatrix}0\\ \dfrac{1}{m}\end{bmatrix}u_1 \tag{2.96}$$

对于更加常见的线性系统，即用常系数线性微分方程表达的线性系统，这些方程也可以用状态变量的形式表达，即

$$\dot{x} = Ax + Bu \tag{2.97}$$

$$\dot{y} = Cx + Du \tag{2.98}$$

如果有 n 个状态变量 $x_1(t),\cdots,x_n(t)$，r 个输入变量 $u_1(t),\cdots,u_r(t)$，以及 m 个输出变量 $y_1(t),\cdots,y_m(t)$，那么系统矩阵(或者状态矩阵)$\boldsymbol{A}$ 的维数为 $n\times n$，输入矩阵的维数为 $n\times r$，以及输出矩阵 $\boldsymbol{C}$ 的维数为 $m\times n$。在多数情况下都为零的 $m\times r$ 矩阵 $\boldsymbol{D}$ 代表了输入和输出之间的直接连接。

当用 $\boldsymbol{I}$ 表示纯量矩阵时，向量型微分方程(2.97)可以写成(见问题 2.9)

$$x(t) = \mathrm{e}^{A(t-t_0)}x(t_0) + \int_{t_0}^{t}\mathrm{e}^{A(t-\tau)}Bu(\tau)\mathrm{d}\tau \tag{2.99}$$

其中，指数矩阵的定义为如下级数

$$e^{At} = I + At + \frac{1}{2!}A^2t^2 + \frac{1}{3!}A^3t^3 + \cdots \tag{2.100}$$

该矩阵的维数为 $n \times n$，并且与矩阵 $\boldsymbol{A}$ 交换。因此，可以对 e^{At} 进行代数处理，采取与处理 e^{st} 相同的方法，其中 s 为纯量常数。将方程(2.99) 代入方程(2.98)，可以得到输出向量

$$y(t) = Ce^{A(t-t_0)}x(t_0) + \int_{t_0}^{t} Ce^{A(t-\tau)}Bu(\tau)\mathrm{d}\tau + Du(t) \tag{2.101}$$

而相应的输入向量为 $u(t)$，初始值向量为 $x(t_0)$。在很多情况下，分析了 $u(t)=0$ 时，$t < t_0$ 和 $x(t_0)=0$ 的情况。随后方程(2.101) 右侧的一项消失。从方程(2.101) 中的积分项可以看出，在时间为 t 时，输出 y 在更早的时候 $\tau(\tau < t)$，受到了输入 u 的影响。

也许很难对指数矩阵进行准确的数值计算，在矩阵的秩 n 很大的情况下更是如此。人们对于指数矩阵的计算和讨论提出了多种方法。但哪一个方法是最好的还要取决于具体问题。

在某些情况下(但绝不是通常情况)，系统矩阵 $\boldsymbol{A}$ 中有 n 个线性的无关特征向量 $\boldsymbol{m}_i(i = 1,2,\cdots,n)$，其中

$$\boldsymbol{A}\boldsymbol{m}_i = \lambda_i \boldsymbol{m}_i \tag{2.102}$$

特征值 λ_i 是以下 n 次方程的解(根)，但不一定是相异解

$$\det(\boldsymbol{A} - \lambda \boldsymbol{I}) \equiv | \boldsymbol{A} - \lambda \boldsymbol{I} | = 0 \tag{2.103}$$

通过相似变换的方法，将系统矩阵 $\boldsymbol{A}$ 转换成特殊的(通常更简单的) 矩阵 $\boldsymbol{A}'$，也许更方便计算

$$\boldsymbol{A}' = \boldsymbol{M}^{-1}\boldsymbol{A}\boldsymbol{M} \tag{2.104}$$

其中 $\boldsymbol{M}$ 为非奇异 $n \times n$ 矩阵，证明其存在逆矩阵 $\boldsymbol{M}^{-1}$。大家都知道 $\boldsymbol{A}'$ 与 $\boldsymbol{A}$ 的特征值相同。如果矩阵 $\boldsymbol{A}$ 有 n 个线性的无关特征向量 $\boldsymbol{m}_i$，那么 $\boldsymbol{A}'$ 为对角矩阵

$$\boldsymbol{A}' = \mathrm{diag}(\lambda_1, \lambda_2, \cdots, \lambda_n) \tag{2.105}$$

如果让 $\boldsymbol{M}$ 为

$$\boldsymbol{M} = (\boldsymbol{m}_1, \boldsymbol{m}_2, \cdots, \boldsymbol{m}_n) \tag{2.106}$$

即 $n \times n$ 矩阵，其第 i 列为特征向量 $\boldsymbol{m}_i$。因为所有的向量 $\boldsymbol{m}_i$ 都是线性无关向量，这就证明存在逆矩阵 $\boldsymbol{M}^{-1}$。在这种情况下，指数矩阵也只是一个对角矩阵

$$e^{A't} = \mathrm{diag}(e^{\lambda_1 t}, e^{\lambda_2 t}, \cdots, e^{\lambda_n t}) \tag{2.107}$$

同时代入转换的状态向量

$$\boldsymbol{x}' = \boldsymbol{M}^{-1}\boldsymbol{x} \quad (\text{i. e. }, \boldsymbol{x} = \boldsymbol{M}\boldsymbol{x}') \tag{2.108}$$

以及转换的矩阵

$$\boldsymbol{B}' = \boldsymbol{M}^{-1}\boldsymbol{B}, \quad \boldsymbol{C}' = \boldsymbol{C}\boldsymbol{M} \tag{2.109}$$

将方程(2.97) 和(2.98) 重新写成

$$\dot{\boldsymbol{x}}' = \boldsymbol{A}'\boldsymbol{x}' + \boldsymbol{B}'\boldsymbol{u} \tag{2.110}$$

$$\boldsymbol{y} = \boldsymbol{C}'\boldsymbol{x}' + \boldsymbol{D}\boldsymbol{u} \tag{2.111}$$

因此，当矩阵 $\boldsymbol{A}'$，以及其指数矩阵也为对角矩阵时，即与方程(2.105) 和(2.107) 的情况相同，那么通过将方程(2.101) 的 $\boldsymbol{A}$、$\boldsymbol{B}$、$\boldsymbol{C}$ 和 x_0 分别替换成 $\boldsymbol{A}'$、$\boldsymbol{B}'$、$\boldsymbol{C}'$ 和 x'_0，可以容易地算出输出 $y(t)$。

状态空间分析是众所周知的数学工具,比如在控制工程中就会经常用到。除非当状态空间的维数 n 相当低的时候,比如以下例子中 $n=2$ 的情况,才用数值来进行状态空间分析。

再次应用图 2.1 中振子的简单例子,应该把其中的力 $F(t)$ 视为输入,$u_1(t)=F(t)$ 以及 $x(t)$ 视为输出,$y_1(t)=x(t)=x_1(t)$。应用方程(2.98) 的矩阵为

$$\boldsymbol{C}=(1\quad 0),\quad \boldsymbol{D}=(0\quad 0) \tag{2.112}$$

应用方程(2.97) 的矩阵为

$$\boldsymbol{A}=\begin{bmatrix} 0 & 1 \\ -\dfrac{S}{m} & -\dfrac{R}{m} \end{bmatrix},\quad \boldsymbol{B}=\begin{bmatrix} 0 \\ \dfrac{1}{m} \end{bmatrix} \tag{2.113}$$

见方程(2.96)。因此,当 $r=1$ 和 $m=1$ 时,这就是一个 SISO(单输入单输出) 的系统。状态矩阵的维数为 2×2。基于这个例子,特征方程(2.103) 有两个解

$$\lambda_1=-\delta+\mathrm{i}\omega_{\mathrm{d}},\quad \lambda_2=-\delta-\mathrm{i}\omega_{\mathrm{d}} \tag{2.114}$$

其中 δ 和 ω_{d} 可从方程(2.5) 得出。相应的特征向量为(见问题 2.10)

$$\boldsymbol{m}_1=c_1\begin{bmatrix} 1 \\ \lambda_1 \end{bmatrix},\quad \boldsymbol{m}_2=c_2\begin{bmatrix} 1 \\ \lambda_2 \end{bmatrix} \tag{2.115}$$

其中 c_1 和 c_2 为任意常数,可以选择等于 1。如果 $\lambda_2\neq\lambda_1$(比如,$\omega_{\mathrm{d}}\neq 0$),那么这些特征向量为线性无关向量。在自由振荡的情况下,即 $F(t)=0$ 时(见问题 2.10),应用(2.101) ~ (2.111) 的一系列方程而得的输出与方程(2.4) 和(2.6) 一致。在“临界阻尼”的条件下($\omega_{\mathrm{d}}=0$ 并且 $\lambda_1=\lambda_2=\lambda=-\delta$),不存在两个线性无关特征向量。那么 $\boldsymbol{A}'$ 和 $\mathrm{e}^{\boldsymbol{A}'t}$ 都不是对角矩阵(见问题 2.11)。

2.5　线性系统

已经详细地讨论了图 2.1 中简单的机械系统(或者图 2.3 中类似的电力系统)。该系统遵照常系数线性微分方程(2.2)。此外,刚才只是谈到了另一个线性系统,该系统的表达式是一组更普遍的(2.97) 常系数线性微分方程。下面更广泛地讨论一下线性系统。

系统的定义可以是各种成分、部件或者单元的集合,它们通过因果关系相互影响。一些用 $u_1(t),u_2(t),\cdots,u_r(t)$ 表示的,相互关联的物理变量,可以被视为系统的输入,而其他用 $y_1(t),y_2(t),\cdots,y_m(t)$ 表示的变量可以被视为输出。可以把这些变量缩减为 r 维的输入向量 $\boldsymbol{u}(t)$,以及 m 维的输出向量 $\boldsymbol{y}(t)$。

图 2.1 展示的机械系统就是一个例子,其中振荡物质的外力 $F(t)=u_1(t)$ 为输入变量,输出变量为冲程 $x(t)=y_1(t)$,速度为 $u(t)=y_2(t)$,加速度为 $a(t)=y_3(t)$。在这种情况下,输入和输出向量的维数分别为 $r=1$ 和 $m=3$。如果系统的参数 R、m 和 S 是常量,或者更准确地说,与振荡幅度无关,那么这个具体的系统就是线性的。然而,如果阻力 R 消耗的功率 $P_R(t)=R[u(t)]^2=y_4(t)$ 也被算入了选择的输出变量组,作为第四个组成,那么从数学的层面来考虑,就可以得出这个系统是非线性的。

例如,如果输入 $u_1(t)=F(t)$ 加倍,那么 $y_1(t)$、$y_2(t)$ 和 $y_3(t)$ 也会加倍,但是 $y_4(t)$ 会增加 4 倍。

变量之间的数学关系可以表达成

$$y(t)=T\{u(t)\} \tag{2.116}$$

其中运算符号 T 表明根据 $u(t)$ 确定 $y(t)$ 的定律。如果使方程(2.101)中的 $x(t_0)=0$,并且 $D=0$,那么就可以得出以下这种关系的例子

$$y(t)=\int_{t_0}^{t}\boldsymbol{C}\mathrm{e}^{\boldsymbol{A}(t-\tau)}Bu(\tau)\mathrm{d}\tau \tag{2.117}$$

基于这个例子,状态变量遵照了一系列常系数微分方程,以及当 $t=t_0$ 时,所有初始值都为零。时间为 t 时,输出 y 是输入 $u(t)$ 的结果,并且只出现在时间区间(t_0,t)中。

如果对于任意两个输入向量 $\boldsymbol{u}_a(t)$ 和 $\boldsymbol{u}_b(t)$,以及相应的输出向量 $\boldsymbol{y}_a(t)=T\{\boldsymbol{u}_a(t)\}$ 和 $\boldsymbol{y}_b(t)=T\{\boldsymbol{u}_b(t)\}$,可以得出符合

$$\alpha_a y_a(t)+\alpha_b y_b(t)=T\{\alpha_a u_a(t)+\alpha_b u_b(t)\} \tag{2.118}$$

的常数 α_a 和 α_b,那么该系统为线性系统。方程(2.118)中的输出和输入为两项之和。将该系统归纳为有限数量的项是非常简单明了的。在定义线性系统的过程中,应该将对无限总和以及积分的展开式算作一个额外要求。根据这个定义,叠加原理适用于线性系统。因为 $\boldsymbol{A}$、$\boldsymbol{B}$ 和 $\boldsymbol{C}$ 是常数矩阵,所以方程(2.117)代表的系统为线性系统。

在一些简单的情况中,输入和输出存在一种瞬时关系,比如电阻中的电压和生成的电流之间,或者质量的加速度和对其施加的净力之间。大多数的情况下,系统是动态的。那么瞬时输出变量既取决于之前的输入变量值,也取决于当前的输入变量值。例如,一个浮体的速度取决于之前在该浮体上施加的瞬时力。

在一些情况下,系统中所选的输入和输出都是一些(一个)由其他的变量引起的变量,定义这样的系统可能比较方便。那么当前的输出变量甚至会被未来的输入变量值所影响,这样的情况也可能发生。这样的系统被称为非因果系统。否则,对于因果系统来说,输出(响应)不可能先于输入(起因)存在。

在本章的剩余部分,来思考一个单个输入($r=1$)和单个输出($m=1$)的线性系统。那么输入函数 $u(t)$ 和输出函数 $y(t)$ 都为纯量函数。在这种情况下,将其写作

$$y(t)=L\{u(t)\} \tag{2.119}$$

而不是方程(2.116)(因为系统为线性系统,所以在表明根据输入确定输出的定律时,写的是 L 而不是 T)。在以下的小节 2.5.2 和 2.6.2 中,将代入数学函数、传递函数,以突出线性系统的特性。

2.5.1 δ - 函数和相关的分布

首先给出几个数学定义,作为准备工作。让 $\varphi(\tau)$ 代表任意连续函数,并且多次无限,在 $t=\tau$ 时微分。那么脉冲函数 $\delta(t)$,也叫狄拉克达尔塔函数,δ - 函数,或者更准确地称为达尔塔分布,其性质的定义为

$$\varphi(0)=\int_{-\infty}^{\infty}\delta(t)\varphi(t)\mathrm{d}t \tag{2.120}$$

或者更普遍的表达式为

$$\varphi(t)=\int_{-\infty}^{\infty}\delta(\tau-t)\varphi(\tau)\mathrm{d}\tau \tag{2.121}$$

特别是在 $\varphi(t)\equiv 1$,并且 $t=0$ 时,那么得出

$$\int_{-\infty}^{\infty}\delta(\tau)\mathrm{d}\tau=1 \tag{2.122}$$

然而从普通意义上讲,达尔塔分布不是数学函数,但是证明当 $t \neq 0$ 时,$\delta(t) = 0$ 还是非常有意义的。脉冲函数的导数 $\delta(t) = \mathrm{d}\delta(t)/\mathrm{d}t$ 定义为

$$\dot{\varphi}(0) = -\int_{-\infty}^{\infty} \dot{\delta}(t)\varphi(t)\,\mathrm{d}t \tag{2.123}$$

并且 n 阶导数 $\delta^{(n)}(t) = \mathrm{d}^n\delta(t)/\mathrm{d}t^n$ 的定义为

$$\varphi^{(n)}(0) = (-1)^n\int_{-\infty}^{\infty} \delta^{(n)}(t)\varphi(t)\,\mathrm{d}t \tag{2.124}$$

如果 n 是偶数,那么脉冲函数 $\delta(t)$ 也是偶函数,导数 $\delta^{(n)}(t)$ 也是偶函数,如果 n 是奇数,那么脉冲函数和导数也是奇函数。

函数

$$\mathrm{sgn}(t) = 2U(t) - 1 = \begin{cases} 1 & (t > 0) \\ 0 & (t = 0) \\ 1 & (t < 0) \end{cases} \tag{2.125}$$

为奇函数,其导数为 $2\delta(t)$。在方程(2.125)中,代入了(赫维赛德)单位阶跃函数 $U(t)$,当 $t > 0$ 时,等于1,当 $t < 0$ 时,等于0。注意 $\dot{U}(t) = \delta(t)$。

2.5.2　冲激响应:时不变系统

接下来假设线性系统的输入为时间 t_1 时的脉冲。这句话的意思就是输入函数为 $u(t) = \delta(t - t_1)$。系统的输出为 $y(t) = h(t, t_1)$,对应脉冲输入,并称为脉冲响应。通过方程(2.121),可以把任意输入写成

$$u(t) = \int_{-\infty}^{\infty} u(t_1)\delta(t - t_1)\,\mathrm{d}t_1 \tag{2.126}$$

并且可以被理解为脉冲输入 $u(t_1)\delta(t - t_1)\,\mathrm{d}t_1$ 的叠加。因为系统为线性系统,可以叠加对应的输出 $u(t_1)h(t, t_1)\,\mathrm{d}t_1$。因此,产生的输出为

$$y(t) = \int_{-\infty}^{\infty} u(t_1)h(t, t_1)\,\mathrm{d}t_1 \equiv L\{u(t)\} \tag{2.127}$$

如果知道脉冲响应 $h(t, t_1)$,那么就可以应用方程(2.127),得出所给出的任意输入的对应输出。

脉冲响应 $h(t, t_1)$ 只在时差 $t - t_1$ 内取决于 t 和 t_1 的线性系统称为定常线性系统。那么方程(2.127)中的积分就变成了卷积

$$y(t) = \int_{-\infty}^{\infty} u(t_1)h(t - t_1)\,\mathrm{d}t_1 \equiv u(t) * h(t) \tag{2.128}$$

注意,卷积是可交换的;也就是说

$$h(t) * u(t) = u(t) * h(t)$$

在很多情况下,线性且定常的系统可以表示为一组联立常系数一阶微分方程,正如2.4节讨论的那样。来举一个这种情况的例子,比如思考 SISO(单输入单输出)系统,那么方程(2.117)可以简化为

$$y(t) = \int_{0}^{t} \boldsymbol{C}\mathrm{e}^{\boldsymbol{A}(t-\tau)}\boldsymbol{B}u(\tau)\,\mathrm{d}\tau \tag{2.129}$$

其中输入矩阵 $\boldsymbol{B}$ 的维数为 $n \times 1$,输出矩阵 $\boldsymbol{C}$ 的维数为 $1 \times n$,在方程(2.117)中,令 $t_0 = 0$。因此,在这种特殊的情况下,得出的脉冲响应为

$$h(t)=\begin{cases}0 & (t<0)\\ \boldsymbol{C}\mathrm{e}^{\boldsymbol{A}t}\boldsymbol{B} & (t>0)\end{cases} \tag{2.130}$$

如果将方程(2.129)与(2.128)比较,便可以轻易地得出上面的方程。在这个例子中,系统是因果系统。

如果一个定常线性系统的脉冲响应在负时间消失,那么就说它是因果系统,也就是说,如果

$$当 t<0 时, h(t)=0 \tag{2.131}$$

现在回到线性、定常、SISO(单输入单输出)系统的一般情况。

如果输入为 $u_e(t)=\mathrm{e}^{\mathrm{i}\omega t}$,那么在 $y_e(t)=L\{\mathrm{e}^{\mathrm{i}\omega t}\}$ 时,得到

$$y_e(t_1+t)=L\{\mathrm{e}^{\mathrm{i}\omega(t_1+t)}\}=L\{\mathrm{e}^{\mathrm{i}\omega t_1}\mathrm{e}^{\mathrm{i}\omega t}\}=\mathrm{e}^{\mathrm{i}\omega t_1}L\{\mathrm{e}^{\mathrm{i}\omega t}\}=u_e(t_1)y_e(t) \tag{2.132}$$

其中,t_1 为(时间量纲的)任意常数。这里利用系统为定常且线性的事实。将 $t=0$ 和 $t_1=t$ 代入方程(2.132),得到

$$y_e(t)=y_e(0)\mathrm{e}^{\mathrm{i}\omega t}\equiv H(\omega)\mathrm{e}^{\mathrm{i}\omega t} \tag{2.133}$$

该方程证明,如果输入为时间的指数方程,那么输出等于输入乘以与时间无关的单项式系数,并且已从 $H(\omega)$ 得出了该系数。如果输入为

$$u(t)=\frac{1}{2}(\hat{u}\mathrm{e}^{\mathrm{i}\omega t}+\hat{u}*\mathrm{e}^{-\mathrm{i}\omega t}) \tag{2.134}$$

那么输出为

$$y(t)=\frac{1}{2}(\hat{y}\mathrm{e}^{\mathrm{i}\omega t}+\hat{y}*\mathrm{e}^{-\mathrm{i}\omega t}) \tag{2.135}$$

其中

$$\hat{y}=H(\omega)\hat{u},\quad \hat{y}^*=H^*(\omega)\hat{u}^* \tag{2.136}$$

注意,代表系统特性的 $H(\omega)$ 也许是复数,并且取决于 ω(见图 2.12)。在下一节中,应该看到 $H(\omega)$ 是脉冲响应 $h(t)$ 的傅里叶变换,也应该称之为传递函数。

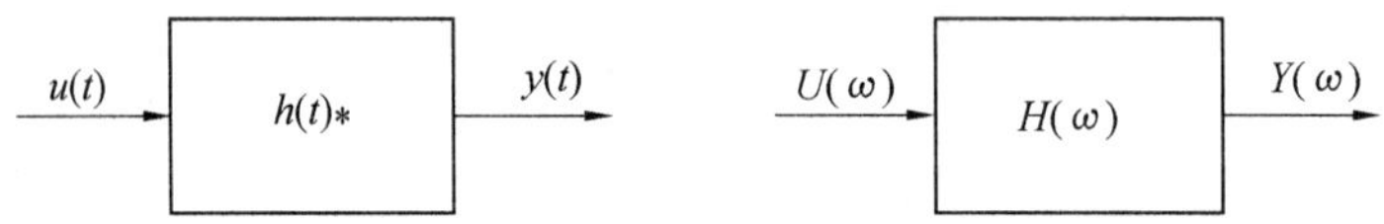

图 2.12　输入信号为 $u(t)$、输出信号为 $y(t)$ 的系统。对应的傅里叶变换分别为 $U(\omega)$ 和 $Y(\omega)$。线性系统的脉冲响应 $h(t)$ 为传递函数 $H(\omega)$ 的傅里叶逆变换

再次回到图 2.1 所示的系统中强迫振荡的例子,在该例子中把外力 $F(t)$ 视为输入,把速度 $u(t)$ 视为输出,从方程(2.54)中可以看出传递函数为 $H(\omega)=1/Z$,其中 $Z=Z(\omega)$ 为方程(2.52)定义的力阻抗。

2.6　傅里叶变换和其他积分变换

之前已经研究了强迫正弦振荡(2.1 节),并且已经介绍了复振幅和相量,使之作为分析正弦振荡的简便方法(2.2 节)。

在线性理论适用的情况下,得到的结果也许还有利于不一定随时间正弦变化的物理量。以下两个事实便可以得出这个结论。第一,根据傅里叶分析,类别更一般的函数可以被分解成谐波分量。第二,当线性理论有效时,叠加原理也适用。这种做法成功的条件是

所研究的物理系统是定常系统。这就表明系统的固有特性在任何时间都保持一致(见 2.5 节)。

现在应该研究的是随时间变化的物理量,而不是研究物理量的复振幅是如何随频率变化的。该节的主要内容包括对傅里叶分析的简要回顾,以及对因果关系和克莱默 - 克朗尼格关系(Kramers-Kronig relations) 之间的联系进行简要的综述。

2.6.1 傅里叶变换简述

本节假设读者熟悉傅里叶分析。但是为了方便起见,集结一些与傅里叶相关的主要公式。为了使研究过程更加严谨,读者可参考多种教科书,比如帕普里斯(Papoulis) 或者布雷斯韦尔(Bracewell) 编写的教材。

如果函数 $f(t)$ 可以被合理地认为存在傅里叶变换,那么其傅里叶变换 $F(\omega)$ 的定义应为

$$F(\omega)=\int_{-\infty}^{\infty}f(t)\mathrm{e}^{-\mathrm{i}\omega t}\mathrm{d}t\equiv\mathscr{F}\{f(t)\} \tag{2.137}$$

并且其反变换为

$$f(t)=\frac{1}{2\pi}\int_{-\infty}^{\infty}F(\omega)\mathrm{e}^{\mathrm{i}\omega t}\mathrm{d}\omega\equiv\mathscr{F}^{-1}\{F(\omega)\} \tag{2.138}$$

注意在必要的时候,这些积分以及本书中其他的傅里叶积分必须被理解为柯西主值(Cauchy principal value) 积分(Papoulis,第 10 页)。

变换(2.137) 和(2.138) 为线性变换。表 2.2 总结了其他有关对称性、时间域、时移、频移、时间微分和时间积分的定律。该表也包括了一些有关 δ - 函数和其导数(两者都属于广义函数类别,也称为“分布”) 的变换对,以及单位阶跃函数(赫维赛德函数) 和符号函数的相关变换对。

如果 $f(t)$ 为实函数,那么

$$F^*(-\omega)=F(\omega) \tag{2.139}$$

该傅里叶变换的实部和虚部分别为奇函数和偶函数

$$R(\omega)=\mathrm{Re}\{F(\omega)\}=\int_{-\infty}^{\infty}f(t)\cos(\omega t)\mathrm{d}t=R(-\omega) \tag{2.140}$$

$$X(\omega)=\mathrm{Im}\{F(\omega)\}=-\int_{\infty}^{\infty}f(t)\sin(\omega t)\mathrm{d}t=-X(-\omega) \tag{2.141}$$

此外,如果 $f(t)$ 为偶函数,$f(t)=f_e(t)$,也就是说 $f_e(-t)=f_e(t)$,其傅里叶变换为实函数,也为偶函数

$$F(\omega)=R(\omega)=2\int_{0}^{\infty}f_e(t)\cos(\omega t)\mathrm{d}t \tag{2.142}$$

其反变换可以写成

$$f_e(t)=\frac{1}{\pi}\int_{0}^{\infty}R(\omega)\cos(\omega t)\mathrm{d}\omega \tag{2.143}$$

相反,如果实函数 $f(t)$ 为奇函数,$f(t)=f_o(t)$,也就是说 $f_o(-t)=-f_o(t)$,其傅里叶变换为纯虚函数和奇函数

$$F(\omega)=\mathrm{i}X(\omega)=-2\mathrm{i}\int_{0}^{\infty}f_o(t)\sin(\omega t)\mathrm{d}t \tag{2.144}$$

其反变换可以写成

$$f_o(t) = -\frac{1}{\pi}\int_0^{\infty} X(\omega)\sin(\omega t)\,\mathrm{d}\omega \tag{2.145}$$

在傅里叶分析相关的研究中经常用到的是卷积定理。其函数

$$f(t) = \int_{-\infty}^{\infty} f_1(t-\tau)f_2(\tau)\,\mathrm{d}\tau \equiv f_1(t) * f_2(t) \tag{2.146}$$

被称为两个函数$f_1(t)$和$f_2(t)$的“卷积”(卷积乘积)。[见方程(2.128)]卷积定理给出了一个非常有用的关系,证明了卷积的傅里叶变换为

$$\mathscr{F}\{f_1(t) * f_2(t)\} = F_1(\omega)F_2(\omega) = \mathscr{F}\{f_1(t)\}\mathscr{F}\{f_2(t)\} \tag{2.147}$$

因此,时域中的卷积与频域中的普通乘法相符。这证明卷积可交换,也就是说$f_1(t) * f_2(t) = f_2(t) * f_1(t)$。如果用 $\mathrm{i}\omega$ 乘以方程(2.147),就得到

$$f_1(t) * \frac{\mathrm{d}f_2(t)}{\mathrm{d}t} = f_2(t) * \frac{\mathrm{d}f_1(t)}{\mathrm{d}t} \tag{2.148}$$

的傅里叶变换。

通过应用对称性原理

$$\mathscr{F}\{F(t)\} = 2\pi f(-\omega) \tag{2.149}$$

(见表 2.2) 可以表明

$$\mathscr{F}\{f_1(t)f_2(t)\} = \frac{1}{2\pi}\int_{-\infty}^{\infty} F_1(\omega-\gamma)F_2(\gamma)\,\mathrm{d}\gamma = \frac{1}{2\pi}F_1(\omega) * F_2(\omega) \tag{2.150}$$

就是频率卷积定理。

表 2.2　时间函数与其对应的傅里叶变换的部分关系

时间函数	傅里叶变换
$f(t)$	$F(\omega)$
$a_1f_1(t) + a_2f_2(t)$	$a_1F_1(\omega) + a_2F_2(\omega)$
$F(t)$	$2\pi f(-\omega)$
$f(at)$ (a 为实数)	$(1/\|a\|)F(\omega/a)$
$f(t-t_0)$	$F(\omega)\exp(-\mathrm{i}t_0\omega)$
$f(t)\exp(\mathrm{i}\omega_0 t)$	$F(\omega-\omega_0)$
$\mathrm{d}f(t)/\mathrm{d}t = f(t)$	$\mathrm{i}\omega F(\omega)$
$\int_{-\infty}^{t} f(\tau)\,\mathrm{d}\tau$	$F(\omega)/(\mathrm{i}\omega) + \pi F(0)\delta(\omega)$
$\delta(t)$	1
1	$2\pi\delta(\omega)$
$\hat{u}\exp(\mathrm{i}\omega_0 t) + \hat{u}^*\exp(-\mathrm{i}\omega_0 t)$	$\hat{u}2\pi\delta(\omega-\omega_0) + \hat{u}^*2\pi\delta(\omega+\omega_0)$
$\mathrm{sgn}(t)$	$2/(\mathrm{i}\omega)$
$U(t) = [\mathrm{sgn}(t)+1]/2$	$1/(\mathrm{i}\omega) + \pi\delta(\omega)$
$\mathrm{d}\delta(t)/\mathrm{d}t = \dot{\delta}(t)$	$\mathrm{i}\omega$

接下来,思考一下傅里叶积分和傅里叶级数之间的关系,分析如下。当$|t| > T/2$时,让$f_1(t) = 0$。那么从方程(2.137)中可得傅里叶变换为

$$F_1(\omega) = \int_{-T/2}^{T/2} f_1(t)\mathrm{e}^{-\mathrm{i}\omega t}\mathrm{d}t \tag{2.151}$$

现在,定义周期函数

$$f_T(t) = f_T(t + T) \tag{2.152}$$

对于所有的 $t(-\infty < t < \infty)$,都有

$$f_T(t) = f_1(t) \quad (-T/2 < t < T/2) \tag{2.153}$$

可以把周期函数写成傅里叶级数

$$f_T(t) = \sum_{n=-\infty}^{\infty} c_n \exp(\mathrm{i}n\omega_0 t) \tag{2.154}$$

其中

$$\omega_0 = 2\pi/T \tag{2.155}$$

并且

$$c_n = \frac{1}{T}\int_{-T/2}^{T/2} f_T(t)\exp(-\mathrm{i}n\omega_0 t)\mathrm{d}t = \frac{1}{T}F_1(n\omega_0) \tag{2.156}$$

如果 f_T 是实数,那么

$$c_{-n} = c_n^* \tag{2.157}$$

与方程(2.139)对应。$f_T(t)$ 的傅里叶变换为

$$F_T(\omega) = \int_{-\infty}^{\infty} \sum_{n=-\infty}^{\infty} c_n \exp\{\mathrm{i}(n\omega_0 - \omega)t\}\mathrm{d}t = 2\pi \sum_{n=-\infty}^{\infty} c_n \delta(\omega - n\omega_0) =$$

$$\frac{2\pi}{T}\sum_{n=-\infty}^{\infty} F_1(n\omega_0)\delta(\omega - n\omega_0) \tag{2.158}$$

因此,得出周期函数的傅里叶变换为不连续函数,由函数 $f_1(t)$,$\omega = n\omega_0(n = 1,2,\cdots)$ 的傅里叶变换加权后得到的脉冲组成。注意,$|F_1(in\omega_0)|/T$ 也可以理解为 $f_T(t)$ 的傅里叶分量数 n 的振幅。见方程(2.156)。

2.6.2　线性时不变系统

傅里叶分析可适用于线性系统的研究。让一个线性系统的输入信号为 $u(t)$,对应的输出信号(响应)为 $y(t)$。应该假设系统为线性且定常系统;也就是说,该系统现在的特性与过去和未来的特性都是相同的。最应该考虑的是因果系统,也就是说在引发信号成为输入之前,是没有输出响应的。然而,有时考虑非因果系统也是出于实际的考虑。

脉冲响应 $h(t)$ 的傅里叶变换(见方程(2.128))为

$$H(\omega) = R(\omega) + \mathrm{i}X(\omega) = \int_{-\infty}^{\infty} h(t)\mathrm{e}^{-\mathrm{i}\omega t}\mathrm{d}t \tag{2.159}$$

应该称之为系统的传递函数。(如果系统为非因果系统,比如,如果不满足条件(2.131),有些作者就用“频率响应函数”一词,而非“传递函数”。)传递函数的实部和虚部可分别用 $R(\omega)$ 和 $X(\omega)$ 来表示。如果 $h(t)$ 是实函数,那么

$$H^*(-\omega) = H(\omega) \tag{2.160}$$

正如卷积(2.128)所得出的,输出响应 $y(t)$ 的傅里叶变换为

$$Y(\omega) = H(\omega)U(\omega) \tag{2.161}$$

上述方程基于卷积定理(2.147),其中 $U(\omega)$ 为输入信号 $u(t)$ 的傅里叶变换。从表 2.12

的右边部分可得出方程(2.161)的系统(方框图)解释。

对于简单的情况,即传递函数与频率无关

$$H(\omega)=H_0 \tag{2.162}$$

其中 H_0 为常数,脉冲响应为(见表 2.2)

$$h(t)=H_0\delta(t) \tag{2.163}$$

对于任意输入 $u(t)$,之后的响应变成

$$y(t)=\int_{-\infty}^{\infty}h(t-\tau)u(\tau)\mathrm{d}\tau=\int_{-\infty}^{\infty}H_0\delta(t-\tau)u(\tau)\mathrm{d}\tau=H_0u(t) \tag{2.164}$$

其中,除了常数 H_0,该方程为输入信号的无失真再现。

对于另一个例子,来思考一下谐波输入函数

$$u(t)=\frac{1}{2}\hat{u}\exp(\mathrm{i}\omega_0t)+\frac{1}{2}\hat{u}^*\exp(-\mathrm{i}\omega_0t) \tag{2.165}$$

其中,$\hat{u}$ 为复振幅;$\hat{u}^*$ 为其共轭。

其傅里叶变换为(见表 2.2)

$$U(\omega)=\pi\hat{u}\delta(\omega-\omega_0)+\pi\hat{u}^*\delta(\omega+\omega_0) \tag{2.166}$$

以下方程可得到响应

$$\begin{aligned}Y(\omega)=H(\omega)U(\omega)&=\pi\hat{u}\delta(\omega-\omega_0)H(\omega_0)+\pi\hat{u}^*\delta(\omega+\omega_0)H(\omega)=\\&\pi\hat{u}\delta(\omega-\omega_0)H(\omega_0)+\pi\hat{u}^*\delta(\omega+\omega_0)H(-\omega_0)\end{aligned} \tag{2.167}$$

现在,因为 $h(t)$ 为实函数,所以得到的 $H(-\omega_0)=H^*(\omega_0)$ 与方程(2.139)对应。因此,可以写出

$$y(t)=\frac{1}{2}\hat{y}\exp(\mathrm{i}\omega t)+\frac{1}{2}\hat{y}^*\exp(-\mathrm{i}\omega t) \tag{2.168}$$

其中

$$\hat{y}=H(\omega_0)\hat{u},\quad \hat{y}^*=H^*(\omega_0)\hat{u}^* \tag{2.169}$$

与方程(2.136)相符。而后得出响应的复振幅等于传递函数的乘积和输入信号的复振幅。根据方程(2.169),可以把 $\hat{u}$ 视为频域中线性系统的输入,其中 H 为传递函数,$\hat{y}$ 为输出响应。

假设脉冲响应 $h(t)$ 为时间的实函数,那么接下来希望以传递函数的实部和虚部的形式,表达出脉冲响应

$$\begin{aligned}h(t)=\frac{1}{2\pi}\int_{-\infty}^{\infty}H(\omega)\mathrm{e}^{\mathrm{i}\omega t}\mathrm{d}\omega&=\frac{1}{2\pi}\int_{-\infty}^{\infty}[R(\omega)\cos(\omega t)-X(\omega)\sin(\omega t)]\mathrm{d}\omega+\\&\frac{\mathrm{i}}{2\pi}\int_{-\infty}^{\infty}[R(\omega)\sin(\omega t)+X(\omega)\cos(\omega t)]\mathrm{d}\omega\end{aligned} \tag{2.170}$$

如果 $h(t)$ 为实函数,那么可以从方程(2.139)~(2.141)中得到

$$R(-\omega)=R(\omega),\quad X(-\omega)=-X(\omega) \tag{2.171}$$

因此,由于 $R(\omega)$ 和 $\cos(\omega t)$ 为 ω 的偶函数,而 $X(\omega)$ 和 $\sin(\omega t)$ 为 ω 的奇函数,因此方程(2.170)的虚部消失了。此外,可以把(实函数)脉冲响应重新写为

$$h(t)=h_{\mathrm{e}}(t)+h_{\mathrm{o}}(t) \tag{2.172}$$

其中

$$h_e(t)=\frac{1}{\pi}\int_0^{\infty}R(\omega)\cos(\omega t)\,d\omega \tag{2.173}$$

$$h_o(t)=-\frac{1}{\pi}\int_0^{\infty}X(\omega)\sin(\omega t)\,d\omega \tag{2.174}$$

注意,$h_e(t)$ 和 $h_o(t)$ 为 t 的偶函数和奇函数。因此,根据方程(2.172),实函数脉冲响应 $h(t)$ 分裂成偶部和奇部。对应的变换函数分别为 ω 的偶函数和奇函数

$$\mathscr{F}\{h_e(t)\}=R(\omega),\quad \mathscr{F}\{h_o(t)\}=iX(\omega) \tag{2.175}$$

2.6.3 克莱默 - 克朗尼格关系与希尔伯特变换(Hilbert Transform)

方程 $h(t)$ 为 $t=0$ 时,输入脉冲引起的响应。因此,对于因果系统

$$\text{当}\ t<0\ \text{时},h(t)=0 \tag{2.176}$$

因为输入脉冲发生前,没有响应。那么方程(2.128)和卷积的交换律就得出

$$y(t)=h(t)*u(t)=\int_{-\infty}^{t}h(t-\tau)u(\tau)\,d\tau=\int_0^{\infty}h(\tau)u(t-\tau)\,d\tau \tag{2.177}$$

此外,如果输入也为因果函数(比如,如果当 $t<0$ 时,$u(t)=0$),那么

$$y(t)=h(t)*u(t)=\int_0^{t}h(t-\tau)u(\tau)\,d\tau=\int_0^{t}h(\tau)u(t-\tau)\,d\tau \tag{2.178}$$

这就是(单边)拉普拉斯变换理论(Laplace transform)中使用的卷积定理版本,这个版本也适用于在初始瞬间 $t=0$ 之前,假设静止(静态)的因果系统。当 $t<0$,$h(t)=0$ 时,使用傅里叶变换,将 s 代入 $i\omega$,可以得到以下拉普拉斯变换 H_L 和传递函数 H 之间的关系

$$H_L(s)\equiv\int_0^{\infty}h(t)e^{-st}dt=H(s/i)=H(-is) \tag{2.179}$$

应用卷积定理(2.147),可以得到方程(2.178)的拉普拉斯变换

$$Y_L(s)=H_L(s)U_L(s) \tag{2.180}$$

其中,$U_L(s)$ 为 $u(t)$ 的拉普拉斯变换,并且假设其在 $t<0$ 时消失。

对于定常传递函数 $H(\omega)=H_0$ 的例子,方程(2.163)得出了脉冲响应 $H_0\delta(t)$。注意,这是一个因果脉冲响应的例子。在该情况下,因果输入 $u(t)$ 的响应为 $y(t)=H_0u(t)$,这就意味着当 $t<0$ 时,$u(t)=0$,那么当 $t<0$ 时,$y(t)=0$。因果脉冲响应的这个例子 $H_0\delta(t)$ 是一个偶函数。在因果脉冲响应的另一个例子 $h(t)=H_{00}\delta(t)$ 中,传递函数为 $H(\omega)=i\omega H_{00}$(参见表 2.2),这是一个奇函数。

然而,一般来说,任何“带有过去记忆”的因果脉冲响应 $h(t)$ 既不是偶函数也不是奇函数,因为 $h(t)$ 在所有的负时间 t 都会消失,但不会在所有的正时间 t 都消失。下面更加仔细地观察一下这个更加普遍的情况。但是先暂时排除 $H(\infty)\neq 0$ 的情况,正如上述例子中 $H(\infty)=H_0$ 的情况。

根据方程(2.172),因果函数 $h(t)$ 分解成了偶部和奇部

$$h(t)=h_e(t)+h_o(t) \tag{2.181}$$

因此得到

$$h(t)=\begin{cases}2h_e(t)=2h_o(t) & (t>0)\\ h_e(0) & (t=0)\\ 0 & (t<0)\end{cases} \tag{2.182}$$

一般来说($t \neq 0$)

$$h_o(t) = h_e(t)\,\mathrm{sgn}(t), \quad h_e(t) = h_o(t)\,\mathrm{sgn}(t) \tag{2.183}$$

因为必须满足 $t < 0$ 时,$h(t) = 0$ 的情况。当 $t > 0$ 时,应用方程(2.173)、(2.174)和(2.182),得到

$$h(t) = 2h_e(t) = \frac{2}{\pi} = \int_0^{\infty} R(\omega)\cos(\omega t)\,\mathrm{d}\omega \tag{2.184}$$

$$h(t) = 2h_o(t) = -\frac{2}{\pi} = \int_0^{\infty} X(\omega)\sin(\omega t)\,\mathrm{d}\omega \tag{2.185}$$

应该强调的是,这些表达式只适用于 $t > 0$ 的情况,而当 $t < 0$ 时,得到 $h(t) = 0$。注意,另外两个表达式(2.184)和(2.185)证明了 $R(\omega)$ 和 $X(\omega)$ 之间的关系,也就是一个作为因果实函数的傅里叶变换的实部和虚部之间的关系。

应用

$$\mathscr{F}\{\mathrm{sgn}(t)\} = \frac{2}{\mathrm{i}\omega} \tag{2.186}$$

(见表2.2)以及频率卷积定理(2.150)

$$\mathscr{F}\{f_1(t)f_2(t)\} = \frac{1}{2\pi}F_1(\omega) * F_2(\omega) \tag{2.187}$$

得到方程(2.183)的傅里叶变换后,可得

$$\mathscr{F}\{h_e(t)\} = \mathscr{F}\{h_o(t)\,\mathrm{sgn}(t)\} = R(\omega) = \frac{1}{2\pi}\mathrm{i}X(\omega) * \frac{2}{\mathrm{i}\omega} = \frac{1}{\pi\omega} * X(\omega) \tag{2.188}$$

以及

$$\mathscr{F}\{h_o(t)\} = \mathscr{F}\{h_e(t)\,\mathrm{sgn}(t)\} = \mathrm{i}X(\omega) = \frac{1}{2\pi}R(\omega) * \frac{2}{\mathrm{i}\omega} = -\frac{\mathrm{i}}{\pi\omega} * R(\omega) \tag{2.189}$$

若用积分明确地写出卷积,可以得到

$$R(\omega) = \frac{1}{\pi}\int_{-\infty}^{\infty} \frac{X(y)}{\omega - y}\mathrm{d}y \tag{2.190}$$

$$X(\omega) = -\frac{1}{\pi}\int_{-\infty}^{\infty} \frac{R(y)}{\omega - y}\mathrm{d}y \tag{2.191}$$

注意,当 $y = \omega$ 时,被积函数为奇异函数,积分应被理解成主值积分(参见10页脚注中的帕普里斯)。关系(2.190)和(2.191)被称为克莱默 - 克朗尼格关系。如果对于一个因果函数,傅里叶变换中所有频率的实部/虚部都已知,那么变换剩余的虚部/实部可由主值积分得出。为了让积分存在,有必要

$$\text{在 } \omega \to \infty \text{ 时,让 } R(\omega) + \mathrm{i}X(\omega) = H(\omega) \to 0 \tag{2.192}$$

如果不成立,那么必须减去 $H(\omega)$ 中奇异的部分,也就是 $H(\infty)$。现在来思考 $h(t)$ 带有脉冲奇异性的情况。注意(根据表2.2)

$$\mathscr{F}\{\delta(t)\} = 1, \quad \mathscr{F}\{\delta(t - t_0)\} = \exp(-\mathrm{i}\omega t_0) \tag{2.193}$$

这些傅里叶变换不满足(2.192)的情况。如果 $H(\infty) \neq 0$,可以定义一个调整过的传递函数

$$H'(\omega) = H(\omega) - H(\infty) \tag{2.194}$$

以及一个新的对应因果脉冲响应函数

$$h'(t) = h(t) - H(\infty)\delta(t) \tag{2.195}$$

比如,如果

$$H(\infty) = R(\infty) \neq 0, \quad X(\infty) = 0 \tag{2.196}$$

得到

$$X(\omega) = -\frac{1}{\pi}\int_{-\infty}^{\infty} \frac{R(y) - R(\infty)}{\omega - y}\mathrm{d}y \tag{2.197}$$

以及

$$R(\omega) - R(\infty) = \frac{1}{\pi}\int_{-\infty}^{\infty} \frac{X(y)}{\omega - y}\mathrm{d}y \tag{2.198}$$

用 i 乘以两个方程中的前者并相加,得到希尔伯特变换

$$H'(\omega) = \frac{1}{\mathrm{i}\pi}\int_{-\infty}^{\infty} \frac{H'(y)}{\omega - y}\mathrm{d}y \tag{2.199}$$

另一个克莱默 - 克朗尼格关系的公式表示是通过注意以下问题得到的。因为 $h(t)$ 为实函数,所以得到

$$R(-\omega) = R(\omega), \quad X(-\omega) = -X(\omega) \tag{2.200}$$

(参见方程(2.140)和(2.141))那么

$$-\pi X(\omega) = \int_{-\infty}^{\infty} \frac{R(y)}{\omega - y}\mathrm{d}y = \int_{-\infty}^{0} \frac{R(z)}{\omega - z}\mathrm{d}z + \int_{0}^{\infty} \frac{R(y)}{\omega - y}\mathrm{d}y \tag{2.201}$$

因为

$$\int_{-\infty}^{0} \frac{R(z)}{\omega - z}\mathrm{d}z = \int_{0}^{\infty} \frac{R(-y)}{\omega + y}\mathrm{d}y = \int_{0}^{\infty} \frac{R(y)}{\omega + y}\mathrm{d}y \tag{2.202}$$

以及

$$\frac{1}{\omega + y} + \frac{1}{\omega - y} = \frac{2\omega}{\omega^2 - y^2} \tag{2.203}$$

得到

$$X(\omega) = -\frac{2\omega}{\pi}\int_{0}^{\infty} \frac{R(y)}{\omega^2 - y^2}\mathrm{d}y \tag{2.204}$$

同样,发现

$$\pi R(\omega) = \int_{-\infty}^{\infty} \frac{X(y)}{\omega - y}\mathrm{d}y = \int_{0}^{\infty} \frac{X(-y)}{\omega + y}\mathrm{d}y + \int_{0}^{\infty} \frac{X(y)}{\omega - y}\mathrm{d}y = \int_{0}^{\infty} X(y)\left(\frac{1}{\omega - y} - \frac{1}{\omega + y}\right)\mathrm{d}y \tag{2.205}$$

从中得到

$$R(\omega) = \frac{2}{\pi}\int_{0}^{\infty} \frac{yX(y)}{\omega^2 - y^2}\mathrm{d}y \tag{2.206}$$

2.6.4　非正弦振荡的能量关系

在 2.3 节中,导出了在机械系统中与正弦振荡相关的平均时间功率或者做功速率,即

$$P = \frac{1}{4}\hat{F}\hat{u}^* + \frac{1}{4}\hat{F}^*\hat{u} \tag{2.207}$$

(注意这里跟之前一样,用变量 f 代表力,而不是 F)。对于更普遍的振荡,也就是时间不成

周期性的振荡，考虑整体做功比考虑功率的平均时间更方便。瞬时功率为 $P(t)=f(t)u(t)$，也就是力 f 和速度 u 的瞬间值乘积。因此，整体做功为

$$W=\int_{-\infty}^{\infty}f(t)u(t)\mathrm{d}t \tag{2.208}$$

当 $\omega=0$ 时，通过应用帕塞瓦尔定理(Parseval's theorem)，或者频率卷积定理(2.150)，发现方程(2.208)可得出

$$W=\frac{1}{2\pi}\int_{-\infty}^{\infty}F(\omega)U(-\omega)\mathrm{d}\omega \tag{2.209}$$

其中，$F(\omega)$ 和 $U(\omega)$ 分别为力 $f(t)$ 和速度 $u(t)$ 的傅里叶变换。应该假设 $F(\omega)$ 和 $U(\omega)$ 可通过以下传递函数建立联系

$$Y(\omega)=\frac{1}{Z(\omega)}=\frac{U(\omega)}{F(\omega)} \tag{2.210}$$

其中

$$Z(\omega)=R(\omega)+\mathrm{i}X(\omega) \tag{2.211}$$

为力阻抗。其实部和虚部分别为力阻 $R(\omega)$ 和力抗 $X(\omega)$。比如，其可由方程(2.52)得出。

假设 $f(t)$ 和 $u(t)$ 为实函数，那么可以发现方程(2.139)适用于 $F(\omega)$ 和 $U(\omega)$。此外，再应用方程(2.210)和(2.211)，发现方程(2.209)变为

$$\begin{aligned}W=&\frac{1}{2\pi}\int_{0}^{\infty}[F(\omega)U^{*}(\omega)+F^{*}(\omega)U(\omega)]\mathrm{d}\omega=\\&\frac{1}{\pi}\int_{0}^{\infty}\mathrm{Re}\{F(\omega)U^{*}(\omega)\}\mathrm{d}\omega=\\&\frac{1}{\pi}\int_{0}^{\infty}\mathrm{Re}\{Z(\omega)U(\omega)U^{*}(\omega)\}\mathrm{d}\omega=\\&\frac{1}{\pi}\int_{0}^{\infty}R(\omega)|U(\omega)|^{2}\mathrm{d}\omega\end{aligned} \tag{2.212}$$

将该结果与方程(2.78)和(2.79)相比较可能会很有趣(见问题2.14)，在这两个方程中机械功率是以复振幅的形式表示的。

问题

问题 2.1　自由振荡

证明方程

$$m\ddot{x}+R\dot{x}+Sx=0$$

有通解

$$x=(C_1\cos\omega_{\mathrm{d}}t+C_2\sin\omega_{\mathrm{d}}t)\mathrm{e}^{-\delta t}$$

此外，证明积分常数 C_1 和 C_2 由方程

$$C_1=x_0,\quad C_2=(u_0+x_0\delta)/\omega_{\mathrm{d}}$$

得出，满足初始状态 $x(0)=x_0$，$\dot{x}(0)=u_0$。

问题 2.2　品质因数或者共振器的 Q 值

应用定义(2.7)，导出方程

$$Q = \frac{\omega_0}{2\delta}\left(1 + \frac{\delta}{\omega_0} - \frac{1}{6}\frac{\delta^2}{\omega_0^2} + O\left\{\frac{\delta^3}{\omega_0^3}\right\}\right) \approx$$

$$\frac{\omega_0}{2\delta} = \frac{\omega_0 m}{R} = \frac{S}{\omega_0 R} = \frac{(Sm)^{1/2}}{R}$$

以及

$$\frac{\delta}{\omega_0} = \frac{1}{2Q}\left(1 + \frac{1}{2Q} + \frac{5}{24Q^2} + O\{Q^{-3}\}\right) \approx \frac{1}{2Q}$$

提示　在指数函数和二项式函数中应用泰勒级数(Taylor series) 和(或) 应用逐次逼近法。

问题 2.3　强迫振荡

证明方程

$$m\ddot{x} + R\dot{x} + Sx = F(t) = F_0\cos(\omega t + \varphi_F)$$

有一个特解

$$x(t) = x_0\cos(\omega t + \varphi_x)$$

其中相位差为

$$\varphi = \varphi_F - \varphi_u = \varphi_F - \varphi_x - \frac{\pi}{2}$$

该角在第一象限或者第四象限,且满足

$$\tan\varphi = \frac{\omega m - \dfrac{S}{\omega}}{R}$$

同时证明

$$x_0 = \frac{u_0}{\omega} = \frac{F_0}{|Z|\omega}$$

其中

$$|Z| = \left\{R^2 + \left(\omega m - \frac{S}{\omega}\right)^2\right\}^{1/2}$$

问题 2.4　偏移响应最大值

应用问题2.3的结果讨论无量纲的偏移率 $|\xi| \equiv Sx_0/F_0$ 与频率比 $\gamma = \omega/\omega_0 = \omega\sqrt{\dfrac{m}{S}}$,发现当 $|\xi|$ 为最大值时,频率是多少。同时,确定 $\delta = R/(2m)$ 必须满足的不等式,以便让 $1 < |\xi|_{max} < \sqrt{2}$。关注当 $(\delta/\omega_0) \to 0$ 时, $|\xi|_{max} > |\xi(\gamma = 1)|$,并且 $|\xi|_{max} \to |\xi(\gamma = 1)|$。

问题 2.5　振幅和相移常数

确定振荡的振幅 A 和相移常数 φ 的数值。

$$x = A\cos(62.8t + \varphi)$$

当 $t = 0$ 时的初始状态如下:位置 $x(0) = 50$ mm,速度 $\dot{x}(0) = 0.8$ m/s。确定当 $t = 0$ 时的加速度。画出位置(比例1∶1)、速度(1 m/s ≙ 20 mm) 和加速度(1 m/s^2 ≙ 0.5 mm) 的复振幅相量图。

问题 2.6　谐波振荡的复数表示

以下的谐波振荡已得出

$$u(t)=100\sin\omega t-50\cos\omega t$$

将 $u(t)$ 重新写作：

(a) 带有相移常数的 cosine 方程。

(b) 带有相移常数的 sine 方程。

(c) 复量的实部。

(d) 复量的虚部。

(e) 两个复共轭量的总和。

问题 2.7 相同频率的叠加振荡

(a) 确定合成振荡的振幅数和相移常数,该合成振荡是由振荡个体叠加得出的

$$x(t)=3\cos(\omega t+\pi/6)+6\sin(\omega t+3\pi/2)-3.5\sin(\omega t+\pi/3)+2.2\sin(\omega t-\pi/9)$$

(b) 以复数的形式重新写 $x(t)$。

(c) 在同一图中画出四个振荡个体的相量,并且形成合成相量,然后与上述的数值计算相比较。

问题 2.8 共振带宽

根据方程(2.54),力阻抗 Z 的倒数可以被理解为系统的传递函数,其中施加的力 $\hat{F}$ 为输入,速度 $\hat{u}$ 为输出。该传递函数 $Y=1/Z$ 的模数最大值 $|Y|_{\max}$ 为 $1/R$,对应共振频率 $\omega_0=\sqrt{S/m}$。根据 ω_0 和 $\delta=R/(2m)$,在 $|Y|/|Y|_{\max}=R|Y|=1/\sqrt{2}$ 时,分别导出高频率和低频率,ω_u 和 ω_l 的表达式。同时确定共振带宽 $(\Delta\omega)_{\text{res}}=\omega_u-\omega_l$。将小节 2.1.1 中定义的品质因数 Q 的倒数,与相对带宽 $(\omega_u-\omega_l)/\omega_0$ 比较。

问题 2.9 解线性微分方程系统

证明解

$$\boldsymbol{x}(t)=\mathrm{e}^{\boldsymbol{A}(t-t_0)}\boldsymbol{x}(t_0)+\int_{t_0}^{t}\mathrm{e}^{\boldsymbol{A}(t-\tau)}\boldsymbol{B}\boldsymbol{u}(\tau)\,\mathrm{d}\tau$$

满足向量微分方程

$$\dot{\boldsymbol{x}}=\boldsymbol{A}\boldsymbol{x}+\boldsymbol{B}\boldsymbol{u}$$

问题 2.10 振荡的状态空间描述

由方程(2.112)和(2.113)得出矩阵 $\boldsymbol{A}$、$\boldsymbol{B}$、$\boldsymbol{C}$ 和 $\boldsymbol{D}$。根据方程(2.5)得出的系数 δ 和 ω_{d},确定特征值 λ_1 和 λ_2。假设 $\lambda_2\neq\lambda_1$,$\lambda_1-\lambda_2$ 没有正虚部,或相反 $\lambda_1-\lambda_2$ 为实部且为正数。证明 $\boldsymbol{A}$ 有线性独立特征 m_1 和 m_2,其转置向量为 $\boldsymbol{m}_i^{\mathrm{T}}=c_i(1\lambda_i)(i=1,2)$,其中 c_1 和 c_2 为任意常量。确定矩阵 $\boldsymbol{M}=[m_1\ m_2]$ 的倒数,证明由相似变换(2.104)确定的 $\boldsymbol{A}'$ 为对角矩阵。然后,进行变换(2.108)和(2.109),求出 $\boldsymbol{x}'$、$\boldsymbol{B}'$ 和 $\boldsymbol{C}'$,并应用方程(2.101)得到方程(2.110)和(2.111)的解。在最后的结果中,让 $t_0=0$,分别用 $\boldsymbol{x}$、$\boldsymbol{x}$、$\boldsymbol{u}$ 和 F 替换 $\boldsymbol{y}_1$、$\boldsymbol{x}_1$、$\boldsymbol{x}_2$ 和 $\boldsymbol{u}_1$。最终,写下自由振荡的解,也就是当 $F(t)\equiv 0$ 时的情况。将结果与方程(2.4)和(2.6)比较。

问题 2.11 临界阻尼振荡

当 $\lambda_1=\lambda_2=\lambda$ 时,讨论问题 2.10 的解。在该情况下,$\boldsymbol{A}$ 没有两个独立的特征向量,变换的矩阵 $\boldsymbol{A}'$ 不是对角矩阵。对于相似变换,选择矩阵形式

$$\boldsymbol{M}=\begin{bmatrix}1 & 0\\ \lambda & 1\end{bmatrix}$$

并且像在问题 2.10 中一样,完成各种任务。特殊的挑战是用定义(2.100) 确定矩阵指数 $e^{A't}$。

问题 2.12　力阻抗和功率

刚度为 $S = 100$ N/m 的弹簧悬挂一个 $m = 6$ kg 的物质。振荡系统的力阻为 $R = 3$ Ns/m。系统受到另外的力刺激

$$F(t) = |\hat{F}| \cos \omega t$$

其中力振幅为 $|\hat{F}| = 1$ N,频率为 $f = \omega/(2\pi) = 1$ Hz。

(a) 确定力阻抗 $Z = R + \mathrm{i}X = |Z| e^{\mathrm{i}\varphi}$。证明 R、X、$|Z|$ 和 φ 的数值。

(b) 确定力的复振幅 $\hat{F}$,位置的复振幅 $\hat{s}$,速度的复振幅 $\hat{u}$,加速度的复振幅 $\hat{a}$,将复振幅以向量的形式在相量图中画出。

(c) 求出力抗消失时的频率 $f_0 = \omega_0/(2\pi)$。

(d) 当以两种频率 f 和 f_0 向系统施加力 $|\hat{F}| = 1$ N 时,求出平均时间的机械功率 P。

问题 2.13　正弦振荡的卷积

证明如果 $f(t)$ 随角频率 ω_0 正弦变化,那么卷积

$$g(t) = h(t) * f(t)$$

也许可以写成 $f(t)$ 和 $\dot{f}(t)$ 的线性组合。假设传递函数 $H(\omega)$ 已知,那么就可以确定线性组合的系数。

问题 2.14　复振幅或者傅里叶积分的应用

思考谐波振荡的特殊例子。讨论整个做功的方程(2.212) 和进行谐波振荡的机械系统的功率方程

$$P = \frac{1}{4}(\hat{F}\hat{u}^* + \hat{F}^*\hat{u}) = \frac{1}{2}\mathrm{Re}(\hat{F}\hat{u}^*)$$

之间的关系[参见方程 2.18]。也思考各种物理量的量纲(或者公制单位)。

问题 2.15　零频率时的力阻抗

当根据方程(2.52) 定义力阻抗为

$$Z(\omega) = R + \mathrm{i}(\omega m - S/\omega)$$

时,默认假设 $\omega \neq 0$。定义传递函数 $Y(\omega) = 1/Z(\omega)$,$G(\omega) = \mathrm{i}\omega Z(\omega)$,以及 $H(\omega) = 1/G(\omega) = Y(\omega)/(\mathrm{i}\omega)$。证明对应的脉冲响应函数 $y(t)$、$g(t)$ 和 $h(t)$ 为因果函数。(提示:对于有极点的传递函数,应用围道积分的方法思考倒数傅里叶变换) 如果涉及的变量为 $s(t)$、$u(t)$ 和 $F(t)$,那么为涉及的四个线性系统选择输入和输出变量。此外,证明为了使 $z(t) = \mathscr{F}^{-1}\{Z(\omega)\}$ 成为因果脉冲响应函数,必须在阻抗上加一项,比如

$$Z(\omega) = R + \mathrm{i}\omega m + S[1/(\mathrm{i}\omega) + \pi\delta(\omega)]$$

以便解释最后一项的物理意义。

第3章　振荡与波的相互作用

自然界中有很多种波。除了海面和湖面上的可见波，还有如声波、光波和其他的电磁波。本章大致简要地描述了这些波，比较了水波和其他类型的波。也对波与振荡之间的相互作用进行了简要的一般性讨论。一个现象是振荡器辐射出的波，另一个现象是波入射振荡系统而产生的振荡。辐射电阻的定义是基于与振荡器发出的波相关联的功率。对于机械振荡系统，“附加质量”与波形成的过程中附加的能量相关，不只是与动能相关，还与动能和势能之间的区别相关。

3.1　水波和其他波的比较

水波沿着水面传播。流体中的声波和自由空间的电磁波可以在三维空间内，朝着任何方向传播。绷紧的绳子上的波沿着线（在一维“空间”）传播。运河水面上的波，沿着圆柱形结构有导向性传播的声波和电磁波也是如此，即使在这些情况下，物理量（压力、速度、电场、磁场等）的方向可能不同，可能横切波的传播方向。

正如第2章所提到的，机械振子（或者电模拟中的磁能和电能）中的动能和势能会发生转换。在波传播中，不同形式的能量也会相互作用，比如电磁波中的磁能和电能，机械波中的动能和势能，再比如声波和水波。对于声波来说，其势能与波传播所在的介质的弹性有关。水波的势能取决于重力和表面张力。水的弹力作用可以忽略，因为与声音在水中的传播速度相比，水面上的波传播得很慢。重力是势能产生的原因，势能负责把水从波谷抬上波峰。随着波扩大水与空气的接触面积。表面张力做的功转化成了势能。对于从 10^{-3} m 到 10^{-1} m 的波长范围，两种势能是非常重要的。对于较短的波，就是所谓的毛细波，重力的作用可忽略（见问题3.2和4.1）；对于较长的波，也就是所谓的重力波，表面张力可以忽略，正如接下来要做的，因为把研究局限于波长超过0.25 m的水波。

用随时间变化的物理量表示振荡。对于波来说，物理量也随着空间坐标变化。接下来思考一下随时间正弦变化的波。这样的波称为“谐波”或者“单色波”。碰到海浪时，若其时间变化也成正弦，那么它们也可以被称作“正常”波。

让

$$p = p(x,y,z,t) = \mathrm{Re}\{\hat{p}(x,y,z)\mathrm{e}^{\mathrm{i}\omega t}\} \tag{3.1}$$

代表普通的谐波，让 p 代表流体的动压力。（总压力为 $p_{\mathrm{tot}} = p_{\mathrm{stat}} + p$，其中静压 p_{stat} 为与时间无关。）压力复振幅 $\hat{p}$ 为空间坐标 x、y 和 z 的函数。

对于朝着方向 x 传播的平面声波，得到

$$p = p(x,t) = \mathrm{Re}\{A\mathrm{e}^{\mathrm{i}(\omega t - kx)} + B\mathrm{e}^{\mathrm{i}(\omega t + kx)}\} \tag{3.2}$$

其中，$k = 2\pi/\lambda$ 为波率（波数），λ 为波长。第一项和第二项分别代表波在 x 的正方向和负方向传播。假设一位观察者以速度 $v_{\mathrm{p}} = \omega/k$ 向 x 的正方向移动。那么这位观察者会处于

方程(3.2)右侧第一项的等相($\omega t - kx$)。如果观察者以相同的速度朝相反的方向移动,那么他会处于方程(3.2)最后一项的等相($\omega t + kx$)。因此,$v_p = \omega/k$ 被称为相速。在某个瞬间,相位在所有垂直于波传播方向的平面上都相等。因此,这种波被称为平面波。相反,球形扬声器在露天辐射出的声波

$$p(r,t) = \mathrm{Re}\{(C/r)\mathrm{e}^{\mathrm{i}(\omega t - kr)}\} \tag{3.3}$$

可以称为球面波,因为设想的球面与扬声器中心的距离为 r,该球面上任何位置的相位($\omega t - kr$)都是相同的。注意在这种几何情况下,压力振幅 $|C|/r$ 随着与扬声器距离的增大而减小。对于两个朝相反方向传播的波,其压力振幅 $|A|$ 和 $|B|$ 是相等的,并且与方程(3.2)右侧两项一致。流体中的声波为纵波,因为流体只向波传播的方向振荡。这里就不详细讨论声波了,但是,如果方程(3.2)得出了声压,那么流体速度应为

$$v = v_x = \frac{1}{\rho c}\mathrm{Re}\{A\mathrm{e}^{\mathrm{i}(\omega t - kx)} - B\mathrm{e}^{\mathrm{i}(\omega t + kx)}\} \tag{3.4}$$

其中,c 为声速;ρ 为流体的静止质量密度。

对方程(3.2)和(3.4)的推导和声波的波动方程感兴趣的读者可以参考声学教材。

对于朝着水平方向传播的,水面上的平面波、谐波、表面波,与方程(3.2)相似的表达式也适用。但是 A 和 B 就不再相等了;它们取决于纵坐标 z(已选择向上的正方向)。那么在“深水”中,A 和 B 与 e^{kz} 成正比,正如之后将在第 4 章中证明的。所以 $p = p(x,z,t)$,并且

$$\hat{p} = \hat{p}(x,z) = A(z)\mathrm{e}^{-\mathrm{i}kx} + B(z)\mathrm{e}^{\mathrm{i}kx} \tag{3.5}$$

对于平面、线性、极化的电磁波,电场为

$$E(x,t) = \mathrm{Re}\{A\mathrm{e}^{\mathrm{i}(\omega t - kx)} + B\mathrm{e}^{\mathrm{i}(\omega t + kx)}\} \tag{3.6}$$

其中 A 和 B 再次为复常数。

3.2　色散,相速和群速

声波和电磁波都为非色散波,非色散的意思是相速与频率无关。色散关系(ω 和 k 的关系)为

$$\omega = ck \tag{3.7}$$

其中 c 为声音或者光的速度。

一般来说,水中的重力波是色散波。正如之后将在第 4 章(4.3 节)中证明的,深水中波的关系为

$$\omega^2 = gk \tag{3.8}$$

其中,g 为重力加速度。通过应用这个色散关系,发现相速为

$$v_p \equiv \frac{\omega}{k} = \frac{g}{\omega} = \sqrt{\frac{g}{k}} \tag{3.9}$$

注意,在研究色散波(相速取决于频率的波)传播的过程中,必须区分相速和群速。假设色散关系可以写成 $F(\omega,k) = 0$,其中 F 为两个变量的微分方程。那么群速的定义为

$$v_g = \frac{\mathrm{d}\omega}{\mathrm{d}k} = -\frac{\partial F/\partial k}{\partial F/\partial \omega} \tag{3.10}$$

正如问题 3.1 所示,如果几个频率稍有区别的传播波互相叠加在一起,结果可以被理解为波群,当中的每一个波以相速移动,而波个体组成的波群被以群速移动的包络更改了振幅。这里就来思考下面这个更简单的例子,即角频率为 $\omega \pm \Delta\omega$ 且波率为 $k \pm \Delta k$ 的两个叠加谐波,也就是

$$p(x,t) = D\cos\{(\omega - \Delta\omega)t - (k - \Delta k)x\} + D\cos\{(\omega + \Delta\omega)t - (k + \Delta k)x\} = 2D\cos\{(\Delta\omega)t - (\Delta k)x\}\cos(\omega t - kx) \tag{3.11}$$

其中最后一步应用了基本三角恒等式。如果 $\Delta\omega \ll \omega$,那么 $p(x,t)$ 最后的表达式就是快速变化函数和慢速变化函数的乘积,前者代表的是传播速度(相速)为 ω/k 的波,慢速变化函数代表的是以 $\Delta\omega/\Delta k$ 的传播速度、朝着 x 正方向移动的振幅包络,如果 $\Delta\omega$(以及对应的 Δk)趋于零,那么 $\Delta\omega/\Delta k$ 也会趋于群速。

通过应用方程(3.8),发现对于深水中的波,群速为

$$v_g \equiv \frac{d\omega}{dk} = \frac{g}{2\omega} = \frac{v_p}{2} \tag{3.12}$$

之后会在第 4 章发现,也许群速可以理解为被深水波传输了能量的速度。虽然电磁波在自然空间中为非色散波,但是一般来说,像这种沿着电话线或者沿着光纤的波都会有些色散。在这种情况下,不只是波承载的能量通常会保持与群速相同的速度传播,信息也是如此,了解这一点是非常有利的。

3.3　波的功率和能量传输

接下来,思考一下与波相关的能量、功率和密度。密度 I 为单位时间和单位面积内,在波传播方向上的平均时间能量传输。而在公制单位中,能量的量纲为 J(焦耳),功率的量纲为瓦特,密度为 $J/sm^2 = W/m^2$。对于水面波和声波,密度为

$$I = \overline{p_{tot}v} = \overline{(p_{stat} + p)v} \tag{3.13}$$

其中,总压力 p_{tot} 为静压 p_{stat} 和动压 p 的总和;$v = v_x$ 为波传播方向上的流体粒子速度分量。(上横线表示平均时间)因为平均时间粒子速度为零 $\bar{v} = 0$,所以得到

$$I = p_{stat}\bar{v} + \overline{pv} = \overline{pv} \tag{3.14}$$

因此对于谐波,得到

$$p = \mathrm{Re}\{\hat{p}e^{i\omega t}\}, \quad v_x = \mathrm{Re}\{\hat{v}_x e^{i\omega t}\} \tag{3.15}$$

其中,当动压 p 和流体粒子速度的 x 分量分别为 (x,y,z) 时,$\hat{p} = \hat{p}(x,y,z)$ 以及 $\hat{v}_x = \hat{v}_x(x,y,z)$ 为复振幅。与方程(2.78)的推导进行类比,就可以得到

$$I = I_x = I_x(x,y,z) = \overline{pv_x} = \frac{1}{2}\mathrm{Re}\{\hat{p}\hat{v}_x^*\} \tag{3.16}$$

因此严格来说,v 和 I 的向量为

$$\boldsymbol{I} = \boldsymbol{I}(x,y,z) = \overline{p\boldsymbol{v}} = \frac{1}{2}\mathrm{Re}\{\hat{p}\,\hat{\boldsymbol{v}}^*\} \tag{3.17}$$

对于电磁波来说,密度可以被定义为所谓的坡印廷矢量(Poynting vector)的平均时间值,也就是著名的电磁场(例如,可见潘诺夫斯基(Panofsky)和菲利普斯(Phillips)的著作)。

对于在 x 正方向传播的平面波来说，当 $B=0$，且常数 $|A|$ 等于压力振幅时，方程(3.2) 可得出声压，方程(3.4) 可得出振荡流体速度。那么方程(3.16) 得出的声强就是常数(与 x、y 和 z 无关)。

对于在 x 正方向传播的水平面重力波，当 $B(z)\equiv 0$ 时，方程(3.5) 可得出动压。参考第 4 章对于与这种波相关的振荡流体速度 $\boldsymbol{v}$ 的讨论。这里只是提到如果水很“深”，那么 p 和 $\boldsymbol{v}$ 与 e^{kz} 成正比。因此，密度跟 e^{2kz} 成正比，这就意味着密度随着从水面向下的距离增大而成指数递减。因此

$$I_x = I_0 e^{2kz} \tag{3.18}$$

其中，I_0 为(平均) 水面密度，$z=0$。通过求 $I_x=I_x(z)$ 从 $z=-\infty$ 到 $z=0$ 的积分，得出传输的波能

$$J=\int_{-\infty}^{0} I_x(z)\,dz = I_0\int_{-\infty}^{0} e^{2kz}\,dz = I_0/2k \tag{3.19}$$

所得结果为在单位时间内，并且在一个想象的、单位宽度的垂直带状区域内传输的波能，该带状区域平行于波阵面，也就是平行于传播波的等相平面。

现在来思考一个任意的、想象的封闭水面，并且内部有一个辐射源(或者造波机)，正如图 3.1 所示。辐射源可以是浸入水中的振荡体，或者其他类型的造波机(在声学领域中，该源头可以是扬声器，在无线电领域，可以是发射天线，在光学领域，可以是发光原子)。

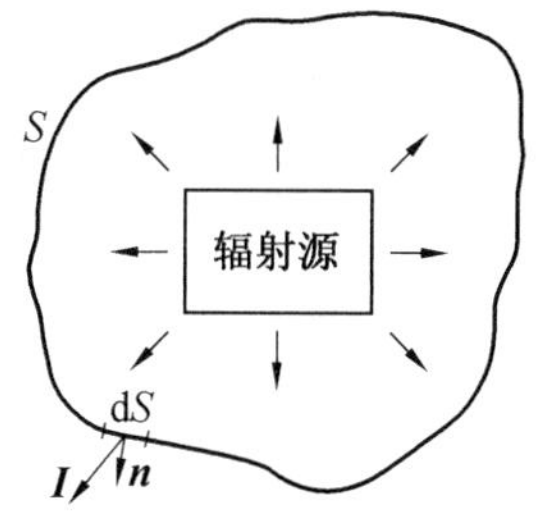

图 3.1　被想象的封闭水面包围的普通辐射源

穿过封闭水面的辐射功率(单位时间的能量)S 可以用水面密度的积分来表示

$$P_r = \oint\!\!\oint \boldsymbol{I}\cdot\boldsymbol{n}\,dS = \oint\!\!\oint \boldsymbol{I}\cdot d\boldsymbol{S} \tag{3.20}$$

其中 $\boldsymbol{n}$ 为单位法向量，并且 $d\boldsymbol{S}\equiv \boldsymbol{n}dS$。当球形扬声器在露天等相辐射声音时，声音密度 $I(r)$ 与方向无关，如果想象的球形半径为 r，那么穿过其表面的辐射功率为

$$P_x = I(r)4\pi r^2 \tag{3.21}$$

这里忽略来自地面和其他障碍的声波反射和吸收。假设空气不吸收声波能，那么发现 P_r 必须与 r 无关。因此，$I(r)$ 与距离 r 的平方成反比

$$I(r)=I(a)\ (a/r)^2 \tag{3.22}$$

其中 $I(r)$ 为 $r=a$ 时的密度。记住这个结果后，就容易接受方程(3.3) 对球面波得出的结论，即声压的振幅与距离 r 成反比。

现在假设一个轴对称的浮体浸入水中 h 深的地方，并且正在进行垂直振荡。那么就会产生轴对称的波，一连串的圆形波会从振荡体向外沿着水面辐射。预设一个竖直圆柱体，其半径 r 较大，根据方程(3.20)，从其辐射出的功率可以写成

$$P_r = \int_{-h}^{0} I(r,z)2\pi r\,dz = J_r 2\pi r \tag{3.23}$$

其中

$$J_r = \int_{-h}^{0} I(r,z)\,dz \tag{3.24}$$

为辐射的波能传输(波阵面的单位宽度)。忽略水中的波能损失，P_r 与到振荡体轴线的距

离 r 无关。结果是 J_r 与 r 成反比

$$J_r(r)=J_r(a)(a/r) \tag{3.25}$$

其中 $J_r(a)$ 为当 $r=a$ 时的波能传输。从这个方程,可以认为动压的振幅和其他与辐射波相关的物理量的振幅与 r 的平方根成反比。正如之后会在第 4 章和第 5 章更详细讨论的那样,如果 r 足够大,那么该结果就是真实的(如果到振荡体的距离比一个波长短,那么所得会与该结果出现较大的分歧)。

3.4 辐射电阻与辐射阻抗

如图 2.1 中所示的质量体 m 为扬声器的振膜,那么系统的振荡会产生声波。或者,如果质量体 m 浸入水中,如图 3.2 所示,那么会产生水波。现在来思考一个水槽造波实验。正如图 2.1 所示,用弹簧 S_m 悬挂一个浸入水中的质量体 m_m,其力阻为 R_m。或者,浮体可以为一个挂在扬声器箱内架子上的振膜。假设外力

$$F(t)=\mathrm{Re}\{\hat{F}\mathrm{e}^{\mathrm{i}\omega t}\} \tag{3.26}$$

施加在浮体上,引起了速度为以下方程的强迫振荡运动

$$u(t)=\mathrm{Re}\{\hat{u}\mathrm{e}^{\mathrm{i}\omega t}\} \tag{3.27}$$

机械阻尼器消耗的(平均时间)功率为

$$P_m=\frac{1}{2}R_m|\hat{u}|^2 \tag{3.28}$$

该结果与方程(2.81)一致。振荡体产生的波带走了辐射的功率 P_r[参见图 3.1 和方程(3.20)]。类比方程(3.28),可以写出

$$P_r=\frac{1}{2}R_r|\hat{u}|^2 \tag{3.29}$$

定义所谓的辐射电阻。

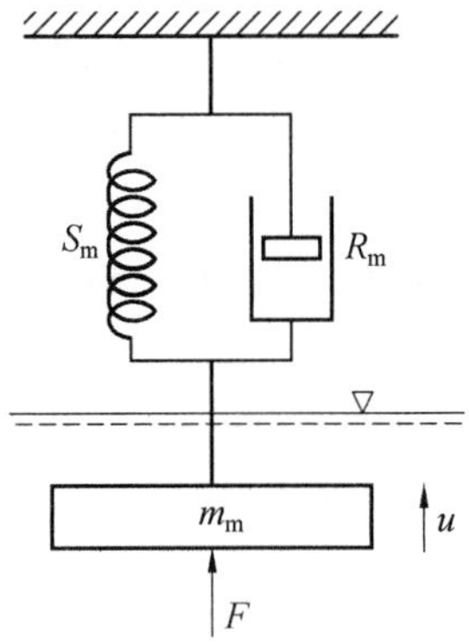

图 3.2 在水中悬挂在弹簧 S_m 和阻尼 R_m 上的质量体 m_m

除了外部的作用力 F,辐射波形成的反作用力也作用在了浮体上。假设线性理论适用,可以发现 F_r 也以谐波振荡的形式变化;也就是说,$F_r=\mathrm{Re}\{\hat{F}_r\mathrm{e}^{\mathrm{i}\omega t}\}$。那么系统的动力就可以用方程(2.65)或者方程(2.66)的如下展开式表示

$$\mathrm{i}\omega m_m\hat{u}+R_m\hat{u}+\left(\frac{S_m}{\mathrm{i}\omega}\right)\hat{u}=\hat{F}+\hat{F}_r \tag{3.30}$$

或者以力阻抗 Z_m 的形式

$$Z_m\hat{u}=\hat{F}+\hat{F}_r \tag{3.31}$$

设

$$\hat{F}_r=-Z_r\hat{u} \tag{3.32}$$

可以定义附加的阻抗,或者所谓的辐射阻抗 Z_r。

一般来说,Z_r 为 ω 的复数函数

$$Z_r=Z_r(\omega)=R_r(\omega)+\mathrm{i}X_r(\omega) \tag{3.33}$$

Z_r 也取决于辐射系统的几何结构。现在从方程(3.31)和(3.32)可以得出

$$(Z_m + Z_r)\hat{u} = \hat{F} \tag{3.34}$$

由此得出复速度振幅

$$\hat{u} = \frac{\hat{F}}{Z_m + Z_r} = \frac{\hat{F}}{(R_m + R_r) + i(\omega m_m + X_r - S_m/\omega)} \tag{3.35}$$

将该结果与方程(2.54) 比较,发现振荡运动可修改,因为振荡质量已浸入水中。浸入水中的浮体运动引起了浮体周围水的运动。辐射功率(3.29) 代表的一些能量被带走了。此外,当水面发生变形,并且水从波谷抬上波峰,水的速度引起的一些能量存储成了动能,重力引起的能量存储成了势能。水中储存的能量被附加到机械系统本身储存的能量。因此通过参考方程(2.90),可以将辐射电抗 $X_r(\omega)$ 与附加的动能平均值和附加的势能平均值之间的区别建立联系。辐射电抗 $X_r(\omega)$ 经常写为 ωm_r,其中

$$m_r = m_r(\omega) = \frac{X_r(\omega)}{\omega} \tag{3.36}$$

就是所谓的附加质量,并且通常为正数。然而在特殊的情况下,附加的势能大于附加的动能,在这种情况下,附加的质量变成了负值。比较方程(2.90) 和(3.36)。结合方程(3.33) 和(3.36),可以把辐射力抗写成

$$Z_r(\omega) = R_r(\omega) + i\omega m_r(\omega) \tag{3.37}$$

跟声学一样,这里辐射阻抗的量纲为力除以速度,因此公制单位的表达式为$[Z_r] = [R_r] = $ Ns/m = kg/s。类比可得,在无线电天线理论中,(电) 辐射阻抗的量纲为电压除以电流,对应的公制单位表达式为 Ω = V/A。“辐射阻抗” 一词通常用于声学中与话筒和扬声器相关的研究,也用于电磁系统中与接收和发射天线相关的研究。一些作者已经在流体力学中采用了“辐射阻抗” 这一词,流体力学是指有关重力波的产生和吸收的研究。该词也会在后面的内容中用到。

3.5　共振吸收

在之前的一节中,假设已得出了外力 F[参见方程(3.26) 和图 3.2]。可以通过发动机或者一些其他的系统来施加该外力,但图 3.2 中并未显示。除了外力,方程(3.30) 也考虑了反作用力 F_r,同时假设在方程(3.32) 中,该反作用力在速度 u 中成线性。如果运动被阻止了(通过从参数 S_m、R_m 和 m_m 中至少选择一个足够大的数值),那么只有外力 F 会留下。现在来假设外力是通过入射波来施加的。当浸入浮体没有运动时,也就是当 $u = 0$ 时,应该采用“激振力” 一词来指代作用在浸入浮体上的波浪力 F_e。在这种情况下,用 $\hat{F}_e$ 来替换方程(3.30)、(3.31)、(3.34) 和(3.35) 中的 $\hat{F}$。那么根据方程(3.35),浮体的速度可由以下方程得出

$$\hat{u} = \frac{\hat{F}_e}{R_m + R_r + i[\omega(m_m + m_r) - S_m/\omega]} \tag{3.38}$$

机械阻抗 R_m 中吸收的功率为[参见方程(3.28)]

$$P_a = \frac{R_m}{2}|\hat{u}|^2 = \frac{(R_m/2)|\hat{F}_e|^2}{(R_m + R_r)^2 + (\omega m_m + \omega m_r - S_m/\omega)^2} \tag{3.39}$$

注意,在理想的状态下,R_m 可以表示负载电阻,那么 P_a 就相应地表示负载电阻消耗的有

效功率。注意到当 $R_m=0$ 和 $R_m=\infty$ 时，$P_a=0$，当 $0<R_m<\infty$ 时，$P_a>0$。因此当 $\partial P_a/\partial R_m=0$ 时，吸收的功率最大，如果满足如下方程就会出现这种情况

$$R_m=\{R_r^2+(\omega m_m+\omega m_r-S_m/\omega)^2\}^{1/2}\equiv R_{m,opt} \tag{3.40}$$

由此得到吸收功率的最大值

$$P_{a,max}=\frac{|\hat{F}_e|^2/4}{R_r+\{R_r^2+(\omega m_m+\omega m_r-S_m/\omega)^2\}^{1/2}} \tag{3.41}$$

见问题3.7和3.8。

此外通过观察方程(3.39)，可以得知如果对于任意的 R_m，可以选择 m_m 和 S_m，比如

$$\omega m_m+\omega m_r-S_m/\omega=0 \tag{3.42}$$

那么吸收功率的最大值为

$$P_a=\frac{R_m|\hat{F}_e|^2/2}{(R_m+R_r)^2} \tag{3.43}$$

现在，如果对应条件(3.40)，选择当前发生如下变化的 R_m

$$R_m=R_r\equiv R_{m,opt} \tag{3.44}$$

吸收功率的最大值为

$$P_{a,max}=\frac{|\hat{F}_e|^2}{8R_r} \tag{3.45}$$

在这种情况下，方程(3.38)可简化成

$$\hat{u}=\frac{\hat{F}_e}{2R_r}\equiv\hat{u}_{opt} \tag{3.46}$$

当满足了条件(3.42)，就得到了共振。从方程(3.38)，可以发现速度振幅与激振力同相位，因为在那时复振幅 $\hat{u}$ 和 $\hat{F}$ 之间的比例为实函数。可以把方程(3.42)当作“共振条件”或者“最优相位条件”。注意，该条件与所选的机械阻抗 R_m 的值无关，那么由方程(3.43)就可得出吸收功率的最大值。

如果无法满足最优相位条件，那么由方程(3.41)就可得出吸收功率的最大值，前提是满足最优振幅条件(3.40)。

如果可以同时满足最优相位条件和最优振幅条件，那么由方程(3.45)可得出吸收功率的最大值，而由方程(3.46)可得出最优振幅。在后面的章节(第6章和第7章)中，会碰到相似于这种从水波吸收功率的最优情况。然而要注意的是本节的讨论也适用于从话筒发出的声波吸收能量的情况，以及从接收天线发出的电磁波吸收能量的情况。(在后面的例子中，u 为天线电接头中流动的电流，F_e 为激发电压，也就是当 $u=0$ 时，在接头处，由入射电磁波引起的电压。)

为了简化方程，现在忽略辐射电抗 R_r 和附加质量 m_r 的频率相关性。将固有频率(特征频率)

$$\omega_0=\sqrt{\frac{S_m}{m_m+m_r}} \tag{3.47}$$

代入方程(3.39)，那么可以将吸收功率的方程重新写为

$$P_a(\omega)=\frac{R_m|\hat{F}_e(\omega)|^2}{2(R_m+R_r)^2}\frac{1}{1+(\omega_0/(2\delta))^2(\omega/\omega_0-\omega_0/\omega)^2} \tag{3.48}$$

其中

$$\delta = \frac{R_m + R_r}{2(m_m + m_r)} \tag{3.49}$$

就是所谓的振荡器的阻尼系数。注意,方程(3.47)和(3.49)为方程(2.5)得出的定义展开方程。

参考方程(2.19),可以发现相对吸收功率响应为

$$\frac{P_a(\omega)/|\hat{F}_e(\omega)|^2}{P_a(\omega_0)/|\hat{F}_e(\omega_0)|^2} = \frac{1}{1 + (\omega_0/(2\delta))^2(\omega/\omega_0 - \omega_0/\omega)^2} \tag{3.50}$$

在共振($\omega = \omega_0$)时,得到最大值 1,超过了频率区间 $\omega_l < \omega < \omega_u$ 中的,其中

$$\omega_u - \omega_l = (\Delta\omega)_{res} = 2\delta = \frac{R_m + R_r}{m_m + m_r} \tag{3.51}$$

图 3.3 画出了当阻尼因数 δ/ω_0 取两种不同的值时,相对吸收功率响应与频率

$$\frac{\delta}{\omega_0} = \frac{R_m + R_r}{2\omega_0(m_m + m_r)} = \frac{R_m + R_r}{2\sqrt{S_m(m_m + m_r)}} \tag{3.52}$$

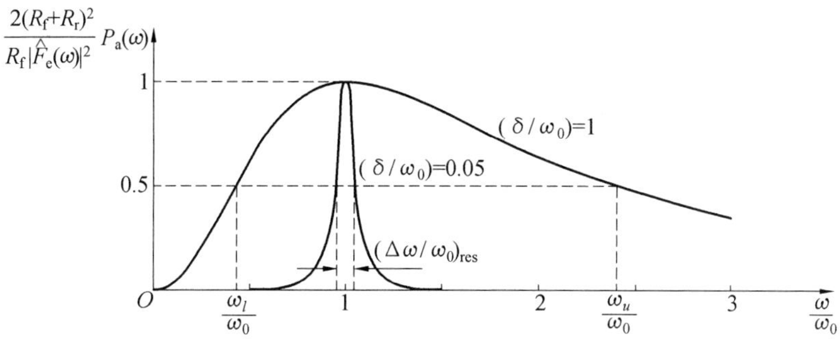

图 3.3　阻尼因数 δ/ω_0 取两种不同的值,所得吸收功率的频率响应

注意$|\hat{F}_e(\omega)|^2$为入射波波谱的表示。图 3.4 给出了例子,其中$|\hat{F}_e(\omega)|^2$为某些角频率 ω_p 下的最大值,超过了一个长度区间$(\Delta\omega)_E$最大值的一半。假设已选择了 $\omega_0 = \omega_p$ 的吸收系统。如果选择了一个足够大的阻尼因数,就可以得到$(\Delta\omega)_{res} > (\Delta\omega)_E$。根据方程(3.40)和(3.44),如果希望尽可能地吸收波能,应该让 $R_m \geqslant R_r$。那么从方程(3.51),可以得到

$$(\Delta\omega)_{res} \geqslant \frac{2R_r}{m_m + m_r} \tag{3.53}$$

图 3.4 中的两条虚线曲线代表两种不同的消波振荡器,一个带宽较窄,一个带宽较宽。很明显,窄带宽的振荡器可以只从入射波谱中的一小部分有效地吸收波。

问题

问题 3.1　群速

(a) 证明振幅相等但频率不同的两个波之和 $s = s_1 + s_2$, $s_j(x,t) = A\cos(\omega_j t - k_j x)$ $(j = 1,2)$,可以写成

$$s(x,t) = 2A\cos\left(\frac{\omega_1 - \omega_2}{2}t - \frac{k_1 - k_2}{2}x\right)\cos\left(\frac{\omega_1 + \omega_2}{2}t - \frac{k_1 + k_2}{2}x\right)$$

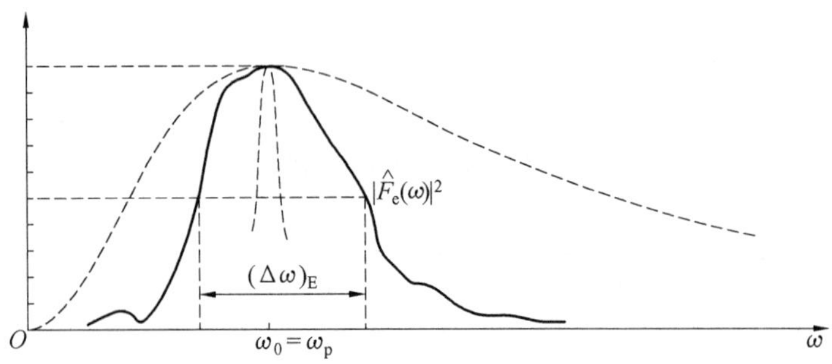

图 3.4　波谱（实线曲线）与图 3.3 中两种情况下的吸收功率响应（虚线曲线）的对比表示

既不使用三角公式，也不应用谐波的复数表示方式。设 $\omega_1 = \omega + \Delta\omega/2$，并且 $\omega_2 = \omega - \Delta\omega/2$，然后讨论 $\Delta\omega \to 0$ 的情况。

（b）此外，思考更加普遍的例子

$$s(x,t) = \frac{1}{2}\sum_j A_j \exp\{\mathrm{i}(\omega_j t - k_j x)\} + \mathrm{c.\,c.}$$

假设当 $j = m(m \gg 1)$ 时，$|A_j|$ 的最大值为 $|A_m|$，并且当用相当小的 $\Delta\omega(\Delta\omega \ll_m$，“窄波谱”）从 ω_m 推导出 ω_j 时，$|A_j|$ 可以忽略。证明“信号”$s(x,t)$ 可以被理解为角频率 ω_m 和角波率 k_m 的“载波”，并且以群速 $(\mathrm{d}\omega/\mathrm{d}k)_m$ 传播的“包络波”改变了载波，前提是色散波 $\omega = \omega(k)$ 或者 $k = k(\omega)$ 可近似于其在 (k_m, ω_m) 区间内的正切，同时在该区间 $|A_j|$ 不可忽略。

问题 3.2　毛细 - 重力表面波

如果除了要考虑地心引力对波势能的贡献，还要考虑毛细力的贡献，那么深水中波的相速可以由以下方程得出

$$v_p = \sqrt{\frac{g}{k} + \frac{\gamma k}{\rho}}$$

而不是由方程（3.9）得出，其中 $\gamma = 0.07$ N/m 为空气 - 水界面的表面张力。并且要得出替换方程（3.8）的对应色散关系。也要导出群速的表达式。得出波长 $2\pi/k = 10$ mm 的波纹的相速数值（假设 $g = 9.8\ \mathrm{m/s^2}$ 并且 $\rho = 1.0 \times 10^3 \mathrm{kg/m^3}$）。最终，导出波长和波纹频率的表达式和数值，其中波纹的相速为最小。

问题 3.3　气体中的光色散

对于气体来说，折射率 $n = c/v_p$（真空中的光速 c 和相速 v_p 之间的比值）非常近似于频率

$$n = 1 + \frac{p}{\omega_0^2 - \omega^2}$$

其中 n 与 1 的差值并不大。在上述表达式中，p 为正常数，ω_0 为气体的共振角频率。当 $\omega \ll_0$ 以及 $\omega \gg \omega_0$ 时，确认气体中电磁波（光波）的群速 $v_g = \mathrm{d}\omega/\mathrm{d}k$（相对于相速 $v_p = \omega/k$）比 c 小。

问题 3.4　球形扬声器的辐射阻抗

声波是由半径为 a 的脉动球体辐射出来（产生）的。球形的表面以径向速度 $u = \hat{u}e^{\mathrm{i}\omega t}$ 振荡。当 $r > a$ 时，波可以用声压来表达

$$p=(A/r)\mathrm{e}^{\mathrm{i}(\omega t-kr)}$$

那么(径向)粒子速度为

$$v=v_{\mathrm{r}}=\left[1+\frac{1}{\mathrm{i}kr}\right]\frac{p}{\rho c}$$

其中常数ρ和$c=\omega/k$分别为流体密度和声速(Kinsler and Frey,第 114 和 163 页)。

应用临界条件$u=[v]_{\mathrm{r}}=a$,确定未知的系数A。然后导出振幅阻抗Z_{r}的表达式、振幅电阻R_{r}的表达式和附加质量m_{r}的表达式,以作为角波率的函数。(基于球形表面波的反作用力来推导Z_{r}。通过推导辐射功率的表达式来检验R_{r}的结果。)

问题 3.5　声学点式吸收器

来思考一下把麦克风当成脉动球体的情况。让球体的半径a足够小($ka\ll1$),以便把麦克风当成点式吸收器。

当$ka\ll1$时,辐射电抗大约为

$$R_{\mathrm{r}}\approx4\pi a^4k^2\rho c$$

麦克风的球形壳质量为m,相对径向位移的劲度为S。此外,其力阻R代表了吸收的声功率到电功率的转换。

平面谐波

$$p_i=A_0\mathrm{e}^{\mathrm{i}(\omega t-kx)}$$

为球体上的入射波。对于点式吸收器来说,可以忽视反射波和绕射波。在某一频率($\omega=\omega_0$)时,可得到共振。得出吸收功率P为最大值$P_{\max}$时,R的值,并用A_0、a、k和ρc表达出$P_{\max}$。同时证明球形麦克风的吸收截面最大值为$\lambda^2/(4\pi)$。[该值可以与硬墙平面上,平面震动片类型麦克风的吸收截面$A_{\mathrm{a}}=\lambda^2/(2\pi)$相比,例如迈尔(Meyer)和诺伊曼(Neumann)书中所展示的那样。吸收截面的定义为吸收功率除以入射波的声强$I_i=\frac{1}{2}|A_0|^2/(\rho c)$。]

问题 3.6　短偶极子天线

高度$h=4$的垂直入地天线在频率为$\nu=\omega/(2\pi)=3$ MHz(或者波长$\lambda=100$ m)时,有效高度$h_{\mathrm{eff}}=2$ m。正如图 3.5 所示,天线的输入口在地平面,天线被耦合到一个电路上。证明辐射电阻为$R_{\mathrm{r}}=0.63\ \Omega$。天线用于接收平面电磁波,该电磁波的垂直极化电场为$|E_{\mathrm{i}}|=10^{-3}$ V/m。

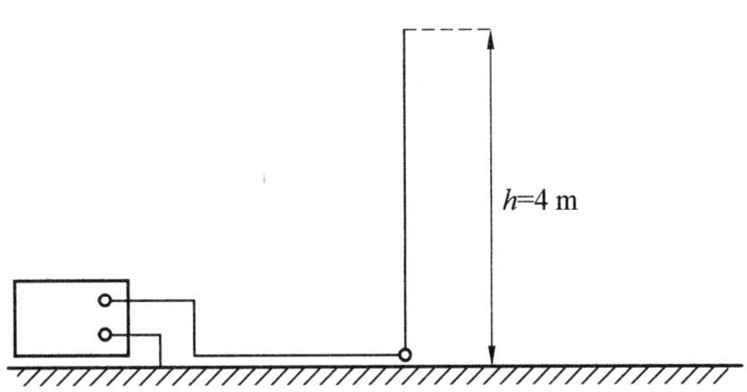

图 3.5　连接在电路上的垂直天线,用于电磁波传输和接收

匹配天线电路的电阻,并调整成共振模式。然后计算出天线电路吸收的功率,也要计

算出天线的吸收截面。

[提示:对于入地的天线,有效的偶极子天线长度为 $l_{eff} = 2h_{eff}$。对于无限长 l_{eff} 的赫兹偶极子,辐射电阻为 $R_r = (kl_{eff})^2 Z_0/(6\pi)$,其中 $Z_0 = (\mu_0/\varepsilon_0)^{1/2} = 377\ \Omega$。入射电磁波的强度(单位面积的平均功率) 为$\frac{1}{2}|E_i|^2/Z_0$。]

问题 3.7 最优负载电阻

通过方程(3.40) 和(3.41) 导出最优负载电阻 R_m 和对应的吸收功率 $P_{a,max}$。

问题 3.8 吸收功率最大值

证明吸收功率的方程(3.39) 可以重新用公式表示成

$$\frac{8R_r}{|\hat{F}_e|^2}P_a = \frac{4R_mR_r}{(R_m + R_r)^2 + X^2} = 1 - \frac{(R_m - R_r)^2 + X^2}{(R_m + R_r)^2 + X^2}$$

其中 $X = \omega m_m + \omega m_r - S_m/\omega$。从这个方程可以直接看出方程(3.42) ~ (3.45) 的结果。

问题 3.9 浸入振荡体辐射的功率

假设问题 2.12 中的质量体 m 浸入水中,并产生了波。并且假设把辐射电阻 R_r = 1 Ns/m 算作总电阻 R = 3 Ns/m 的三分之一。同样,假设附加的质量 m_r 已算入总质量 m = 6 kg。这里忽略 R_r 和 m_r 会随频率变化的事实。那么在问题2.12 中,当频率为f和f_0时,辐射功率为多少?

第 4 章 水的重力波

本章的主题是从数学的角度研究理想流体中的波,理想流体就是不可以压缩的流体,且在该流体中的波动不会损失机械能。同时假设流体运动为无旋运动,并且波振幅足够小,可应用线性理论。本章从基本的流体力学开始,导出深水波或者固定深度水波的色散关系。同时也讨论了平面波和圆形波,思考了与波传播相关的能量和动力传输。本章的最后一部分介绍了一些概念,推导了一些数学关系,这些理论和关系非常有利于后面一章中对波与振荡系统之间关系的讨论。

4.1 基本方程:线性化

先从两个流体力学基本方程开始,这两个方程是质量和动量的守恒表达式,也就是连续性方程

$$\frac{\partial \rho}{\partial t} + \nabla(\rho \boldsymbol{v}) = 0 \tag{4.1}$$

纳维 - 斯托克斯方程(Navier-Stokes equation)

$$\frac{D\boldsymbol{v}}{Dt} \equiv \frac{\partial \boldsymbol{v}}{\partial t} + (\boldsymbol{v}\nabla)\boldsymbol{v} = -\frac{1}{\rho}\nabla p_{\text{tot}} + v\nabla^2\boldsymbol{v} + \frac{1}{\rho}\boldsymbol{f} \tag{4.2}$$

这里ρ为流体的质量密度,$\boldsymbol{v}$为流体成分的速度,p_{tot}为流体的压力,$\mathrm{d}\nu = \boldsymbol{\eta}/\rho$为运动学黏性系数,但在假设流体为理想流体的前提下,应该忽略该系数。因此,设$\nu = 0$。最终,$\boldsymbol{f}$为单位容积的外力。

这里只考虑地心引力,也就是

$$\boldsymbol{f} = \rho \boldsymbol{g} \tag{4.3}$$

其中,$\boldsymbol{g}$为重力的加速度。对于不可压缩的流体,ρ为常数,其连续性方程(4.1)得出

$$\nabla \cdot \boldsymbol{v} = 0 \tag{4.4}$$

代入假设方程(4.2)后变成

$$\frac{\partial \boldsymbol{v}}{\partial t} + \boldsymbol{v}\nabla\boldsymbol{v} = -\frac{1}{\rho}\nabla p_{\text{tot}} + \boldsymbol{g} \tag{4.5}$$

应用向量恒等式

$$\boldsymbol{v} \times (\nabla \times \boldsymbol{v}) \equiv \frac{1}{2}\nabla v^2 - \boldsymbol{v}\nabla\boldsymbol{v} \tag{4.6}$$

求出方程(4.5)的旋度得出

$$\frac{\partial}{\partial t}(\nabla \times \boldsymbol{v}) = \nabla \times \left(-\frac{1}{2}\nabla v^2 + \boldsymbol{v} \times (\nabla \times \boldsymbol{v}) - \frac{1}{\rho}\nabla p_{\text{tot}} + \boldsymbol{g}\right) \tag{4.7}$$

对于任何纯量函数φ,都应用向量恒等式$\nabla \times \nabla\varphi \equiv 0$。此外,$\nabla \times \boldsymbol{g} = 0$,因为$\boldsymbol{g}$为引力势$gz$的梯度,因此

$$\frac{\partial}{\partial t}(\nabla\times\boldsymbol{v})=\nabla\times[\boldsymbol{v}\times(\nabla\times\boldsymbol{v})] \tag{4.8}$$

假设一旦理想流体开始无旋运动，$\nabla\times\boldsymbol{v}=0$（比如，如果流体静止），那么流体会继续保持永远的无旋运动，因为$(\partial/\partial t)(\nabla\times\boldsymbol{v})=0$。因此假设

$$\nabla\times\boldsymbol{v}=0 \tag{4.9}$$

在接下来的分析中成立。鉴于向量恒等式 $\nabla\times\boldsymbol{v}=0$，现在可以写出

$$\boldsymbol{v}=\nabla\varphi \tag{4.10}$$

其中 φ 就是所谓的速度势。代入方程(4.5)得出

$$\nabla\left(\frac{\partial\varphi}{\partial t}+\frac{v^2}{2}+\frac{p_{\text{tot}}}{\rho}+gz\right)=0 \tag{4.11}$$

记住向量恒等式(4.6)，以及关系 $\boldsymbol{g}=-\nabla(gz)$。（$z$ 轴朝上）积分得出

$$\frac{\partial\varphi}{\partial t}+\frac{v^2}{2}+\frac{p_{\text{tot}}}{\rho}+gz=C \tag{4.12}$$

其中 C 为积分常数。这就是所谓的伯努利方程（Bernoulli equation）（非定常）。

因为根据方程(4.10)，得出 $v^2=\nabla\varphi\cdot\nabla\varphi$，纯量 φ 的方程(4.12)替代了向量 $\boldsymbol{v}$ 的向量方程(4.5)。这是无旋流方程(4.9)的假设所带来的算数便利。

对于静止的条件，当流体没有运动时，$\boldsymbol{v}=0$ 并且 $\varphi=$ 常数，方程(4.12)得出

$$p_{\text{tot}}=p_{\text{stat}}=-\rho gz+\rho C \tag{4.13}$$

在自由面上，$z=0$，得到 $p_{\text{tot}}=p_{\text{atm}}$，其中 p_{atm} 为大气压。注意，这里忽略了空气－流体界面的表面张力。因此得出 $C=p_{\text{atm}}/\rho$，以及

$$p_{\text{stat}}=-\rho gz+p_{\text{atm}} \tag{4.14}$$

静水压力随着流体表面下垂直位移的增大而成线性增长，如图 4.1 所示。

水下空气室（图 4.2）中的空气静压为

$$p_{k0}=\rho g(-z_k)+p_{\text{atm}} \tag{4.15}$$

其中所困空气下方的水面深度为 $-z_k$。

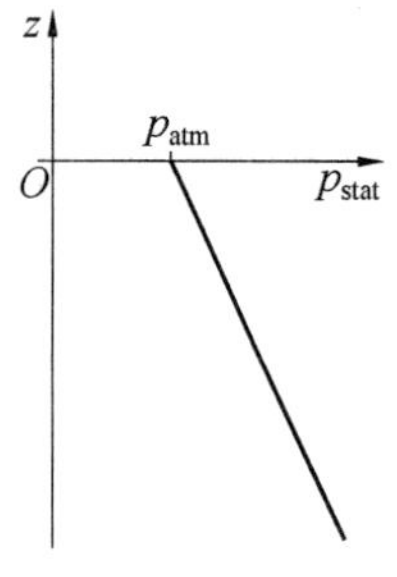

图 4.1　静水压力随着水面下深度的增加而增大

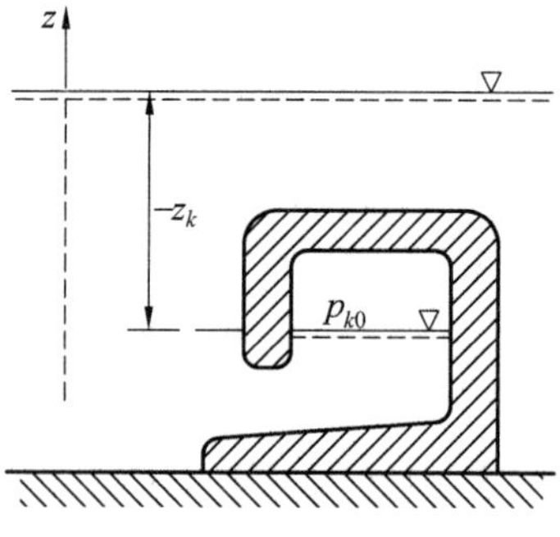

图 4.2　水下的小空间充满被困的空气，升高了的静压为 p_{k0}

不可压缩（比如，$\nabla\cdot\boldsymbol{v}=0$）的条件和无旋运动（比如，$\boldsymbol{v}=\nabla\phi$）的条件要求在流体的各个部分必须满足拉普拉斯方程（Laplace equation）

$$\nabla^2\phi=0 \tag{4.16}$$

该偏微分方程的解必须满足一定的临界条件，下面会思考这些条件。

当固体边界以速度 $\boldsymbol{u}$ 运动时(图 4.3),因为没有流体穿过边界,所以可以得到 $u_n \equiv \boldsymbol{n}\cdot\boldsymbol{u} = v_n = \boldsymbol{n}\cdot\nabla\phi \equiv \partial\phi/\partial n$。也就是

$$\partial\varphi/\partial n = u_n \tag{4.17}$$

在理想的流体中,也就是无黏性流体($v=0$)中,$\boldsymbol{v}=\nabla\phi$ 的切向分量不需要满足任何条件。在不运动的固体表面上,得到

$$\partial\varphi/\partial n = 0 \tag{4.18}$$

在深度为 h 的水平下方,特别得到

$$当\ z=-h\ 时,\partial\varphi/\partial z = 0 \tag{4.19}$$

可能会注意到重力加速度 g 虽然是海浪的重要物理量,但是却没有出现在拉普拉斯方程(4.16)或者浮体界面的条件(4.17)。此外,这些方程不包含任何时间方面的导数。然而在下面的自由面边界条件中,重力波的存在确实与物理量 g 的出现和时间导数有关。

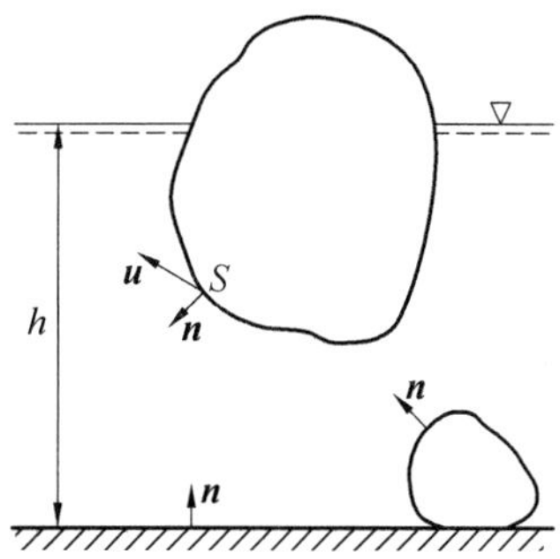

图 4.3　触水浮体表面 S(水和刚体的界面)的单位法线 $\boldsymbol{n}$ 指入流体区域。浮体速度 $\boldsymbol{u}$ 可以作为讨论中 S 点的函数

在自由面 $z=\eta(x,y,t)$ 上,也就是水和空气之间的界面(见图 4.4),流体中的压力等于气压(如果忽略毛细力,但在问题 4.1 中考虑了毛细力)。在伯努利方程(4.12)中应用 $[p_{\text{tot}}]_{z=\eta} = p_{\text{atm}}$ 得到

$$\left[\frac{\partial\varphi}{\partial t} + \frac{v^2}{2}\right]_{z=\eta} + g\eta = C - \frac{p_{\text{atm}}}{\rho} \tag{4.20}$$

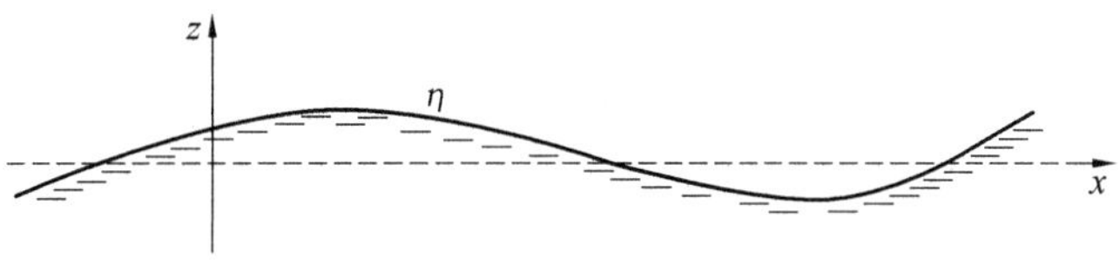

图 4.4　当波浪出现 η 的升高时,自由面或者空气 - 水界面的情况

如果气压恒定,那么方程的两侧都必须消失,因为左侧取决于 t,而右侧却不是。此外,在静止的情况下,左侧会消失。因此,$C=p_{\text{atm}}/\rho$,当 $\boldsymbol{v}=\nabla\varphi$[参见方程(4.10)]时,得到自由面边界的条件

$$g\eta + \left[\frac{\partial\varphi}{\partial t} + \frac{1}{2}\nabla\varphi\cdot\nabla\varphi\right]_{z=\eta} = 0 \tag{4.21}$$

在振荡水柱(OWC)类型的波能转换器中,也就是气压动力出现的情况,OWC 上面的气压不固定。让气压的动态部分表示为 p_k,总气压为

$$p_{\text{air}} = p_{k0} + p_k = \rho g(-z_k) + p_{\text{atm}} + p_k \tag{4.22}$$

其中已经应用了方程(4.15)。(除了浸入的 OWC,平衡水位处于 $z_k=0$,如果考虑风引起的气压波动,那么也是这个情况。)让 $\eta_k=\eta_k(x,y,t)$ 表示从被困空气下平衡水位处到水面的平衡偏差(见图 4.5)。因此,当 $z_k=0$ 时,$\eta=\eta_k$。现在从伯努利方

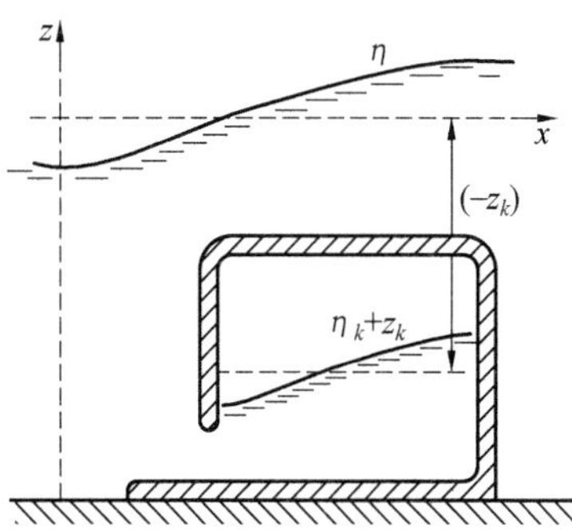

图 4.5　带有浸没式腔室的 OWC 在平均海平面下的平衡水位

程(4. 12),可以得

$$\left[\frac{\partial\varphi}{\partial t}+\frac{v^2}{2}\right]_{z=\eta_k+z_k}+g\eta_k+gz_k=C-\left[\frac{p_{\text{tot}}}{\rho}\right]_{z=\eta_k+z_k}=C-\frac{p_{\text{air}}}{\rho}=C-(-gz_k)-\frac{p_{\text{atm}}+p_k}{\rho} \tag{4.23}$$

应用 $C-p_{\text{atm}}/\rho=0$ 和方程(4. 10) 得出

$$g\eta_k+\frac{p_k}{\rho}+\left[\frac{\partial\varphi}{\partial t}+\frac{1}{2}\nabla\varphi\cdot\nabla\varphi\right]_{z=\eta_k+z_k}=0 \tag{4.24}$$

这就是所谓的动态边界条件,可以把它线性化成

$$g\eta_k+\frac{p_k}{\rho}+\left[\frac{\partial\varphi}{\partial t}\right]_{z=z_k}=0 \tag{4.25}$$

前提是假设动态变量如 φ、η 和 η_k,以及它们所有的导数都很小,并且忽略二阶或者更高阶的小数值的项,比如 $v_2=\nabla\varphi\cdot\nabla\varphi$。那么差值

$$\left[\frac{\partial\varphi}{\partial t}\right]_{z=\eta_k+z_k}-\left[\frac{\partial\varphi}{\partial t}\right]_{z=z_k}=\eta_k\left[\frac{\partial^2\varphi}{\partial z\partial t}\right]_{z=z_k}+\cdots \tag{4.26}$$

也可以被忽略。(注意该方程的右侧为泰勒展开式,其中只明确写出了第一个未省略的项。这是两个小变量 η_k 和 φ 的导数之间的乘积。)

在水和空气之间的界面上,除了有动态边界条件,还有运动边界条件。从物理的角度来讲,这种条件就是界面上的流体粒子由于波浪的运动而开始波动,但保留在界面上。对于线性的情况,运动的边界情况就是

$$\left[\frac{\partial\varphi}{\partial t}\right]_{z=z_k}=[v_z]_{z=z_k}=\frac{\partial\eta_k}{\partial t} \tag{4.27}$$

在露天的情况下,其中的 η_k 可以被 η 替换。(如果读者有兴趣学习运动边界条件中更普遍的非线性情况,可以参考,例如,Mei 的第一章。) 求出方程(4. 25) 的时间导数,并代入方程(4. 27) 得出

$$\left[\frac{\partial^2\varphi}{\partial t^2}+g\frac{\partial\varphi}{\partial z}\right]_{z=z_k}=-\frac{1}{\rho}\frac{\mathrm{d}p_k}{\mathrm{d}t} \tag{4.28}$$

在零动态气压(当 $z=0$ 时) 的特殊情况下,会得到

$$\left[\frac{\partial^2\varphi}{\partial t^2}+g\frac{\partial\varphi}{\partial z}\right]_{z=0}=0 \tag{4.29}$$

注意时间 t 只明确地出现在自由面边界条件(并没有出现在偏微分方程 $\nabla^2\varphi=0$ 和剩余的边界条件)。因此,如果不存在自由面,那么解 $\varphi=\varphi(x,y,z,t)$ 不可以代表波。

也许还注意到了移动浮体的触水表面上必须满足边界条件(4. 17)。然而,如果浮体以小振幅振荡,那么可以进行线性近似,也就是将边界条件(4. 17) 应用于振荡体湿表面的平均时间(或者平衡) 位置。

速度势的任何解 $\varphi=\varphi(x,y,z,t)$ 都必须满足流体区域中的拉普拉斯方程(4. 16) 和非齐次边界条件(4. 17) 和(4. 18),这两个条件方程可以在某些时候,或某些条件下,分别简化成齐次边界条件(4. 18) 和(4. 29)。对于无限延伸的流体区域,之后的章节(4. 3 和 4. 6 节) 会通过无限距离的“辐射条件” 来补充上述的边界条件。

从速度势 $\varphi=\varphi(x,y,z,t)$ 这样一个数学中的辅助函数,导出下面的物理量。在流体

的任何一处，都可以从方程(4.10)导出流体速度

$$\boldsymbol{v} = \boldsymbol{v}(x,y,z,t) = \nabla \varphi \tag{4.30}$$

从方程(4.12)中的动态部分导出流体动压力

$$p = p(x,y,z,t) = -\rho\left(\frac{\partial \varphi}{\partial t} + \frac{v^2}{2}\right) \approx -\rho \frac{\partial \varphi}{\partial t} \tag{4.31}$$

在最后一步中，忽略了二阶的小数值项。此外，水和被困空气之间界面的升高可由线性动态边界条件(4.25)得出

$$\eta_k = \eta_k(x,y,t) = -\frac{1}{g}\left[\frac{\partial \varphi}{\partial t}\right]_{z=z_k} - \frac{1}{\rho g}p_k \tag{4.32}$$

浪高(水和露天之间界面的升高，露天空气为恒压空气)为

$$\eta = \eta(x,y,t) = -\frac{1}{g}\left[\frac{\partial \varphi}{\partial t}\right]_{z=0} \tag{4.33}$$

4.2　固定水深的谐波

除非另外说明，在接下来的分析中思考一下平面水平海床。如果水足够深，那么海床就不会影响水平面的波浪。那么，海床的形状对于波浪来说就无关紧要。如果水不够深，而且海床不是水平的，那么就需要进行与以下分析不同的分析。代入正弦时间变量，可以写出

$$\phi = \phi(x,y,z,t) = \mathrm{Re}\{\hat{\phi}(x,y,z)\mathrm{e}^{\mathrm{i}\omega t}\} \tag{4.34}$$

其中，$\hat{\phi}$ 为空间点(x,y,z)上速度势的复振幅。同样，定义复振幅为 $\hat{\boldsymbol{v}} = \hat{\boldsymbol{v}}(x,y,z)$，$\hat{p} = \hat{p}(x,y,z)$，$\hat{\eta}_k = \hat{\eta}_k(x,y)$ 以及 $\hat{\eta} = \hat{\eta}(x,y)$。应用基本线性方程，拉普拉斯方程(4.16)和边界条件(4.17)和(4.28)，现在得出

$$\nabla^2 \hat{\phi} = 0 \tag{4.35}$$

是水中的每一处的情况，

$$\left[\frac{\partial \hat{\phi}}{\partial z}\right]_S = \hat{u}_n \tag{4.36}$$

为固体(图 4.3)触水表面的情况，并且

$$\left[-\omega^2 \hat{\phi} + g\frac{\partial \hat{\phi}}{\partial z}\right]_{z=z_k} = -\frac{\mathrm{i}\omega}{\rho}\hat{p}_k \tag{4.37}$$

为水 - 空气的表面(见图 4.5)的情况。在这里，$\hat{u}_n$ 和 $\hat{p}_k$ 也是复振幅。注意，触水浮体表面(图 4.3)运动的法向分量 u_n 为该表面上某点的方程，其中设所困空气(表 4.5)体积中任何位置的气动压 p_k 都相等。在用于确定物理变量的方程(4.30)～(4.33)中，复振幅变成了

$$\hat{\boldsymbol{v}} = \nabla \hat{\varphi} \tag{4.38}$$

$$\hat{p} = -\mathrm{i}\omega\rho\hat{\varphi} \tag{4.39}$$

$$\hat{\eta}_k = -\frac{\mathrm{i}\omega}{g}[\hat{\varphi}]_{z=z_k} - \frac{1}{\rho g}\hat{p}_k \tag{4.40}$$

$$\hat{\eta} = -\frac{\mathrm{i}\omega}{g}[\hat{\varphi}]_{z=0} \tag{4.41}$$

该小节的剩余部分(同见小节4.3 ~ 4.6)讨论一些满足以下拉普拉斯方程和齐次边界条件的具体解法

$$\left[\frac{\partial\hat{\phi}}{\partial z}\right]_{z=-h}=0 \tag{4.42}$$

$$\left[-\omega^2\hat{\phi}+g\frac{\partial\hat{\phi}}{\partial z}\right]_{z=0}=0 \tag{4.43}$$

这些解将满足深度为 h 的(非移动中的)水平海床的边界条件,以及自由水面(水与空气的界面)的边界条件,其中气压为常量。额外的(非齐次)边界条件将在之后附加(例如4.7 小节中的情况)。

通过应用分离变量法,求出以下方程的特解

$$\hat{\phi}(x,y,z)=H(x,y)Z(z) \tag{4.44}$$

将该方程插入拉普拉斯方程(4.35),并除以 $\hat{\phi}$,得出

$$0=\frac{\nabla^2\hat{\phi}}{\hat{\phi}}=\frac{1}{H}\left[\frac{\partial^2 H}{\partial x^2}+\frac{\partial^2 H}{\partial y^2}\right]+\frac{1}{Z}\frac{\mathrm{d}^2 Z}{\mathrm{d}z^2} \tag{4.45}$$

或者

$$-\frac{1}{Z}\frac{\mathrm{d}^2 Z}{\mathrm{d}z^2}=\frac{1}{H}\left[\frac{\partial^2 H}{\partial x^2}+\frac{\partial^2 H}{\partial y^2}\right]\equiv\frac{1}{H}\nabla_H^2 H \tag{4.46}$$

方程(4.46)的左侧只有 z 的函数,右侧为 x 和 y 的函数。除非 $-k^2$ 为常量,否则该方程不成立。因此,从方程(4.46)可以得出两个方程

$$\frac{\mathrm{d}^2 Z(z)}{\mathrm{d}z^2}=k^2 Z(z) \tag{4.47}$$

$$\nabla_H^2 H(x,y)=-k^2 H(x,y) \tag{4.48}$$

注意到,这里分离常数 k^2 的量纲为长度平方的倒数。之后在讨论二维的亥姆霍兹方程(Helmholtz equation)时,应该发现 k 可被理解为传播波的角波率。但是,应该先讨论方程(4.47)的解,如下

$$Z(z)=c_+\mathrm{e}^{kz}+c_-\mathrm{e}^{-kz} \tag{4.49}$$

这里的 c_+ 和 c_- 为两个积分常量。因为在解方程(4.48)求 H 时,得到了两个新的积分常量,让 $Z(0)=1$,也就是说 $c_++c_-=1$。而以下的海床边界条件提供了另一个确定积分常量的关系

$$\frac{\partial\hat{\phi}}{\partial z}=\frac{\mathrm{d}Z(z)}{\mathrm{d}z}H(x,y)=0,\quad z=-h \tag{4.50}$$

然后就可以轻易地表示出(见问题4.2)

$$c_\pm=\frac{\mathrm{e}^{\pm kh}}{\mathrm{e}^{kh}+\mathrm{e}^{-kh}} \tag{4.51}$$

现在方程(4.49)可以写成

$$Z(z)=\frac{\mathrm{e}^{k(z+h)}+\mathrm{e}^{-k(z+h)}}{\mathrm{e}^{kh}+\mathrm{e}^{-kh}} \tag{4.52}$$

因此,得出如下拉普拉斯方程的特解

$$\hat{\phi}=H(x,y)e(kz) \tag{4.53}$$

其中,$H(x,y)$ 必须满足亥姆霍兹方程(4.48),而且其中

$$e(kz)=\frac{\cosh(kz+kh)}{\cosh(kh)}=\frac{e^{k(z+h)}+e^{-k(z+h)}}{e^{kh}+e^{-kh}} \tag{4.54}$$

$$e(kz)=\frac{\cosh(kz+kh)}{\cosh(kh)}=\frac{1+e^{-2k(z+h)}}{1+e^{-2kh}}e^{kz} \tag{4.55}$$

严格来说,因为这是两个变量的函数,也许应该用 $e(kz,kh)$ 来表示方程。然而,更倾向于应用更简单的表示方式 $e(kz)$,特别是在深水,$kh\gg 1$ 的情况下,因为 $e(kz)$ 趋于指数函数:$e(kz)\approx e^{kz}$[虽然在 z 接近 $-h$ 时,$e(kz)$ 接近于 e^{kz},但在深水的情况下 z 的坐标通常没有太大的实际意义]。可能注意到在 $kh_{\min}\gg 1$ 的条件下,即使水深不恒定,解(4.53)也适用于深水的情况。

为了满足自由水面的边界条件(4.43),要求

$$\omega^2=\omega^2 e(0)=g\left[\frac{\mathrm{d}e(kz)}{\mathrm{d}z}\right]_{z=0}=gk\frac{\sinh(kh)}{\cosh(kh)} \tag{4.56}$$

或者

$$\omega^2=gk\tanh(kh) \tag{4.57}$$

在深水($kh\gg 1$)情况下,应简化为

$$\omega^2=gk \tag{4.58}$$

该结果已经在方程(3.8)中得到了体现。

因为应该在之后的分析中把 k 理解为波率(波数),现在已经导出了色散方程(4.57),也就是角频率 ω 和波率 k 之间的关系。因此,把方程(4.57)重新写作

$$\omega^2/(gk)=\tanh(kh) \tag{4.59}$$

并且观察到在区间 $10<k<+\infty$ 中,右侧为从 0 到 1 的单调递增,而根据得出的 ω,左侧为从 $+\infty$ 到0的单调递减。因此,有一个且只有一个正解 k 满足方程(4.59),而且也有一个且只有一个对应的负解,因为方程的两侧均为 k 的奇函数。因此方程(4.47)和(4.48)中的分离常数只可能有一个正值。也许可以提出这样一个问题,分离常数是否有负值,或者,甚至复数。

把 k^2 替换成 λ_n,并把 $\hat{\phi}(x,y,z)=Z(z)H(x,y)$ 替换成

$$\hat{\phi}_n(x,y,z)=Z_n(z)H_n(x,y) \tag{4.60}$$

把方程(4.48)和(4.47)重新写成

$$\nabla_H^2 H_n(x,y)=-\lambda_n H_n(x,y) \tag{4.61}$$

$$Z''_n(z)=\lambda_n Z_n(z) \tag{4.62}$$

其中,处于下角标的整数 n 用于标记各种可能存在的解。因为 $\hat{\phi}_n(x,y,z)$ 必须满足边界条件(4.42)和(4.43),并且函数 $Z_n(z)$ 会随着以下边界条件发生变化

$$Z'_n(-h)=0 \tag{4.63}$$

$$Z'_n(0)=\frac{\omega^2}{g}Z_n(0) \tag{4.64}$$

在方程(4.62)中,分离常数 λ_n 为特征值,并且 $Z_n(z)$ 为对应的特征函数。现在应该证明所有的特征值均为实数。来思考一下两个对应的特征方程 $Z_n(z)$ 和 $Z_m(z)$ 可能存在的特征值 λ_n 和 λ_m。把方程(4.62)中的 n 替换成 m,并且代入复共轭,得出

$$Z_m^{*}{}''(z)=\lambda_m^{*}Z_m^{*}(z) \tag{4.65}$$

现在,来用 $Z_m^*(z)$ 乘以方程(4.63),并用 $Z_n(z)$ 乘以方程(4.65),然后两项相减并积分,得出

$$I \equiv \int_{-h}^{0} [Z_m^*(z)Z''_n(z) - Z_n(z)Z_m^{*\prime\prime}(z)]\mathrm{d}z =$$

$$(\lambda_n - \lambda_m^*)\int_{-h}^{0} Z_m^*(z)Z_n(z)\mathrm{d}z \tag{4.66}$$

应该注意的是,方程(4.66)的第一个积分中的被积函数也可以写为

$$Z_m^*(z)Z''_n(z) - Z_n(z)Z_m^{*\prime\prime}(z) =$$

$$Z_m^*(z)Z''_n(z) - Z_m^{*\prime}(z)Z'_n(z) + Z'_n(z)Z_m^{*\prime}(z) - Z_n(z)Z_m^{*\prime\prime}(z) =$$

$$\frac{\mathrm{d}}{\mathrm{d}z}[Z_m^*(z)Z'_n(z) - Z_n(z)Z_m^{*\prime}(z)] \tag{4.67}$$

而且,边界条件(4.63)和(4.64)也适用于 $Z_m^*(z)$,发现积分 I 消失了。这是成立的,因为

$$I = [Z_m^*(z)Z'_n(z) - Z_n(z)Z_m^{*\prime}(z)]_{-h}^{0} =$$

$$Z_m^*(0)\frac{\omega^2}{g}Z_n(0) - Z_n(0)\frac{\omega^2}{g}Z_m^*(0) - 0 - 0 = 0 \tag{4.68}$$

这里默认假设(在整个分析过程中都这样假设)ω 为实数;也就是说 $\omega^* = \omega$。因此,已经证明对于所有的 m 和 n,都有

$$(\lambda_n - \lambda_m^*)\int_{-h}^{0} Z_m^*(z)Z_n(z)\mathrm{d}z = 0 \tag{4.69}$$

当 $m = n$ 时,对于非平凡解 $|Z_n(z)| \neq 0$,得出 $(\lambda_n - \lambda_n^*) = 0$。这就意味着 n 取任何值时,λ_n 都是实数。

当 $\lambda_n \neq \lambda_m$ 时,方程(4.69)可得出特征方程 $\{Z_n(z)\}$ 的正交条件为

$$\int_{-h}^{0} Z_m^*(z)Z_n(z)\mathrm{d}z = 0 \tag{4.70}$$

已经证明了特征值为实数,并且只有一个满足分离方程(4.57)的正特征值 k^2。其他的特征值必须为负值,因此应该用降序的方式来标记特征值,即

$$\lambda_0 = k^2 > \lambda_1 > \lambda_2 > \lambda_3 > \cdots > \lambda_n > \cdots \tag{4.71}$$

因此,在 $n \geqslant 1$ 时,λ_n 为负值。为负值的特征值可以简化为

$$\lambda_n = -m_n^2 \tag{4.72}$$

其中,m_n 为实数。现在来把方程(4.49)中的 k 替换为 $-\mathrm{i}m_n$,把 $Z(z)$ 替换为 $Z_n(z)$。那么应用边界条件(4.63):$Z'_n(-h) = 0$,就可以把这两个积分中的一个除去。得到的特征函数为(见问题4.3)

$$Z_n(z) = N_n^{-1/2}\cos(m_n z + m_n h) \tag{4.73}$$

其中,$N_n^{-1/2}$ 为任意积分常量。如果注意到 $\cosh[-\mathrm{i}m_n(z+h)] = \cos[-m_n(z+h)] = \cos[m_n(z+h)]$,那么也可以从方程(4.52)和(4.54)中得出该结果。当(见问题4.3)

$$\omega^2/(gm_n) = -\tan(m_n h) \tag{4.74}$$

时,自由面的边界条件(4.64)便可以得到满足。

若 k 换成 $-\mathrm{i}m_n$,那么也可以从方程(4.59)中得出该方程。方程(4.74)的左侧在区间 $0 < m_n < +\infty$ 中,从 $+\infty$ 到0,单调递减。右侧在区间 $(n-1/2)\pi/h < m_n < n\pi/h$ 中,从 $+\infty$ 到0,单调递减。因此,方程(4.74)在后面的区间中有一个解。注意,当 $n = 1,2,$

3,… 时,发现 m_n 有无限的值,但是是可以截断的。对于这些解来说,得到(见问题 4.3)

$$当\ n \to \infty\ 时, m_n \to \frac{n\pi}{h} - \frac{\omega^2}{n\pi g} \to \frac{n\pi}{h} \tag{4.75}$$

此外(也如问题 4.3 中所示),若让

$$\frac{1}{h}\int_{-h}^{0} | Z_n(z) |^2 \mathrm{d}z = 1 \tag{4.76}$$

作为归一化条件,那么方程(4.73)的积分常数就可以由以下方程得出

$$N_n = \frac{1}{2}\left[1 + \frac{\sin(2m_n h)}{2m_n h}\right] \tag{4.77}$$

当 $n = 0$ 时,设 $m_0 = \mathrm{i}k$,然后特别得出

$$N_0 = \frac{1}{2}\left[1 + \frac{\sinh(2kh)}{2kh}\right] \tag{4.78}$$

可以注意到(见问题 4.2)

$$Z_0(z) = \sqrt{\frac{2kh}{D(kh)}}e(kz) \tag{4.79}$$

其中 $e(kz)$ 可由方程(4.54)和以下方程得出

$$D(kh) = \left[1 + \frac{2kh}{\sinh(2kh)}\right]\tanh(kh) \tag{4.80}$$

若函数 $Z_0(z)$ 也包括在了集合中,也就是说若 $n = 0, 1, 2, 3, \cdots$,那么特征函数 $\{Z_n(z)\}$ 的正交集合就完整了。之所以说正交集合完整了,是因为该特征值问题,即方程(4.62)~(4.64)为斯图谟 - 刘维尔型问题。

现在已经应用齐次边界条件(4.42)和(4.43),或者(4.63)和(4.64)讨论了方程(4.47)可能存在的解。还需要讨论亥姆霍兹方程(4.48)或者(4.61)的解。在下面的讨论中,将从 $n = 0$ 的情况开始思考,即 $m_n = m_0 = \mathrm{i}k$。之后把方程(4.48)作为起点。

4.3　平面波:传播速度

思考一个在 y 方向没有变化的二维情况。设 $\partial/\partial y = 0$,从方程(4.46)和(4.48)得出

$$\frac{\mathrm{d}^2 H(x)}{\mathrm{d}x^2} = -k^2 H(x) \tag{4.81}$$

其有通解

$$H(x) = a\mathrm{e}^{-\mathrm{i}kx} + b\mathrm{e}^{\mathrm{i}kx} \tag{4.82}$$

其中,a 和 b 为任意积分常数。因此,由方程(4.53)有

$$\hat{\phi} = e(kz)(a\mathrm{e}^{-\mathrm{i}kx} + b\mathrm{e}^{\mathrm{i}kx}) \tag{4.83}$$

由方程(4.34)有

$$\phi = \mathrm{Re}\{\hat{\phi}\mathrm{e}^{\mathrm{i}\omega t}\} = R\{[a\mathrm{e}^{\mathrm{i}(\omega t - kx)} + b\mathrm{e}^{\mathrm{i}(\omega t + kx)}]\}e(kz) \tag{4.84}$$

证明了 k 为波率(波数)。

第一项和第二项分别表示平面波以下面的"相速",在 x 的正方向和负方向的传播

$$v_{\mathrm{p}} \equiv \frac{\omega}{k} = \frac{g}{\omega}\tanh(kh) = \left\{\frac{g}{k}\tanh(kh)\right\}^{1/2} \tag{4.85}$$

该相速由分离关系(4.57)得出。注意 v_p 为波峰(或者等相的线)传播(朝着垂直于波峰的方向)的速度。后面会证明(在4.4节),平面谐波的波能以速度,即"群速"(3.10)传输

$$v_g = \frac{d\omega}{dk} \tag{4.86}$$

通常来说,该群速不同于相速。数值 v_g 之所以被称为群速是因为它表示了波群传播的速度,该波群由频率稍有不同的谐波组成(见问题3.1)。比如,距离海岸线 L 的风暴中心发出的长涌浪会在时长 L/v_g 之后到达海岸线(见问题)。

在方程(4.83)中,可以把第一项理解为入射波,并把第二项理解为反射波。代入反射复系数 $\Gamma = b/a$,并且在没有反射的情况下,$x = 0$,代入浪高复振幅 $A = -i\omega a/g$,那么可以根据方程(4.41)和(4.54)将方程(4.83)重新写成

$$\hat{\phi} = -\frac{g}{i\omega}Ae(kz)(e^{-ikx} + \Gamma e^{ikx}) \tag{4.87}$$

相应地,浪高 $\eta = \eta(x,t)$ 也有复振幅(参见方程(4.41))

$$\hat{\eta} = \hat{\eta}(x) = A[e^{-ikx} + \Gamma e^{ikx}] \tag{4.88}$$

设

$$\hat{\eta}_f = Ae^{-ikx} \tag{4.89}$$

$$\hat{\eta}_b = Be^{ikx} = A\Gamma e^{ikx} \tag{4.90}$$

得出

$$\hat{\eta} = \hat{\eta}_f + \hat{\eta}_b \tag{4.91}$$

$$\hat{\phi} = -\frac{g}{i\omega}\hat{\eta}e(kz) \tag{4.92}$$

$$\hat{p} = \rho g\hat{\eta}e(kz) \tag{4.93}$$

其中,也应用了方程(4.39)。注意,流体动压力 p 在平均自由表面 $z = 0$ 下$(-z)$的位置单调递减(在深水中呈指数递减)。对于流体速度,可以从方程(4.38)和(4.54)得出

$$\hat{v}_x = \frac{\partial\hat{\phi}}{\partial x} = g\frac{k}{\omega}e(kz)(\hat{\eta}_f - \hat{\eta}_b) = \omega\frac{\cosh(kz+kh)}{\sinh(kh)}(\hat{\eta}_f - \hat{\eta}_b) \tag{4.94}$$

$$\hat{v}_z = \frac{\partial\hat{\phi}}{\partial z} = g\frac{ik}{\omega}e'(kz)(\hat{\eta}_f + \hat{\eta}_b) = i\omega\frac{\cosh(kz+kh)}{\sinh(kh)}(\hat{\eta}_f + \hat{\eta}_b) \tag{4.95}$$

其中

$$e'(kz) = \frac{de(kz)}{d(kz)} = \frac{\sinh(kz+kh)}{\cosh(kh)} = e(kz)\tanh(kz+kh) \tag{4.96}$$

已经用分离关系(4.57)得出了 $\hat{v}_x$ 和 $\hat{v}_z$ 的最后表达式。

如果得到一个在深水($kh \gg 1$)中向前(x 的正方向)方向($\hat{\eta}_b = 0$)传播的波,流体粒子的运动为负旋转方向(在 xz 平面中以顺时针方向)的圆极化运动,也就是

$$\hat{v}_x = \omega\,\hat{\eta}_f e^{kz} \tag{4.97}$$

$$\hat{v}_z = i\omega\,\hat{\eta}_f e^{kz} \tag{4.98}$$

流体粒子的位移(见图4.6)可由以下方程得出

$$\hat{\boldsymbol{\xi}} = \frac{\hat{\boldsymbol{v}}}{i\omega} \tag{4.99}$$

$$\hat{\xi}_x = -\mathrm{i}\,\hat{\eta}_\mathrm{f} \mathrm{e}^{kz} \tag{4.100}$$

$$\hat{\xi}_z = \hat{\eta}_\mathrm{f} \mathrm{e}^{kz} \tag{4.101}$$

对于在深水中朝着反方向($\hat{\eta}_\mathrm{f} = 0$)传播的波,其运动为正旋转方向的圆极化运动。

对于在与 x 轴成 β 角的方向传播的平面波,其浪高可由以下方程得出

$$\hat{\eta} = A\exp\{-\mathrm{i}k(x\cos\beta + y\sin\beta)\} \tag{4.102}$$

对应的速度势 $\hat{\phi}$ 还是可以由方程(4.92)得出,但是在代入新 $\hat{\eta}$ 的情况下,$\hat{\phi}$ 为拉普拉斯方程(4.35)的解,满足底部 $z=-h$ 的边界条件,以及自由水面 $z=0$ 的条件(见问题4.5)。

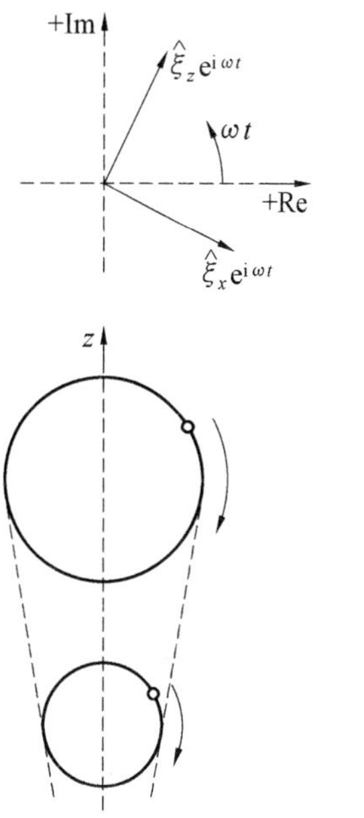

图 4.6　流体粒子位移(顶部)和流体粒子轨迹(底部)的分量 x 和 z 的相量图

在深水($kh \gg 1$)的情况下,分离关系(4.57)大约为 $\omega_2 = gk$,与方程(4.58)和之前的结论,即方程(3.8)一致。注意

当 $kh > 1.83$ 或者 $h > 0.3\lambda$ 时,$\tanh(kh) > 0.95$

当 $kh > 2.6$ 或者 $h > 0.42\lambda$ 时,$\tanh(kh) > 0.99$

因此,依据理想的准确性,可以假设当水的深度分别至少为波长的三分之一或者二分之一时,可被视为深水。在深水中的波长为

$$\lambda = \frac{2\pi}{k} = \frac{2\pi g}{\omega^2} = \left(\frac{g}{2\pi}\right) T^2 = (1.56\ \mathrm{m/s^2})T^2 \tag{4.103}$$

正如之前对深水的发现[见方程(3.9)和(3.12)],得到

$$2v_\mathrm{g} = v_\mathrm{p} = \frac{g}{\omega} = \sqrt{\frac{g}{k}} \tag{4.104}$$

其中,v_p 为相速;v_g 为群速。

相反,在水底为平面的浅水,$kh \ll 1$ 中,方程(4.57)的幂级数展开可得出

$$\omega^2 = gk(kh + \cdots) \approx ghk^2 \tag{4.105}$$

(若水深分别小于波长的1/36或者1/16,那么这里的错误就低于1%或者5%)在这样的近似下,波浪就是没有色散的,因为

$$v_\mathrm{g} = v_\mathrm{p} = \sqrt{gh} \tag{4.106}$$

与 k 和 ω 无关。然而在一般的色散情况下,群速 v_g 与相速 v_p 是不同的,正如在下面的分析所考虑到的。目前的理论为线性理论,但是尽管如此还是试着对浅水中的破碎波给出一个定性解释。式(4.106)说明波路过波峰的速度比路过波谷的速度快,因为 $h_\mathrm{crest} > h_\mathrm{trough}$(见图4.7)。最终会出现一个垂直的边沿,那么线性理论就不适用了,因为 $\partial\eta/\partial x \to \infty$。

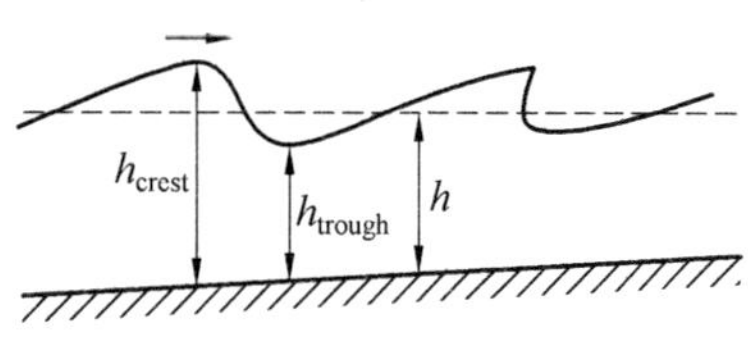

图 4.7　随着波浪在浅水中传播,波陡不断增加

当水深 h 恒定时,在大多数情况下,相速为

$$v_\mathrm{p} = \frac{\omega}{k} = \sqrt{\frac{g}{k}\tanh(kh)} = \frac{g}{\omega}\tanh(kh) \tag{4.107}$$

为了得到群速 v_g，把色散方程(4.57)区分开来

$$
\begin{aligned}
2\omega\mathrm{d}\omega &= g\mathrm{d}k\tanh(kh) + \frac{gk}{\cosh^2(kh)}h\mathrm{d}k = \\
&\frac{\mathrm{d}k}{k}gk\tanh(kh) + \frac{gk\tanh(kh)}{\cosh(kh)\sinh(kh)}h\mathrm{d}k = \\
&\frac{\mathrm{d}k}{k}\omega^2 + \frac{2\omega^2 h\mathrm{d}k}{\sinh(2kh)}
\end{aligned}
\tag{4.108}
$$

因此

$$
v_g = \frac{\mathrm{d}\omega}{\mathrm{d}k} = \frac{\omega}{2k}\left[1 + \frac{2kh}{\sinh(2kh)}\right] \tag{4.109}
$$

因为 $v_p = \dfrac{\omega}{k}$，所以得到

$$
v_g = \frac{D(kh)}{2\tanh(kh)}v_p = \frac{g}{2\omega}D(kh) \tag{4.110}
$$

其中，为了方便，应用了方程(4.80)定义的深度函数 $D(kh)$。因为之后会频繁地提到这个函数，这里给出了一些另外的表达

$$
\begin{aligned}
D(kh) &= \left[1 + \frac{2kh}{\sinh(2kh)}\right]\tanh(kh) = \tanh(kh) + \frac{kh}{\cosh^2(kh)} = \\
&\tanh(kh) + kh - kh\tanh^2(kh) = \\
&\left[1 - \left(\frac{\omega^2}{gk}\right)^2\right]kh + \frac{\omega^2}{gk}
\end{aligned}
\tag{4.111}
$$

应该也会频繁地需要用到如下关系（见问题4.12）

$$
2k\int_{-h}^{0} e^2(kz)\,\mathrm{d}z = D(kh) \tag{4.112}
$$

其中，垂直特征函数 $e(kz)$ 可由方程(4.54)得出，深度函数 $D(kh)$ 可由方程(4.111)得出。

注意在深水 $kh \gg 1$ 的情况下，得到 $D(kh) \approx 1$，并且 $\tanh(kh) \approx 1$。在 kh 的值较小时，得到 $\tanh(kh) = kh + \cdots$ 以及 $D(kh) = 2kh + \cdots$。虽然 $\tanh(kh)$ 为单调递增函数，但是也可以证明在 $kh = x_0$ 时，$D(kh)$ 有最大值 $D_{\max} = x_0$，其中 $x_0 = 1.199\,678\,6$ 为超越方程 $x_0\tanh(x_0) = 1$ 的解（见问题4.12）。

对于任意的 ω，都可以从超越色散方程(4.57)中得到 k，比如应用一些数值迭代的过程，然后便可从方程(4.107)和(4.110)中得出 v_p 和 v_g。两者的关系在图4.8中的曲线上得到了体现。

现在已经讨论了当 $n=0$ 时，与方程(4.73)、(4.74)和(4.77)相对应的传播波，那么让 n 为任意非负整数。再次设 $\partial/\partial y = 0$，发现插入方程(4.72)的方程(4.61)有一解

$$
H_n(x) = a_n\exp(-m_n x) + b_n\exp(m_n x) \tag{4.113}
$$

其中，a_n 和 b_n 为积分常量。从方程(4.60)得出，相对的速度势能复振幅为

$$
\hat{\phi}_n(x,z) = (a_n\exp\{-m_n x\} + b_n\exp\{m_n x\})Z_n(z) \tag{4.114}
$$

注意，该解为满足齐次拉普拉斯方程(4.35)、齐次边界条件(4.42)和(4.43)的特解。因此，如方程(4.114)这样的解叠加所得的解为

$$\hat{\phi}(x,z)=\sum_{n=0}^{\infty}(a_n\exp\{-m_nx\}+b_n\exp\{m_nx\})N_n^{-1/2}\cos(m_nz+m_nh) \quad (4.115)$$

这里应用了方程(4.73)。

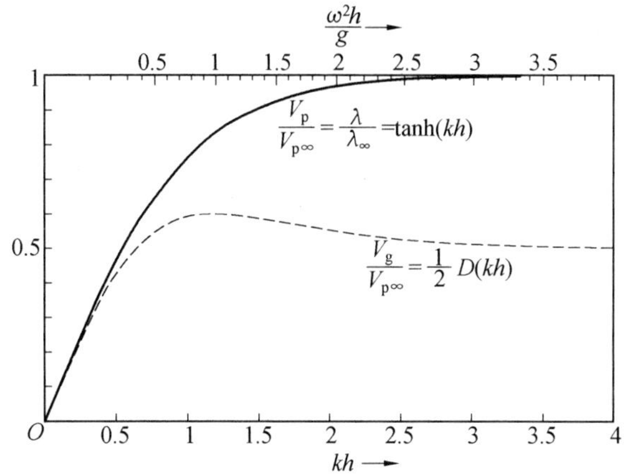

图 4.8　相速 v_p,群速 v_g,波率 $1/\lambda=k/(2\pi)$ 为已知频率下,水深为 h 的函数,或者在已知水深下,频率的函数。下角标 ∞ 对应(无限的) 水深

要记住的是,对于 $n=0$ 的项,设 $m_n=\mathrm{i}k$。这里让 k 和 m_n(当 $n\geqslant 1$) 为正数。注意,带有 a_n 的项会随着 x 的增长而衰减,或者在 $n=0$ 时,为朝着 x 正方向传播的波。带有 b_n 的项会随着 x 的减小而衰减,或者在 $n=0$ 时,为朝着 x 负方向传播的波。若感兴趣的区域为 $0<x<+\infty$,那么必须设在 n 取任何值时,都有 $b_n=0$,除了可能存在的 $b_0\neq 0$ 的情况,即波从无限远的距离,$x=+\infty$,出入射。$n\geqslant 1$ 是避免无限值的结果。之前简单地提过辐射条件(4.1 节)。这里就有了应用这个条件的机会。当 $b_0=0$ 时,就满足了从无限远的距离发射出的,射出波的辐射条件。这就意味着,$\mathrm{e}^{\mathrm{i}kx}$ 的公式对于势能 $\hat{\phi}$ 完全没有贡献。同样,如果感兴趣的区域是 $-\infty<x<0$,那么当满足了 $x\to-\infty$ 的辐射条件时,n 取任何值,都有 $a_n=0$。然而,如果波是从 $x=-\infty$ 的位置射出,那么 $a_n\neq 0$。如果感兴趣的区域无限大,比如说 $x_1<x<x_2$,那么 n 取任何值,都有 $a_n\neq 0$,以及 $b_0\neq 0$。

在二维的情况下,方程(4.115) 代表了恒定深度的均匀流体中速度势能的平面波通解。$n=0$ 的项为传播波,其中 $n\geqslant 1$ 的项为“渐逝波”。传播沿着 x 轴。如果把方程(4.115) 中的 x 换成($x\cos\beta+y\sin\beta$),那么平面波的传播就是沿着与 x 轴成 β 角的方向。通过思考坐标系(x',y') 和(x,y) 之间的变换,可以轻易地证明这一点,其中两坐标系因旋转角 β 而不同。也可见方程(4.102)。

4.4　波浪传输的能量和动量

4.4.1　势能

思考与由波谷到波峰的水高相关的势能。每单位(水平) 区域的势能与海底有关,其与单位面积的水的质量 $\rho g(h+\eta)$ 和海底的水面质心高度 $(h+\eta)/2$ 相等

$$(\rho g/2)(h+\eta)^2=(\rho g/2)h^2+\rho gh\eta+(\rho g/2)\eta^2 \quad (4.116)$$

同静水相关的增长为

$$\rho gh\eta+(\rho g/2)\eta^2 \tag{4.117}$$

其中,第一个量包括消失平均值。

因此,单位(水平)区域平均时间的势能为

$$E_p(x,y)=(\rho g/2)\overline{\eta^2(x,y,t)} \tag{4.118}$$

在谐波的情况下

$$E_p(x,y)=(\rho g/4)\mid\hat{\eta}\mid(x,y)^2 \tag{4.119}$$

特别的是,对于式(4.91)给出的简谐平面,有

$$E_p(x)=\frac{\rho g}{4}\mid\hat{\eta}_f+\hat{\eta}_b\mid^2=\frac{\rho g}{4}(\mid\hat{\eta}_f\mid^2+\mid\hat{\eta}_f\mid^2+\hat{\eta}_f\hat{\eta}_b^*+\hat{\eta}_f^*\hat{\eta}_b)=$$

$$\frac{\rho g}{4}(\mid A\mid^2+\mid B\mid^2+AB^*\mathrm{e}^{-\mathrm{i}2kx}+A^*B\mathrm{e}^{\mathrm{i}2kx}) \tag{4.120}$$

如果AB不等于0,则$E_p(x)$这个表达式包括一个随着x正弦变化的术语,此时“波长”为$\lambda/2=2\pi/(2k)=\pi/k$。如果算出$x$的区间不太长,或者是在$\lambda/2$整数集的范围内,该正弦函数的变化则无意义。称该平均值为$\langle E_p\rangle$,可得

$$\langle E_p\rangle=(\rho g/4)(\mid A\mid^2+\mid B\mid^2) \tag{4.121}$$

对于平面进行波($B=0$)而言

$$\langle E_p\rangle=(\rho g/4)\mid A\mid^2 \tag{4.122}$$

4.4.2　动能

为了分析简便,思考一个深水中的渐进的平面谐波。流动速度是由式(4.97)和(4.98)决定的

$$\hat{v}x=-\mathrm{i}\hat{v}z=\omega\hat{\eta}_f\mathrm{e}^{kz} \tag{4.123}$$

每单位区域的平均动能为

$$\frac{1}{2}\rho\frac{1}{2}\mathrm{Re}\{\mid\hat{v}_x\mid^2+\mid\hat{v}_z\mid^2\}=\frac{\rho}{4}(\mid\hat{v}_x\mid^2+\mid\hat{v}_z\mid^2)=\frac{\rho}{2}\omega^2\mid\hat{\eta}_f\mid^2\mathrm{e}^{2kz}=\frac{\rho}{2}\omega^2\mid A\mid^2\mathrm{e}^{2kz} \tag{4.124}$$

通过从$z=-\infty$到$z=0$的整合,可得到每单位(水平)区域的平均动能

$$E_k=\frac{\rho}{2}\omega^2\mid A\mid^2\int_{-\infty}^0\mathrm{e}^{2kz}\mathrm{d}z=\frac{\rho}{2}\frac{\omega^2}{2k}\mid A\mid^2 \tag{4.125}$$

使用$\omega^2=gk$,可以得到

$$E_k=(\rho g/4)\mid A\mid^2 \tag{4.126}$$

这表明(参见问题4.8),E_k这种表达也适用于任意常数水深h。而且,这也表明了(参见问题4.8)对于式(4.91)给出的平面波而言,每单位水平面的动能在时间和水平平面上是均等的,为

$$\langle E_k\rangle=(\rho g/4)(\mid A\mid^2+\mid B\mid^2) \tag{4.127}$$

4.4.3　总储能

总储能是势能和动能的总和。对于渐进的平面谐波而言,每单位(水平)区域的平均

总储能为

$$E = E_k + E_p = 2E_k = 2E_p = (\rho g/2) | A |^2 \tag{4.128}$$

当把平面波也纳入计算中来,就能得到式(4.91) 所提到的平面波的计算公式

$$\langle E \rangle = 2\langle E_k \rangle = 2\langle E_p \rangle = (\rho g/2)(| A |^2 + | B |^2) \tag{4.129}$$

4.4.4　波能传输

下面来思考在X方向上传播的平面谐波的能量传输。每单位(垂直) 区域在x轴正方向的平均时间功率传播的强度等于[参见式(3.16)]

$$I = \overline{pv_x} = \frac{1}{2}\mathrm{Re}\{\hat{p}\,\hat{v}_x^*\} \tag{4.130}$$

有一点需要注意,因为$\hat{p}\hat{v}^*$纯属虚构[参见式(4.93) 及(4.95)],强度不涉及z分量。

插入$\hat{p}$和$\hat{v}x$到式(4.93) 和(4.94) 中去,得到

$$(\hat{\eta}_f + \hat{\eta}_b)(\hat{\eta}_f - \hat{\eta}_b)^* = | \hat{\eta}_f |^2 - | \hat{\eta}_b |^2 + (\hat{\eta}_f^* \hat{\eta}_b - \hat{\eta}_f \hat{\eta}_b^*) \tag{4.131}$$

因为这里提到的最后一项纯属虚构,可知

$$I = (k\rho g^2/(2\omega))(| \hat{\eta}_f |^2 - | \hat{\eta}_b |^2) e^2(kz) \tag{4.132}$$

结合从$z = -H$到$z = 0$的值,可得出波阵面每单位宽度的功率

$$J = \int_{-h}^{0} I\mathrm{d}z = \frac{\rho g^2}{4\omega}(| \hat{\eta}_f |^2 - | \hat{\eta}_b |^2) 2k\int_{-h}^{0} e^2(kz)\,\mathrm{d}z \tag{4.133}$$

将以上关系结合(4.112)

$$2k\int_{-h}^{0} e^2(kz)\,\mathrm{d}z = D(kh) \tag{4.134}$$

可得到

$$J = \frac{\rho g^2 D(kh)}{4\omega}(| \hat{\eta}_f |^2 - | \hat{\eta}_b |^2) = \frac{\rho g^2 D(kh)}{4\omega}(| A |^2 - | B |^2) \tag{4.135}$$

对于一个纯粹的进行波($\hat{\eta}_b = 0, \hat{\eta}_f = A\mathrm{e}^{-\mathrm{i}kx}$) 而言,这就可以得到

$$J = \frac{\rho g^2 D(kh)}{4\omega} | \hat{\eta}_f |^2 = \frac{\rho g^2 D(kh)}{4\omega} | A |^2 \tag{4.136}$$

现在引入周期$T = 2\pi/\omega$,波高$H = 2 | A |$,就可以讨论深水的情况,当$kh \geqslant 1$, $D(kh) \approx 1$时,可知

$$J = \frac{\rho g^2}{32\pi} TH^2 = (976\ \mathrm{Ws^{-1}m^3}) TH^2 \tag{4.137}$$

此时海水密度为$\rho = 1\,020\ \mathrm{kg/m^3}$。当$T = 10\ \mathrm{s}, H = 2\ \mathrm{m}$时,可知

$$J = 3.9 \times 10^4\ \mathrm{W/m} \approx 40\ \mathrm{kW/m} \tag{4.138}$$

在固定壁反射的情况下,例如在平面$x = 0$时,可以得到$B = A$,也就是说,根据式(4.135),这意味着$J = 0$,因为入射功率被反射功率所代替。试想一个设备,当$x = 0$时,其提取所有的入射波能量。那么对于该设备而言,其必须要辐射能取代其他映射波的波能。这种情况下,式(4.136) 展示出的一个能量运输网就会形成,因为$x < 0$。

称这个定量J为"波能传输"(wave-energy transport)。(注意:一些学者将这个量称之为"波能流动"(wave-energy flux) 或者"波力流动"(wave-power flux)。本书的术语避开了这两个命名,因为在不同的物理分支上,"流动" 和"流动密度" 之间的不恰当划分会

造成混淆。）对于 J 而言，一个备选的名称为“波能水平”（wave-power level）。

4.4.5　能量传输和储存能量之间的关系

对于一个渐进的平面谐波而言，传输能量 J（波阵面的每单位时间和每单位宽度）在式(4.136) 中已经给了出来，每单位水平面积的储存能量为 E，这在式(4.128) 中也给了出来。可以由此定义能量传输速率 v_E 为

$$J = v_E E \tag{4.139}$$

因此

$$v_E = \frac{J}{E} = \frac{gD(kh)}{2\omega} \tag{4.140}$$

和群速 v_g 的表达(4.110) 相比，可以看到 $v_E = v_g$，因此

$$J = v_g E \tag{4.141}$$

注意：这种简单的关系对一个纯粹渐进的平面谐波是有效的。

对于式(4.91) 给出的波而言，可以得到

$$J = v_g \langle E \rangle \frac{|A|^2 - |B|^2}{|A|^2 + |B|^2} \tag{4.142}$$

因此，在这种情况下测量

$$\langle E \rangle = \rho g \langle \eta^2(x,y,t) \rangle \tag{4.143}$$

不能单独确定波传输能量 J。乱用式(4.141) 也将导致对 J 的过高估计。

4.4.6　动量传输和波动量密度

正如已经看到的，波与传输能量 J 及其存储密度 E 有关，也就是与动能密度 E_k 和势能密度 E_p 有关。这些关系与平面渐进波 $\eta = A\mathrm{e}^{-ikx}$ 相结合，并且通过数学式(4.128)、(4.136) 及(4.139) ~ (4.141) 表达出来。此外，波与动量有关，因此也就和平均质量传输有关。波传播会诱导平均水漂移，就是所谓的斯托克斯漂移（见纽曼 Newman，第 251 页）。

每单位体积动量的 x 分量是

$$\rho v_x = \rho \frac{\partial \phi}{\partial x} \tag{4.144}$$

自由水面单位面积的动量可以通过下列公式得到

$$M_x = \int_{-h}^{\eta} \rho v_x \mathrm{d}z \tag{4.145}$$

在 $-h < Z < 0$ 范围之外整合（而不是 $-h < Z < \eta$），这会产生大量的零时平均值，因为 v_x 随着时间做正弦变化。

因此，与最低阶近似，时间平均下动量密度（自由面上每单位面积）是

$$\overline{M_x} = \overline{\int_0^{\eta} \rho v_x \mathrm{d}z} = \overline{\eta\,[\rho v_x]_{z=0}} + \cdots \approx \overline{\eta\,[\rho v_x]_{z=0}} \tag{4.146}$$

因此，根据线性化理论来看，J、E、E_k、E_p 和 M_x 均处在二次波振幅中。在把随着时间而变化的正弦曲线与式(2.78) 类比后可知

$$\overline{M_x} = \overline{\eta\,[\rho v_x]_{z=0}} = \frac{\rho}{2}\mathrm{Re}\{\hat{\eta}^*\ [\hat{v}_x]_{z=0}\} \tag{4.147}$$

现在考虑高程的复振幅平面波,速度势和水平流体势分别体现在式(4.91)、(4.92)和(4.94)中。将这些公式同(4.146)相结合,可知

$$\begin{aligned}\overline{M_x} &= \frac{\rho g k}{2\omega}\mathrm{Re}\{(A\mathrm{e}^{-\mathrm{i}kx} - B\mathrm{e}^{\mathrm{i}kx})(A^*\mathrm{e}^{\mathrm{i}kx} + B^*\mathrm{e}^{-\mathrm{i}kx})\} = \\ &\frac{\rho g k}{2\omega}\mathrm{Re}\{|A|^2 - |B|^2 + (AB^*\mathrm{e}^{-\mathrm{i}2kx} - A^*B\mathrm{e}^{\mathrm{i}2kx})\}\end{aligned} \tag{4.148}$$

注意:最后一项是纯粹虚构的,可知

$$\overline{M_x} = \frac{\rho g k}{2\omega}(|A|^2 - |B|^2) \tag{4.149}$$

如果将这一结果与式(4.135)相比,再使用式(4.107)和(4.110),发现平均动量密度和波能量传输之间的关系为

$$J = v_\mathrm{p} v_\mathrm{g}\,\overline{M_x} \tag{4.150}$$

式(4.141)适用于渐进波,可知

$$E = J/v_\mathrm{g} = v_\mathrm{p}\,\overline{M_x} \tag{4.151}$$

下一步考虑动量传输,通过垂直平面法线向波传播方向的动量传输。波阵面每单位宽度为

$$I_x = \int_h^0 \overline{(\rho v_x)v_x}\,\mathrm{d}z = \int_h^0 \overline{\rho(v_x^2)}\,\mathrm{d}z \tag{4.152}$$

I_x 表示 x 方向的动量传输。请注意,即使将区间锁定在 $-h < Z < 0$ 中,仍有一个非零的平均时间。这种表达说明在最低阶近似阶段每单位波阵面的动量传输。正弦时间的变化同式(2.78)类比可知

$$I_x = \int_h^0 \frac{\rho}{2}\mathrm{Re}\{\hat{v}_x\,\hat{v}_x^*\}\,\mathrm{d}z = \frac{\rho}{2}\int_{-h}^0 |\hat{v}_x|^2\,\mathrm{d}z \tag{4.153}$$

参照式(4.91)、(4.92)和(4.94)给出的平面波,可知

$$I_x = \frac{\rho}{2}\left(\frac{gk}{\omega}\right)^2\int_{-h}^0 e^2(kz)\,\mathrm{d}z[|A|^2 + |B|^2 - (AB^*\mathrm{e}^{-\mathrm{i}2kx} - A^*B\mathrm{e}^{\mathrm{i}2kx})] \tag{4.154}$$

使用式(4.112)可知

$$I_x = \frac{\rho g^2 k D(kh)}{4\omega^2}[|A|^2 + |B|^2 - (AB^*\mathrm{e}^{-\mathrm{i}2kx} - A^*B\mathrm{e}^{\mathrm{i}2kx})] \tag{4.155}$$

对于一个渐进波($B = 0$),这简化为

$$I_x = \frac{\rho g^2 k D(kh)}{4\omega^2}|A|^2 \tag{4.156}$$

同式(4.149)~(4.151)相比,可知

$$I_x = \frac{gD(kh)}{2\omega}\overline{M_x} = v_\mathrm{g}\,\overline{M_x} = \frac{J}{v_\mathrm{p}} = \frac{E v_\mathrm{g}}{v_\mathrm{p}} \tag{4.157}$$

因此,对于一个纯粹的进行波而言,动量传输等于群速度乘以动量密度。这或许可以这样解释:与波相关的动量以与群速度相等的速度进行传输。

如果 $AB \neq 0$,I_x 的表达式包含与 x 正弦变化的项,此时波长 $\lambda/2 = 2\pi/(2K) = \pi/K$。

谈到一个纯粹的驻波($|B|=|A|$),可知 $v_x=0$,因此在波腹时 $I_x=0$,而 I_x 和 $|\hat{v}x|$ 在节点处均有各自的最大值。

将忽略这个正弦变化,因为考虑到平均值已经超过了 x 间隔,该间隔要么很长,要么就是 $\lambda/2$ 的整数倍。

通过$\langle I_x\rangle$ 来说明这个平均值,可知

$$\langle I_x\rangle=\frac{\rho g^2kD(kh)}{4\omega^2}(|A|^2+|B|^2)=v_g\overline{M}_{x,+}+v_g\overline{M}_{x,-} \tag{4.158}$$

已经在下面这个公式中定义过了

$$\overline{M}_{x,+}=\frac{\rho gk}{2\omega}|A|^2,\quad \overline{M}_{x,-}=\frac{\rho gk}{2\omega}|B|^2 \tag{4.159}$$

有了这个定义,可以重新改写式(4.149),改写后则为

$$\overline{M}_x=\overline{M}_{x,+}-\overline{M}_{x,-} \tag{4.160}$$

注意:最小值与波在负 x 方向的传播(表示为$\overline{M}_x$) 有关。在$\langle I_x\rangle$ 的表达中,这个减号被波的负群速取代。

4.4.7　吸收引起的漂移力以及波能量的反射

如果当平面 $x=0$ 时,入射波 $\hat{\eta}=A\mathrm{e}^{-ikx}$ 被完全吸收,则 $x>0$ 时,$I_x=0$;$x<0$ 时,$I_x>0$。因此,动量传输在 $x=0$ 时停止。在 Δt 时,动量$\overline{M}_x\Delta x=F_r\Delta t$ 消失。此处 $\Delta x=v_g\Delta t$ 是指在 Δt 期间动量传播的距离。

波阵面每单位宽度力 F'_d 会被要求阻止动量传输。这种(平均时间) 漂移力为

$$F'_d=\frac{\Delta x}{\Delta t}\overline{M}_x=v_g\overline{M}_x=I_x=\frac{\rho g^2kD(kh)}{4\omega^2}|A|^2 \tag{4.161}$$

利用色散关系(4.57),发现

$$F'_d=\frac{\rho g}{4}\frac{D(kh)}{\tanh(kh)}|A|^2 \tag{4.162}$$

注意:在深水情形下[见公式(4.104)、(4.107) 和(4.110)],则为

$$F'_d=(\rho g/4)|A|^2 \tag{4.163}$$

F'_d 和 $|A|^2$ 二者之间的比率是独立于频率的。

漂移力必须被波浪能吸收器的锚泊系统所抵消。请注意,漂移力是一个平均时间力,通常比振荡力的振幅小得多。随着波的完全吸收,深水中的振幅 $|A|=1$ m,漂移力为

$$F'_d=[(1\,020\times9.81)/4]1^2=2\,500\ (\mathrm{N/m}) \tag{4.164}$$

如果波完全被反射而不是完全被吸收,漂移力会大一倍,因为存在着同样大但方向相反的动量传输,这是由反射波造成的。

一个二维的波能吸收器(或是不确定且相同间隔的长数组三维波吸收器) 可能部分反射入射波,部分传输入射波,如图 4.9 所示。在这种情况下,漂移力为

$$F'_d=\langle I_x\rangle_{\mathrm{lhs}}-\langle I_x\rangle_{\mathrm{rhs}} \tag{4.165}$$

这两个术语分别代表吸收系统左侧(lhs) 和右侧(rhs) 的平均动量传输,如图 4.9 所示。

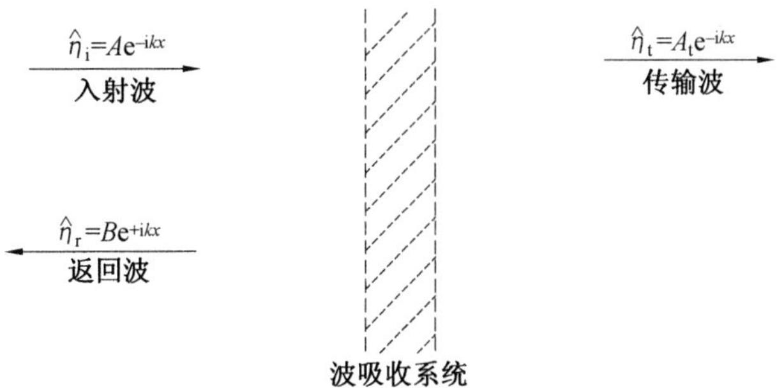

图 4.9　波吸收系统中的入射波只是部分被吸收，有一部分向下游传递，还有一部分在上游被反射或辐射了

用数学式简单假设深水($kh \gg 1$)，式(4.163) 则需要按照如下方式应用

$$F'_d = \frac{\rho g}{4}(|A|^2 + |B|^2 - |A_t|^2) \tag{4.166}$$

A_t 表示传输波的复振幅。确定水深的表达也同时存在，这是和式(4.166) 中的确定水深相对应的。运用波能传输的公式(4.135) 和(4.136)，结合深水 $D(kh) = 1$，利用能量守恒原理，得到式(4.166)

$$F'_d = \frac{\omega}{g}\frac{\rho g^2}{4\omega}(|A|^2 + |B|^2 - |A_t|^2) = \frac{\omega}{g}(J_i + J_r - J_t) =$$

$$\frac{\omega}{g}(J_i - J_r - J_t + 2J_r) = \frac{\omega}{g}(P' + 2J_r) \tag{4.167}$$

P' 是每单位宽度的吸收能力。J_i、J_r 和 J_t 分别是入射波、反射波和传输波的传输能力，这可以参见式(4.136)。假设 J_r 是积极的，以 $F'_d > (\omega/g)P' = F'_{d,min}$ 作为一个例子，思考在波段 $T = 10$ s 时，0.5 MW 时的吸收情况。这是和漂移力相关联的

$$F_d > F_{d,min} = \frac{2\pi}{10}\frac{1}{9.81}5 \times 10^5 = 32 \times (10^3\ \text{N} \triangleq 3.2\ \text{t}) \tag{4.168}$$

4.5　真实的海洋波浪

谐波是本章前面探讨的主要问题。这样的波浪也被称为“规则波”，它是与真正的海洋中“不规则”波浪不同的。此时，波浪传输逐渐增强，使其脱离自身产生的风区波，因此更接近于谐波，而非更不规则的局部风产生的波浪。

不规则波有一个随机的特点，它们可以被认为是，或者至少是许多不同频率的叠加。通常情况下，统计信息才能最佳适用于每个单独谐波的振幅、相位和传播方向。大多数的海浪能量同间隔周期 5 ~ 15 s 的波有关。根据式(4.103) 来看，深水波长对应的间隔是 40 ~ 350 m。

本节涉及在深水波到平面波的叠加，或者是在确定但持续的水深中。为了更深入地研究，读者也可以查阅其他文献。

对于一个渐进的平面谐波，每单位面积上的存储能量为

$$E = E_k + E_p = 2E_k = 2E_p = \frac{\rho g}{2}|\hat{\eta}_f|^2 = \rho g\,\overline{\eta^2(x,y,t)} \tag{4.169}$$

这是以线性波理论为依据的。可参见公式(4.89)、(4.119)及(4.128)。值得注意的是,对于一个平面谐波,η^2 是独立于 x 和 y 的。仍假设线性理论和叠加原理是适用的,也就是意味着真正的海洋状态是可以根据谐波分量来描述的。相应地,可以概括和改写式(4.118)为

$$E = 2E_p = \rho g \overline{\eta^2(x,y,t)} = \rho g \int_0^\infty S(f)\,df \tag{4.170}$$

而

$$\overline{\eta^2(x,y,t)} = \int_0^\infty S(f)\,df \equiv \frac{H_s^2}{16} \tag{4.171}$$

这里的 $S(f)$ 被称为能量谱,或者简单地说就是谱。所谓的"有义波高" H_s 被定义为谱积分的平方根的4倍。有时,波谱是依据角频率 $\omega = 2\pi f$ 定义的。相应的频谱可以写为 $S_\omega(\omega)$,那么

$$\int_0^\infty S_\omega(\omega)\,d\omega = \int_0^\infty S(f)\,df \tag{4.172}$$

所以

$$S(f) = S_f(f) = 2\pi S_\omega(2\pi f) = 2\pi S_\omega(\omega) \tag{4.173}$$

这里 S 的单位是 m^2/Hz,S_ω 的单位则为 $m^2 s/rad$。

在一个更精确的光谱描述中,每个谐波分量的传播方向和相位也应考虑其中。

当入射方向为 β(传播方向和 x 轴之间的夹角)时,平面谐波会升高。即为

$$\eta(x,y,t) = \mathrm{Re}\{\eta_i \exp\{i(\omega t - kx\cos\beta - ky\sin\beta)\}\} = \frac{1}{2}\eta_i \exp\{i(\omega t - kx\cos\beta - ky\sin\beta)\} + c.c. \tag{4.174}$$

其中,c.c. 意味着这一术语是上述术语的结合体[参见式(4.102)、(2.34)及(2.35)]。注意,复杂参数 $\eta_i = \eta_i(\omega)$,包含相位信息以及振幅 $|\eta_i|$。考虑到通常海况 $\eta(x,y,t)$ 分解为谐波时

$$\eta(x,y,t) = \sum_{\omega_m > 0}\sum_{\beta_n} \frac{\eta_i(\omega_m,\beta_n)}{2} \exp\{i(\omega_m t - k_m x\cos\beta_n - k_m y\sin\beta_n)\} + c.c. = \mathrm{Re}\{\sum_{\omega_m > 0}\sum_{\beta_n} \eta_i(\omega_m,\beta_n)\exp\{i(\omega_m t - k_m x\cos\beta_n - k_m y\sin\beta_n)\}\} \tag{4.175}$$

而

$$\omega_m^2 = gk_m \tanh(k_m h) \tag{4.176}$$

是一般的色散关系,这可以简化为

$$\omega_m^2 = gk_m \tag{4.177}$$

这是在深水中的情况。

原则上,虽然任何频率 $\omega_m(\omega_m > 0)$ 和任何入射角 $\beta_n(-\pi < \beta_n \leqslant \pi)$ 都是有可能的,但在大多数情况下,只有在某些确定区间 ω_m 和 β_n 才会对完全不规则波有积极影响。为了方便起见,假定总和超过 ω_m 和 β_n,可知 $\omega_{m+1} - \omega_m = 6\omega$ 独立于 m,$\beta_{n+1} - \beta_n = 6\beta$ 独立于 n。

或者,可以将总和归纳为积分。为方便起见,承认积分变量 ω 值的消极和积极的。因此,可知

$$\eta(x,y,t)=\int_{-\infty}^{\infty}\mathrm{d}\omega\int_{-\pi}^{\pi}\frac{A(\omega,\beta)}{2}\exp\{\mathrm{i}(\omega t-kx\cos\beta-ky\sin\beta)\}\mathrm{d}\beta \tag{4.178}$$

其中

$$\begin{aligned}\eta_{\mathrm{i}}(\omega_m,\beta_n)&=A(\omega_m,\beta_n)\Delta\omega\Delta\beta\\ \eta_{\mathrm{i}}^{*}(\omega_m,\beta_n)&=A(-\omega_m,\beta_n)\Delta\omega\Delta\beta\end{aligned} \tag{4.179}$$

如果计算总和,既超过消极频率,也超过积极频率,会得到一个升高后的公式

$$\eta(x,y,t)=\sum_{\omega_m}\sum_{\beta_n}\frac{1}{2}A(\omega_m,\beta_n)\exp\{\mathrm{i}(\omega_m t-k_m r_n)\}\Delta\omega\Delta\beta \tag{4.180}$$

还有

$$r_n=x\cos\beta_n+y\sin\beta_n \tag{4.181}$$

$$\begin{aligned}\eta^2(x,y,t)=\frac{1}{4}\sum_{\omega_m}\sum_{\omega_{m'}}\sum_{\beta_n}\sum_{\beta_{n'}}(\Delta\omega)^2(\Delta\beta)^2A(\omega_m,\beta_n)A(\omega_{m'},\beta_{n'})\times\\ \exp\{\mathrm{i}[(\omega_m+\omega_{m'})t-k_m r_n-k_{m'}r_{n'}]\}\end{aligned} \tag{4.182}$$

对 $\omega_m r$ 进行总结,发现大多数术语都有消失的平均时间。唯一的例外就是术语 $\omega_m r=-\omega_m$。因此升高平方的平均时间为

$$\begin{aligned}\overline{\eta^2(x,y,t)}=\frac{1}{4}\sum_{\omega_m}\sum_{\beta_n}\sum_{\beta_{n'}}(\Delta\omega)^2(\Delta\beta)^2A(\omega_m,\beta_n)A(-\omega_m,\beta_{n'})\times\\ \exp\{-\mathrm{i}k_m(r_n-r_{n'})\}\end{aligned} \tag{4.183}$$

因为

$$k_{m'}=k(\omega_{m'})=k(-\omega_m)=-k(\omega_m)=-k_m \tag{4.184}$$

通过公式可以看到,为了确保分波按 β_m 方向而不以相反方向传播,需要 k_m 和 ω_m 有相同标志。

接下来要计算相对于水平坐标 x 和 y 的平均值。非零对于变量 η_2 的高程会有影响,这是因为 $r_{n'}=r_n$,也就是 $\beta_{n'}=\beta_n$。此外,从傅里叶时间的实函数变换理论,可知

$$A(-\omega_m,\beta_n)=A^*(\omega_m,\beta_n) \tag{4.185}$$

其中星号表示复共轭。因此

$$\begin{aligned}\langle\eta^2\rangle&=\sum_{\omega_m}\sum_{\beta_n}\left|\frac{1}{2}A(\omega_m,\beta_n)\right|^2(\Delta\omega)(\Delta\beta)(\Delta\omega)(\Delta\beta)=\\ &\sum_{\omega_m>0}\sum_{\beta_n}\frac{1}{2}|A(\omega_m,\beta_n)|^2(\Delta\omega)(\Delta\beta)(\Delta\omega)(\Delta\beta)\end{aligned} \tag{4.186}$$

此处的最后一步只是对积极频率的总结。

下面引入方向分解能谱

$$s(f,\beta)=2\pi s_{\omega}(\omega,\beta) \tag{4.187}$$

其中

$$s_{\omega}(\omega,\beta)=\frac{1}{2}|A(\omega_m,\beta_n)|^2(\Delta\omega)(\Delta\beta) \tag{4.188}$$

并用积分代替和,改写了波的高程方差,如下所示

$$\begin{aligned}\langle\eta^2\rangle&=\int_{-\infty}^{\infty}\mathrm{d}\omega\int_{-\pi}^{\pi}\mathrm{d}\beta\,\frac{1}{2}s_{\omega}(\omega,\beta)=\\ &\int_{0}^{\infty}\mathrm{d}\omega\int_{-\pi}^{\pi}\mathrm{d}\beta s_{\omega}(\omega,\beta)=\end{aligned}$$

$$\int_0^{\infty}\int_{-\pi}^{\pi} s(f,\beta)\,\mathrm{d}f\mathrm{d}\beta \tag{4.189}$$

注意:$s_\omega(\omega,\beta)$ 是 ω 的偶函数;也就是 $s_\omega(-\omega,\beta)=s_\omega(\omega,\beta)$。

(综合方向上的)能量谱为

$$S(f)=\int_{-\pi}^{\pi} s(f,\beta)\,\mathrm{d}\beta \tag{4.190}$$

类比式(4.170),每单位水平表面的平均存储能量为

$$\langle E\rangle=\rho g\langle\eta^2\rangle=\rho g\int_0^{\infty}\mathrm{d}f\int_{-\pi}^{\pi}\mathrm{d}\beta s(f,\beta) \tag{4.191}$$

从波的测量来看,大量数据表明,从不同的海洋区域中可得到光谱函数 $S(f)$ 和 $s(f,\beta)$。

已经发现,波光谱有一些通常性的特点。这可以用近似半经验的数学关系描述。这方面最著名的函数关系是皮尔逊 - 莫斯科维奇谱(Pierson Moskowitz,PM)

$$S(f)=(A/f^5)\exp\{-B/f^4\} \tag{4.192}$$

(此时 $f>0$)为 A 和 B 建议了多种参数,其中一个可能的变量为

$$A=BH_s^2/4,\quad B=(5/4)f_p^4 \tag{4.193}$$

这里的 H_s 是"有义波高",f_p 是"峰值频率"(S 有最大值时的频率)。相应的波周期 $T_p=1/f_p$ 称为"谱峰周期"。

对于方向分解光谱,可以写为

$$s(f,\beta)=D(\beta,f)S(f) \tag{4.194}$$

其中

$$\int_{-\pi}^{\pi} D(\beta,f)\,\mathrm{d}\beta=1 \tag{4.195}$$

对于方向分布(忽略其可能的频率依赖性)的一个建议是

$$D(\beta)=\begin{cases}(2/\pi)\cos^2(\beta-\beta_0) & (|\beta-\beta_0|<\pi/2)\\ 0 & (\text{其他})\end{cases} \tag{4.196}$$

其中,β_0是入射波的主导角。

具有真正值且非负函数 $S(f,\beta)$ 为复值函数(ω,β) 的模量提供信息。从式(4.188)中可知

$$|A(\omega,\beta)|=\left[\frac{2s_\omega(\omega,\beta)}{\Delta\omega\Delta\beta}\right]^{1/2}=\frac{1}{2\pi}\left[\frac{2s(f,\beta)}{\Delta f\Delta\beta}\right]^{1/2} \tag{4.197}$$

也就是说,只给出了谐波的振幅,而频谱并没有为单个谐波的相位提供信息。这样,可以得到

$$A(\omega,\beta)=|A(\omega,\beta)|\,\mathrm{e}^{\mathrm{i}\psi(\omega,\beta)} \tag{4.198}$$

其中,假定未知阶段 ψ 是均匀分布在区间$(-\pi,\pi)$中的。也就是说,它的分布函数为

$$f(\psi)=\begin{cases}1/(2\pi) & (-\pi<\psi<\pi)\\ 0 & (\text{其他})\end{cases} \tag{4.199}$$

当模拟一个真正的不规则波时,振幅 $|A(\omega,\beta)|$ 是根据合适频谱 $s(f,\beta)$ 做选择的,而相位 $\psi(F,\beta)$ 是在区间 $-\pi<\psi<\pi$ 中随机选择的。

4.6　圆形波

使用了笛卡尔(x,y,z)坐标系统的分离变量法，研究了拉普拉斯方程(4.35)的平面波解，这是分别在自由表面和海底均匀边界条件(4.43)和(4.42)的情况下进行的。平面波解的表达式已结合式(4.102)，在式(4.83)或(4.92)中给出。这分别是平面波沿X轴传播的例子，以及在一个不同于X轴方向上的角度β传播的例子。另一个平面波解涉及消失平面波，这在式(4.115)中给出。

下面，在圆柱坐标系(r,θ,z)中利用分离变量法中讨论问题的解决方案。亥姆霍兹方程(4.48)或(4.61)的形式将受到影响。在边界条件(4.63)和(4.64)下不同的方程(4.47)或(4.62)均保持不变。因此，或许仍可以利用式(4.54)定义的函数$e(kz)$和式(4.73)定义的正交集函数$\{Z_n(z)\}$，如果$n=0,1,2,\cdots$，那么这就是一套完整的交集。接下来，将集中探讨传播波(即$n=0$)，先不讨论消失波。

在水平面上的坐标与$(x,y)=(r\cos\theta,r\sin\theta)$有关，因此$H(r,\theta)$代替$H(x,y)$。现在亥姆霍兹方程(4.48)则变为

$$-k^2H=\nabla_H^2H=\frac{\partial^2H}{\partial x^2}+\frac{\partial^2H}{\partial y^2}=\frac{\partial^2H}{\partial r^2}+\frac{1}{r}\frac{\partial H}{\partial r}+\frac{1}{r^2}\frac{\partial^2H}{\partial\theta^2}\tag{4.200}$$

再次使用变量分离法，以获得一个特定的解决方案

$$H(r,\theta)=R(r)\Theta(\theta)\tag{4.201}$$

插入式(4.200)，再除以H/r^2，可得

$$\frac{r^2}{R}\left(\frac{\mathrm{d}^2R}{\mathrm{d}r^2}+\frac{1}{r}\frac{\mathrm{d}R}{\mathrm{d}r}+k^2R\right)=-\frac{1}{\Theta}\frac{\mathrm{d}^2\Theta}{\mathrm{d}\theta^2}=m^2\tag{4.202}$$

其中m是一个常数，因为左边只是r的一个函数，而右边是独立于r的，所以

$$\frac{\mathrm{d}^2\Theta}{\mathrm{d}\theta^2}=\Theta''(\theta)=-m^2\Theta\tag{4.203}$$

$$\frac{\mathrm{d}^2R}{\mathrm{d}r^2}+\frac{1}{r}\frac{\mathrm{d}R}{\mathrm{d}r}+\left(k^2-\frac{m^2}{r^2}\right)R=0\tag{4.204}$$

方程的通解(4.203)可写为

$$\Theta=\Theta_m=c_\mathrm{c}\cos(m\theta)+c_\mathrm{s}\sin(m\theta)\tag{4.205}$$

其中，c_c和c_s是积分常数。需要一个明确的解决方案，即

$$\Theta_m(\theta+2\pi)=\Theta_m(\theta)\tag{4.206}$$

这就需要m是一个整数

$$m=0,1,2,3,\cdots\tag{4.207}$$

因为在因子$R(r)$的解决方案中，也有一个积分常数，因此可以设置

$$\Theta_{\max}=1\tag{4.208}$$

这样

$$c_\mathrm{c}^2+c_\mathrm{s}^2=1\tag{4.209}$$

其中，ψ_m是一个积分常数，目前没有被指定

$$\Theta_m(\theta)=\cos(m\theta+\psi_m)=\cos(\psi_m)\cos(m\theta)-\sin(\psi_m)\sin(m\theta)\tag{4.210}$$

在考虑贝塞尔微分方程的通解(4.204)之前,要注意,在一个理想的非黏性液态中,也就没有了损失,通过大半径 r 设想一个圆柱体,辐射功率 P_r 必须是独立的 R,即

$$P_r = J2\pi r \tag{4.211}$$

独立于 R。因此,传输能量 J 与距离 r 成反比。对于大 r 而言,圆形波近似平面(波阵面的曲率不太重要)。则式(4.136)适用于 J。这表明,波高振幅 $|\hat{\eta}|$ 是与 $r^{-1/2}$ 成比例的。因此,$\hat{\phi}$ 与 $r^{-1/2}$ 成比例,因为根据式(4.92)可知,$\hat{\phi}=(-g/(\mathrm{i}\omega))e(kz)\hat{\eta}$,即 $|R|$ 与 $r^{-1/2}$ 成比例。

然而,$R(r)$ 也有一个输出波,相位在 r 与 $-kr$ 之间变化。对于大 r,猜想

$$\hat{\phi} \propto r^{-1/2}\mathrm{e}^{-\mathrm{i}kr}e(kz) \tag{4.212}$$

其中,比例系数可能会很复杂。

贝塞尔微分方程(4.204)有两个线性独解,即 $\mathrm{J}_m(kr)$ 和 $\mathrm{N}_m(kr)$,$\mathrm{J}_m(kr)$ 是第一类贝塞尔函数,而 $\mathrm{N}_m(kr)$ 是第二类贝塞尔函数。当 $r=0$ 时,$\mathrm{J}_m(kr)$ 是确定的;当 $r\to 0$ 时,$\mathrm{N}_m(kr)\to\infty$。当 $r\neq\infty$ 时,其他奇点不存在。对于大 r 而言,$\mathrm{J}_m(kr)$ 和 $\mathrm{N}_m(kr)$ 近似正弦和余弦函数乘以 $r^{-1/2}$。与欧拉公式类比,可知

$$\mathrm{e}^{\mathrm{i}kr} = \cos(kr) + \mathrm{i}\sin(kr) \tag{4.213}$$

$$\mathrm{e}^{-\mathrm{i}kr} = \cos(kr) - \mathrm{i}\sin(kr) \tag{4.214}$$

阶数 m 的汉克尔函数下第一类和第二类函数的公式分别如下

$$\mathrm{H}_m^{(1)}(kr) = \mathrm{J}_m(kr) + \mathrm{i}\mathrm{N}_m(kr) \tag{4.215}$$

$$\mathrm{H}_m^{(2)}(kr) = \mathrm{J}_m(kr) - \mathrm{i}\mathrm{N}_m(kr) \tag{4.216}$$

请注意

$$\mathrm{H}_m^{(1)}(kr) = [\mathrm{H}_m^{(2)}(kr)]^* \tag{4.217}$$

这样,可得

$$\mathrm{H}_m^{(2)}(kr) \approx \sqrt{\frac{2}{\pi kr}}\exp\left\{-\mathrm{i}\left(kr-\frac{m\pi}{2}-\frac{\pi}{4}\right)\right\}\left(1+\boldsymbol{O}\left\{\frac{1}{kr}\right\}\right) \tag{4.218}$$

$kr\to\infty$。因此,微分方程(4.204)的解决方案可以写成

$$R(r) = a_m\mathrm{H}_m^{(2)}(kr) + b_m\mathrm{H}_m^{(1)}(kr) \tag{4.219}$$

其中,a_m 和 b_m 是整合常数。从渐进表达式(4.218)中可以看到,$\mathrm{H}^{(2)}(kr)$ 代表一个外向的(发散)波,从式(4.217)中可知,$\mathrm{H}^{(1)}(kr)$ 代表一个输入(收敛)波。(在传播平面波的情况下,这两项可能会在每个公式中都进行比较,包括式(4.83)、(4.84)和(4.87)。)

在第4.1节中提到的边界条件可能需要“辐射条件(radiation condition)”补充进来。现在介绍确定的输出波的辐射条件,这意味着必须设定 $b_m=0$。然后从式(4.53)、(4.201)及(4.219)中得到解决方案

$$\hat{\phi} = a_m\mathrm{H}_m^{(2)}(kr)\Theta_m(\theta)e(kz) \tag{4.220}$$

这是对于速度势能的复振幅而言的。类似的解决方案为

$$\hat{\phi} = \sum_{m=0}^{\infty} a_m\mathrm{H}_m^{(2)}(kr)\Theta_m(\theta)e(kz) \tag{4.221}$$

这也满足辐射条件下的色散方程(4.57)和拉普拉斯方程(4.35)。该方案满足在海底($z=-h$)和自由水面($z=0$)时的齐次边界条件(4.42)和(4.43)。

根据渐进表达式(4.218),在渐进极限 $kr\gg 1$ 时,[偏微分方程(4.200)的]特别解决

方法(4.221) 是

$$\hat{\phi} \approx A(\theta)e(kz)(kr)^{-1/2}e^{-ikr} \quad (kr \gg 1) \tag{4.222}$$

其中

$$A(\theta) = \sqrt{\frac{2}{\pi}}\sum_{m=0}^{\infty} a_m \Theta_m(\theta)\exp\left\{i\left(\frac{m\pi}{2} + \frac{\pi}{4}\right)\right\} \tag{4.223}$$

这就是所谓的输出波的远场系数。如果在式(4.210) 中插入 $\Theta_m(\theta)$,则可以注意到,式(4.223) 表示远场系数的傅里叶级数。

输出波源为一个辐射源或接近原点的 $r = 0$。在特定的解决方案(4.221) 中,根据因子 $e(kz)$ 可以得出,z 满足非齐次边界条件,如式(4.17) 或(4.28),但这仅仅是在简单的特定情况下的辐射源。一个更通用的解决方案如下,其满足拉普拉斯方程(4.35),边界条件和 $r \to \infty$ 的辐射条件

$$\hat{\phi} = \hat{\phi}_l(r,\theta,z) + A(\theta)e(kz)(kr)^{-1/2}e^{-ikr} \tag{4.224}$$

此处的最后一个术语是所谓的远场,而第一个术语 $\hat{\phi}_l$ 代表近场,局部速度势将远场连接到辐射源。这种方式满足辐射源的非齐次边界条件。术语 $\hat{\phi}_l(r,\theta,z)$ 可能包含与消逝波相对应的术语。对于大 r 这样的术语随着 r 的增加呈指数衰减,衰减为$(-m_1 r)$(或更快),其中 m_1 是方程(4.74) 的最小正解,即 $\pi/(2h) < m_1 < \pi/h$。(见问题 4.3 和 5.6) 可以看出,在一般情况下,$r \to \infty$ 局部电位 $\hat{\phi}_l$ 随距离 r 而降低,速度至少为 $1/r$(参见温豪森和雷拓恩,475 ~ 478 页)。

波的上升是和式(4.224) 相对应的,为

$$\hat{\eta} = \hat{\eta}(r,\theta) = -\frac{i\omega}{g}\hat{\phi}_l(r,\theta,0) - \frac{i\omega}{g}A(\theta)(kr)^{-1/2}e^{-ikr} \tag{4.225}$$

这是使用式(4.41) 得到的。

对于较大的值 kr 而言,其中 $\hat{\phi}_l$ 忽略不计,$(kr)^{-1/2}$ 在一个波长上的变化相对较少,即波阵面的曲率是次要的。然后,对于平面波而言,可以使用能量传输公式(4.136),因此也就用 $|(\omega/g)A(\theta)(kr)^{-1/2}|$ 取代波上升幅度 $|A|$。单位波阵面的辐射能量传输则变为了

$$J(r,\theta) = \frac{1}{kr}\frac{D(kh)\rho g^2}{4\omega}\frac{\omega^2}{g^2}|A(\theta)|^2 = \frac{\omega\rho D(kh)}{4kr}|A(\theta)|^2 \tag{4.226}$$

辐射能量为

$$P_r = \int_0^{2\pi} J(r,\theta)r\,d\theta = \frac{\omega\rho D(kh)}{4k}\int_0^{2\pi}|A(\theta)|^2 d\theta \tag{4.227}$$

对于一个圆形对称的辐射源而言,远场系数 $A(\theta)$ 必须独立于 θ。因此,根据式(4.223),可知

$$A(\theta) = \sqrt{2/\pi}\,a_0 e^{i\pi/4} \tag{4.228}$$

因此,与输出波相关联的能量是

$$P_r = \frac{\omega\rho D(kh)}{k}|a_0|^2 = \frac{\omega\rho D(kh)}{2k}|A|^2 \tag{4.229}$$

其中,A 是 θ 独立于远场系数后得到的。可以将这个与式(3.29) 相结合,便可获得一个用于产生轴对称(圆对称) 波振动体的辐射阻抗表达式。参见 5.5.3,特别是式(5.181)。

4.7 基于格林定理的一个有用的积分

这一部分是为接下来的知识和章节中更深入研究所做较为宽泛的数学准备。通过说明格林定理来开始这一部分。

$$\oiint\left(\phi_i \frac{\partial\phi_j}{\partial n} - \phi_j \frac{\partial\phi_i}{\partial n}\right) \mathrm{d}S = 0 \tag{4.230}$$

该定理适用于两个任意可微函数 ϕ_i 和 ϕ_j,这两者都满足(三维)亥姆霍兹方程。

$$\nabla^2\phi = \lambda\phi \tag{4.231}$$

方程中,体积 V 包含整合后的封闭平面。在被积函数中,$\partial/\partial n = \boldsymbol{n}\cdot\nabla$ 是一体化表面梯度的正常组成部分。“特征值”λ 是恒定的,而 ϕ_i 和 ϕ_j 则取决于空间坐标。特别说明的是,格林定理适用于两个函数 ϕ_i 和 ϕ_j,这两个函数又满足拉普拉斯方程(与 $\lambda = 0$ 相一致)。

格林定理源自于高斯散度定理

$$\iiint_V \nabla\cdot\boldsymbol{A}\mathrm{d}V = \oiint A_n \mathrm{d}S = \oiint \boldsymbol{n}\cdot\boldsymbol{A}\mathrm{d}S \tag{4.232}$$

如果认定

$$\boldsymbol{A} = \phi_i\nabla\phi_j - \phi_j\nabla\phi_i \tag{4.233}$$

那么

$$A_n = \phi_i \frac{\partial\phi_j}{\partial n} - \phi_j \frac{\partial\phi_i}{\partial n} \tag{4.234}$$

并且

$$\begin{aligned}\nabla\cdot\boldsymbol{A} = \phi_i\nabla^2\phi_j + \nabla\phi_i\nabla\phi_j - \phi_j\nabla^2\phi_i - \nabla\phi_j\cdot\nabla\phi_i = \\ \phi_i\nabla^2\phi_j - \phi_j\nabla^2\phi\end{aligned} \tag{4.235}$$

基于亥姆霍兹方程(4.231),可知

$$\nabla\cdot\boldsymbol{A} = \phi_i\lambda\phi_j - \phi_j\lambda\phi_i = 0 \tag{4.236}$$

由此可知,格林定理是高斯定理的推论。

思考一个包含一个或多个结构的海洋有限区域,该区域是固定的,亦或是振动的,如图4.10所示。假定在这一区域外,海在所有的水平方向都是无界的。此外,水很深,否则水就会有恒定深度 h,也就超出了之前提到得有限区域。有的结构,其中可能包含 OWC 上方的气室,就会衍射出入射波。衍射现象只发生在入射平面波中,如式(4.92) 所表示的那样,也就破坏了边界条件(4.36) 和(4.37) 的结构。进一步而言,波可以在振荡体或在水面上振荡的空气压力下产生,如在图4.10所示腔室中的截留空气中产生。

将格林定理应用到图4.10所示的液体区域中,液体区域内部包含一个由下列表面构成的封闭面。

$$S = \sum_{k=1}^{N_k} S_k + \sum_{i=1}^{N_i} S_i$$

这是用于分布空气压力的气室系统(OWC) 之上所有 N_k 内部水面 S_k,以及所有 N_i 体的湿表面 S_i 的总和(结合);

S_0,这是用于分布空气压力的气室系统(OWC) 之外的自由水面($z = 0$);

S_b,这是所有固定刚性结构的湿表面的总和(结合),包括固定的 OWC 室结构和海底(因为海床是水平的,平面 $z = -h$);

S_∞,这是设想垂直圆柱下的一个控制表面。如果气缸座是圆形的,可以用 r 表示它的半径。在许多情况下,限制 $r \to \infty$ 。

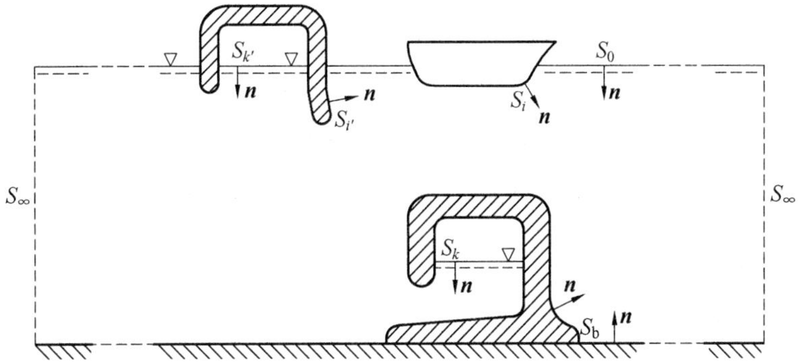

图4.10　这是用于分布空气压力的气室系统(OWC),其包含了一个虚构的圆柱控制表面 S_∞。$S_{i'}$ 和 S_i 表示湿润的振荡体表面,而 S_k 和 $S_{k'}$ 表示内部水表面。S_b 表示包括海底在内的固定表面,而 S_0 则表示外部自由水面。箭头表示的是指向液体区域的单元法线

如果 S_0 和液体区域的延伸情况是有限的,即,如果液体是包含在一个有限区域中,表面 S_0 和 S_b 沿封闭曲线相交,S_∞ 不进场。也可以考虑另一种情况,一个有限的海岸线与选择控制面 S_∞ 相交。

让 ϕ_i 和 ϕ_j 成为两个任意函数,满足拉普拉斯方程

$$\nabla^2 \phi_{i,j} = 0 \tag{4.237}$$

也满足齐次边界条件

$$\frac{\partial}{\partial n}\phi_{i,j} = 0 \quad (S_b) \tag{4.238}$$

并且

$$\left(\omega^2 - g\frac{\partial}{\partial z}\right)\phi_{i,j} = \left(\omega^2 + g\frac{\partial}{\partial n}\right)\phi_{i,j} = 0 \quad (S_0) \tag{4.239}$$

可以做一个有用的积分整合

$$I(\phi_i,\phi_j) = -\iint_S \left(\phi_i\frac{\partial\phi_j}{\partial n} - \frac{\partial\phi_i}{\partial n}\phi_j\right)\mathrm{d}S \tag{4.240}$$

下一步将表明,不去整合波生成曲面的整体 S,而是整合 S_∞,即从 S 产生的远场区域辐射波的"控制" 面。请注意,式(4.240) 中 S_b 和 S_0 上的被积函数消失了,因为,首先,S_b 上($\partial\phi_{i,j}/\partial n$) = 0;其次

$$\phi_i\frac{\partial\phi_j}{\partial n} - \frac{\partial\phi_i}{\partial n}\phi_j = -\phi_i\frac{\omega^2}{g}\phi_j + \frac{\omega^2}{g}\phi_i\phi_j = 0 \quad (S_0) \tag{4.241}$$

因此,如果液体包含一个有限区域,该公式则与格林定理(4.230) 相一致,然后积分(4.240) 消失。这样可知

$$I(\phi_i,\phi_j) = -\iint_{S_\infty} \left(\phi_i\frac{\partial\phi_j}{\partial n} - \frac{\partial\phi_i}{\partial n}\phi_j\right)\mathrm{d}S \tag{4.242}$$

或者

$$I(\phi_i,\phi_j)=\iint_{S_\infty}\left(\phi_i\frac{\partial\phi_j}{\partial r}-\frac{\partial\phi_i}{\partial r}\phi_j\right)\mathrm{d}S \tag{4.243}$$

注意,如果控制表面S_∞是圆柱体,而非环形体,这个公式仍然适用,因为$\partial/\partial R$可以解释为指向向外方向的S_∞上梯度的正常构成部分。注意:式(4.240)是定义,而式(4.243)是一个定理。做以下评论。

(a)ϕ_i和ϕ_j可能代表由振动体表面S_i或振动内水面S_k产生的波速度势。或者是它们可能代表其他种类的波。ϕ_i和ϕ_j必须满足S_b和S_0上的齐次边界条件。

(b)进一步来说,ϕ_i和/或ϕ_j可能是多个矩阵/单个矩阵,因为它们/它(即所有矩阵元素)满足上述齐次边界条件。如果ϕ_i和ϕ_j矩阵不互相转换,其产出的外观顺序就很重要。

(c)可能会用ϕ_i和/或ϕ_j的共轭复数(为了真实的ω)取代ϕ_i和/或ϕ_j,因为ϕ_i^*和ϕ_j^*过于满足S_b和S_0上的拉普拉斯方程以及齐次边界条件。

(d)如果ϕ_i和ϕ_j中有一个是标量函数,或者如果它们互相转换,可得

$$I(\phi_j,\phi_i)=-I(\phi_i,\phi_j) \tag{4.244}$$

(e)观察可知,可以把表面S_b上的有限区域囊括进表面S里面。例如,海底固定岩石块的表面(或如图4.10所示,固定的海底OWC结构)可以作为零振幅振荡的潮湿表面包括在表面S中。

(f)如果S_b上的边界条件(4.238)被下列公式所替代,则定义(4.240)和定理(4.243)也有效

$$\frac{\partial}{\partial n}\phi_{i,j}+C_n\phi_{i,j}=0 \tag{4.245}$$

其中,鉴于表面S_b的存在,C_n是一个复杂的常量或是一个复杂的函数。当C_n是不真实的,此种情况就会成真;然而,两个函数ϕ_i和ϕ_j会满足相同的辐射条件,这意味着它将不允许通过共轭复数更换函数。

接下来,当ϕ_i和ϕ_j既满足齐次边界条件(4.238)和(4.239),也满足辐射条件$r\to\infty$时,考虑整合式(4.243)。

满足在无限区域内从波源发出的外向波辐射条件的波,例如,衍射波或辐射波,在三维情况下有一个渐进型的表达式

$$\phi=\psi\sim A(\theta)e(kz)(kr)^{-1/2}\mathrm{e}^{-\mathrm{i}kr} \tag{4.246}$$

其中$kr\to\infty$[见式(4.222)及(4.224)]。稍后,用符号ψ表示满足辐射波的速度势。这样

$$\frac{\partial\psi}{\partial r}\sim\mathrm{i}k\psi \tag{4.247}$$

这只包括远场区域渐进展开的主要术语。因此,对于两个ψ_i和ψ_j,可知

$$\lim_{r\to\infty}\iint_{S_\infty}\left(\psi_i\frac{\partial\psi_j}{\partial r}-\frac{\partial\psi_i}{\partial r}\psi_j^*\right)\mathrm{d}S=0 \tag{4.248}$$

因此,根据式(4.243)可知

$$I(\psi_i,\psi_j)=0 \tag{4.249}$$

请注意

$$I(\psi_i^*,\psi_j^*)=0 \tag{4.250}$$

因为

$$\frac{\partial\psi^*}{\partial r}\sim \mathrm{i}k\psi^* \tag{4.251}$$

然而,因为 ψ_i 和 ψ_j^* 满足相反的辐射条件

$$I(\psi_i,\psi_j^*)\neq 0 \tag{4.252}$$

所以可知

$$I(\psi_i,\psi_j^*)=\lim_{r\to\infty}\iint_{S_\infty}A_i(\theta)A_j^*(\theta)e^2(kz)\frac{2\mathrm{i}k}{kr}\mathrm{d}S=$$

$$2\mathrm{i}\int_{-h}^{0}e^2(kz)\,\mathrm{d}z\int_0^{2\pi}A_i(\theta)A_j^*(\theta)\,\mathrm{d}\theta \tag{4.253}$$

使用式(4.112)可知

$$I(\psi_i,\psi_j^*)=i\frac{D(kh)}{k}\int_0^{2\pi}A_i(\theta)A_j^*(\theta)\,\mathrm{d}\theta \tag{4.254}$$

请注意,因为两个被积函数 $\psi_i(\partial\psi_j^*/\partial r)-(\partial\psi_i/\partial r)\psi_j^*$ 在远场区域有相同效力,可知

$$I(\psi_i,\psi_j^*)=\lim_{r\to\infty}2\iint_{S_\infty}\psi_i\frac{\partial\psi_j^*}{\partial r}\mathrm{d}S \tag{4.255}$$

在二维情况下,因为在有限的液体区域内(参见图 4.10)存在非齐次边界条件,在远场区域产生的消逝波可能会忽略不计。因此,所有在式(4.115)中与 $n\geqslant 1$ 对应的术语都会在此处略去。其余的术语都是与式(4.87)中 $n=0$ 相对应的。因此,对于满足辐射条件的波而言,远场的渐进表达式为

$$\phi=\psi\sim-\frac{g}{\mathrm{i}\omega}A^{\pm}e(kz)\mathrm{e}^{\mp ikx}=-\frac{g}{\mathrm{i}\omega}A^{\pm}e(kz)\mathrm{e}^{-ik|x|} \tag{4.256}$$

上标志适用于 $x\to+\infty\ (\theta=0)$,下标志适用于 $x\to-\infty\ (\theta=\pi)$。同式(4.92)相比表明,常数 A^+ 和 A^- 代表上升波。

现在来考虑一个垂直圆柱 S_∞ 在 y 方向上宽度 d 和在 x 方向上的任意长度的矩形截面。然后可得

$$I(\psi_i,\psi_j^*)=\iint_{S_\infty}\left(\psi_i\frac{\partial\psi_j^*}{\partial r}-\frac{\partial\psi_i}{\partial r}\psi_j^*\right)\mathrm{d}s=$$

$$\left(\frac{-g}{\mathrm{i}\omega}\right)\left(\frac{-g}{-\mathrm{i}\omega}\right)(A_i^+A_j^{+*}+A_i^-A_j^{-*})2\mathrm{i}k\int_{-h}^{0}e^2(kz)\,\mathrm{d}z\int_{-d/2}^{d/2}\mathrm{d}y \tag{4.257}$$

可知 y 方向上的单位宽度

$$I'(\psi_i,\psi_j^*)\equiv\frac{I(\psi_i,\psi_j^*)}{d}=i\left(\frac{g}{\omega}\right)^2D(kh)(A_i^+A_j^{+*}+A_i^-A_j^{-*}) \tag{4.258}$$

很容易看出在二维的情况下两个波满足相同的辐射条件,这样可知

$$I'(\psi_i,\psi_j)=0,\quad I'(\psi_i^*,\psi_j^*)=0 \tag{4.259}$$

4.8　远场系数和科钦函数

在上一节中讨论了圆形波以及派生的输出波的渐进表达式(4.222)。其中,角频率

是隐含在远场系数 $A(\theta)$ 中的。

在非常大的距离($r\to\infty$)上,图4.10所示结构中所有的衍射波和辐射波似乎都源自于辐射源($r=0$)附近的区域。依据线性理论,由此产生的输出波的渐进表达式如式(4.222)所示,其中,远场系数是从个体的衍射和辐射结构的输出波的叠加;也就是

$$A(\theta)=\sum_i A_i(\theta) \tag{4.260}$$

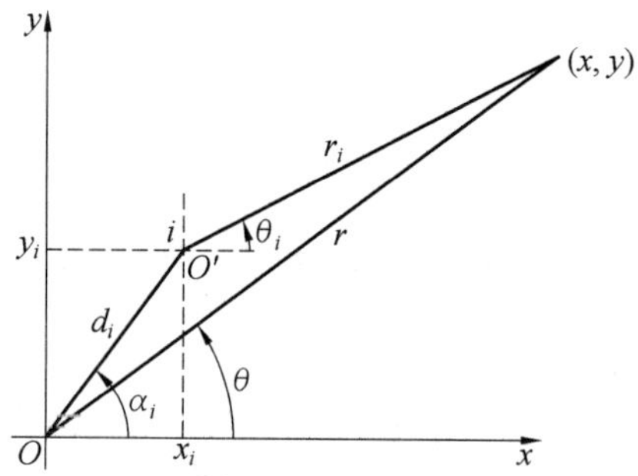

图4.11　横坐标,直角坐标(x,y)和极坐标(r,θ)。整体坐标是相对于公共源 O 而言的。局部坐标是相对于辐射和/或衍射结构数 i 的局部源 O'

公式中是所有输出波源的总和。令

$$(x_i,y_i)=(d_i\cos\alpha_i,d_i\sin\alpha_i) \tag{4.261}$$

代表对于输出圆形波而言源数量 i 的局部源(或垂直线通过一个参考点,例如,重力中心)。图4.11给出了长度 d_i 和 r_i 以及角 α_i、θ_i 和 θ 的定义。任意一点的水平坐标可以用多种方法来表示

$$(x,y)=(r\cos\theta,r\sin\theta)=(x_i+r_i\cos\theta_i,y_i+r_i\sin\theta_i) \tag{4.262}$$

假设输出波的来源都位于附近波源的有界区域,即

$$r\gg\max(d_i)\quad\forall\ i \tag{4.263}$$

并且

$$kr\gg 1 \tag{4.264}$$

对于非常大的距离而言,每个输出波的每一项速度势 $\sum\phi_i=\sum\psi_i$ 都可以用渐进表达式如[参见式(4.222)]下面所示的公式表示出来

$$\phi_i=\psi_i\sim B_i(\theta_i)e(kz)(kr)^{-1/2}\exp\{-\mathrm{i}kr\} \tag{4.265}$$

或者

$$\phi_i=\psi_i\sim A_i(\theta)e(kz)(kr)^{-1/2}\exp\{-\mathrm{i}kr\} \tag{4.266}$$

此处,复杂函数 $B_i(\theta)$ 指的是辐射源局部起源的远场系数;同波源 $A_i(\theta)$(数字 i)指的是辐射源共同起源的远场系数。对于非常远的区域点(x,y)而言,即 $r\gg d_i$,有以下在全局和局部坐标系之间的近似渐进的关系式(见图4.11)

$$\theta_i\approx\theta \tag{4.267}$$

$$r_i\approx r-d_i\cos(\alpha_i-\theta) \tag{4.268}$$

$$(kr_i)^{-1/2}\approx(kr)^{-1/2} \tag{4.269}$$

对于从源数字 i 发出的输出波,可知

$$\phi_i\sim B_i(\theta_i)e(kz)(kr_i)^{-1/2}\exp\{-\mathrm{i}kr_i\}\sim$$
$$B_i(\theta_i)e(kz)(kr_i)^{-1/2}\exp\{\mathrm{i}kd_i\cos(\alpha_i-\theta)\}\exp\{-\mathrm{i}kr\} \tag{4.270}$$

请注意,使用 r_i 这个高阶近似值,这是在相位上进行的,而非在振幅(模量)上,而且这在干涉和衍射理论中很常见,例如在光学领域中的应用情况。

因此,在远场系数之间存在着下列关系

$$A_i(\theta)=\beta_i(\theta)\exp\{\mathrm{i}kd_i\cos(\alpha_i-\theta)\}=$$
$$\beta_i(\theta)\exp\{\mathrm{i}k(x_i\cos\theta+y_i\sin\theta)\} \tag{4.271}$$

对于单轴对称体振荡上升的情况而言,远场系数 B_0 是独立于 θ 的。如果垂直对称轴与 Z 轴相对应,那么与之对应的 A_0 也是独立于 θ 的。然而,如果 $d_i \neq 0$,A_0 会随着 θ 而变化,这是式(4.271)中的指数因子造成的。

辐射波和衍射波满足在有限距离内输出波的辐射条件。它们的渐进表达式为(4.265)或(4.266),其中的振幅、相位和方向依存性是由远场系数决定的。

比如[参见式(4.92)及(4.102)],入射波 Φ 为

$$\Phi = \hat{\phi}_0 = -\frac{g}{\mathrm{i}\omega}Ae(kz)\exp\{-\mathrm{i}k(x\cos\beta + y\sin\beta)\} \tag{4.272}$$

不满足辐射条件。让 ϕ_i 和 ϕ_j 成为两个任意波,其中

$$\phi_{i,j} = \Phi_{i,j} + \psi_{i,j} \tag{4.273}$$

此处,ψ_i 和 ψ_j 是满足(无限区域内输出波的)辐射条件的两条波,ϕ_i 和 ϕ_j 是两条任意入射波。从积分整合(4.240)的定义来看,可知

$$I(\phi_i,\phi_j) = I(\Phi_i,\Phi_j) + I(\Phi_i,\psi_j) + I(\psi_j,\Phi_j) + I(\psi_i,\psi_j) \tag{4.274}$$

因为 ψ_i 和 ψ_j 满足相同的辐射条件,从式(4.249)中可以知道 $I(\psi_i,\psi_j)=0$。另外,因为 Φ_i 和 Φ_j 满足平面 $z=0$ 和 $z=-h$ 上的齐次边界条件,而且在这些平面间的体积中它们均满足拉普拉斯方程,包括振荡器结构占据的体积空间,这是遵循于格林定理和式(4.243)的,也遵循于 $I(\Phi_i,\Phi_j)=0$。因此

$$I(\phi_i,\phi_j) = I(\Phi_i,\psi_j) + I(\psi_i,\Phi_j) = I(\Phi_i,\psi_j) - I(\Phi_j,\psi_i) \tag{4.275}$$

式(4.244)中也用到了最后一步,因此它假设 Φ_i 和 ψ_i 是可以互换的,这很有必要。

现在来思考两个入射波

$$\Phi_{i,j} = -\frac{g}{\mathrm{i}\omega}A_{i,j}e(kz)\exp\{-\mathrm{i}kr(\beta_{i,j})\} \tag{4.276}$$

其中

$$r(\beta) \equiv x\cos\beta + y\sin\beta \tag{4.277}$$

需要注意的是这两个波具有不同的复杂上升振幅海拔,即 A_i 和 A_j,也具有不同的入射角,即 β_i 和 β_j。然而,它们却有相同的间隔,即 $T=2\pi/\omega$,因此也就有了相同的波长 $\lambda = 2\pi/k$。

以纽曼为依据,将所谓的科钦函数定义为

$$H_j(\beta_i) \equiv -\frac{k}{D(kh)}I\{e(kz)\mathrm{e}^{\mathrm{i}kr(\beta)},\psi_j\} \tag{4.278}$$

值得注意的是,$H_j(\beta)$ 取决于所选择的角度 β。否则,$H_j(\beta)$ 就是满足辐射条件波 ψ_j 的属性。将表明,$H_j(\theta)$ 与波 ψ_j 的远场系数 $A_j(\theta)$ 成正比。因为,从式(4.277)中可知

$$r(\beta \pm \pi) = -r(\beta) \tag{4.279}$$

还可以知道

$$H_j(\beta_i \pm \pi) = -\frac{k}{D(kh)}I\{e(kz)\mathrm{e}^{\mathrm{i}kr(\beta)},\psi_j\} \tag{4.280}$$

根据式(4.276),用这个公式与所选择的两个入射波 ϕ_i 和 ϕ_j 相组合,可以从式(4.275)中知道

$$I(\phi_i,\phi_j) = \frac{gD(kh)}{\mathrm{i}\omega k}\{A_iH_j(\beta_i \pm \pi) - A_jH_i(\beta_j \pm \pi)\} \tag{4.281}$$

注意,这个结果是基于式(4.275)的,从而,也就是基于式(4.244)。因此,可以观察到,使用式(4.281)时,A_j 和 H_i 可以互换。还要注意的是,鉴于此处存在复杂的波幅 A_j,而且在式(4.276)中,其不应与函数 $A_j(\theta)$ 也就是远场系数相混淆。

$$H_j(\theta)=\sqrt{2}A_j(\theta)\mathrm{e}^{\mathrm{i}\pi/4} \tag{4.282}$$

下一步将展示使用式(4.243),以及式(4.278)中的(4.266),可知

$$H_j(\beta)=-\frac{k}{D(kh)}I\{e(kz)\mathrm{e}^{\mathrm{i}kr(\beta)},A_j(\theta)e(kz)(kr)^{-1/2}\mathrm{e}^{-\mathrm{i}kr}\} \tag{4.283}$$

其中,现在的整合面为 S_∞(参见图4.10)。应该看到的是,此处 r 是(水平)径向坐标(见图4.11),而 $r(\beta)$ 是由式(4.277)得出的。

假设控制面 S_∞ 是半径为 r 的圆柱。整合的变数则为 θ 和 Z(参见图4.12),而 r 是一个趋于无穷的常数。需要注意的是

$$\begin{aligned}r(\beta)&\equiv x\cos\beta+y\sin\beta=\\&r\cos\theta\cos\beta+r\sin\theta\sin\beta=\\&r\cos(\theta-\beta)\end{aligned}$$

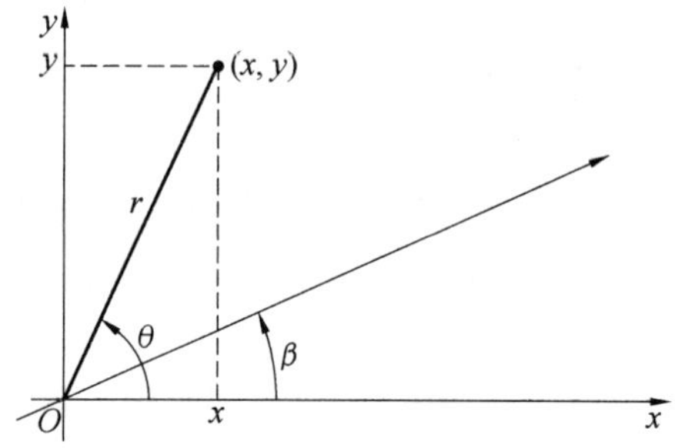

图4.12 在水平平面上的直角坐标和极坐标,入射波的角度为 β

这样可知[参见式(4.243)及(4.283)]

$$H_j(\beta)=-\frac{1}{2D(kh)}2k\int_{-h}^{0}e^2(kz)\,\mathrm{d}z\lim_{kr\to\infty}\int_0^{2\pi}(G_1-G_2)r\,\mathrm{d}\theta \tag{4.284}$$

其中

$$G_1=-\mathrm{i}kA_j(\theta)(kr)^{-1/2}\exp(-\mathrm{i}kr)\exp[\mathrm{i}kr\cos(\theta-\beta)] \tag{4.285}$$

并且

$$G_2=-G_1\cos(\theta-\beta) \tag{4.286}$$

使用式(4.112),发现式(4.284)变为了

$$\begin{aligned}H_j(\beta)=\lim_{u\to\infty}\frac{\mathrm{i}}{2}\int_0^{2\pi}\sqrt{kr}A_j(\theta)[1+\cos(\theta-\beta)]\times\\\exp\{-\mathrm{i}kr[1-\cos(\theta-\beta)]\}\mathrm{d}\theta\end{aligned} \tag{4.287}$$

现在用 $\phi=\theta-\beta$ 作为新的积分变量。此外,采用渐进式(因为 $u\to\infty$)

$$\begin{aligned}&\lim_{u\to\infty}\int_{-\beta}^{2\pi-\beta}f(\phi)\exp\{-\mathrm{i}u(1-\cos\phi)\}\mathrm{d}\phi=\\&\lim_{u\to\infty}\sqrt{\pi/u}[(1-\mathrm{i})f(0)+(1+\mathrm{i})\mathrm{e}^{-\mathrm{i}2u}f(\pi)]\end{aligned} \tag{4.288}$$

下面是派生公式,即

$$\begin{aligned}H_j(\beta)&=\frac{\mathrm{i}}{2}(1-\mathrm{i})\sqrt{\pi}A_j(\beta)(1+\cos 0)=\\&(1+\mathrm{i})\sqrt{\pi}A_j(\beta)=\sqrt{2\pi}A_j(\beta)\mathrm{e}^{\mathrm{i}\pi/4}\end{aligned} \tag{4.289}$$

和上述有待证明的(4.282)是一致的。

接下来会使用“固定相位法”推导上述的数学关系(4.288)。简而言之,将首先考虑积分的渐进极限(即 $u\to\infty$)

$$I_{ab}\equiv\int_{\mathrm{a}}^{b}f(\kappa)\mathrm{e}^{-\mathrm{i}u\psi(\phi)}\mathrm{d}\phi \tag{4.290}$$

其中，$f(\phi)$ 和 $\psi(\phi)$ 是在间隔 $a<\phi<b$ 上的解析函数。而且，$\psi(\phi)$ 是真实的，有且只有一个；极值 $\psi(c)$ 在间隔上，因此 $\psi'(c)=0$，$\psi''(c)\neq 0$，其中 $a<c<b$。

如果使用一个积分外（与下面介绍的积分类似）的常数 $e^{-iu\psi(c)}$，再让 $u\to\infty$，除了附近的"固定"点 $\phi=c$，被积函数振荡 ϕ 是无限快的，其中，假想指数随 ϕ 缓慢变化。因此，在区间 $c-\varepsilon<\phi<c+\varepsilon$ 之外，对整体的贡献是可以忽略不计的，其中，ε 是一个很小的正数。在 $\phi=c$ 附近利用泰勒公式对 $\psi(\phi)$ 进行扩展，可知

$$\lim_{u\to\infty} I_{ab}=\lim_{u\to\infty} f(c)e^{-iu\phi(c)}\int_{c-\varepsilon}^{c+\varepsilon}\exp[-iu\psi''(c)(\phi-c)^2/2]d\phi \tag{4.291}$$

现在将

$$\alpha=(\phi-c)\sqrt{u\psi''(c)\operatorname{sgn}\psi''(c)/2}=(\phi-c)\sqrt{u|\psi''(c)|/2} \tag{4.292}$$

作为新的集成变量。请注意，新的集成变量限制为

$$\alpha=\pm\varepsilon\sqrt{u|\psi''(c)|/2}\to\pm\infty\quad(u\to\infty) \tag{4.293}$$

这样便可得

$$\begin{aligned}\lim_{u\to\infty} I_{ab}=&\lim_{u\to\infty} f(c)\sqrt{\frac{2}{u|\psi''(c)|}}e^{-iu\psi(c)}\int_{-\infty}^{\infty}\exp[-i\alpha^2\operatorname{sgn}\psi''(c)]=\\&\lim_{u\to\infty} f(c)\sqrt{\frac{2}{u|\psi''(c)|}}e^{-iu\psi(c)}\Big[\int_{-\infty}^{\infty}\cos\alpha^2 d\alpha-\\&i\operatorname{sgn}\psi''(c)\int_{-\infty}^{\infty}\sin\alpha^2 d\alpha\Big]=\\&\lim_{u\to\infty} f(c)\sqrt{\frac{\pi}{u|\psi''(c)|}}e^{-iu\psi(c)}[1-i\operatorname{sgn}\psi''(c)]\end{aligned} \tag{4.294}$$

因为两者的最后积分均等于$\sqrt{\pi/2}$。注意，因为$\psi(\phi)=1-\cos\phi$，可知，对于$\phi=0$和$\phi=\pi$而言，$\psi'(\phi)=0$。此外，观察$\psi(0)=0$，$\psi''(0)=1$，$\psi(\pi)=2$以及$\psi''(\pi)=-1$，可以很容易地看到式(4.288)遵循于式(4.290)和(4.294)。

在二维情况($\partial/\partial y\equiv 0$)下，图4.10所示截面的振荡体和气室被假定在 Y 方向无限延伸。

为了使积分(4.240)变有限，整合了在间隔 $-d/2<y<d/2$ 内的表面 S，这样以后，让宽度 d 趋于无限。每单位宽度的相应积分为 $I'=I/d$，如式(4.258)所示。

表面 S_∞ 可视作双平面 $x=r^\pm$，其中常数 $r^\pm$ 足够大($r^\pm\to\pm\infty$)。二维科钦函数 $H'_j(\beta)$ 的定义在式(4.278)中有所展示，其中 I' 取代了 I。按照式(4.243)，用 S_∞ 上的积分，而不是 S 面上的积分，并用远场近似值(4.256)去获得

$$H_j(\beta)=-\frac{k}{D(kh)}\int_{-h}^{0}e^2(kz)dz\int_{-d/2}^{d/2}\exp\{iky\sin\beta\}dy(G^++G^-) \tag{4.295}$$

其中

$$G^\pm=-(ik\pm ik\cos\beta)\left(\frac{-g}{i\omega}\right)A_j^\pm\exp\{ikr^\pm\cos\beta\}\exp\{\mp ikr^\pm\} \tag{4.296}$$

Z 上的积分为 $D(kh)/2k$，这和公式(4.112)相一致，而且

$$\lim_{d\to\infty}\frac{1}{d}\int_{-d/2}^{d/2}\exp(iky\sin\beta)dy=\begin{cases}1 & (\sin\beta=0)\\0 & (\sin\beta\neq 0)\end{cases} \tag{4.297}$$

请注意，对于二维情况下，入射角度为 $\beta = 0$ 或 $\beta = \pi$。两种情况下，$\sin\beta = 0$。因此，每单位宽度的二维科钦函数 $H'_j(\beta) = H_j(\beta)/d$，这样可知

$$H'_j(0) = -\frac{1}{2}\frac{-g}{\mathrm{i}\omega}A_j^+(-\mathrm{i}k - \mathrm{i}k\cos 0) = -\frac{gk}{\omega}A_j^+ \tag{4.298}$$

$$H'_j(\pi) = -\frac{1}{2}\frac{-g}{\mathrm{i}\omega}A_j^-(-\mathrm{i}k + \mathrm{i}k\cos\omega) = -\frac{gk}{\omega}A_j^- \tag{4.299}$$

否则，如果 $\sin\beta \neq 0$，可知 $H'_j(\beta) = 0$。这里，推导出科钦函数和远场系数之间的关系(4.282) 的二维版本。

先考虑科钦函数、远场系数以及有用积分(4.240) 之间的一些关系。对于外向波源数 j，可知 $H_j = H_j(\theta)$，这在式(4.278) 及(4.282) 已有所展示。对于外向波的渐进表达式为

$$\psi_j \sim A_j(\theta)e(kz)(kr)^{-1/2}\mathrm{e}^{-\mathrm{i}kr} = H_j(\theta)e(kz)(2\pi kr)^{-1/2}\exp\{-\mathrm{i}kr - \mathrm{i}\pi/4\} \tag{4.300}$$

对于 ψ_i 和 ψ_j 两个波都满足相同的辐射条件，可得式(4.254)

$$I = (\psi_i, \psi_j^*) = \frac{\mathrm{i}D(kh)}{k}\int_0^{2\pi}A_i(\theta)A_j^*(\theta)\mathrm{d}\theta = \mathrm{i}\frac{D(kh)}{2\pi k}\int_0^{2\pi}H_i(\theta)H_j^*(\theta)\mathrm{d}\theta \tag{4.301}$$

利用远场系数和对于波源数 j 而言的全部起源及局部起源的关系(4.271)，可知

$$\begin{aligned} I(\psi_i, \psi_j^*) = \mathrm{i}\frac{D(kh)}{k}\int_0^{2\pi}A_i(\theta)A_j^*(\theta)\mathrm{d}\theta = \\ \mathrm{i}\frac{D(kh)}{k}\int_0^{2\pi}B_i(\theta)B_j^*(\theta)\exp\{\mathrm{i}k(r_j - r_i)\}\mathrm{d}\theta \end{aligned} \tag{4.302}$$

利用几何关系，后者的被积函数指数可以改写为

$$\begin{aligned} r_j - r_i = (x_i - x_j)\cos\theta + (y_i - y_j)\sin\theta = \\ d_i\cos(\alpha_i - \theta) - d_j\cos(\alpha_j - \theta) = \\ d_{ij}\cos(\alpha_{ij} - \theta) \end{aligned} \tag{4.303}$$

其中，距离和角度如图 4.13($d_{ij} = d_{ji}, \alpha_{ij} = \alpha_{ji} + \pi$) 所示。

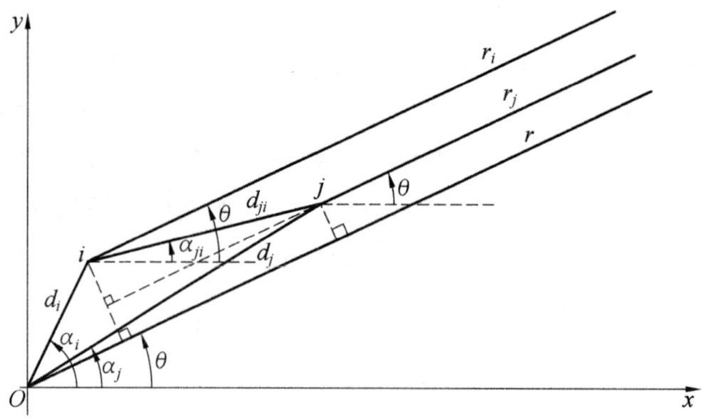

图4.13　水平距离和角度的定义图，这确定了对于输出波而言，源数为 i 和 j 时共同起源和局部起源的位置

式(4.301) 的二维版本为

$$I'(\psi_i,\psi_j^*)=\frac{\mathrm{i}D(kh)}{k^2}\{H'_i(0)H_j'^*(0)+H'_i(\pi)H_j'^*(\pi)\} \tag{4.304}$$

这是由式(4.258)、(4.298)及(4.299)组合得到的。

对于不满足辐射条件下的波而言,如式(4.274)中的 ϕ_i 和 ϕ_j,现在把其认为是 $I(\phi_i,\phi_j^*)$。假设 ϕ_j^* 可以与 ψ_i 互换,可知

$$I(\phi_i,\phi_j^*)=I(\Phi_i,\psi_j^*)-I(\Phi_j^*,\psi_i)+I(\psi_i,\psi_j^*) \tag{4.305}$$

以类似的方式,推导出式(4.275)。结合式(4.305)、(4.276)及(4.278),可知

$$\Phi_j^*=\frac{g}{\mathrm{i}\omega}A_j^*e(kz)\exp\{\mathrm{i}kr(\beta_j)\} \tag{4.306}$$

$$H_j^*(\beta)=-\frac{K}{D(kh)}I\{e(kz)\mathrm{e}^{-\mathrm{i}kr(\beta)},\psi_j^*\} \tag{4.307}$$

发现

$$I(\phi_i,\phi_j^*)=\frac{gD(kh)}{\mathrm{i}\omega k}\{A_iH_j^*(\beta_j)+A_j^*H_i(\beta_j)\}+I(\psi_i,\psi_j^*) \tag{4.308}$$

在这里,可以根据科钦函数用式(4.301)来表达最后一项。在二维情况下,使用式(4.304),然后用 I' 代替 I,用 $H'_{i,j}$ 代替 $H_{i,j}$。

如果比较式(4.281)和(4.308),注意到在 ϕ_j 处共轭的两点差异。首先,由于式(4.249)、式(4.281)不包含与式(4.308)相对应的最后一项。其次,对比式(4.281),在式(4.308)中,在科钦函数的参数中没有一个发生 π 角的位移。

式(4.281)和(4.308)被纽曼用作推导出一组不同波的相关参数之间的相互作用关系的基础。下一章推导并讨论了一些相互作用关系。

4.9　时域中的波

(本节中部分文本选自《应用海洋研究》,17 卷,J. falnes,"同传播水波相关的非因果脉冲响应函数",379 ~ 389 页,1995,Elsevier 科学已授权。)在分析波时,有机会选择用频域或时域的方法。传统上,频域已受到更大关注了,而且它在本章中从第 4.2 节和以后的部分也都一直出现。然而,最近有关时域的研究也已在开展之中。这样的调查可能是基于时域下拉普拉斯方程和边界条件(4.16)、(4.17)、(4.18)、(4.28)和(4.29)的数值解进行的。详细讨论这些调查已经超出本章范围。

但是,在这一节中在应用傅里叶逆变换的基础上对频域结果做一些评论。具体来说,讨论两个线性系统中,系统中在特定点上,波上升处于输入状态。将看到,这些系统是非因果的。原因在于该输入不是所选择输出促成的。输出及输入的真正原因可能是一个造波机(实验室)或是一个远程风暴(在海洋上)。

假设一个入射平面波在正 x 方向上传播。在频域中,波的上升可能会表示为

$$\eta(x,y;\omega)=A(\omega)\exp\{-\mathrm{i}kx\}\equiv\eta(x,\omega) \tag{4.309}$$

其中,$A(\omega)$ 是平均水面在原点 $(x,y)=(0,0)$ 处上升入射波的傅里叶转换式

$$A(\omega)=\eta(0,0;\omega)=\eta(0,\omega)=\int_{-\infty}^{+\infty}\eta(0,t)\exp\{-\mathrm{i}\omega t\}\,\mathrm{d}t \tag{4.310}$$

为了确保波在 x 轴正方向上传播,选择色散方程的解,即 $k=k(\omega)$,其中波数 k 同角频

率 ω 具有相同标志。

4.9.1　在两个位置的波高之间的关系

因为实际的海浪存在有限的相干时间，因此可能会预测到在同一点波测量的基础上某一点的波高，这是有一定概率的。然而，如果在"上游"方向（即与波传播方向相反）且与浮体距离为 l 时测量波，则更能确定预测的是入射波高。测量条件为 $x=x_A$，其中

$$x_B - x_A = l > 0 \tag{4.311}$$

把 $\eta(x_A,\omega)$ 当作线性系统的输入坐标，$\eta(x_B,\omega)$ 当作线性系统的输出坐标，这遵循于式(4.309)，其中系统的传递函数为

$$H_l(\omega) = \exp\{-\mathrm{i}k(\omega)l\} \tag{4.312}$$

虽然结果近似于因果关系，特别是当 l 的值很大的时候，但严格来说脉冲响应函数 $h_l(t)$ 是没有因果关系的。$l=400$ m，计算机模拟海浪做了一个非常好的预测，即至少半分钟完成。先前在实际海浪中的实验工作进行了一个不太精确的预测，但处在 x_B 位置海底的动水压力则是一个更令人满意的预测。

传递函数 $H_l(\omega)$ 在式(4.312)中给出，相应的脉冲响应函数

$$h_l(t) = \frac{1}{2\pi}\int_{-\infty}^{+\infty} H_l(\omega)\exp\{\mathrm{i}\omega t\}\,\mathrm{d}\omega = \frac{1}{2\pi}\int_{-\infty}^{+\infty}\exp\{-\mathrm{i}k(\omega)t + \mathrm{i}\omega t\}\,\mathrm{d}\omega \tag{4.313}$$

与一般传播波的物理量的两个位置的值有关，这已经在式(4.309)中表示出来了。例如，物理量可以是与电组件相关的一个电磁波，其在自由空间中以速度 c 传输。这样，色散方程为

$$\omega^2 = c^2k^2 \tag{4.314}$$

将上述公式同式(4.313)相结合，发现

$$h_l(t) = \frac{1}{2\pi}\int_{-\infty}^{\infty}\exp\left\{\mathrm{i}\omega\left(t-\frac{1}{c}\right)\right\}\mathrm{d}\omega = \delta\left(t-\frac{1}{c}\right) \tag{4.315}$$

这是一种脉冲，时移为 l/c。当然，这是可以预料的，因为这种分散自由波的所有频率分量都有相同的恒定传播速度 c。

因为 $t<l/c$，因此它遵循于 $h_l(t)=0$；因此 $l>0$，$t<0$。这样一来，功能函数 $h_l(t)$ 呈色散波的因果关系。这是因为一个色散波各频率分量的传播具有恒定振幅，相位的变化与频率和传播距离成正比。任何多频波均进行不失真传播。通过解释傅里叶的分析，在 $t=0$ 时，$x=x_A$，脉冲是由一个连续的正弦波引起的，该正弦波的幅值相等，这都是在 $t=0$ 的相位上进行的，对所有其他的 t 值而言，它们均以一种独特的方式在相位之外进行。独特的波分量求和（逆傅里叶积分）导致 t 不同于0时，结果为0。在这之后 $t=l/c$，不失真脉冲已经移动到 $x=x_B=x_A+l$ 上。

因此，除非波分散，脉冲响应函数 $h_l(t)$ 不能是非因果的。在这种情况下，多频波可能会失真，而在 $(x,t)=(0,0)$ 上的原始脉冲传播后，上述连续的正弦波（每个波在空间和时间上都是无限的）不一定满足脉冲所要求的相位条件。因此，不能保证 $t<0$ 时功能函数 $h_l(t)$ 的消失。当波色散时脉冲响应函数 $h_l(t)$ 是非因果的，这似乎很合理。在下面的段落中，明确地表明，这对水波而言是正确的。

对于水深为 h 的重力波（无黏性，不可压缩），色散方程

$$\omega^2 = gk\tanh(kh) \tag{4.316}$$

这在式(4.57)中已表示出来。对于深水($h \to \infty$),这可以简化为

$$\omega^2 = g|k| \tag{4.317}$$

要求 $h_l(t)$ 必须是真实的存在方式[参见式(4.313)],这样

$$H_l(\omega) = H_l(-\omega) \tag{4.318}$$

因此[参见式(4.312)和(2.160)]

$$\mathrm{sgn}(k) = \mathrm{sgn}(\omega) \tag{4.319}$$

后者的条件也确保了波(4.309)在 x 正方向上传播。

对于满足色散关系(4.316)的波,相速 $v_p = \omega/k$ 和群速 $v_g = \mathrm{d}\omega/\mathrm{d}k$ 对于 ω 而言均为负。最大传播速度为

$$v_{g,\max} = v_{p,\max} = (gh)^{1/2} \tag{4.320}$$

其中 $k = 0$;即 $\omega = 0$。对于"近似浅水"而言,群速度和相速度是相等的,即为$(gh)^{1/2}$。它们独立于频率。在整合式(4.313)中,所有的频率(甚至是 $\omega \to \infty$)都囊括其中。

因此,务必记住,即使 h 很小(但 $h > 0$),水上的重力波也是分散的。在深水情况下,$\omega^2 h/g \gg 1$,可知[参见式(4.104)]

$$v_g \approx \frac{1}{2}v_p \approx \frac{1}{2}g/|\omega| \approx \frac{1}{2}(g/|k|)^{1/2} \tag{4.321}$$

如果水深是有限的情况,这便适用于所有的 ω。注意在这种情况下的奇异性,因为 $\omega = 0$。先思考深水波的情况($h \to \infty$);也就是说,假设色散关系(4.317)为

$$k = |\omega|\omega/g \tag{4.322}$$

适用于所有的 ω 和 k。使用式(4.313)可以把脉冲响应函数写为

$$h_l(t) = \frac{1}{2\pi}\int_{-\infty}^{+\infty}\{\cos(\omega t - kl) + \mathrm{i}\sin(\omega t - kl)\}\mathrm{d}\omega \tag{4.323}$$

因为与式(4.319)相比,k 同 ω 一样具有相同的符号。因为正弦函数是奇函数,所以积分的虚部消失。此外,余弦函数是偶函数,而且因为 $\omega > 0$,可知 $k = \omega^2/g$。因此

$$h_l(t) = \frac{1}{\pi}\int_0^{\infty}\cos\left(\frac{\omega t - \omega^2 l}{g}\right)\mathrm{d}\omega = h_e(t) + h_o(t) \tag{4.324}$$

脉冲响应函数的偶函数部分和奇函数部分分别为

$$h_e(t) = \frac{1}{\pi}\int_0^{\infty}\cos\frac{\omega^2 l}{g}\cos(\omega t)\mathrm{d}\omega \tag{4.325}$$

$$h_o(t) = \frac{1}{\pi}\int_0^{\infty}\sin\frac{\omega^2 l}{g}\sin(\omega t)\mathrm{d}\omega \tag{4.326}$$

使用傅里叶变换表,发现因为 $t > 0$,所以

$$h_e(t) = \frac{1}{4}\left(\frac{2g}{\pi l}\right)^{1/2}\left(\cos\frac{gt^2}{4l} + \sin\frac{gt^2}{4l}\right) \tag{4.327}$$

$$h_o(t) = \frac{1}{2}\left(\frac{2g}{\pi l}\right)^{1/2}\left(C_2\left\{t\left(\frac{g}{2\pi l}\right)^{1/2}\right\}\cos\frac{gt^2}{4l} + S_2\left\{t\left(\frac{g}{2\pi l}\right)^{1/2}\right\}\sin\frac{gt^2}{4l}\right) \tag{4.328}$$

其中,C_2 和 S_2 是菲涅耳积分,对 $x > 0$,其定义表达式为

$$C_2(x) = (2\pi)^{-1/2}\int_0^x t^{-1/2}\cos(t)\mathrm{d}t \tag{4.329}$$

$$S_2(x) = (2\pi)^{-1/2}\int_0^x t^{-1/2}\sin(t)\,dt \tag{4.330}$$

因为 $|h_e(t)| \neq |h_o(t)|$,脉冲响应函数 $h(t) = h_e(t) + h_o(t)$ 是非因果关系的。从菲涅耳积分的渐进性上,可知 $C_2(x) \to 1/2, S_2(x) \to 1/2 (x \to +\infty)$。因此

$$h_e(t) - h_o(t) \to 0 \quad (t \to +\infty) \tag{4.331}$$

因此

$$h_l(t) \to 0 \quad (t \to -\infty) \tag{4.332}$$

并且

$$h_l(t) \to \frac{1}{2}\left(\frac{2g}{\pi l}\right)^{1/2}\left(\cos\frac{gt^2}{4l} + \sin\frac{gt^2}{4l}\right) \quad (t \to +\infty) \tag{4.333}$$

以这个为限制,脉冲响应函数是一个振荡体,在连续的过零点之间存在逐渐减小的时间间隔。定性来说,这从物理角度来说是合理的,因为相速度和群速度是频率单调递减函数。脉冲响应有一个虽然小但是是非消失的值,因为 $t < 0$。这很显而易见。

当水深是有限的情况下,很难发现一个简单的脉冲响应函数表达式。然而,如果想表明 $h_l(0) \neq 0$ 而且 $h_l(t)$ 是一个连续函数,就必须遵循 $h_l(t)$ 是非因果关系的。因为 $v_p = \omega/k$ 和 $v_g = d\omega/dk$ 永不为负,在式(4.313)中把 k 视作新的积分变量,这样就变为了

$$\begin{aligned} h_l(0) &= \frac{1}{2\pi}\int_{-\infty}^{\infty} \exp\{-ik(\omega)l\}\exp\{i\omega t\}\,d\omega = \\ &\frac{1}{2\pi}\int_{-\infty}^{\infty} \exp\{-ikl\}\exp\{i\omega(k)t\}v_g\,dk = \\ &\frac{1}{2\pi}\int_{-\infty}^{\infty} v_g(k)\exp\{-ik[l - v_p(k)t]\}\,dk \end{aligned} \tag{4.334}$$

在 $t = 0$ 时,脉冲响应函数为

$$h_l(0) = \frac{1}{2\pi}\int_{-\infty}^{\infty} v_g(k)\exp\{-ikl\}\,dk = \frac{1}{2\pi}V_g(l) \tag{4.335}$$

其中

$$V_g(l) = \int_{-\infty}^{\infty} v_g(k)\exp\{-ikl\}\,dk \tag{4.336}$$

是 $v_g(k)$ 的傅里叶(空间)变换式。如果 v_g 是恒定的,$V_g(l)$ 是三角函数,如果 $l > 0$,$h_l(0) = 0$。然而,在分散情况下,$v_g(k)$ 随着 k 的变化而变化,这样就能知道 $h_l(0) \neq 0$,除了 $V_g(l) = 0$ 这种特殊情况。因为 $v_g(k)$ 是确定的,如式(4.320)所示,如果积分(4.334)在间隔 $-k_\infty < k < k_\infty$ 中发生,连续函数 t 就会产生。对于发生在确定水深的波而言,当 $k \to \infty$ 时,组速度和不确定水深时情况相同。此外,对于不确定水深的情况,已经推导出连续函数 $h_l(t)$,这是与式(4.324)~(4.328)比较产生的。因此,知道存在积分(4.334),那么,脉冲响应函数 $h_l(t)$ 是连续的。因此,对于深水中的重力波而言,每当 $h_l(0) \neq 0$ 时,脉冲响应函数 $h_l(t)$ 显然是非因果的。

4.9.2 动水压力和波浪高度之间的关系

现在考虑一个线性系统,其中的输入值是在平均水面上的某个位置(x,y)的波高,并且输出是动水压力。然后根据式(4.93),可知传递函数为

$$H_p(\omega)=\frac{p(z,y,z;\omega)}{\eta(x,y;\omega)}=\rho g e(kz) \tag{4.337}$$

在深水情况下又变为了

$$H_p(\omega)=\rho g \exp\{\omega^2 z/g\} \tag{4.338}$$

（注意 $z\leqslant 0$）观察可知，$h_p(\omega)$ 是真实存在的，因此其逆傅里叶转换式是 t 的偶函数；与此同时，深水情况下的公式为

$$h_p(t)=h_p(-t)=\frac{1}{2}\rho g\left(-\frac{g}{\pi z}\right)^{1/2}\exp\left(\frac{gt^2}{4z}\right) \tag{4.339}$$

很显然，除了 $z=0$ 时，这个过程都是非因果的，可得公式

$$h_p(t)=\rho g\delta(t) \tag{4.340}$$

和 $t=0$ 时的值相比，$h_p(t)$ 降低到1%，因为 $t=\pm 4.3\sqrt{-\frac{z}{g}}$，该值是随着所考虑的点 (x,y,z) 的水深增加的。从而，在水动压力的情况下，更深点有一个“更加非因果”的脉冲响应函数。

再参照式(4.316)和(4.319)，我们发现，很显然在有限情况下，$h_p(\omega)$ 也是 ω 的偶函数。此外，当 ω 是真实的，$h_p(\omega)$ 也是真实的。相应地，逆傅里叶转换式 $h_p(t)$ 是 t 的偶函数，因此它是一个非因果的脉冲响应函数。

从物理学角度看，可以做出如下解释。对之前的水动压力有效力，当波峰传递时，随之产生的波谷也是瞬间短时的。所考虑的位置越深，这种非瞬时效应的贡献就越深。从这个角度来看，动水压力的振幅随着自由表面以下的距离而减小似乎是非常合理的，这也是众所周知的事实。

问题

问题 4.1　导出包括毛细在内的色散关系

想象 x 方向长度 Δx，和 y 方向上的单位长度均为微小面的构成因素。净毛细管吸引力为

$$p_k\Delta x=\gamma\sin\theta-\gamma\sin(\theta+\Delta\theta)$$

其中，γ 是表面张力；$[\gamma]=\text{N/m}$。此外，θ 和 $\theta+\Delta\theta$ 分别为表面和在位置 x 和 $x+\Delta x$ 的水平面之间的角度。

通过插入一个上述的表面张力的直线到伯努利方程(4.12)中，推导出一个包括毛细现象在内的修改后的色散关系。从观察的讨论中可知，在深水的情况下，这种色散关系是问题3.2的主题。[提示：首次表明的自由表面上的边界条件(4.43)已经被替换为

$$\left[-\omega^2\hat{\phi}+g\frac{\partial\hat{\phi}}{\partial z}-\frac{\gamma}{\rho}\frac{\partial^3\hat{\phi}}{\partial x^2\partial z}\right]_{z=0}=0$$

然后利用这个条件，再结合式(4.83)——已经满足拉普拉斯方程以及海底边界条件(4.42)——来确定一个新的色散关系代替式(4.57)。]

问题 4.2　从底部边界条件推导垂直函数

因为 $Z=-H$，使用边界条件(4.42)，因为 $Z(z)$，所以还需要结合式(4.44)中的积分常数 c_+ 和式(4.49)中的 c_-。需要一个额外的条件，即确定两个积分常数，并写下在第二

个条件的两种情况下 $Z(z)$ 的表达式：

(a) $Z(0) = 1$。

(b) $\int_{-h}^{0} |Z(z)|^2 dz = h$。

问题 4.3　对于迅速消失的垂直函数的解决办法

(a) 所给方程为

$$Z''_n(z) = -m_n^2 Z_n(z)$$

边界条件是

$$Z'_n(-h) = 0$$

其特别的解决办法为

$$Z_n(z) = C_n \cos(m_n z + m_n h)$$

(b) 进一步来看，边界条件

$$Z'_n(0) = -\frac{\omega^2}{g} Z_n(0)$$

是满足条件的，如果

$$\omega^2/(gm_n) = -\tan(m_m h)$$

(c) 讨论方程的可能性解决办法

$$\omega^2/(gm_n) = -\tan(m_m h)$$

以及相应函数 $Z_n(z)$ 的功能函数。

问题 4.4　到波源的距离

假设海洋是平静的，突然风暴来袭。波由此产生，并从风暴区传播开来。在远处，在离风暴中心距离为 l 的地方，在暴风雨开始后某点时间 τ 时，波的频率为 $f = 1/T = \omega/(2\pi)$。假设风暴中心和波传播的地方之间的深水会被记录下来。根据 l、f 和 g 可以推导出"等待时间" τ 的表达式，其中 g 是重力加速度。推导的出发点应该是色散关系

$$\omega^2 = gk$$

这是对深水波而言的。

在南太平洋区域的图瓦卢，一个长传播波记录如下

16 Nov 1991 at 0300 GMT T = 22.2 s

at 1400 GMT T = 20.0 s

7 Nov 1991 at 0100 GMT T = 18.2 s

这可以发现传播源的距离。这场风暴大约是在哪一天发生的？假设波向南传播，基于图瓦卢位于 8°30′S(1′ 对应一个海里 = 1 852 m。或者 90°，即从赤道到北极的距离是 10^7 m) 来确定传播波形成处的纬度。

问题 4.5　垂直壁面的平面波的反射

(a) 证明上升的引力波有复杂振幅

$$\hat{\eta}_i = \eta_0 \exp(-\mathrm{i}k_x x - \mathrm{i}k_y y) \tag{1}$$

这可能会在确定的湖水深度为 h 的情况下传播。也就是证明此波满足偏微分方程

$$\left[\frac{\partial^2}{\partial x^2} + \frac{\partial^2}{\partial y^2} + k^2\right] \hat{\eta} = 0$$

(b) 此外，假定自由水面的边界条件为 $z = 0$，底部 $z = -H$ 是满足条件的（虽然这句话

在现在的问题中没有证明的必要)。表达式 k_x 和 k_y 分别代表角波数 k,以及传播波与 x 轴方向之间的夹角 β。

(c) 假定入射波(1) 在区域 $x < 0$ 时是在固定垂直壁面 $x = 0$ 时产生。在该壁面使用额外的边界条件,以确定所产生的波

$$\hat{\eta} = \hat{\eta}_{\mathrm{i}} + \hat{\eta}_{\mathrm{r}}$$

其中,$\hat{\eta}_{\mathrm{r}}$ 代表反射波。证明反射角度等于入射角度。

问题 4.6　波通道中的交叉波

在区域 $-d/2 < x < d/2$ 中,确定的长波通道以固定平面的墙壁 $x = -d/2$ 和 $x = d/2$ 为界。该通道具有恒定的水深度 h。

证明表明该类型的谐波

$$\hat{\eta} = (A\exp\{-\mathrm{i}k_x x\} + B\exp\{\mathrm{i}k_x x\})\exp\{-\mathrm{i}k_y y\}$$

可能会在 y 方向上传播。依据 d,使用边界条件来表达 k_x 的可能值,并找出在没有交叉波传播时,角频率的极限值。

推导出相速度为 $v_{\mathrm{p}} = \omega/k_y$ 时和群速度为 $v_{\mathrm{g}} = \mathrm{d}\omega/\mathrm{d}k_y$ 时的表达式。其中,交叉波可能会在波通道中传播。

问题 4.7　渐进波的动能

推导出平均时间下与渐进波相关的每单位体积的存储动能

$$\hat{\phi} = -(g/\mathrm{i}\omega)Ae(kz)\mathrm{e}^{-\mathrm{i}kx}$$

依据 p、g、k、w、$|A|$ 和 z。

问题 4.8　动能密度

证明在持续水深 h 上的平面波

$$\hat{\eta} = A\mathrm{e}^{-kx} + B\mathrm{e}^{\mathrm{i}kx}$$

与每单位水平区域的动能密度相关联,等于

$$\langle E_k \rangle = (\rho g/4)(|A|^2 + |B|^2)$$

(时间和水平面的平均值) 还要证明每单位体积的平均时间下的动能为

$$e_k = \frac{\rho}{2}\left[\frac{e(kz)gk}{\omega}\right]^2(|A|^2 + |B|^2) - \frac{\rho g^2 k^2}{4\omega^2\cosh^2(kh)}|\hat{\eta}|^2$$

问题 4.9　中间水深的传播速度

分别找出水深 $h = 6$ m 以及 $h = 8$ m 时,波的周期性为 $T = 9$ s 的情况下群速度和相速度的数值。这个问题涉及的超越方程的数值(或图形) 的解决方案

$$\omega^2 = gk\tanh(kh)$$

(色散关系) 重力加速度为 $g = 9.81\ \mathrm{m/s^2}$。

问题 4.10　瞬逝波

速度势的复振幅 $\hat{\phi}$ 满足拉普拉斯方程,可以写成

$$\hat{\phi} = X(x)Z(z)$$

其中,$X(x)$ 和 $Z(z)$ 必须满足对应的微分方程

$$X''(x) = -\lambda X(x)$$
$$Z''(z) = \lambda Z(z)$$

更远来说,$Z(z)$ 必须满足边界条件

$$Z'(-h)=0, \quad -\omega^2 Z(0)+gZ'(0)=0$$

对于 $\hat{\phi}$ 的解决办法要对应 λ 负值，即 $\lambda=-m^2$，代表着所谓的瞬逝波。

思考一个在有限水深 h 处传播波的路径，在 $x=x_1$ 和 $x=x_2(x_2>x_1)$ 时一些不连续性诱导瞬逝波。证明在 x 区域 $-\infty<x<x_1$ 或者 $x_2<x<\infty$ 时瞬逝波不在任何时间传输平均功率。真正的能源运输是否有可能与在区域 $x_1<x<x_2$ 的瞬逝波有关?

问题 4.11 缓慢变化的水深和通道宽度

规则波

$$\eta=\eta(x,t)=A_0\cos(\omega t-k_0x)$$

在深水中传播。它的振幅是 $A_0=1$ m，周期为 $t=9$ s。

(a) 给出角频率 ω 和波率(波数)k_0 的数学表达式和数值。也要确定波长 λ_0。

给出数学表达式和数值速度 v_{p0}，群速度 v_{g0} 和最大的水粒子速度 v_0 最大值。现在，假设这波正朝着一个海岸线涌动，x 轴是正常的。x 的水深变化缓慢，$h=h(x)$，这意味着可能忽视反射波的反射(或局部反射)。如果也忽视能量损失(如在海底造成摩擦)，波能传输 J(波浪发电单位宽度的波前)保持不变的波传播到较浅的水域(注意:为简单起见假设水深不随 y 坐标而改变)。

(b) 在某个位置 $x=x_1$ 水深 $h=h(x_1)=8$ m。在这一阶段的速度是 $v_{p1}=8.27$ m/ s，群速度 $v_{g1}=7.24$ m/s。波长的相对数值 λ_1、波振幅 A_1 在这个位置，也就是说，考虑数值 (λ_0/λ_1) 和 (A_1/A_0)。

(c) 注意 9 s 波在 8 m 深度、深水和浅水——水近似为准确值 v_{g1} 和 v_{p1}。如果你使用了这些近似，有多少计算值会是 v_{g1} 和 v_{p1}。

一个带有垂直墙壁的锥形水平通道，其入口位置在 x_1(见图 4.14)。入口宽度 $b_1(b_1=30$ m)。作为一个近似假设波继续以一个平面波进入通道，但波可用窄宽度的结果——有皱纹的波幅。如果通道宽度变化缓慢，$b=b(x)$，可能忽视部分反射波。也忽视了其他能源消耗。

(d) 用 A_1b_1 和 b_2 来表示 x_2 处的波幅 A_2，其中 b_2 是 x_2 处的通道宽度。x_2 的水深仍 8 m。当然可以让底部的垂直通道墙在同一深度。顶部的垂直墙的平均水位为3.5 m。当 $A_2=3.5$ m 时，寻找 b_2 数值解。(注意，在深海中，波幅是 $A_0=1$ m)

(e) 如果 x_2 的水深6 m而不是8 m，而深度的入口仍然是8 m，在这种情况下，根据 A_1、b_1、b_2、v_{g1} 和 v_{g2} 可知，波振幅是相对 A_2 在 x'_2 而言的。

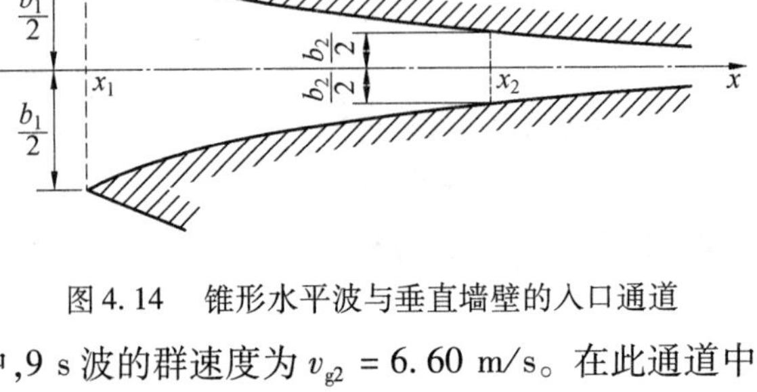

图 4.14 锥形水平波与垂直墙壁的入口通道

在 6 m 深的水中，9 s 波的群速度为 $v_{g2}=6.60$ m/s。在此通道中(其中深度随着 x 的减少而缓慢下降)，如果 $A'_2=3.5$ m，在 x'_2 时，b'_2 的宽度是多少?

(f) 如果当波从深水前行到位置 x_1 时,有5% 的能量损失(在摩擦和其他过程)时,在点(b) 时这种影响的答案是什么?(数值将会增加、减少或不变?) 如果改变了,请找出新值。

(g) 而且,当波从 x_1 前行到 x_2 时,如果也有能量损失,在点(d) 时这种影响的答案是什么? 假设能量损失为20%(在通道的入口处,5% 的深水波能量丢失),获得在点(d) 时新的数值答案。

问题 4.12　深度函数 $D(kh)$

(a) 证明方程(4.80) 所定义的深度函数 $D(kh)$ 有一个最大值,因为 $kh = x_0$,其中 x_0 是一个超越方程的根

$$x_0 \tanh(x_0) = 1$$

(b) 进一步证明

$$2k\int_{-h}^{0} \{e(kz)\}^2 \mathrm{d}z = D(kh)$$

其中

$$e(kz) = \frac{\cosh(kh + kz)}{\cosh(kh)}$$

(参见问题 4.2)

(c) 证明深度函数可以写成

$$D(kh) = \left(1 + \frac{4kh\mathrm{e}^{-2kh}}{1 - \mathrm{e}^{-4kh}}\right)\frac{1 - \mathrm{e}^{-2kh}}{1 + \mathrm{e}^{-2kh}}$$

这种表达在使用计算机程序时推荐使用,其中运行最大值为 kh。

问题 4.13　在障碍处传输和反射

现在思考下面的二维问题。在一个波的通道,在 x 方向上是有限长的,具有恒定的水深度 h,在障碍处 $x = 0$,一个忽略厚度的刚性板平面的占领区域为 $x = 0, -h_1 > z > -h_2$ $(h \geqslant h_2 > h_1 \geqslant 0)$。在 x 轴正方向,波源自 $x = -\infty$,并有部分在障碍处传输。

当 $x < 0$ 时,复杂速度振幅可以写为

$$\hat{\phi}(x,z) = A_0 Z_0(z)\mathrm{e}^{-\mathrm{i}kx} + \sum_{n=0}^{\infty} b_n Z_n(z)\exp\{m_n x\}$$

在右边的第一项表示入射波。垂直的本征函数$\{Z_n(Z)\}$正交完备集是式(4.73),$m_n(n \geqslant 1)$ 是方程的正解(4.74),而 $m_0 = ik$ 也可以在(4.77)、(4.78) 及(4.115)。见到类似的例子,对于区域 $x > 0$ 相应地写成

$$\hat{\phi}(x,z) = \sum_{n=0}^{\infty} a_n Z_n(z)\exp\{-m_n x\}$$

虽然系数$\{a_n\}$和$\{b_n\}$是未知的,假设 A_0 是已知的。可以分别给复杂反射和透明反射这样定义

$$\Gamma = b_0/A_0, \quad T = a_0/A_0$$

很明显,$\hat{\phi}(x,z)$ 满足拉普拉斯方程,(4.42) 当 $z = -h$,(4.43) 当 $z = 0$ 时,也满足均匀边界条件。

下一步,必须应用连续性和边界条件:当平面 $x = 0$ 时,首先,$\partial\hat{\phi}/\partial x$(代表流体速度的水平分量) 必须是连续的$(0 > z > -h)$,而且它必须消失在障碍物上$(-h_1 < z < -h_2)$。

最后，$\hat{\phi}$ 表示动水压力，可看式(4.39)，必须在障碍物的上方和下方连续(i.e.，当 $0 > z > -h_1$ 和 $-h_2 > z > h$ 时)，在此基础上显示 $a_n = -b_n(n \geqslant 1)$，然而 $a_0 = A_0 - b_0$，后者的结果意味着 $\Gamma + T = 1$，节能手段意味着 $|\Gamma^2| + |T| = 1$。使用这个，展示 $\Gamma T^* + \Gamma^* T = 0$，此外还展示出系数集 $\{b_n\}$ 满足这种类型的方程

$$\sum_{m=0}^{\infty} B_{mn} b_m = c_n A_0 \quad (n = 0, 1, 2, \cdots)$$

这大概是通过截断不确定的总和，然后以计算机求出数值解解决的。推导出 B_{mn} 和 c_n 的表达式。[提示：使用正交性条件，如式(4.70)及(4.76)所示

$$\int_{-h}^{0} Z_m(z) Z_m(z) \mathrm{d}z = h\delta_{mn}$$

如果积分只能在区间 $-h_1 > z > -h_2$ 中取值，那么就需要另一个值，可以用 hD_{mn} 来表示。同样，定义 hE_{mn} 作为从剩余两部分到区间 $0 > z > -h$ 之间的积分。因此 $D_{mn} + E_{mn} = \delta_{mn}$。观察 D_{mn} 和 E_{mn} 必须进入(显式或隐式)到 B_{mn} 的表达式中，为的是 B_{mn} 能被障碍处的边界条件以及障碍处上下连续的动水压力条件所影响。]

问题 4.14　能量吸收壁

假设一个波

$$\hat{\eta}_i = A\exp\{-\mathrm{i}k(x\cos\beta + y\sin\beta)\} \quad (|\beta| < \pi/2)$$

是在垂直壁面 $x = 0$ 时发生入射，其中的边界条件为

$$\hat{p} = Z_n \hat{v}_x = Z_n \frac{\partial\hat{\phi}}{\partial x} \quad (x = 0)$$

这里的常数参数 Z_n 是一个分布式的表面阻抗(尺寸为 Pa s/m = N s/m^3)。证明每单位表面壁的平均时间吸收功率为 $\frac{1}{2}\mathrm{Re}\{Z_n\}|\hat{v}_x|^2$。进一步证明波

$$\eta_r = \Gamma A\exp\{\mathrm{i}k(x\cos\beta - y\sin\beta)\}$$

是由壁面反射产生的。假设水深是无限的，根据 ω、ρ 和 Z_n 推导出 Γ 的表达式。证明如果 $\mathrm{Re}\{Z_n\} = 0$，$|\Gamma| = 1$；如果 $\mathrm{Re}\{Z_n\} > 0$，$|\Gamma| < 1$。

问题 4.15　两个波的能量传输

连续水深 h 的水上谐波是由两个沿不同方向传播的平面波组成的。波浪的高度为

$$\eta = A\mathrm{e}^{-\mathrm{i}kx} + B\mathrm{e}^{-\mathrm{i}k(x\cos\beta + y\sin\beta)}$$

推导出密度的表达式

$$\boldsymbol{I} = \overline{p(t)\boldsymbol{v}(t)}$$

其中，由定义可知，密度是一个独立的向量。一般来说，它取决于 x 和 y。证明尽管存在这种依赖，但却没有能量的积累。$\beta = 0$，$\beta = \pi$ 和 $\beta = \pi/2$。

推导出平均空间的波能量传输 $\langle J_x \rangle$ 和 $\langle J_y \rangle$。特别注意 $\cos\beta = 1$ 的情况。

第 5 章　波体相互作用

本章的主题与第 3 章一致,讨论波和振荡体之间的相互作用。然而,现在的讨论仅限于与水波的相互作用的情况下,在第 4 章中的一些细节进行了讨论。先开始研究浮体的振动和波浪力。接下来考虑振荡体产生的波的现象,讨论两种波体相互作用之间的更一般的关系,一些特别考虑到二维情况,轴对称的情况。而大多数的分析是在频域中进行的,也取得了一些在时域中的研究。

5.1　浮体运动的六种模式:波力和力矩

选择一个坐标系,其 z 轴穿过浸入水中的浮体的重心。此外,在 z 轴上选择参考点($z = z_0$),例如重心或(如图 5.1 所示)$z = 0$。本体具有湿表面 S,其将其与水分离。考虑位置 $\boldsymbol{s}$ 处的表面元素 $\mathrm{d}S$(图 5.1)。矢量 $\boldsymbol{s}$ 起源于所选择的参考点。令 U 为基准点的速度。表面元素 $\mathrm{d}S$ 具有速度

$$\boldsymbol{u} = \boldsymbol{U} + \boldsymbol{\Omega} \times \boldsymbol{s} \tag{5.1}$$

其中,$\boldsymbol{\Omega}$ 是相应于绕所述参考点的角速度向量。因此,没有旋转 $\boldsymbol{u} = \boldsymbol{U}$ 和没有平移,$\boldsymbol{u} = \boldsymbol{\Omega} \times \boldsymbol{s}$。对于给定的浮体,每个点的运动(湿体表面 S 的)由时间相关矢量 $\boldsymbol{U}$ 和 $\boldsymbol{\Omega}$ 表征。

速度势 ϕ 必须满足边界条件(4.17)$\boldsymbol{n} \cdot \nabla\phi = \boldsymbol{n} \cdot \boldsymbol{u}$(或 $\partial\phi/\partial n = un$)在 S 的任意位置上可见

$$\frac{\partial\phi}{\partial n} = \boldsymbol{n} \cdot \nabla\phi = u_n = \boldsymbol{U} \cdot \boldsymbol{n} + \boldsymbol{\Omega} \times \boldsymbol{s} \cdot \boldsymbol{n} = \boldsymbol{U} \cdot \boldsymbol{n} + \boldsymbol{\Omega} \cdot \boldsymbol{s} \times \boldsymbol{n} \tag{5.2}$$

这里,u_n 是浮体的湿表面元素 $\mathrm{d}S$ 的速度 u 的正常分量。

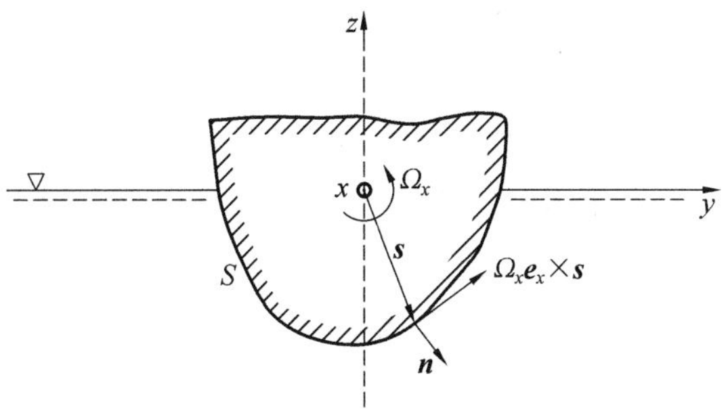

图 5.1　浮体在水中振荡。矢量 $\boldsymbol{s}$ 给出了湿表面 S 的点的位置,其中单位法线为 n

5.1.1　运动的六种模式

引入六维广义矢量,速度矢量 $\boldsymbol{u}$ 与分量

$$(u_1, u_2, u_3) = (U_x, U_y, U_z) = \boldsymbol{U} \tag{5.3}$$

$$(u_1,u_2,u_3)=(\Omega_x,\Omega_y,\Omega_z)=\boldsymbol{\Omega} \tag{5.4}$$

和具有分量的法向量 $\boldsymbol{n}$

$$(n_1,n_2,n_3)=(n_x,n_y,n_z)=\boldsymbol{n} \tag{5.5}$$

$$(n_4,n_5,n_6)=\boldsymbol{s}\times\boldsymbol{n} \tag{5.6}$$

因此，$n_4=(\boldsymbol{s}\times\boldsymbol{n})_x=s_y n_z-s_z n_y$，等等。注意，编号1至3的部件具有与编号4至6的其余部件不同的尺寸。因此，u_1、u_2 和 u_3 具有 m/s 的 SI 单位，而 u_4、u_5 和 u_6 具有 rad/s 的 SI 单位。

刚体的运动特征在于对应于六个自由度或(振荡) 运动模式的六个分量。对于类似船舶，如图5.2所示，椭圆形浮体(指向平行于 x 轴)，模式命名见表5.1。对于轴对称体或另一个非细长体，模式号1和2(和4和5) 是模糊的。它们可能是它们的任意互换。然而，当存在传播方向定义 x 方向的入射波时，可以消除这种模糊性。

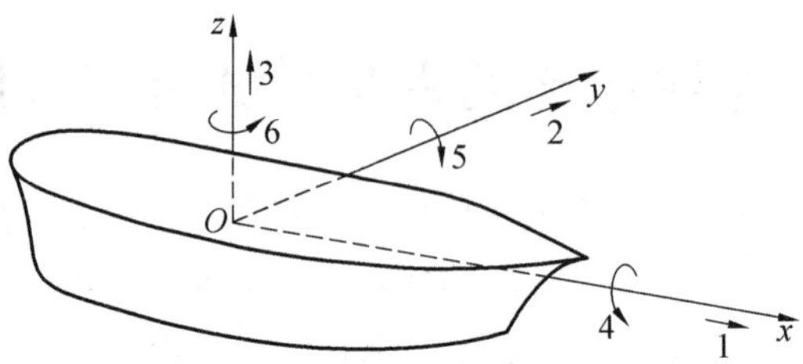

图5.2　刚体的六种运动模式

1— 纵荡;2— 横荡;3— 垂荡;4— 横摇;5— 纵摇;6— 艏摇

表5.1　刚体的六种振动运动模式

运动编号	成　　分	运动名称
1	$u_1=U_x$	surge
2	$u_2=U_y$	sway
3	$u_3=U_z$	heave
4	$u_4=\Omega_x$	roll
5	$u_5=\Omega_y$	pitch
6	$u_6=\Omega_z$	yaw

注意，在二维的情况下(见第5.8节)，即当在 y 方向上没有变化，只有三种运动模式，即纵荡、垂荡和纵摇。

$$u_n=\boldsymbol{u}\cdot\boldsymbol{n}=\boldsymbol{U}\cdot\boldsymbol{n}+\boldsymbol{\Omega}\times\boldsymbol{s}\cdot\boldsymbol{n}=\boldsymbol{U}\cdot\boldsymbol{n}+\boldsymbol{\Omega}\cdot\boldsymbol{s}\cdot\boldsymbol{n}=$$
$$(u_1n_1,u_2n_2,u_3n_3)+(u_4n_4,u_5n_5,u_6n_6) \tag{5.7}$$

S 上的边界条件(5.2) 变为

$$\frac{\partial\phi}{\partial n}=\sum_{j=1}^{6}u_jn_j=\boldsymbol{u}^{\mathrm{T}}\boldsymbol{n} \tag{5.8}$$

这里上标T表示转置，因此 $\boldsymbol{u}^{\mathrm{T}}=(u_1,u_2,u_3,u_4,u_5,u_6)$ 是线向量，而 $\boldsymbol{u}$ 是对应的列向量。此外，$\boldsymbol{n}=(n_1,n_2,n_3,n_4,n_5,n_6)^{\mathrm{T}}$。这些广义向量是六维的。

注意，在上述等式中，变量 $\boldsymbol{U}$、$\boldsymbol{\Omega}$、$u_j(t)$ 和 $\phi(x,y,z,t)$ 在谐波振荡和波的情况下，可以

用它们的复数来代替 $\hat{\boldsymbol{U}}$、$\hat{\boldsymbol{\Omega}}$、$\hat{u}_j(t)$ 和 $\hat{\phi}(x,y,z,t)$。从而

$$\frac{\partial \hat{\phi}}{\partial n}=\sum_{j=1}^{6}\hat{u}_j n_j=\hat{\boldsymbol{u}}^{\mathrm{T}}\boldsymbol{n}\quad (S) \tag{5.9}$$

考虑辐射问题。当浮体振荡时，产生辐射波 ϕ_{r}，其是由六种振荡模式引起的辐射波的叠加（线性组合）

$$\hat{\phi}_{\mathrm{r}}=\sum_{j=1}^{6}\phi_j\hat{u}_j \tag{5.10}$$

其中 $\phi_j=\phi_j(x,y,z)$ 是比例的复系数。与频率相关的复振幅必须满足体边界条件

$$\frac{\partial \phi_j}{\partial n}=n_j\quad (S) \tag{5.11}$$

因为复振幅 $\hat{\phi}_{\mathrm{r}}$ 的辐射速度势必须满足边界条件(5.9)。而 ϕ_{r} 的 SI 单位为 m^2/s，ϕ_1、ϕ_2 和 ϕ_3 单位为 m，ϕ_4、ϕ_5 和 ϕ_6 单位为 m^2（或者，更确切地说，$\mathrm{m}_2/\mathrm{rad}$）。有效系数 ϕ_j 可能被解释为辐射速度势，这是由于在模 j 单元速度振幅体振荡的复振幅（$\hat{u}_j=1$）。请注意，在目前的线性理论，黏度被忽视。有效系数 ϕ_j 是独立的振荡幅度，因为边界条件(5.2)以及拉普拉斯方程(4.35)是线性的。

有效系数 ϕ_j 必须满足相同的齐次方程 $\hat{\phi}_{\mathrm{r}}$，即拉普拉斯方程

$$\nabla^2\phi_j=0 \tag{5.12}$$

海底边界条件

$$\left[\frac{\partial \phi_j}{\partial z}\right]_{z=-h}=0 \tag{5.13}$$

和自由表面边界条件

$$\left[-\omega^2\phi_j+g\frac{\partial \phi_j}{\partial z}\right]_{z=0}=0 \tag{5.14}$$

［见式(4.35)、(4.42)及(4.43)］。此外，ϕ_j（和 $\hat{\phi}_{\mathrm{r}}$）必须满足辐射条件在有限距离。这将稍后讨论（也见第 4.6 节）。

这个线性理论是把边界条件一致的条件(5.14)定义在平均自由表面 $z=0$ 而不是在真正的自由表面的 $z=\eta$。同样，当使用边界条件(5.11)时，可能会考虑 S 的平均湿表面的浮体，而不是实际的湿表面。

5.1.2　作用在浮体上的力

接下来，将得到的力和力矩作用于浮体的表达，在一个给定的速度势 ϕ 条件下。首先，考虑垂直（或“垂荡”）力 F_z。这个版本对元素 $\mathrm{d}S$ 和力（图 5.3）是 $p(-n_z)\mathrm{d}S=-pn_3\mathrm{d}S$。这里 p 是水动力压力。结合在湿表面的给出了总的垂荡。

$$F_3\equiv F_z=-\iint_S pn_3\mathrm{d}S \tag{5.15}$$

根据复杂的振幅，又使用式(4.39)，那就是 $\hat{p}=-\mathrm{i}\omega\rho\hat{\phi}$

$$\hat{F}_3=\hat{F}_z=\mathrm{i}\omega\rho\iint_S\hat{\phi}n_3\mathrm{d}S \tag{5.16}$$

类似的表达式适用于水平分力，即冲击力 F_1 和摇摆力 F_2。

下一步，考虑一下关于 x 轴的时刻。力矩作用表面元素 $\mathrm{d}S$ 是

$$dM_x = s_y dF_z - s_z dF_y = (-pn_z s_y + pn_y s_z) dS \tag{5.17}$$

整合整个潮湿表面上的 S 并且给出

$$M_x = -\iint_S p(s_y n_z - s_z n_y) dS = -\iint_S p(\boldsymbol{s} \times \boldsymbol{n})_x dS \tag{5.18}$$

然后使用(5.6) 发现滚转力矩是

$$M_x = -\iint_S pn_4 dS \tag{5.19}$$

在复杂的振幅方面

$$\hat{M}_x = i\omega\rho \iint_S \hat{\phi} n_4 dS \tag{5.20}$$

类似的表达式可以得到纵摇力矩 M_y 和艏摇力矩 M_z。

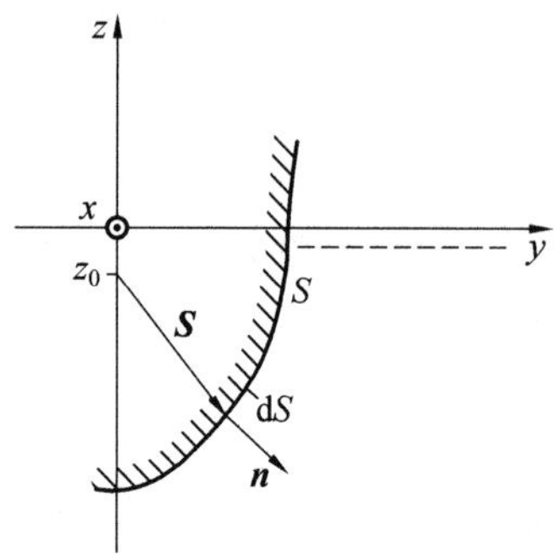

图 5.3　湿面 S 面元 dS 的刚体单元正常 $\boldsymbol{n}$ 和位置 $\boldsymbol{s}$ 的相对于所选参考点 $(x,y,z) = (0,0,z_0)$ 的浮体

现在去找有六种成分的广义力向量

$$\boldsymbol{F} \equiv (F_1, F_2, F_3, F_4, F_5, F_6) \equiv (F_x, F_y, F_z, M_x, M_y, M_z) = (\boldsymbol{F}, \boldsymbol{M}) \tag{5.21}$$

F_1, F_2, F_3 的单位是 N(牛顿), F_4, F_5, F_6 的单位是 N · m。对任意 $j(j = 1,2,\cdots,6)$ 有

$$F_j = -\iint_S pn_j dS \tag{5.22}$$

$$\hat{F}_j = i\omega\rho \iint_S \hat{\phi} n_j dS \tag{5.23}$$

这是对于任意给定的速度势 $\hat{\phi}$ 而言的。

如果浮体做振荡运动,表面元素 dS 接收一个瞬时功率为

$$\begin{aligned} dP(t) &= -\boldsymbol{u} \cdot \boldsymbol{n} p dS = -(\boldsymbol{U} \cdot \boldsymbol{n} + \boldsymbol{\Omega} \times \boldsymbol{s} \cdot \boldsymbol{n}) p dS = \\ &-(\boldsymbol{U} \cdot \boldsymbol{n} + \boldsymbol{\Omega} \cdot \boldsymbol{s} \times \boldsymbol{n}) p dS = \\ &-(u_1 n_1 + u_2 n_2 + u_3 n_3 + u_4 n_4 + u_5 n_5 + u_6 n_6) p dS \end{aligned} \tag{5.24}$$

通过整合在湿表面上的积分,通过振荡体得到功率为

$$P(t) = \boldsymbol{F}(t) \cdot \boldsymbol{U}(t) + \boldsymbol{M}(t) \cdot \boldsymbol{\Omega}(t) = \sum_{j=1}^{6} F_j u_j \tag{5.25}$$

其中,可以使用式(5.1)、(5.7)、(5.21) 和(5.22)。

5.1.3　激振力

如果浮体固定,一个非零的速度势 $\hat{\phi}$ 是入射波的结果,只有在这种情况下, F_j 被称为"激振力"(或 $j = 4,5,6$,"激励的时刻")。然后,没有浮体运动,没有辐射波产生,那么激振力的广义向量将被写成

$$F_e \equiv (F_{e,1}, F_{e,2}, \cdots, F_{e,6}) = (\boldsymbol{F}_e, \boldsymbol{M}_e) \tag{5.26}$$

并且使用

$$F_{e,j} = i\omega\rho \iint_S (\hat{\phi}_0 + \hat{\phi}_d) n_j dS \tag{5.27}$$

其中 $\hat{\phi}_0$ 代表不受干扰的入射波和绕射波 $\hat{\phi}_d$。后波导入时,前波不满足齐次边界条件

(4.18) 固定在湿表面 S 上,边界条件

$$-\frac{\partial\hat{\phi}_d}{\partial n}=\frac{\partial\hat{\phi}_0}{\partial n}\quad(S) \tag{5.28}$$

必须满足衍射问题。注意,$\hat{\phi}_d$ 以及 $\hat{\phi}_0$ 满足齐次边界条件(4.42),$z=-h$,和(4.43)在自由水面,$z=0$。

如果衍射项 $\hat{\phi}_d$ 在式(5.27)中被忽略了,由此产生的力称为 Froude-Krylov 力,会在 5.6 节更详细地考虑。它可能代表一个合理的近似的激发力,特别是如果浮体的湿表面宽度方向远小于波长,对于此类浮体应用这样近似在计算上方便,因为它不需要解决绕射势 $\hat{\phi}_d$ 边值问题。

除了一些非常简单的几何形状外,对于一般的几何形状,想用初等方程来描述衍射问题是不可能的。然而,入射波在一个垂直壁 $x=0$ 的情况下

$$\hat{\eta}_0=A\mathrm{e}^{-\mathrm{i}kx} \tag{5.29}$$

衍射波完全是重新连接的

$$\hat{\eta}_d=A\mathrm{e}^{\mathrm{i}kx} \tag{5.30}$$

(详见问题 4.5) 结合式(4.92),可进一步得出:速度势能的公式为

$$\hat{\phi}_0+\hat{\phi}_d=-\frac{g}{\mathrm{i}\omega}e(kz)(\hat{\eta}_0+\hat{\eta}_d)=-\frac{2g}{\mathrm{i}\omega}e(kz)A\cos(kx) \tag{5.31}$$

注意在 S,$x=0$ 和 $n_1=-1$ 时,利用式(5.27),能得到在 5.4 图中活塞在 y 轴上每单位宽度的激振力分量

$$\hat{F}'_{e,1}=-\mathrm{i}\omega\rho\int_{-a_2}^{-a_1}(\hat{\phi}_0+\hat{\phi}_d)\,\mathrm{d}z=2\rho gA\int_{-a_2}^{-a_1}e(kz)\,\mathrm{d}z \tag{5.32}$$

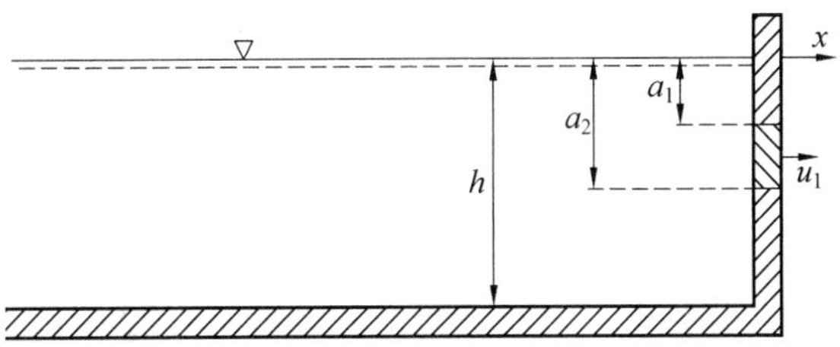

图 5.4　活塞位于水池的底部,设垂直深度为 h,活塞在做水平运动的波涛中震荡,则占据形成二维空间(除去 $-a_2<z<-a_1$ 的情况)

(破折号用来指单位宽度的量,$F'_{e,1}$ 的 SI 单位为 N/m)。插入(4.54)中的被积函数公式,会得到整合后的如下公式(参见问题 5.2)

$$\hat{F}'_{e,1}=2\rho gA\frac{\sinh(kh-ka_1)-\sinh(kh-ka_2)}{k\cosh(kh)} \tag{5.33}$$

假设 $a_2=h$ 和 $a_1=0$,会得到整个 y 轴上每单位宽度的浪涌激振力

$$\hat{F}'_{e,1}=2\rho gA\frac{\sinh(kh)}{k\cosh(kh)}=2\rho A\left(\frac{\omega}{k}\right)^2 \tag{5.34}$$

这里也使用到了(4.57)提到的色散关系公式。

如果入射波(5.29)已被给出,那么根据(4.92)和(5.28)的方程式,在初始值 $(x,y)=(0,0)$ 时,$\hat{\phi}_0$ 和 $\hat{\phi}_d$ 与复杂升降幅度 A 成比例关系,因此所有的激振力分量 $\hat{F}_{e,j}$ 与

A 成正比例关系。记住，当浮体不移动时，其激振力就等于水波运动力，因此，在以上分析的情况中，增长速度 U_1（参见图5.4）为零。然而在下一部分5.2.3小节中，还要考虑到 u_1 不为零的情况。

尽管在以上例子中，激振力与入射波高度在原始时同相，但一般情况下，在这两个变量间会有非零情况下的差额，即

$$\frac{\hat{F}_{e,j}}{A} = \frac{|\hat{F}_{e,j}|}{|A|}\exp(\mathrm{i}\theta_j) \tag{5.35}$$

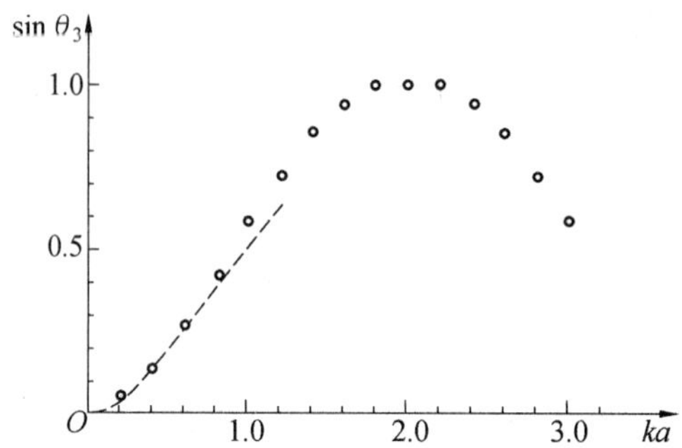

图5.5　侧面角 θ_3 介于波动激振力与静止入射波之间，半淹没的漂浮球体半径为 a，圆心可用Greenhow定理计算数值，该曲线由Kyllingstad定理的二阶散射滤波方法计算得出

随后会在5.6节中提到，波动模式中，流动浮体比分别得到的 $\theta_1 \approx \pi$ 和 $\theta_3 \approx 0$ 波长更小。在深水中的半潜式球体，根据已给的图表，θ_3 数值由图5.5推出。假设球体固定，其 y 轴与 z 轴重合，从图中可得出 $\theta_3 < 0.1$ 和 $ka < 0.25$。进而利用后面的公式推出半潜式球体的振幅率 $|\hat{F}_{e,j}|/|A|$（需结合(5.200)和(5.279)的方程式，包括5.6中提到的曲线公式）。

5.2　振荡浮体的辐射

5.2.1　辐射阻抗矩阵

接下来考虑振荡浮体缺乏入射波的情况，已经知道由于浮体振荡形成的辐射波作用于浮体表面的力，以单一模式 j 振荡的浮体带有复杂的速度振幅 $\hat{u}_j$，辐射波与速度势能 ϕ_r 有关，ϕ_r 可由如下公式得出

$$\hat{\phi}_r = \varphi_j \hat{u}_j \tag{5.36}$$

这里 $\varphi_j = \varphi_j(x,y,z)$ 是一个比例系数，已在本章式(5.10)中提到。辐射波与作用于浮体的力相互作用，力的要素 j' 可由(5.23)和(5.36)的公式得出

$$\hat{F}_{r,j'} = \mathrm{i}\omega\rho\iint_S \varphi_j u_j n_{j'}\,\mathrm{d}S \tag{5.37}$$

无论 $j(j=1,2,3)$ 指代的是转化模式，还是循环模式下 $(j=4,5,6)$，$\hat{u}_j$ 都被看作是常量。这说明浮体的不变稳定性，可得到如下公式

$$\hat{F}_{r,j'} = -Z_{j'j}\hat{u}_j \tag{5.38}$$

其中

$$Z_{j'j} = -\mathrm{i}\omega\rho\iint_S \varphi_j n_{j'}\mathrm{d}S \tag{5.39}$$

$Z_j r_j$ 被称作辐射阻抗模式,SI 可表述如下。

利用5. 11 的湿面边线公式可得出

$$Z_{j'j} = -\mathrm{i}\omega\rho\iint_S \varphi_j \frac{\partial\varphi_{j'}}{\partial n}\mathrm{d}S \tag{5.40}$$

φ_j 是一个复数,$\partial\varphi_j/\partial n$ 是实数,因为 n_j 是实数;参见对比(5. 11) 中的边界条件。

因此可以用被积函数 $\partial\varphi_{j'}^* /\partial n$ 代替 $\partial\varphi_{j'}/\partial n$,进而可得到替换公式

$$Z_{j'j} = -\mathrm{i}\omega\rho\iint_S \varphi_j \frac{\partial\varphi_{j'}^*}{\partial n}\mathrm{d}S \tag{5.41}$$

注意,φ_j 必须满足边界条件,详见式(5. 13) 和(5. 14)。这意味着浮体的辐射阻尼矩阵如果放入波道中不会得到相同值,就像处于远海情况中一样。还要注意类似的边界限定条件(如式(4. 18)),也就是在波道垂直方向上满足条件 $\partial\varphi_j/\partial n = 0$。

此前已经解释了 $-Z_{j'j}$,即成分量 j',它形成于每单位振幅的波辐射产生的反作用力,事实上,这等同于当 $\hat{u}_{j'} = 1$ 时,由波辐射产生的反作用力的 j 分量。这遵从相互作用关公式

$$Z_{jj'} = Z_{j'j} \tag{5.42}$$

将会在以后推证。因此,6 × 6 辐射抗阻模型推证结束。

下面推证相互作用关系定理,利用(5. 40)、(4. 240)、(4. 249) 中的公式,可得出如下结论

$$Z_{j'j} - Z_{jj'} = -\mathrm{i}\omega\rho I(\varphi_j,\varphi_{j'}) = 0 \tag{5.43}$$

假定 φ_j 和 $\varphi_{j'}$ 满足相互作用关系产生的前提条件。

因为某些几何浮体的辐射阻抗矩阵元素为零,如果对称轴上 $y = 0$(如典型的船体例子),式(5. 39) 中 n_2、n_4 和 n_6 是 y 的奇数函数,而 φ_1、φ_3 和 φ_5 是偶数函数,因此 $Z_{21} = Z_{23} = Z_{25} = Z_{41} = Z_{43} = Z_{45} = Z_{61} = Z_{63} = Z_{65} = 0$。同理,如果对称轴上的 $x = 0$,n_1、n_5 和 n_6 是 x 的奇数函数,而 φ_2、φ_3 和 φ_4 是其偶数函数,由此可证 $Z_{12} = Z_{13} = Z_{14} = Z_{52} = Z_{53} = Z_{54} = Z_{62} = Z_{63} = Z_{64} = 0$。

由此通过观察,注意式(5. 42),如果 $y = 0$ 和 $x = 0$ 是两个对称面,那么唯一的没有消失的辐射阻尼矩阵的对角线元素是 $Z_{15} = Z_{51}$ 和 $Z_{24} = Z_{42}$。因为 ω 是真实的,可以把 $Z_{j'j}$ 分为实部和虚部,即

$$Z_{j'j} = R_{j'j} + \mathrm{i}X_{j'j} = R_{j'j} + \mathrm{i}\omega m_{j'j} \tag{5.44}$$

称辐射阻尼矩阵为 $R_{j'j}$,它的辐射阻抗为矩阵 $X_{j'j}$ 和附加质量矩阵 $m_{j'j}$。注意,$R_{j'j}$ 被许多人称为“附加阻尼系数矩阵”。方程(5. 44) 是式(3. 33) 和(3. 37) 的概括标量方程。

5.2.2　辐射阻抗的能量解读

之前在式(3. 29) 中,根据辐射功率定义辐射阻尼。之后,将用一般的方法比较式(5. 177) 和(5. 188),涉及辐射阻尼和阻抗功率及能量伴有波辐射。然而,目前只考虑辐

射阻抗矩阵的一个对角线元素。利用式(5.41)得出

$$\frac{1}{2}Z_{jj}\mid \hat{u}_j\mid^2=\frac{1}{2}Z_{jj}\hat{u}_j\hat{u}_j^*=\frac{1}{2}\iint_S(-\mathrm{i}\omega\rho\varphi_j\hat{u}_j)\frac{\partial}{\partial n}(\varphi_j^*\hat{u}_j^*)\mathrm{d}S \tag{5.45}$$

进而,利用式(5.36)、(4.10)及(4.39),式(5.45)变成

$$\frac{1}{2}Z_{jj}\mid \hat{u}_j\mid^2=\frac{1}{2}\iint_S(-\mathrm{i}\omega\rho\hat{\phi}_{\mathrm{r}})\frac{\partial\hat{\phi}_{\mathrm{r}}^*}{\partial n}\mathrm{d}S=\frac{1}{2}\iint_S\hat{p}\hat{v}_n^*\mathrm{d}S=P_{\mathrm{r}} \tag{5.46}$$

关于式(3.17)和(3.20),我们看到,P_{r} 的实部是(平均时间)功率,浮体 j 模态振动使功率 P_{r} 传递给流体

$$P_{\mathrm{r}}=\mathrm{Re}\{P_{\mathrm{r}}\}=\frac{1}{2}R_{jj}\mid \hat{u}_j\mid^2 \tag{5.47}$$

在这里 R_{jj} 的辐射阻尼矩阵的对角元素

$$R_{jj'}=\mathrm{Re}\{Z_{jj'}\} \tag{5.48}$$

是复功率 P_{r} 的实部[见式(2.92)],代表辐射“有效功率”。虚部如下

$$\mathrm{Im}\{P_{\mathrm{r}}\}=\frac{1}{2}X_{jj}\mid \hat{u}_j\mid^2 \tag{5.49}$$

表示辐射的“无效功率”。辐射阻抗矩阵为

$$X_{jj'}=\mathrm{Im}\{Z_{jj'}\} \tag{5.50}$$

可以注意到(见问题5.7或第7.2.2)

$$P_{\mathrm{r}}=\sum_{j'=1}^{6}\sum_{j=1}^{6}Z_{j'j}\hat{u}_{j'}\hat{u}_j^* \tag{5.51}$$

是式(5.46)的概括,当只有一个振荡模式有一个零振幅时是有效的。

5.2.3　在造波水槽中的造波机

参照图5.4考虑一个例子,当活塞速度振幅激增为 $\hat{u}_1\neq 0$。为了让这个例子更具普适性,非均匀的边界条件(5.11)为

$$\frac{\partial\varphi_1}{\partial x}=c(z)\quad(x=0) \tag{5.52}$$

其中 $c(z)$ 是一个给定的函数。对于图5.4所示,当 $-a_2<z<-a_1$ 时设 $c(z)=1$,其他情况 $c(z)=0$。如果当 $-h<z<0$ 时,设 $c(z)=1$,这相当于整个垂直壁像活塞一样振动。另一个例子是当 $-h<z<0$ 时,设 $c(z)=1+z/h$。这相当于子翼振荡,铰接在 $z=-h$,这样的子翼振荡是造波机在造波水槽中的典型。

指定在 $x=0$ 时产生波浪传播沿 x 轴负方向 $x=-\infty$ 振荡(图5.4)。因此,要求我们的边界值问题的解决方案是在 $x<0$ 的有限区域内,满足 $x=-\infty$ 的辐射条件。参照式(4.115),这是式(4.35)、(4.42)及(4.43)边值问题的解决方案,可以立即写下以下解决方案

$$\varphi_1=c_0\exp(\mathrm{i}kx)Z_0(z)+\sum_{n=1}^{\infty}c_n\exp(m_nx)Z_n(z)=\sum_{n=0}^{\infty}X_n(x)Z_n(z) \tag{5.53}$$

当 $j=1$ 时满足拉普拉斯方程(5.12),齐次边界条件(5.13)和(5.14),$-\infty<x<0$ 的有限性条件,$x=-\infty$ 的辐射条件。[关于在式(5.53)中的正交函数 $Z_n(Z)$,它可以用于方程(4.70)~(4.79)]为了方便,引入了 $M_0=\mathrm{i}k$ 和

$$X_n(x)=c_n\exp(m_nx) \tag{5.54}$$

式(5.53) 相当于 $n \geqslant 1$,代表波发生器附近的消散波是不可忽略的。因此,在远场区 $-x \gg 1/m_1$ 时得到渐进式

$$\varphi_1 \sim c_\rho \exp(\mathrm{i}kx) Z_0(z) \tag{5.55}$$

为了确定式(5.53) 的未知常数 c_n,使用 $x=0$ 时的边界条件(5.52)

$$c(z) = \left[\frac{\partial \varphi_1}{\partial x}\right]_{x=0} = \sum_{n=0}^{\infty} X'_n(0) Z_n(z) \tag{5.56}$$

乘以 $Z_m^*(z)$,从 $z=-h$ 到 $z=0$ 积分,并使用正交性条件(4.70)。得出

$$\int_{-h}^{0} c(z) Z_m^*(z)\,\mathrm{d}z = \sum_{n=0}^{\infty} X'_n(0) \int_{-h}^{0} Z_m^*(z) Z_n(z)\,\mathrm{d}z = X'_m(0) h \tag{5.57}$$

即

$$X'_n(0) = \frac{1}{h}\int_{-h}^{0} c(z) Z_n^*(z)\,\mathrm{d}z \tag{5.58}$$

根据式(5.54) 可得出

$$X'_0(0) = \mathrm{i}kc_0, \quad X'_n(0) = m_n c_n \tag{5.59}$$

因此

$$c_0 = \frac{1}{\mathrm{i}kh}\int_{-h}^{0} c(z) Z_0^*(z)\,\mathrm{d}z \tag{5.60}$$

$$c_n = \frac{1}{m_n h}\int_{-h}^{0} c(z) Z_n^*(z)\,\mathrm{d}z \tag{5.61}$$

所以,c_n 是一种“傅里叶系数” 膨胀分布函数的 f_i 有效系数 $c(z)$ 用完整的功能集 $\{Z_n\}(z)$ 在功能空间跨越。

辐射波的速度势是

$$\hat{\phi}_\mathrm{r} = \varphi_1 \hat{u}_1 \tag{5.62}$$

其中,φ_1 在式(5.53) 中给出。辐射波的波高是[参见式(4.41)]

$$\hat{\eta}_\mathrm{r} = \frac{\mathrm{i}\omega}{-g}[\hat{\phi}_\mathrm{r}]_{z=0} = \frac{\mathrm{i}\omega}{-g}\hat{u}_1 \sum_{n=0}^{\infty} c_n Z_n(0) \exp(m_n x) \tag{5.63}$$

在远场区域,即为 $-x \gg 2h/\pi > 1/m_1$,消散波是可以忽略的,而渐进解为

$$\hat{\eta}_\mathrm{r} \sim A_\mathrm{r}^- \exp(\mathrm{i}kx) = a_1^- \hat{u}_1 \exp(\mathrm{i}kx) \tag{5.64}$$

在远场有效系数 A_r^- 在 X 负方向辐射的波由下式给出,其中,式(4.54) 和式(4.79) 已经用在了最后一步

$$a_1^- = \frac{A_\mathrm{r}^-}{\hat{u}_1} = \frac{\mathrm{i}\omega}{-g} c_0 Z_0(0) = \frac{\mathrm{i}\omega}{-g} c_0 \sqrt{\frac{2kh}{D(kh)}} \tag{5.65}$$

注意 a_1^- 是实数,因为 $c(z)$ 和 $Z_0(z)$ 是实数,所以[参看等式(5.60)]$\mathrm{i}c_0$ 也是实数。

如果图 5.4 表示波道宽度为 d,那么根据等式(5.41) 以及 $\partial/\partial n = -\partial/\partial x$,造波机的辐射阻抗为

$$Z_{11} = \mathrm{i}\omega\rho d \int_{-h}^{0} \left[\varphi_1 \frac{\partial \varphi_1^*}{\partial x}\right]_{x=0} \mathrm{d}z \tag{5.66}$$

考虑到图 5.4 表示的是一个二维问题,将等式(5.52)、(5.53)、(5.60) 和(5.61) 代入等式(5.66),得出单宽辐射阻抗为

$$Z'_{11} = Z_{11}/d = \mathrm{i}\omega\rho\int_{-h}^{0}\left[c_0 Z_0(z) + \sum_{n=1}^{\infty} c_n Z_n(z)\right]c^*(z)\,\mathrm{d}z =$$

$$\mathrm{i}\omega\rho\left[c_0(-\mathrm{i}kh)c_0^* + \sum_{n=1}^{\infty} c_n(m_n h)c_n^*\right] \tag{5.67}$$

因此

$$Z'_{11} = \frac{Z_{11}}{d} = \omega k\rho h\,|c_0|^2 + \mathrm{i}\omega\rho h\sum_{n=1}^{\infty} m_n\,|c_n|^2 \tag{5.68}$$

辐射阻尼为

$$R_{11} = \mathrm{Re}\{Z_{11}\} = \omega k\rho\,|c_0|^2 hd \tag{5.69}$$

附加质量为

$$m_{11} = \frac{1}{\omega}\mathrm{Im}\{Z_{11}\} = \rho hd\sum_{n=1}^{\infty} m_n\,|c_n|^2 \tag{5.70}$$

[参看式(5.48)、(5.44)]所有 m_n 均为正值,因此所有对辐射阻抗 ωm_{11} 的影响也均为正值。还看到辐射阻尼与远场(与扩散波相对应)有关,而辐射阻抗和附加质量与近场(与消散波相对应)有关。

研究与辐射波相关的复合能量运输 $J(x)$ 具有一定指导意义。根据等式(2.92)和等式(4.130),代入等式(5.53)、(5.62)和(4.70)得到复波能量运输(此处是在 x 轴负方向)

$$J(x) = \int_{-h}^{0}\frac{1}{2}\hat{p}(-\hat{v}_x)^*\,\mathrm{d}z = -\frac{1}{2}\mathrm{i}\omega\int_{-h}^{0}\hat{\phi}_{\mathrm{r}}\left(-\frac{\partial\hat{\phi}_{\mathrm{r}}^*}{\partial x}\right)\mathrm{d}z =$$

$$\frac{\mathrm{i}\omega\rho}{2}\sum_{n=0}^{\infty}\sum_{l=0}^{\infty}X_n(x)X_l'^*(x)\int_{-h}^{0}Z_n(z)Z_l^*(z)\,\mathrm{d}z\,\hat{u}_1\hat{u}_1^* =$$

$$\frac{1}{2}\mathrm{i}\omega\rho h\sum_{n=0}^{\infty}X_n(x)X_n'^*(x)\,|\hat{u}_1|^2 \tag{5.71}$$

通过式(5.59)和式(5.71)得出

$$J(x) = \left[\frac{1}{2}\omega kh\rho\,|c_0|^2 + \frac{1}{2}\mathrm{i}\omega\rho h\sum_{n=1}^{\infty}m_n\,|c_n|^2\exp(2m_n x)\right]|\hat{u}_1|^2 \tag{5.72}$$

由于正交性条件(4.70),所以结果中的不同垂直特征函数间没有交叉项。

单位宽度波的能量(主动)运输为

$$J = \mathrm{Re}\{J(x)\} = \frac{1}{2}\mathrm{i}\omega kh\rho\,|c_0|^2\,|\hat{u}_1|^2 \tag{5.73}$$

而且,我们看到无效功率 $\mathrm{Im}\{J(x)\}$ 只存在于近场,这表示辐射阻尼和附加质量与造波机近场区域的能量运输有关。在理想(无损)流体中,平面波的能量主动运输 J 独立于 x。根据等式(3.29),得出辐射功率为

$$\frac{1}{2}R_{11}\,|\hat{u}_1|^2 = P_{\mathrm{r}} = Jd = \mathrm{Re}\{J(x)\}d = J(-\infty)d \tag{5.74}$$

相应地,根据式(5.46),由式(5.68)得出的辐射阻抗 Z_{11} 满足公式

$$\frac{1}{2}Z_{11}\,|\hat{u}_1|^2 = J(0)d \tag{5.75}$$

假设造波机较灵敏,有这样一个特定的值 k(和 ω),满足公式

$$c(z) = e(kz) \tag{5.76}$$

将发生横向振动。

将式(4.79)代入式(5.60),得出

$$c_0 = \frac{i}{k}\sqrt{\frac{D(kh)}{2kh}} \tag{5.77}$$

并从等式(4.70)得出当 $n \geqslant 1$ 时 $c_n = 0$。由等式(5.69)得出

$$R_{11} = \omega k\rho \frac{D(kh)}{2k^3}d = \frac{\omega\rho D(kh)d}{2k^2} \tag{5.78}$$

由等式(5.70)得出 $m_{11} = 0$。在这种情况下,波的产生没有依赖附加质量和任何消散波,原因是当 $c(z)$ 符合等式(5.76)条件时,远场单个解决方案[参看式(5.55)]符合在造波机湿表面上的造波边界条件(5.52)。

与此相反,如果能意识到

$$c(z) = \frac{\cos(m_1 z + m_1 h)}{\cos(m_1 h)} \tag{5.79}$$

这仅产生逐渐消散波形而无法产生行进波(注意在这种情况下,垂直端壁的上、下部分应反向振动)。比如,在满足等式(5.79)的情况下,辐射电阻在特定频率下为0。这表明,至少在原理上,可以在水中进行振荡,而不产生可传播的波。如果希望在特定频率的海中振荡的浮体不会产生不需要的波,则该知识可以是有用的。

最后,考虑一个刚性的浪涌垂直板的情况。也就是说,对于 $-h < z < 0$,选择 $c(z) = 1$。然后,通常,对于所有 $n, c_n \neq 0$。特别是

$$c_0 = \frac{\mathrm{i}\omega^2}{gk^3h}\sqrt{\frac{2kh}{D(kh)}} \tag{5.80}$$

如问题 5.3 所示。从式(5.65)和(5.69),发现远场系数是

$$a_1^- = \frac{2\omega^3}{g^2k^2D(kh)} \tag{5.81}$$

并且辐射阻尼为

$$R_{11} = \frac{2\omega^5\rho d}{g^2k^4D(kh)} \tag{5.82}$$

如果源自 $x = -\infty$ 的波

$$\hat{\eta}_0 = A\exp(-\mathrm{i}kx) \tag{5.83}$$

入射在 $x = 0$ 处的刚性垂直板上,则根据式(5.34),浪涌激振力是

$$\hat{F}_{e,1} = 2A\frac{\rho\omega^2 d}{k^2} \tag{5.84}$$

现在作为关系章节(第5.4节,特别是第5.8节)的前奏,确定以下关系在本例中保持一致,一个浪涌垂直板与一个波浪的相互作用(如图5.4左侧)。辐射阻抗和激振力可以用远场系数分别表示功率

$$R_{11} = \frac{\rho g^2 D(kh)d}{2\omega}|a_1^-|^2 \tag{5.85}$$

$$\hat{F}_{e,1} = A\frac{\rho g^2 D(kh)d}{\omega}a_1^- \tag{5.86}$$

使用式(3.45)中的这些关系,看到在最佳振荡下,浮体吸收的最大功率为

$$P_{\max} = \frac{|\hat{F}_{e,1}|^2}{8R_{11}} = \frac{\rho g^2 D(kh) d}{4\omega}|A|^2 = Jd \tag{5.87}$$

其中,根据等式(4.136)是入射波在宽度为 d 的波道中的完全能量传输。在这种情况下,吸收体产生波并在远场区域消除反射波。因此,$A_r^- = a_1^- \hat{u}_1 = -A$ 或

$$\hat{u}_1 = \hat{u}_{1,\text{opt}} = -A/a_1^- = -Aa_1^{-}/|a_1^-|^2 = \hat{F}_{e,1}/(2R_{11}) \tag{5.88}$$

注意,在本示例中 a_1^- 是实数。见等式(5.65),c_0 是纯虚构的。式(5.87)和(5.88)的结果会在第6章(见第6.1节和第6.4.3节)中更为系统地讨论。

5.2.4 其他几何体的示例

对于一般的几何形状,解决振荡体的辐射问题是复杂的,也就是说,解决由式(5.11)~(5.14)表示的边界值问题是复杂的。上面在5.2.3节中讨论了一个简单的例子。在本小节中,对于辐射阻抗以及对于一些特定浮体的激振力,给出了一些数值获得的结果。这些量是所谓的流体动力参数的实例。

首先考虑一个半径为 a 的半球在无限深的水面上。对于这种几何形状,显然旋转模式不能在理想流体中产生任何波。此外,辐射阻抗的所有非对角线元素消失,因为 $x=0$ 和 $y=0$ 都是对称平面。从而非消失的元素只有 $Z_{11}=Z_{22}$ 和 Z_{33},写为

$$Z_{jj} = (\omega\rho 2\pi a^3/3)(\varepsilon_{jj} + i\mu_{jj}) \tag{5.89}$$

其中 ε 和 μ 分别是无量纲化的辐射阻尼和附加质量。这些参数由图5.6所示的曲线显示,其基于以前的数值结果可以注意到,当 ka 接近无穷或零时,辐射阻尼趋于零。附加质量在两者中是有限的。

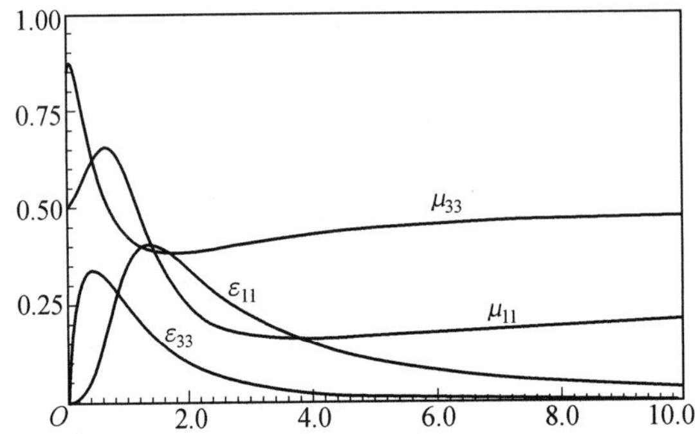

图5.6 显示半径为 a 的半球半径在深洼处的辐射电阻和增加的质量与 ka 的无量纲浪涌和波浪系数图。这里 $k=\omega^2/g$ 是角重复。数值来自 Havelock 和 Hulme。纵荡($j=1$)和垂荡($j=3$)的辐射阻抗由 $Z_{jj}=(\omega\rho 2\pi a^3/3)(\varepsilon_{jj}+i\mu_{jj})$ 给出

观察

$$\frac{R_{jj}}{\omega m_{jj}} = \frac{\varepsilon_{jj}}{\mu_{jj}} = O\{(ka)^n\} \quad (ka \to 0) \tag{5.90}$$

其中纵荡时,$n=2$;垂荡时,$n=1$。这可以(参见问题5.10)表示为

$$\varepsilon_{33} \to (3\pi/4)ka \quad (ka \to 0) \tag{5.91}$$

当 $ka \ll 1$ 时,直径比波长短得多。对于振荡体的几何形状而言,这不仅仅是一个球体,当振荡体的延展同波长相比程度很小时,通常是辐射阻抗超过辐射阻尼,从而占据了

主导地位。

在图 5.7 中展示的下个例子中，激振力系数为

$$f_3 \equiv F_{e,3}/A = \kappa_3 \rho g \pi a^2 \tag{5.92}$$

同时，辐射阻抗为

$$Z_{33} = (\omega\rho 2\pi a^3/3)(\varepsilon_{33} + \mathrm{i}\mu_{33}) \tag{5.93}$$

这是对于漂浮的半径为 a、浸水深度为 b 的垂直圆柱体的垂荡运动而言的。圆柱轴线与 z 轴（$x = y = 0$）是一致的。这些水动力参数的数值已经通过爱迪莫森所描述的方法被采用。从图 5.7 中观察到，处在低频（$ka \to 0$）时，垂荡激振力很大，这一点可以期望通过应用阿基米德定律来证明，因为阿基米德定律的使用忽略掉了波的干涉和衍射效应。在高频率（$ka \to \infty$）时，垂荡激振力趋于零，这是因为上述预计到的效果，还因为自由水表面下的淹没幅度的降低而导致了动水压力的减小。

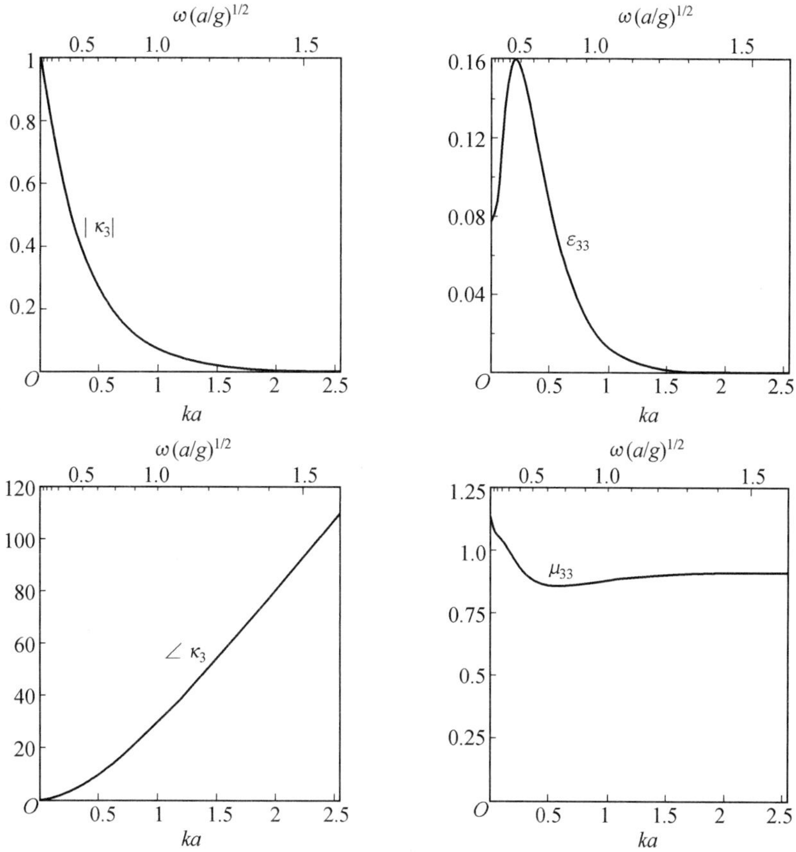

图 5.7　当水深 $h = 15a$ 时，一种半径为 a、吃水深度为 $b = 1.88a$ 的悬浮截断垂直圆柱的无因次水动力参数二维图。每个图的水平比例尺是 ka（下方的水平坐标）和 $\omega(a/g)^{1/2}$（上方的水平坐标）。四图分别为振幅 $|\kappa_3|$，相位 $\angle\kappa_3$，辐射阻抗 $\varepsilon_{33} + \mathrm{i}\mu_{33}$ 的实部和虚部且均为无量纲值

从左下图看到大频率相位曲线接近直线（弧度），坡度等于 1。这意味着，当 $ka \to \infty$ 时，波浪激振力在 $x = -a$ 时会产生入射波（即在波首次撞击圆柱体时），而 $ka \to 0$ 时，在 $x = 0$ 时会产生入射波（在不受干扰的情况下）。观察到，在图 5.7 中的 ε_{33} 和 μ_{33} 的曲线定性类似于图 5.6 中半潜式球与之相对应的曲线。注意，虽然 ε_{33} 存在较大的频率，但是在

垂直圆柱体中频率却是很小的。$ka \to 0$ 的极限值也不同。这可以表达为(参见问题5.10),在有限水深 h 中,$\varepsilon_{33} \to 3\pi a/(8h)$,而在无限水深中,$ka \to 0$ 时 $\varepsilon_{33} \to 3\pi ka/4$。对于 $ka \to 0$ 时,ε_{33} 有两个不同的曲线外形的原因在于,半潜式球是假定在无限水深中的,这就产生了图5.6中的结果。对于垂直圆柱体而言,$ka \to 0$ 时,$\varepsilon_{33} \to 0.078$。

最后一个例子中的数值结果是ISSC(国际船舶和海洋结构协会)提出的,水深 $h = 450$ m时发生在张力腿平台(TLP)上面,该平台由四个圆柱(每个半径8.435 m)和四个矩形浮筒(宽7.5 m,高10.5 m)组成。相邻列之间的距离为 $2L = 86.25$ m。TLP的浸水深度为35 m,标准响应在最低表面和浮筒是一致的。这是一个庞大的结构,有一个很难的几何原理蕴含在其中。为了解决在4.2节的第一部分或者第5.1.1分节中已经给出了流体力学边值数值求解问题的答案,使用计算机程序WAMIT。浸入式TLP的湿表面近似为512平方块(见图5.8)。相对于平面 $x = 0$ 和 $y = 0$ 而言,结构是对称的,相应的长短也都是相等的。对动水压力,对浮体的影响(例如,参数浸水体积、重心和静压系数),漂移力,运动响应以及水动力参数而言,计算机程序WAMIT为流体速度值(即激振力和时刻、抗辐射和附加的质量和惯性矩)。基于TLP浮体水动力参数计算结果的无量纲图如图5.9所示。无因次水动力参数 $A_{jj'}$、$B_{jj'}$ 和 X_j,如下辐射阻抗定义

$$Z_{jj'} = \omega\rho L^k(B_{jj'} + iA_{jj'}) \tag{5.94}$$

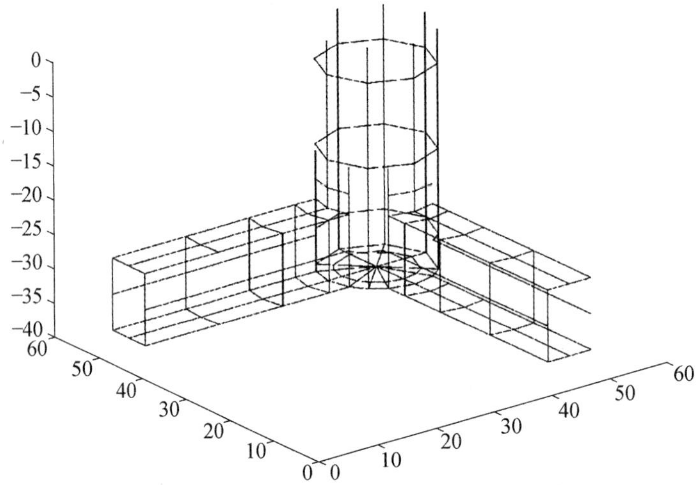

图5.8　一个象限的ISSC TLP且近似128个网格,坐标系统以米为单位

如下所示是激振力

$$\hat{F}_{e,j} = f_j A = \rho g A L^m X_j \tag{5.95}$$

在 $L = 43.125$ m的基础上,当 $j = 2$ 和 $j = 3$ 时 $m = 2$,当 $j = 5$ 时 $m = 3$,当 $(j,j') = (1,1)$ 和 $(j,j') = (3,3)$ 时 $k = 3$,当 $(j,j') = (1,5)$ 时 $k = 4$,当 $(j,j') = (5,5)$ 时 $k = 5$。这里的计算激振力公式适合沿 x 方向传播的波,A 是波在原点 $(x,y) = (0,0)$ 位置波高。

观察到,图5.9中的曲线已经有波动起伏的现象。这是由于堆积波和浸蚀性波干涉到TLE体的相关的不同部位。考虑一下,例如浪涌模式。当发现相邻立柱之间的距离为 $2L$ 时半波长的奇数倍,对应相应的无量纲频率 $\Omega = 1.25, 2.17, 2.80, \cdots$,其中一对柱子上的纵荡激振力被另一对柱子上的力抵消掉。同样,生成的波相互抵消。

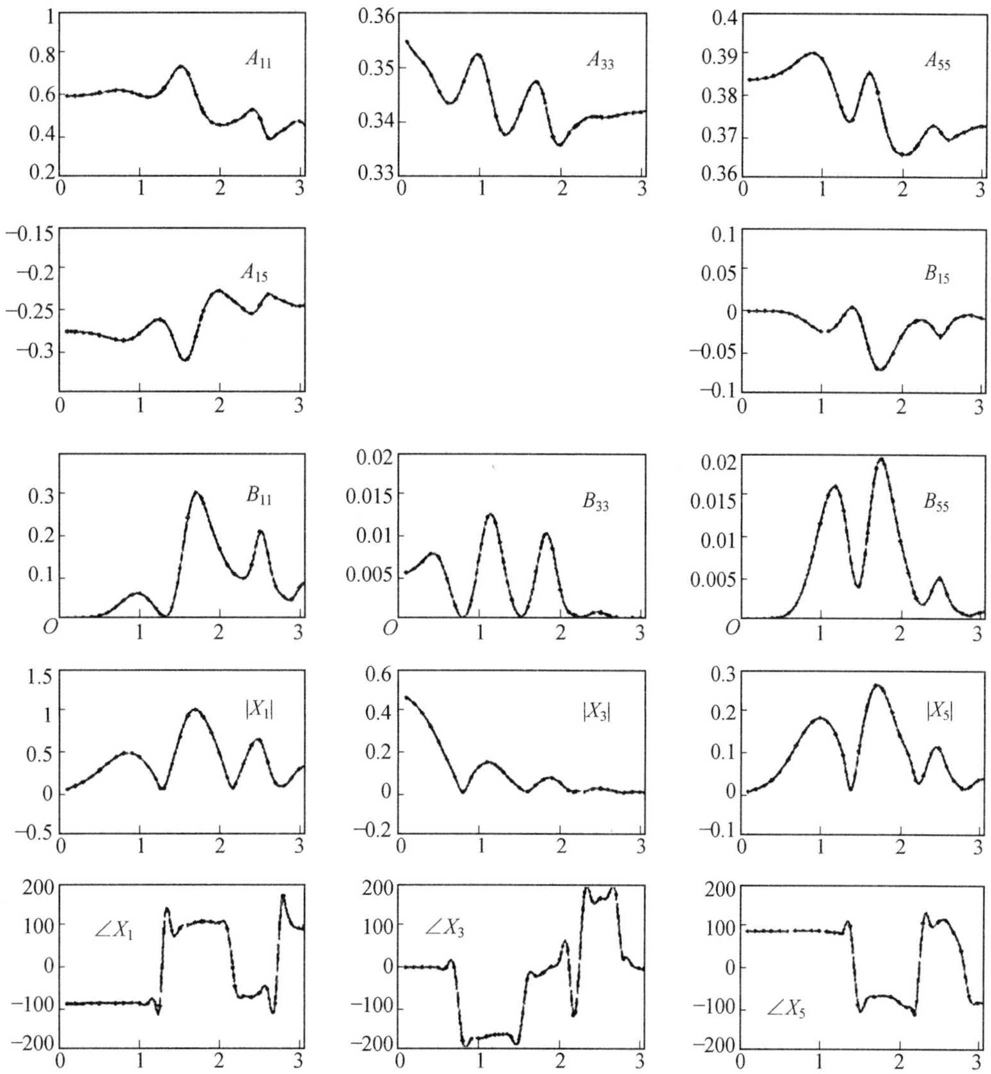

图 5.9　ISSC TLP 的水动力学参数

水平尺度赋予非维频率 $\Omega=\omega(L/g)^{1/2}$，其中 $L=43.125$ m 为中心相邻的 TLP 列之间距离的一半，$G=9.81\ \mathrm{m/s^2}$。上面三行八张图是辐射阻抗——参见式(5.94)。下面两行激振力——参见式(5.95)——无量纲量的激增，为纵荡($j=1$)、垂荡($j=3$)和纵摇($j=5$)。下面用角度表示的曲线是通过使用三次样条插值计算出的结果，如图中的点所示。

这就解释了在所有的频率中为什么 $|X_1|$ 和 B_{11} 如此之小。然而，如果距离 $2L$ 和波长倍数是相对应的，发生在 $k=1.77,2.51,\cdots$ 的时候，这样就可以期待有堆积性干扰，这就解释了为什么 $|X_1|$ 和 B_{11} 在这些频率时值很大。在纵摇时看到类似的行为。然而，随着垂荡节点的变化，$|X_3|$ 和 B_{33} 最大值和最小值也会随频率变化。图 5.9 中所示的是带有六柱的 TLP 浮体，这个理论已经发表。正如所料，它们表明，同图 5.9 中四列的 TLP 的曲线波动相比更具干扰效应。

把浮箱的横截面拉伸 8L 所形成的湿表面的排水量为 0.339(无量纲的结果)。需要注意的是,此值相当接近附加质量值 A_{33},如图 5.9 所示。深埋在有限长的水平圆柱中有一个附加的质量浪涌,这等于排开的水质量。然而,如果圆柱体仅略低于水面,增加的质量可能强烈地依赖于频率,在某些情况下,它甚至可能是负的。重新附加质量的结果后的数值,及阻抗辐射也已被麦基弗和伊万出版。

5.3 水动力学中的脉冲响应函数

之前讨论过频率范围内的两种波体的相互作用。首先(在5.1节中),引进了激振力,即当浮体固定时所受到的激振力($u_j=0, j=1,\cdots,6$);见式(5.27)和(5.33)。之后(在5.2.1这一部分中)引进了水动力的辐射参数:分别为辐射阻抗 $Z_{jj'}$,见式(5.40),以及它的实部及虚部辐射阻尼 $R_{jj'}$ 和辐射阻抗 $X_{jj'}$。同时也引进了附加质量 $m_{jj'}=X_{jj'}/\omega$,见式(5.44)。

对于这两种反应,有两种边界值的问题,称之为激振问题和辐射问题。考虑到式(5.28)和(5.11),它们在潮湿的浮体表面 S 上有着不同的非齐次边界条件。

在对六维向量进行了概括的介绍后(见5.1节),可以为激振力的复振幅定义一个六维列向量 $\hat{\boldsymbol{F}}_e$。类似地,有一个向量 $\hat{\boldsymbol{u}}$,它代表了振荡体速度的六个组成的复振幅。相应地,用 $\boldsymbol{Z}=\boldsymbol{Z}(\omega)$ 代表辐射阻抗的矩阵,它的维度是 6×6。靠振荡体的辐射所产生的反作用力可以用下面的式子来表示

$$\hat{\boldsymbol{F}}_r=-\boldsymbol{Z}\hat{\boldsymbol{u}}=-\boldsymbol{Z}(\omega)\hat{\boldsymbol{u}} \tag{5.96}$$

这是式(5.38)的另一种方法。可把 $-\boldsymbol{Z}$ 解释为线性系统的传递函数,在此 $\hat{\boldsymbol{u}}$ 是输入,$\hat{\boldsymbol{F}}_r$ 是输出。与辐射问题的线性系统的定义相似的是,可以为激振问题的线性系统做出这样的定义

$$\hat{F}_e=\boldsymbol{f}(\omega)A \tag{5.97}$$

在这里,系统的输入为 $A=\hat{\eta}_0(0,0)$,它是在起始处 $(x,y)=(0,0)$ 入射波(未扰动的)的复合振幅高度。此外,传递函数是六维列向量 $\boldsymbol{f}$,也是激振力的系数向量。

下面总结一下振荡不是正弦曲线的情况。之后,参照式(2.136)、(2.161)和(2.166),有由辐射引起的反作用力 $\boldsymbol{F}_{r,t}(t)$ 的傅里叶变换,以及激振力 $\boldsymbol{F}_{e,t}(t)$

$$\boldsymbol{F}_r(\omega)=-\boldsymbol{Z}(\omega)\boldsymbol{u}(\omega) \tag{5.98}$$

$$\boldsymbol{F}_e(\omega)=\boldsymbol{f}(\omega)A(\omega) \tag{5.99}$$

且 $A(\omega)$ 是 $a(t)\equiv\eta_0(0,0,t)$ 的傅里叶转换,在起始处 $(x,y)=(0,0)$ 的未干扰的波浪的波高。(脚标 t 被用于表示反傅里叶转换,代表时间)

传递函数 $\boldsymbol{f}(\omega)$ 和 $\boldsymbol{Z}(\omega)$ 对应的时间域脉冲响应函数的反傅里叶转换被康明斯公司引进轮船水动力学中。下面首先讨论由式(5.98)所赋予的因果线性系统。之后讨论由式(5.99)所赋予的系统,会看到这个系统可能不是因果关系的。

5.3.1 水动力辐射的克拉茂 - 克朗尼希关系

考虑到一个振荡体及它在本来平静的水上产生的辐射波。假设振荡体的速度(在时间域)已知为 $\boldsymbol{u}_t(t)$。反作用力 $\boldsymbol{F}_{r,t}(t)$ 为已知的在时间域中的卷积乘积

$$\boldsymbol{F}_{r,t}(t) = -\boldsymbol{z}(t) * \boldsymbol{u}_t(t) \tag{5.100}$$

[见式(2.128)]要记住卷积是可换的。注意,此处所指的矩阵乘法并不是可换的。脉冲响应矩阵 $-\boldsymbol{z}(t)$ 是辐射阻抗的反傅里叶转换

$$\boldsymbol{z}(t) = \mathscr{F}^{-1}\{\boldsymbol{Z}(\omega)\} \tag{5.101}$$

注意这是一个因果系统;即

$$\boldsymbol{z}(t) = 0 \quad (t < 0) \tag{5.102}$$

在 $t < 0$ 之前,$\boldsymbol{F}_{r,t}(t)$ 的输出为0。因此,可以在式(5.100)中计算卷积积分的时候应用式(2.177)而不是式(2.218),积分范围是从 $t = -\infty$ 到 $t = +\infty$。$\boldsymbol{z}(t)$ 是一个因果函数这一事实对它的傅里叶转换也有一定的影响

$$\boldsymbol{Z}(\omega) = \boldsymbol{R}(\omega) + \mathrm{i}\omega \boldsymbol{m}(\omega) \tag{5.103}$$

即辐射阻尼矩阵 $\boldsymbol{R}(\omega)$ 和附加质量矩阵 $\boldsymbol{m}(\omega)$ 是通过克拉茂 - 克朗尼希关系关联起来的。科蒂克和马古利斯(Kotik 和 Mangulis)是最先把这些关系应用到水动力问题上的。之后,这些关系所产生的一些结论就让 Greenhow 等发现了。此外用下面的方法来导出这个关系。首先,注意到一般来说,$\boldsymbol{m}(\omega)$ 会在 $\omega \to \infty$ 时变为0。因此通过考虑下面的相关转换函数来清除这个奇点

$$\boldsymbol{H}(\omega) = \boldsymbol{m}(\omega) - \boldsymbol{m}(\infty) + [\boldsymbol{R}(\omega)]/(\mathrm{i}\omega) \tag{5.104}$$

注意随着 $\omega \to \infty$ 时 $\boldsymbol{R}(\omega) \to 0$。可以假设随着 $\omega \to 0$,$\boldsymbol{R}(\omega)$ 必然趋向零,使 $\boldsymbol{H}(\omega)$ 在 $\omega = 0$ 时是非奇异的。根据克拉茂 - 克朗尼希关系(2.204)和(2.206)给出 $\boldsymbol{H}(\omega)$ 的实部和虚部

$$\boldsymbol{m}(\omega) - \boldsymbol{m}(\infty) = \frac{2}{\pi}\int_0^\infty \frac{-\boldsymbol{R}(y)}{\omega^2 - y^2}\mathrm{d}y \tag{5.105}$$

$$\boldsymbol{R}(\omega) = \frac{2\omega^2}{\pi}\int_0^\infty \frac{\boldsymbol{m}(y) - \boldsymbol{m}(\infty)}{\omega^2 - y^2}\mathrm{d}y \tag{5.106}$$

通过使用式(5.98)、(5.103)和(5.104),发现反作用力是由辐射引起的

$$\boldsymbol{F}_{\mathrm{r}}(\omega) = -\boldsymbol{Z}(\omega)\boldsymbol{u}(\omega) = \boldsymbol{F}'_{\mathrm{r}}(\omega) - \mathrm{i}\omega \boldsymbol{m}(\infty)\boldsymbol{u}(\omega) \tag{5.107}$$

这里

$$\boldsymbol{F}'_{\mathrm{r}}(\omega) = -\mathrm{i}\omega \boldsymbol{H}(\omega)\boldsymbol{u}(\omega) = -\boldsymbol{K}(\omega)\boldsymbol{u}(\omega) \tag{5.108}$$

这里引进了一个选替的转换函数

$$\boldsymbol{K}(\omega) = \mathrm{i}\omega \boldsymbol{H}(\omega) = \boldsymbol{Z}(\omega) - \mathrm{i}\omega \boldsymbol{m}(\infty) = \boldsymbol{R}(\omega) + \mathrm{i}\omega[\boldsymbol{m}(\omega) - \boldsymbol{m}(\infty)] \tag{5.109}$$

相应的反傅里叶转换为

$$\boldsymbol{F}_{r,t}(t) = \boldsymbol{F}'_{r,t}(t) - \boldsymbol{m}(\infty)\dot{\boldsymbol{u}}_t(t) \tag{5.110}$$

及

$$\boldsymbol{F}'_{r,t}(t) = -\boldsymbol{h}(t) * \dot{\boldsymbol{u}}_t(t) = -\boldsymbol{k}(t) * \boldsymbol{u}_t(t) \tag{5.111}$$

这里

$$\begin{cases} \boldsymbol{h}(t) = \dfrac{1}{2\pi}\displaystyle\int_{-\infty}^{\infty} \boldsymbol{H}(\omega)\mathrm{e}^{\mathrm{i}\omega t}\mathrm{d}\omega \\ \boldsymbol{k}(t) = \dfrac{1}{2\pi}\displaystyle\int_{-\infty}^{\infty} \boldsymbol{K}(\omega)\mathrm{e}^{\mathrm{i}\omega t}\mathrm{d}\omega \end{cases} \tag{5.112}$$

注意

$$\boldsymbol{k}(t) = \frac{\mathrm{d}}{\mathrm{d}t}\boldsymbol{h}(t) \tag{5.113}$$

图 5.10 中方框图中展示了与两个选替转换函数 $\boldsymbol{H}(\omega)$ 和 $\boldsymbol{K}(\omega)$ 相关的线性系统或与式(5.111)中的卷积相当的线性系统。

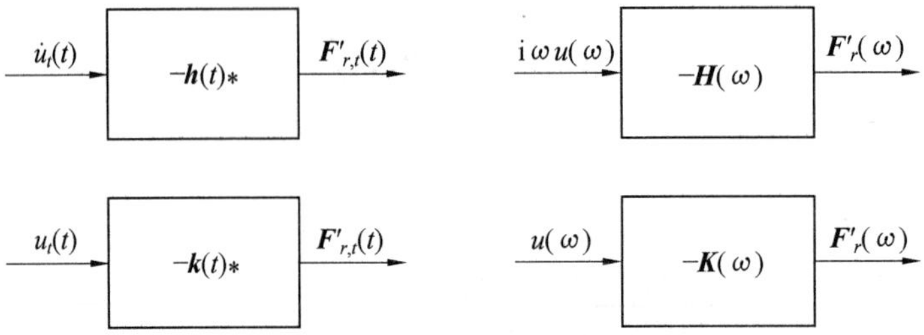

图 5.10　时间域(左)和频率域(右)的线性系统的方框图,在此振荡体的加速度(上方)或者速度(下方)是输入,且在两种情况中,辐射反作用力向量的特定部分[如式(5.104)和(5.108)]都是输出

由于因果关系的情况,当 $t<0$ 时有 $\boldsymbol{h}(t)=0$ 和 $\boldsymbol{k}(t)=0$。此外,当 $t>0$ 时,用式(2.184)、(2.185)、(5.104)和(5.109)得到

$$\boldsymbol{h}(t)=\frac{2}{\pi}\int_0^{\infty}[\boldsymbol{m}(\omega)-\boldsymbol{m}(\infty)]\cos(\omega t)\mathrm{d}\omega=\frac{2}{\pi}\int_0^{\infty}\frac{\boldsymbol{R}(\omega)}{\omega}\sin(\omega t)\mathrm{d}\omega \quad (5.114)$$

$$\boldsymbol{k}(t)=\frac{2}{\pi}\int_0^{\infty}\boldsymbol{R}(\omega)\cos(\omega t)\mathrm{d}\omega=2\mathscr{F}^{-1}\{\boldsymbol{R}(\omega)\}=$$

$$-\frac{2}{\pi}\int_0^{\infty}\omega[\boldsymbol{m}(\omega)-\boldsymbol{m}(\infty)]\sin(\omega t)\mathrm{d}\omega \quad (5.115)$$

注意,作为因果关系原则的结论,所有包含在两个实矩阵函数 $\boldsymbol{R}(\omega)$ 和 $\boldsymbol{m}(\omega)$ 中的信息都选替地包含在了单一的实矩阵函数 $\boldsymbol{k}(t)$ 与常数矩阵 $\boldsymbol{m}(\infty)$ 中。在一个垂荡体的时间域分析中应用了 $\boldsymbol{k}(t)$ 类型函数,比如说 Count 和 Jefferys 就应用过。

举一个例子,假设漂浮的被截断垂直柱体的垂荡辐射阻尼为图 5.7 中所示,相应的辐射脉冲响应函数 $k_3(t)$ 在图 5.11 中左边的曲线中显示。

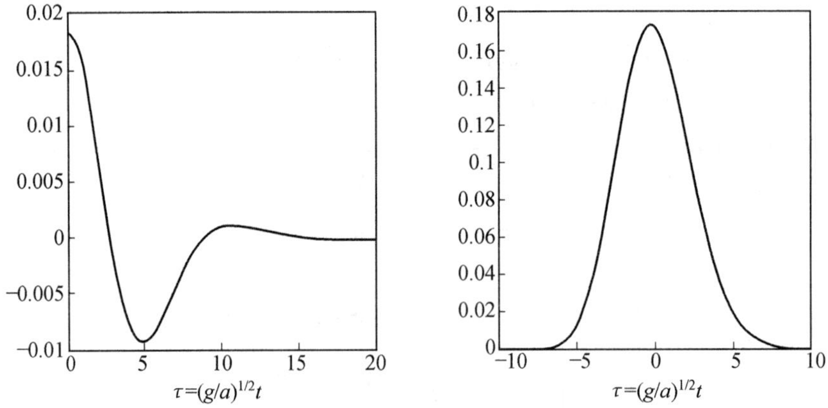

图 5.11　漂浮的缩短的垂直圆柱体垂荡的脉冲响应函数。圆柱半径 a,水深 $h=15a$,吃水 $b=1.88a$,这些是无量纲的。在水平比例尺上的无量纲时间为 $(g/a)^{1/2}$。在左侧图中的曲线上,辐射问题的无量纲脉冲响应函数为 $k_3/(\rho g a^2)$。右侧图中的曲线对激发力[如式(5.115)和(5.117)]的无量纲脉冲响应函数为 $f_{t,3}/[\pi\rho(ga)^{3/2}]$

5.3.2　激振力的非因果脉冲响应

如上所述,辐射阻抗 $\boldsymbol{Z}(\omega)$ 相应的脉冲辐射和相关的传递函数 $\boldsymbol{H}(\omega)$ 和 $\boldsymbol{K}(\omega)$ 是因果的,因为它们的输入(振荡体的速度或加速度)是它们的回应(有振荡体产生的辐射波中的反作用力)的实际起因。

对比而言,脉冲响应函数与激振力之间不必是因果关系,因为激振力的输出和初始入射波高的输入(或者是其他的具体的参考点)有一个较远的原发性原因,如风暴或者振荡的造波机。在线性系统中,波浪的激振力可以通过未受干扰的入射波在浮体原点处的波高时得到。然而,这个波可能会在开始的时候,且波到达之前,打击该整体的一部分,并产生一种力。注意,这个并不能对下面定义的脉冲响应函数 $\boldsymbol{f}_t(t)$ 的非因果关系做出全面的充分的解释。

与激励问题相关的线性系统可见式(5.99),或者是它的反傅里叶转换

$$\boldsymbol{F}_{e,t}(t)=\boldsymbol{f}_t(t)*a(t)=\int_{-\infty}^{\infty}\boldsymbol{f}_t(t-\tau)a(\tau)\mathrm{d}\tau=\int_{-\infty}^{\infty}\boldsymbol{f}_t(\tau)a(t-\tau)\mathrm{d}\tau \tag{5.116}$$

此处

$$\boldsymbol{f}_t(t)=\frac{1}{2\pi}\int_{-\infty}^{\infty}\boldsymbol{f}(\omega)\mathrm{e}^{\mathrm{i}\omega t}\mathrm{d}\omega \tag{5.117}$$

是激振力系数向量 $\boldsymbol{f}(\omega)$ 的反傅里叶转换,且此处由于在浮体的参考点 $(x,y)=(x_0,y_0)$ 处(未被扰乱的)入射波而产生的浪高为 $a(t)$(选取初值,即,$x_0=0$ 且 $y_0=0$)。注意,作为非因果的 $\boldsymbol{f}_t(t)$ 的结论,既不可以应用式(2.184)也不可以应用式(2.185)来完成式(5.117)的反傅里叶转换。必须应用式(2.170)。当对于 $t<0$,$\boldsymbol{f}_t(t)\neq 0$ 时,从式(5.117)中可看出,为了计算 $\boldsymbol{F}_{e,t}(t)$,以后的信息都是要求在浪高为 $a(t)$ 上的。因此,根据具体的时间长度 t_1 来预测未来的入射波是可行的,此处 t_1 足够大,可以在 $t<-t_1$ 时忽略 $\boldsymbol{f}_t(t)$。

通常来说,$\boldsymbol{f}_t(t)$ 不是因果关系的,这一陈述使通过考虑图 5.4 中的例子来进行陈述就简单了,此处根据式(5.34)每单位宽度的振荡激振力系数为

$$f'_1(\omega)=\hat{F}'_{e,1}/A=2\rho\,(\omega/k)^2 \tag{5.118}$$

注意,通过(4.57)中的离散关系,k 是 ω 的一个函数。因此,$f'_1(\omega)$ 是实数且为 ω 的偶函数。因此,反傅里叶变换 $f_{t,1}(t)$ 是一个偶数,且不是因果的时间函数。从数学的简化角度去讲,假设在无限小的水平线上,当水较深时,振荡激振力在图 5.4 中相应为 $z=-a$ 且 $z+\Delta z=-a_2$。由 $k=\omega^2/g$ 和 $e(kz)=\mathrm{e}^{kz}$[见式(4.58)和(4.54)],从式(5.32)中有

$$\Delta f'_1(\omega)=\Delta F'_{e,1}/A=2\rho g\,\exp(\omega^2 z/g)\Delta z \tag{5.119}$$

通过反傅里叶变换[见 Erdélyi,公式(1.4.11)],有相应的脉冲响应

$$\Delta f'_{t,1}(t)=\rho g\,(-g/(\pi z))^{1/2}\exp(gt^2/(4z))\Delta z \tag{5.120}$$

显然其为非因果的,除了当 $z=0$ 时,此时有

$$\Delta f'_{t,1}(t)=2\rho g\delta(t)\Delta z \tag{5.121}$$

(见 4.9.2 小节和问题 5.8)。

图 5.7 为漂浮的截断直立圆柱,对垂荡激振力做反傅里叶转换,会发现其脉冲响应函数 $f_{3,t}$ 如图 5.11 中右图所示。看图中的曲线,可以说因果的辐射脉冲响应大概“记得”到

过去的 15 ~ 20 个时间单位$\sqrt{a/g}$。与此相反,非因果的振荡脉冲只“记得”到过去的大约 8 个时间单位$\sqrt{a/g}$,但也“要求”到未来的大约 7 个时间单位$\sqrt{a/g}$ 的入射浪高的信息。

5.4 相互作用关系

在该部分,将介绍并证明一些物理关系即相互作用关系,这个关系在研究波和振荡体之间的相互作用用途很大。

已经证明了式(5.42),指出辐射阻抗是对称的 $Z_{jj'} = Z_{j'j}$,或用矩阵符号表示

$$\boldsymbol{Z} = \boldsymbol{Z}^{\mathrm{T}} \tag{5.122}$$

其中 $\boldsymbol{Z}^{\mathrm{T}}$ 表示 $\boldsymbol{Z}$ 的转置矩阵。该方程式也遵循辐射阻尼矩阵和附加质量矩阵的对称原则

$$\boldsymbol{R} = \boldsymbol{R}^{\mathrm{T}}, \quad \boldsymbol{m} = \boldsymbol{m}^{\mathrm{T}} \tag{5.123}$$

在物理学的不同分支中,该种相互作用关系十分著名,比如:用于线性电网络的电阻抗矩阵的对称性。(见 Goldman 的第 2.13 节)

另一个是静态的例子,是指施加到线性弹性材料的浮体力和着力点产生的线性位移,这里的位移发生在相同方向相同力度。在该情况下,通过施加到 a 点和 b 点的静态力 F,可以得到相互作用关系。施力于 a 点,得到 a 点的位移 δ_{aa},b 点位移 δ_{ba},做功$(F/2)\delta_{aa}$。如果施力于 b 点,得到 a 点位移 δ_{ab},b 点位移 δ_{bb},做功$(F/2)\delta_{bb}$。如果除此以外还有一个同样大小的力 F 施加于 a 点,位移则是$\delta_{ab}+\delta_{aa}$ 和$\delta_{bb}+\delta_{ba}$,这是因为叠加原理适用于线性系统。所做的功为

$$W_{ba} = (F/2)\delta_{bb} + (F/2)\delta_{aa} + F\delta_{ba} \tag{5.124}$$

然而,如果两个力 F 分别施加于 a 点和 b 点,所做的功则变为

$$W_{ab} = (F/2)\delta_{aa} + (F/2)\delta_{bb} + F\delta_{ab} \tag{5.125}$$

所做的功将转变为材料本身的弹性势能,该势能必须大小与方向和施加的两个力的顺序无关,即 $W_{ba} = W_{ab}$。因此

$$\delta_{ab} = \delta_{ba} \tag{5.126}$$

这证明了静态下的相互作用关系为:a 点所施加的力在 b 点造成的位移,等同于 b 点施加同样的力在 a 点造成的位移。(具体参照 Timoshenko 和 Gere)。

涉及流体力学的几种相互作用关系已经被纽曼证实。将在以下的小节中讨论这些相互作用关系。

5.4.1 远场系数的辐射阻尼

从摆动浮体辐射波的速度势复振幅可以表示为

$$\hat{\phi}_{\mathrm{r}}(x,y,z) = \boldsymbol{\varphi}^{\mathrm{T}}(x,y,z)\hat{\boldsymbol{u}} = \hat{\boldsymbol{u}}^{\mathrm{T}}\boldsymbol{\varphi}(x,y,z) \tag{5.127}$$

这里引入了两个列向量 $\varphi(x,y,z)$ 和 $\hat{\boldsymbol{u}}$,浮体发射的波是一个全方位、六维自由摆动的,那么这两个向量是六维的。(详情见式(5.3) 和(5.4))

注意:由于 $\hat{\phi}_{\mathrm{r}}$ 满足在无穷远处所传出波的辐射条件,那么远场能量则近似为

$$\hat{\phi}_{\mathrm{r}} \sim A_{\mathrm{r}}(\theta)e(kz)(kr)^{-1/2}\mathrm{e}^{-ikr} \tag{5.128}$$

$$\boldsymbol{\varphi} \sim \boldsymbol{a}(\theta)e(kz)\,(kr)^{-1/2}\mathrm{e}^{-\mathrm{i}kr} \tag{5.129}$$

条件为

$$A_{\mathrm{r}}(\theta) = \boldsymbol{a}^{\mathrm{T}}(\theta)\hat{\boldsymbol{u}} = \hat{\boldsymbol{u}}^{\mathrm{T}}\boldsymbol{a}(\theta) \tag{5.130}$$

这是辐射波的远场系数。注意:列向量的每个分量 $\boldsymbol{\varphi}_j$ 都满足辐射条件,$a_j(\theta)$ 是该分量中的远场系数。通过(4.282),得到了辐射波的柯钦函数

$$\begin{bmatrix} H_{\mathrm{r}}(\theta) \\ \boldsymbol{h}(\theta) \end{bmatrix} = \sqrt{2\pi}\begin{bmatrix} A_{\mathrm{r}}(\theta) \\ \boldsymbol{a}(\theta) \end{bmatrix}\mathrm{e}^{\mathrm{i}\pi/4} \tag{5.131}$$

其中,$\boldsymbol{h}(\theta)$ 和 $\boldsymbol{a}(\theta)$ 分别是组成 $h_j(\theta)$ 和 $a_j(\theta)$ 的列向量。为了进一步证明辐射参数的相互作用关系,引入了式(4.240) 的以下矩阵函数式

$$\boldsymbol{I}(\boldsymbol{\varphi}^*,\boldsymbol{\varphi}^{\mathrm{T}}) = \iint_S\left(\boldsymbol{\varphi}^*\frac{\partial\boldsymbol{\varphi}^{\mathrm{T}}}{\partial n} - \frac{\partial\boldsymbol{\varphi}^*}{\partial n}\boldsymbol{\varphi}^{\mathrm{T}}\right)\mathrm{d}S \tag{5.132}$$

由于 $\boldsymbol{\varphi}$ 满足放射条件,可以采用式(4.249),即

$$\boldsymbol{I}(\boldsymbol{\varphi},\boldsymbol{\varphi}^{\mathrm{T}}) = 0 \tag{5.133}$$

然而,当将两个函数之一的复共轭函数代入积分式中,积分式不会消失。复共轭函数式(4.254) 和(4.255) 可以重写为

$$\boldsymbol{I}(\boldsymbol{\varphi}^*,\boldsymbol{\varphi}^{\mathrm{T}}) = -\mathrm{i}\frac{D(kh)}{k}\int_0^{2\pi}\boldsymbol{a}^*(\theta)\boldsymbol{a}^{\mathrm{T}}(\theta)\,\mathrm{d}\theta = -\lim_{r\to\infty}2\iint_{S_\infty}\frac{\partial\boldsymbol{\varphi}^*}{\partial r}\boldsymbol{\varphi}^{\mathrm{T}}\mathrm{d}S \tag{5.134}$$

注意,$\boldsymbol{I}(\boldsymbol{\varphi}^*,\boldsymbol{\varphi}^{\mathrm{T}})$ 不应与矩形函数 $\boldsymbol{I}$ 混淆,$\boldsymbol{I}(\boldsymbol{\varphi}^*,\boldsymbol{\varphi}^{\mathrm{T}})$ 是方矩阵。一个浮体自由振荡的情况下,$\boldsymbol{I}(\boldsymbol{\varphi}^*,\boldsymbol{\varphi}^{\mathrm{T}})$ 的维度为 6×6。正如方程(5.36) 推广至方程(5.127),$\boldsymbol{I}(\boldsymbol{\varphi}^*,\boldsymbol{\varphi}^{\mathrm{T}})$ 也遵循表达式(5.41),那么辐射阻抗用矩阵式来表达则为

$$\boldsymbol{Z} = -\mathrm{i}\omega\rho\iint_S\frac{\partial\boldsymbol{\varphi}^*}{\partial n}\boldsymbol{\varphi}^{\dagger}\mathrm{d}S \tag{5.135}$$

该矩阵式的复共轭函数则为

$$\boldsymbol{Z}^* = \mathrm{i}\omega\rho\iint_S\frac{\partial\boldsymbol{\varphi}}{\partial n}\boldsymbol{\varphi}^{\dagger}\mathrm{d}S \tag{5.136}$$

其中 $\boldsymbol{\varphi}^{\dagger} = (\varphi^{\mathrm{T}})^*$ 是 φ 的复共轭转置。注意:$\boldsymbol{Z}^{\mathrm{T}} = \boldsymbol{Z}$(详见式(5.122))。因此

$$\boldsymbol{Z}^* = \boldsymbol{Z}^{\dagger} = \mathrm{i}\omega\rho\iint_S\boldsymbol{\varphi}^*\frac{\partial\boldsymbol{\varphi}^{\mathrm{T}}}{\partial n}\mathrm{d}S \tag{5.137}$$

$\boldsymbol{Z}$ 的实部是辐射阻尼矩阵式

$$\boldsymbol{R} = \frac{1}{2}(\boldsymbol{Z}+\boldsymbol{Z}^*) = \frac{1}{2}(\boldsymbol{Z}+\boldsymbol{Z}^{\dagger}) = -\frac{\mathrm{i}}{2}\omega\rho\iint_S\left(\frac{\partial\boldsymbol{\varphi}^*}{\partial n}\boldsymbol{\varphi}^{\mathrm{T}} - \boldsymbol{\varphi}^*\frac{\partial\boldsymbol{\varphi}^{\mathrm{T}}}{\partial n}\right)\mathrm{d}S = \frac{\mathrm{i}}{2}\omega\rho\boldsymbol{I}(\boldsymbol{\varphi}^*,\boldsymbol{\varphi}^{\mathrm{T}}) \tag{5.138}$$

在该矩阵式中用到了式(5.132)(假设 ω 真实存在),这里需要将式(5.134) 代入式(5.138) 中,得到

$$\boldsymbol{R} = -\mathrm{i}\omega\rho\lim_{r\to\infty}\iint_{S_\infty}\frac{\partial\boldsymbol{\varphi}^*}{\partial r}\boldsymbol{\varphi}^{\mathrm{T}}\mathrm{d}S \tag{5.139}$$

比较一下式(5.139) 和式(5.135) 你会觉得非常有趣。如果该积分没有由公式中的浸水湿表面 S 所表示,而是由远场中的 S_∞ 所表示,那么就会得出辐射阻尼矩阵,而不是辐

射阻抗矩阵。这表明辐射阻尼和因此增加的质量在某种程度上与波发生振荡体的近场区域有关。就远场的辐射波的系数矢量 $\boldsymbol{a}(\theta)$ 而言,辐射电阻矩阵可以得以表达。从式(5.131)、(5.134)和(5.138)中得到

$$\boldsymbol{R} = \frac{\omega\rho D(kh)}{2k}\int_0^{2\pi}\boldsymbol{a}^*(\theta)\boldsymbol{a}^{\mathrm{T}}(\theta)\,\mathrm{d}\theta = \frac{\omega\rho D(kh)}{4\pi k}\int_0^{2\pi}\boldsymbol{h}^*(\beta)\boldsymbol{h}^{\mathrm{T}}(\beta)\,\mathrm{d}\beta \tag{5.140}$$

在辐射波的远场量方面,已经能够表达阻尼辐射矩阵。对这一问题的物理解释是振荡体辐射的能量必须在没有损失的远场区域的理想流体中得以释放。很可能仅仅通过使用这个能量参数作为推导的基础得到式(5.140)(参见问题5.7)。

然而,辐射阻尼和远场区域中的能量有关,辐射阻抗和附加质量则和近场区域有关,在比较式(5.135)和(5.139)时已经讨论过。将继续在5.5.4中讨论该问题。

5.4.2 激振力关系—Haskind关系

在下面的段落中导出了激振力以辐射参数表示的一些重要关系,通过使用湿表面条件(5.11)和(5.28),可以重写表达式(5.27)的激振力为

$$\begin{aligned}\hat{F}_{e,j} &= \mathrm{i}\omega\rho\iint_S\left\{(\hat{\phi}_0+\hat{\phi}_\mathrm{d})\frac{\partial\varphi_j}{\partial n}-\varphi_j\frac{\partial}{\partial n}(\hat{\phi}_0+\hat{\phi}_\mathrm{d})\right\}\mathrm{d}S = \\ &\mathrm{i}\omega\rho I\{(\hat{\phi}_0+\hat{\phi}_\mathrm{d}),\varphi_j\} = \\ &\mathrm{i}\omega\rho I(\hat{\phi}_0+\varphi_j)+\mathrm{i}\omega\rho I\{\hat{\phi}_\mathrm{d},\varphi_j\}\end{aligned} \tag{5.141}$$

该表达式使用了积分(4.240)。此外,由于$\hat{\phi}_\mathrm{d}$和φ_j都满足辐射条件,那么$I(\hat{\phi}_\mathrm{d},\varphi_j)=0$。根据式(4.249),得到

$$\hat{F}_{e,j} = \mathrm{i}\omega\rho I(\hat{\phi}_0,\varphi_j) \tag{5.142}$$

为了根据公式(5.27)计算出激振力,需要知道湿表面的绕射势。此外,激振力可以通过式(5.142)计算出。在计算时,需要知道湿面S或者远场区操纵面S_∞的辐射势φ_j。绕射势ϕ_d暂不考虑第二种计算方式是由Haskind首次提出的。式(5.142)是创建Haskind关系的方法之一。

如式(5.97),在方程式(5.127)中也引入列向量$\boldsymbol{\varphi}$,并将激振力写成列向量

$$\hat{\boldsymbol{F}}_\mathrm{e} = \boldsymbol{f}A = \mathrm{i}\omega\rho\boldsymbol{I}(\hat{\phi}_0,\boldsymbol{\varphi}) \tag{5.143}$$

这可以作为式(5.142)的替代。还将引入激振力系数向量$\boldsymbol{f}$。

在Haskind关系的另一个版本中,激振力也可以用辐射波的远场系数或柯钦函数表示。假设入射平面波为

$$\hat{\eta}_0 = A\exp\{-\mathrm{i}k(x\cos\beta+y\sin\beta)\} = A\mathrm{e}^{-\mathrm{i}kr(\beta)} \tag{5.144}$$

这里β决定了入射角。见式(4.102)和(4.277)。注意依赖于频率的激振力系数向量$\boldsymbol{f}=\hat{\boldsymbol{F}}_\mathrm{e}/A$是$\beta$的函数,$\boldsymbol{f}=\boldsymbol{f}(\beta)$。将$\phi_i=\hat{\phi}_0$(即,$A_i=A$和$\beta_i=\beta$)和$\phi_j=\hat{\phi}_\mathrm{r}$(即$A_j=0$)代入到式(4.281),得到

$$I(\hat{\phi}_0,\hat{\phi}_\mathrm{r}) = \frac{gD(kh)}{\mathrm{i}\omega k}H_\mathrm{r}(\beta\pm\pi)A \tag{5.145}$$

此外,将式(5.127)、(5.130)和式(5.143)代入式(5.131),可以把激振力矢量写作

$$\boldsymbol{F}_\mathrm{e} = \boldsymbol{f}(\beta)A = \mathrm{i}\omega\rho\boldsymbol{I}(\phi_0,\boldsymbol{\varphi}) = \frac{\rho gD(kh)}{k}\boldsymbol{h}(\beta\pm\pi)A \tag{5.146}$$

或者把激振力系数矢量写作

$$f(\beta)=\frac{\rho gD(kh)}{k}h(\beta\pm\pi)=\frac{\rho gD(kh)}{k}\sqrt{2\pi}\,a(\beta\pm\pi)\mathrm{e}^{\mathrm{i}\pi/4} \quad (5.147)$$

相互作用关系(5.147)是另一种形式的 Haskind 关系,这也意味着一个体向一个特定方向发射波的能力与其所经历的平面波在此方向的入射波产生的激振力(见图 5.12)相关。如果在实验中从入射波 β 的多个方向来衡量其激振力系数,也可以通过对相互作用关系(5.147)的应用,获得相应的在相反方向的辐射波的远程系数。

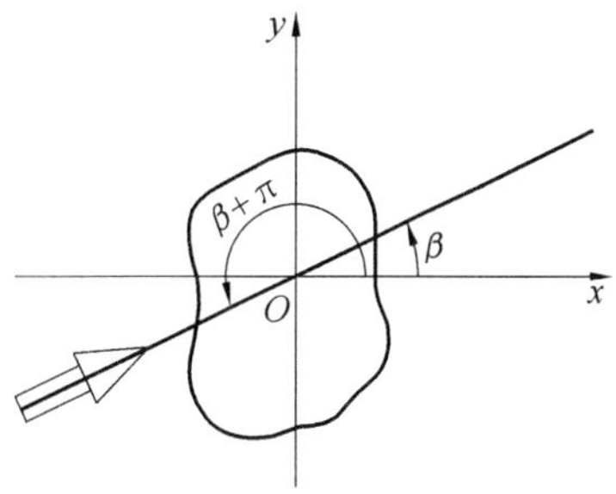

图 5.12　经过由带角的入射波 β 引起的振荡体激振力与其相反方向的振荡体发射波的能力相关,$\theta=\beta+\pi$

5.4.3　抗辐射性和激振力的相互作用关系

通过用式(5.147)的形式的 Haskind 关系,来评价抗辐射性和远场系数之间的相互作用关系(5.140),发现

$$R=\frac{\omega k}{4\pi\rho g^2D(kh)}\int_{-\pi}^{\pi}f(\beta)f^{\dagger}(\beta)\,\mathrm{d}\beta=\frac{\omega k}{4\pi\rho g^2D(kh)}\int_{-\pi}^{\pi}f^{*}(\beta)f^{\mathrm{T}}(\beta)\,\mathrm{d}\beta \quad (5.148)$$

在此也把 R 作为对称矩阵来应用;即,它与其转置阵相等。记住,$f(\beta)=\hat{F}_{\mathrm{e}}(\beta)/A$,可以重写式(5.148)为

$$R=\frac{\omega k}{4\pi\rho g^2D(kh)\mid A\mid^2}\int_{-\pi}^{\pi}\hat{F}_{\mathrm{e}}(\beta)\,\hat{F}_{\mathrm{e}}^{\dagger}(\beta)\,\mathrm{d}\beta \quad (5.149)$$

引入单位宽度的波浪能传输密度 J 的概念,见式(4.136),也可以把抗辐射矩阵写为

$$R=\frac{k}{16\pi J}\int_{-\pi}^{\pi}\hat{F}_{\mathrm{e}}(\beta)\,\hat{F}_{\mathrm{e}}^{\dagger}(\beta)\,\mathrm{d}\beta \quad (5.150)$$

比如说,如果一个浮体为轴对称的,垂荡激振力元量 $F_{e,3}$ 是独立的 β(入射波的角)且有

$$R_{33}=\left(\frac{k}{8J}\right)\mid\hat{F}_{e,3}\mid^2 \quad (5.151)$$

也许会发现,如果组矢量 v_g 使用式(5.149)和(5.150),(4.110)也可以写作 $k/(8\pi\rho v_g\mid A\mid^2)$。

5.5　几种浮体与波浪的相互作用

(本节内容部分摘自《应用海洋研究》,第 2 卷,J. Falnes,“辐射阻抗矩阵和在表面波上为相互作用振荡体的最为适宜的能量吸收”,75 ~ 80 页,1980,经出版商 Elsevier Science 授权)。到目前为止,在本章中,已经研究了波与浮体之间的相互作用,如 5.1 节中所述,浮体可以在六个自由度振荡。波与浮体间存在两种不同类型的相互作用,由两个流体动力学参数表示:激振力和辐射阻抗。

现在考虑波与任意数量部分浸没在水中的振荡体之间的相互作用(见图 5.13)。在 Budal 对几个浮体的该系统的波能吸收的分析之后,Evans 和 Falnes 独立地进行了许多流体动力学相互作用体的系统研究。

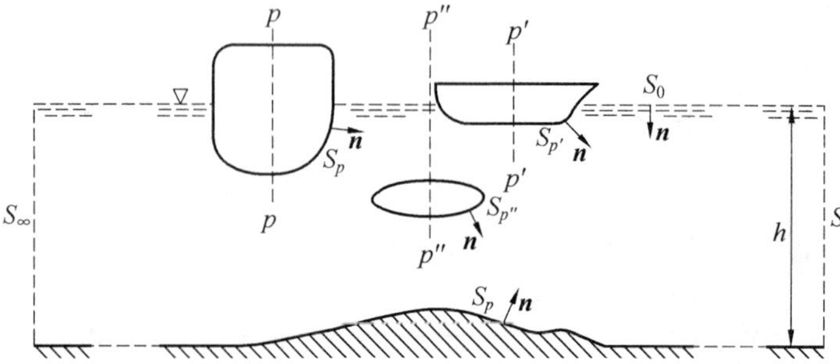

图 5.13 包含在假想圆柱体内水深 h 处的控制面 S_∞ 的相互作用的振荡体系统。浮体的重心的垂直线(平均位置)由 $p-p$、$p'-p'$ 和 $p''-p''$ 表示。振荡体的湿表面由 S_p、$S_{p'}$ 和 $S_{p''}$ 表示。固定表面,包括海床,由 S_b 给出,S_0 表示外部自由水表面。箭头表示单位法线指向流体区域

首先,在下面的小节中将以现象学的方式引入激振力和辐射阻抗。之后将这些现象学定义的参数与流体动力学理论相联系。

每个激振体一般具有六个自由度,对应于三个平移模式和三个旋转模式。选择一个坐标系,其中 z 轴指向上方,并且平面 $z=0$ 与平均自由水表面重合。

将每个浮体视为六个振荡器。因此,如果振荡体的数量为 N,则存在 $6N$ 个振荡器。属于特定振荡器的参数将由下标表示

$$i = 6(p-1)+j \tag{5.152}$$

其中,$j=1,2,\cdots,6$ 是运动模式编号,并且其中 p 是浮体的编号。

假设角频率 ω,振荡器的状态由振幅和相位给出。这两个实量方便地结合到单个复数量,复振幅中。因此,将通过复数速度幅度$\hat{u}_i$ 或者通过$\hat{u}_{pj}$ 来指定振荡器号码 i 的状态。平移运动纵荡、横荡和垂荡($j=1,2,3$) 的平移速度,有角速度时运动横摇、纵摇和艏摇($j=4,5,6$) 的角速度。

5.5.1 现象讨论

当所有振荡器不运动时,由其复振幅$\hat{F}_{e,i}$表示的激振力作用在振荡器 i 上。激振力主要由给定的入射波引起,但是由固定体引起的衍射效应包括在量$\hat{F}_{e,i}$ 中。当振荡器 i' 以复合速度振幅$\hat{u}_{i'}$ 振荡时,它辐射到作用在振荡器 i 上的波,具有复振幅 $-Z_{ii'}\hat{u}_{i'}$ 的附加力。在线性理论中,复系数 $-Z_{ii'}$ 是比例因子,但它取决于 ω 和该问题的几何模型。使用叠加原理,发现作用在振荡器 i 上的总力变为

$$\hat{F}_{t,i} = \hat{F}_{e,i} - \sum_{i'} Z_{ii'}\hat{u}_{i'} \tag{5.153}$$

其中总和来源于所有振荡器,包括振荡器 i。

将总力、激振力和振荡器速度的复振幅的集合分别方便地组合成列向量$\hat{\boldsymbol{F}}_t$、$\hat{\boldsymbol{F}}_e$ 和 $\hat{\boldsymbol{u}}$。将方程(5.153) 作为所有振荡器的一组方程,可以将其写成以下矩阵形式

$$\boldsymbol{F}_t = \boldsymbol{F}_e - \boldsymbol{Z}\hat{\boldsymbol{u}} \tag{5.154}$$

其中,$\boldsymbol{Z}$ 是具有元素 $Z_{ii'}$ 的方阵。

称 $\boldsymbol{Z}$ 为辐射阻抗矩阵，类似于用于天线和声学换能器的理论中的术语使用。复矩阵 $\boldsymbol{Z}$ 可以分解为其实部 $\boldsymbol{R}$，即辐射阻尼矩阵，虚部 $\boldsymbol{X}$，辐射阻抗矩阵。因此

$$\boldsymbol{Z} = \boldsymbol{R} + \mathrm{i}\boldsymbol{X} = \boldsymbol{R} + \mathrm{i}\omega \boldsymbol{m} \tag{5.155}$$

其中，ω 是角频率；$\boldsymbol{m}$ 是流体动力学附加质量矩阵。

一般来说，$\boldsymbol{Z}$ 是 $6N \times 6N$ 的矩阵。它可以被划分为 6×6 矩阵 $\boldsymbol{Z}_{pp'}$，其定义如下。假设结构号 p' 是以由广义六维向量 $\hat{\boldsymbol{u}}_{p'}$ 给出的复数速度振幅。这导致 $-\boldsymbol{Z}_{pp'}\hat{\boldsymbol{u}}_{p'}$ 对表示辐射力对浮体数 p 的复振幅的广义六维矢量做出贡献。对于 $p'=p$ 的特定情况，$\boldsymbol{Z}_{pp'}=\boldsymbol{Z}_{pp}$ 表示浮体 p 的普通辐射阻抗矩阵，但是由于所有其他浮体的存在而被修改。因此，N 个振荡体的整个系统的辐射阻抗矩阵是该类型的分割矩阵

$$\boldsymbol{Z} = \begin{bmatrix} & \vdots & & \vdots & \\ \cdots & \boldsymbol{Z}_{pp} & \cdots & \boldsymbol{Z}_{pp'} & \cdots \\ & \vdots & & \vdots & \\ \cdots & \boldsymbol{Z}_{p'p} & \cdots & \boldsymbol{Z}_{p'p'} & \cdots \\ & \vdots & & \vdots & \end{bmatrix} \tag{5.156}$$

这样矩阵 $\boldsymbol{Z}$ 由 N^2 个矩阵组成。

如果 $p' \neq p$，并且如果两个浮体的距离 $d_{pp'}$ 的垂直参考轴 $p-p$ 和 $p'-p'$（见图5.13）足够大，假设矩阵 $\boldsymbol{Z}_{pp'}$ 取决于距离 $d_{pp'}$，大致为

$$\boldsymbol{Z}_{pp'} \sim (\boldsymbol{Z}_{pp'})_0 \sqrt{d_0/d_{pp'}} \exp\{-\mathrm{i}kd_{pp'}\} \tag{5.157}$$

其中，$(\boldsymbol{Z}_{pp'})_0$ 与 $d_{pp'}$ 无关。将此与近似(4.222)或(4.246)进行比较，并记住在线性理论中，对浮体的波力贡献与撞击浮体的相应波成比例。期望当间隔 $d_{pp'}$ 的波长、体 p 和 p' 的最大水平延伸（直径）相比较大时，近似(5.157)可能有用。

5.5.2　流体动力学公式

仍然假设不可压缩的理想流体和非旋转运动，势流理论仍适用。还假设谐波时间变化和使用线性理论。一般来说，速度势由三个主要部分组成

$$\phi = \phi_0 + \phi_\mathrm{d} + \phi_\mathrm{r} \tag{5.158}$$

这里，ϕ_0 表示给定的入射波，当所有浮体都被固定时，其产生衍射波 ϕ_d。如果浮体振荡，则另外建立辐射波 ϕ_r。

需要注意的是，一般来说，ϕ_0 是在所有 N 个浮体都不存在的情况下给定的速度势。例如，它可以表示具有由方程式(4.92)和(4.102)，或者由方程(4.83)给出的复振幅的平面波。在前一种情况下，它是传播入射波。在后一种情况下，它是平面波，其还包括如从直的海岸线部分反射的波。如果海岸地形不规则，则 ϕ_0 的数学描述将更复杂。等式(5.158)中的 ϕ_d 表示仅由于浸入的 N 体引起的衍射。

与辐射波相关联的速度势具有复振幅

$$\hat{\phi}_\mathrm{r} = \sum_i \varphi_i \hat{u}_i \tag{5.159}$$

是所有振荡器的总和。这里，复系数 φ_i 表示当所有其他振荡器不运动时，由振荡器 i 的单位速度振荡引起的速度势。对于一个单一的浮体，引入了与方程式(5.127)和(5.132)相关的六维列向量 $\boldsymbol{\varphi}$ 和其转置 $\boldsymbol{\varphi}^\mathrm{T}$。如果将维度扩展到 $6N$，则矢量包括所有 φ_i 作为其分

量。然后可将方程式(5.159) 写为

$$\hat{\phi}_{\mathrm{r}} = \boldsymbol{\varphi}^{\mathrm{T}}\hat{\boldsymbol{u}} = \hat{\boldsymbol{u}}^{\mathrm{T}}\boldsymbol{\varphi} \tag{5.160}$$

对于每个浮体,可以定义相应的六维列向量 $\boldsymbol{\varphi}_p$ 和 $\boldsymbol{u}_p$。然后可以得出

$$\hat{\phi}_{\mathrm{r}} = \sum_{p=1}^{N}\boldsymbol{\varphi}_p^{\mathrm{T}}\hat{\boldsymbol{u}}_p = \sum_{p=1}^{N}\hat{\boldsymbol{u}}_p^{\mathrm{T}}\boldsymbol{\varphi}_p \tag{5.161}$$

在从浮体 p 的参考轴 $p-p$ 的大水平距离 r_p 处,根据等式(4.265),得出渐进表达式

$$\boldsymbol{\varphi}_p \sim \boldsymbol{b}_p(\theta_p)e(kz)(kr_p)^{-1/2}\exp\{-\mathrm{i}kr_p\} \tag{5.162}$$

此处,$b_p(\theta_p)$ 是由浮体编号 p 的六个远场系数组成的六维向量,其涉及局部原点(轴 $p-p$ 与平均水面的平面交叉的点)。对于局部坐标 r_p 和 θ_p 的定义,也参见图 4.11(具有下标 p 而不是 i)。

公式(5.158) 中的所有项在流体域中满足拉普拉斯方程(4.16),在自由表面 $z=0$ 和海床上满足通常的均匀边界条件(4.29)、(4.18) 或(4.19)。无限远的出射波的辐射条件必须满足速度势 ϕ_{d}、ϕ_{r} 和 φ_i。满足振动体的湿表面 S_p 上的不均匀边界条件(4.17),提出

$$\frac{\partial}{\partial n}(\hat{\phi}_0 + \hat{\phi}_{\mathrm{d}}) = 0 \quad (S_p) \tag{5.163}$$

$$\frac{\partial \varphi_i}{\partial n} = \begin{cases} n_{pj} & (S_p) \\ 0 & (S_{p'}(p' \neq p)) \end{cases} \tag{5.164}$$

这里,$\partial/\partial n$ 是在朝向浮体表面的外单位法线方向上的法向导数。在方程(5.152) 中,当 $j=1,2$ 或 3 时,发现 n_{pj} 被定义为 $\boldsymbol{n}$ 的 x、y 或 z 分量。此外,当 $j=4,5$ 或 6 时,n_{pj} 分别是矢量 $\boldsymbol{s}_p\times\boldsymbol{n}$ 的 x、y 或 z 分量。这里,$\boldsymbol{s}_p$ 是参考浮体数 p 的参考轴 $p-p$ 上的选择点的位置矢量,例如重心或浮力中心。注意,方程式(5.164) 和(5.163) 表示单体的相应边界条件(5.11) 和(5.28) 的一般化。

5.5.3 辐射阻抗和辐射阻尼矩阵

根据方程式(5.22),由速度势 $\varphi_{i'}$(即由振荡器 i' 的单位速度振幅引起的) 引起的 i 方向的振荡力是

$$-Z_{ii'} = -\iint_{S_p} p_{i'} n_{pj}\mathrm{d}S_p = \mathrm{i}\omega\rho\iint_{S}\varphi_{i'}\frac{\partial\varphi_i}{\partial n}\mathrm{d}S, j \tag{5.165}$$

其中,ρ 是水密度,$p_{i'}$ 表示对应于 $\varphi_{i'}$ 的流体动压力。最后一个积分,根据式(5.164) 代表方程(5.40) 的泛化集合 S_p 或整个湿体表面

$$S = \sum_{p=1}^{N} S_p \tag{5.166}$$

因为 $\partial\varphi_i/\partial n$ 在 S 上处处分布,根据边界条件(5.164),可以使用 φ_i 或 $\varphi_i{}^*$ 作为上述被积函数中的有用值。注意,式(5.165) 对 $i'=i$ 以及 $i'\neq i$ 有效。当 $i'\neq i$ 时,振荡器 i' 可以涉及任何振荡体,包括振荡体为 p。

矩阵 $\boldsymbol{Z}_{pp'}$ 代表浮体 p 和 p' 之间的辐射相互作用[参见方程式(5.156)],其可以用(一般是六维的) 列向量 $\boldsymbol{\varphi}_p$ 和 $\boldsymbol{\varphi}_{p'}$ 书写,如

$$\boldsymbol{Z}_{pp'} = -\mathrm{i}\omega\rho\iint_S \frac{\partial\boldsymbol{\varphi}_p}{\partial n}\boldsymbol{\varphi}_{p'}^{\mathrm{T}}\mathrm{d}S \tag{5.167}$$

在此被积函数中，可用 $\boldsymbol{\varphi}_p^*$ 代替 $\boldsymbol{\varphi}_p$。

N 振荡体的整个系统的辐射阻抗矩阵可以写为

$$\boldsymbol{Z} = -\mathrm{i}\omega\rho\iint_S \frac{\partial\boldsymbol{\varphi}}{\partial n}\boldsymbol{\varphi}^{\mathrm{T}}\mathrm{d}S \tag{5.168}$$

若将此被积函数中的 $\partial\varphi/\partial n$ 替换为 $\partial\varphi^*/\partial n$，会得到另一个表达式

$$Z = -\mathrm{i}\omega\rho\iint_S \frac{\partial\boldsymbol{\varphi}^*}{\partial n}\boldsymbol{\varphi}^{\mathrm{T}}\mathrm{d}S \tag{5.169}$$

这是方程式(5.135)的一般化。

接下来展示辐射阻抗矩阵 $\boldsymbol{Z}$ 是对称的，即

$$\boldsymbol{Z} = \boldsymbol{Z}^{\mathrm{T}} \tag{5.170}$$

根据方程(5.168)和方程(4.240)，也可参考方程式(5.132)，得出

$$\boldsymbol{Z} - \boldsymbol{Z}^{\mathrm{T}} = -\mathrm{i}\omega\rho\iint_S\left(\frac{\partial\boldsymbol{\varphi}}{\partial n}\boldsymbol{\varphi}^{\mathrm{T}} - \boldsymbol{\varphi}\frac{\partial\boldsymbol{\varphi}^{\mathrm{T}}}{\partial n}\right)\mathrm{d}S = \mathrm{i}\omega\rho\boldsymbol{I}(\boldsymbol{\varphi},\boldsymbol{\varphi}^{\mathrm{T}}) = 0 \tag{5.171}$$

其中最后的等式遵循等式(4.249)，也可见等式(5.133)，因为矢量 $\boldsymbol{\varphi}$ 的所有分量在无穷远处满足相同的辐射条件。可以注意到相互作用关系(5.170)是方程(5.42)或(5.122)的泛化。通过式(5.156)，可知式(5.170)意味着

$$\boldsymbol{Z}_{p'p} = \boldsymbol{Z}_{pp'}^{\mathrm{T}} \tag{5.172}$$

注意，若 $p' \neq p$，则矩阵 $\boldsymbol{Z}_{p'p}$ 不一定对称。另外，根据方程式(5.170)，得出

$$\boldsymbol{Z}^* = (\boldsymbol{Z}^{\mathrm{T}})^* = \boldsymbol{Z}^{\dagger} \tag{5.173}$$

将辐射阻抗矩阵分解为实部和虚部，如式(5.155)，可以写出此辐射阻尼矩阵

$$\begin{aligned} R &= \frac{1}{2}(\boldsymbol{Z} + \boldsymbol{Z}^*) = \frac{1}{2}(\boldsymbol{Z} + \boldsymbol{Z}^{\dagger}) = \frac{1}{2}\mathrm{i}\omega\rho\iint_S\left(\frac{\partial\boldsymbol{\varphi}^*}{\partial n}\boldsymbol{\varphi}^{\mathrm{T}} - \boldsymbol{\varphi}^*\frac{\partial\boldsymbol{\varphi}^{\mathrm{T}}}{\partial n}\right)\mathrm{d}S = \\ &\frac{\mathrm{i}}{2}\omega\rho\boldsymbol{I}(\boldsymbol{\varphi}^*,\boldsymbol{\varphi}^{\mathrm{T}}) = -\frac{i}{2}\omega\rho\boldsymbol{I}(\boldsymbol{\varphi},\boldsymbol{\varphi}^{\dagger}) \end{aligned} \tag{5.174}$$

这里使用式(5.169)、(5.170)和(5.173)。注意，式(5.174)是式(5.138)从 6×6 矩阵到 $6N\times6N$ 矩阵的扩展。以类似的方式，可以扩展等式(5.139)和(5.140)。因此，也可以写出 $6N\times6N$ 辐射阻尼矩阵

$$\boldsymbol{R} = -\mathrm{i}\omega\rho\lim_{r\to\infty}\iint_{S_\infty}\frac{\partial\boldsymbol{\varphi}^*}{\partial r}\boldsymbol{\varphi}^{\mathrm{T}}\mathrm{d}S \tag{5.175}$$

或

$$\boldsymbol{R} = \frac{\omega\rho D(kh)}{2k}\int_0^{2\pi}\boldsymbol{a}^*(\theta)\boldsymbol{a}^{\mathrm{T}}(\theta)\mathrm{d}\theta = \frac{\omega\rho D(kh)}{4\pi k}\int_0^{2\pi}\boldsymbol{h}^*(\theta)\boldsymbol{h}^{\mathrm{T}}(\theta)\mathrm{d}\theta \tag{5.176}$$

其中，$\boldsymbol{a}(\theta)$ 和 $\boldsymbol{h}(\theta)$ 分别是由用于辐射波的所有远场系数 $a_i(\theta)$ 和相应的科钦函数 $h_i(\theta)$ 的 $6N$ 维列向量。注意，远场系数 $a_i(\theta)$ 被称为公共（全局）原点。可以观察到，由于 R 是实数，可以采用被积函数的复共轭而不改变方程式(5.176)中的结果积分。

下面将证明辐射阻尼矩阵 $\boldsymbol{R}$ 和辐射功率 P_{r} 之间的以下关系

$$P_r = \frac{1}{2}\hat{\boldsymbol{u}}^T\boldsymbol{R}\hat{\boldsymbol{u}}^* = \frac{1}{2}\hat{\boldsymbol{u}}^\dagger\boldsymbol{R}\hat{\boldsymbol{u}} \tag{5.177}$$

由于P_r是实数($P_r^* = P_r$)并且$\boldsymbol{R}$是实矩阵,因此最后的等式成立。因为$P_r \geqslant 0$,所以$\boldsymbol{R}$是一个正半定矩阵(见第6.4节)。在远场区域($r \to \infty$),波前的曲率是可忽略的,则波前的每单位宽度的辐射功率传输为

$$J(r,\theta) = \frac{\rho g^2 D(kh)}{4\omega}|\hat{\eta}_r(r,\theta)|^2 = \frac{\omega\rho D(kh)}{4}|\hat{\phi}_r(r,\theta,0)|^2 \tag{5.178}$$

其中运用了式(4.136)和(4.41)。在远场区域($r \to \infty$)中,可以使用渐进近似(4.222)

$$\hat{\phi}_r \sim A_r(\theta)e(kz)(kr)^{-1/2}e^{-ikr} \tag{5.179}$$

式中

$$A_r(\theta) = \hat{\boldsymbol{u}}^T\boldsymbol{a}(\theta) = \boldsymbol{a}^T(\theta)\hat{\boldsymbol{u}} \tag{5.180}$$

是辐射波的远场系数,参照式(5.160)。因此,通过半径为$r(r \to \infty)$的圆柱形控制表面S_∞辐射的功率为

$$P_r = \int_0^{2\pi} J_r(r,\theta)r\mathrm{d}\theta = \frac{\omega\rho D(kh)}{4k}\int_0^{2\pi} A_r^*(\theta)A_r(\theta)\mathrm{d}\theta = \frac{\omega\rho D(kh)}{4k}\int_0^{2\pi}\hat{\boldsymbol{u}}^\dagger\boldsymbol{a}^*(\theta)\boldsymbol{a}^T(\theta)\hat{\boldsymbol{u}}\mathrm{d}\theta \tag{5.181}$$

[另见等式(4.227)]由于$\hat{\boldsymbol{u}}$可以在最后一次积分之外采用,所以发现如果使用式(5.176)则式(5.177)产生结果。

向量$\boldsymbol{a}(\theta)$的分量$a_i(\theta)$可以被布置成与浮体$p(p = 1,2,\cdots,N)$有关的向量组$\boldsymbol{a}_p(\theta)$。根据方程式(5.167)、(5.174)和(5.176),矩阵$\boldsymbol{Z}_{pp'}$的实部在方程式(5.156)的右半部分应写为

$$\boldsymbol{R}_{pp'} = \frac{\mathrm{i}}{2}\omega\rho\boldsymbol{I}(\boldsymbol{\varphi}_p^*,\boldsymbol{\varphi}_{p'}^T) = \frac{\omega\rho D(kh)}{2k}\int_0^{2\pi}\boldsymbol{a}_p^*(\theta)\boldsymbol{a}_{p'}^T(\theta)\mathrm{d}\theta \tag{5.182}$$

类似于等式(4.265)和(4.266),可以分别使用指向本地原点$(x_p,y_p,0)$或全局原点(0,0,0)的远场系数向量$\boldsymbol{b}_p(\theta_p)$或$\boldsymbol{a}_p(\theta)$。参见图4.11,其中下标$i$由$p$替换,定义角度$\theta_p$和$\alpha_p$以及距离$x_p$、$y_p$和$d_p$。图5.13中的垂直轴$p-p$由$(x,y)=(x_p,y_p)$给出。注意矢量$\boldsymbol{b}_p(\theta_p)$也出现在等式(5.162)中。根据等式(4.271),得出

$$\boldsymbol{a}_p(\theta) = \boldsymbol{b}_p(\theta)\exp\{\mathrm{i}kd_p\cos(\alpha_p - \theta)\} = \boldsymbol{b}_p(\theta)\exp\{\mathrm{i}k(x_p\cos\theta + y_p\sin\theta)\} \tag{5.183}$$

若将该等式或等式(4.302)应用于等式(5.182),会得出

$$\boldsymbol{R}_{pp'} = \frac{\omega\rho D(kh)}{2k}\int_0^{2\pi}\boldsymbol{b}_p^*(\theta)\boldsymbol{b}_{p'}^T(\theta)\exp\{\mathrm{i}k(r_p - r_{p'})\}\mathrm{d}\theta \tag{5.184}$$

根据式(4.303),距离差$r_p - r_{p'}$输入指数可以以不同方式表达,即

$$r_p - r_{p'} = (x_{p'} - x_p)\cos\theta + (y_{p'} - y_p)\sin\theta = d_{p'}\cos(\alpha_{p'} - \theta) - d_p\cos(\alpha_p - \theta) = d_{p'p}\cos(\alpha_{p'p} - \theta) \tag{5.185}$$

根据最后一个表达,得出

$$\boldsymbol{R}_{pp'} = \frac{\omega\rho D(kh)}{2k}\int_0^{2\pi}\boldsymbol{b}_p^*(\theta)\boldsymbol{b}_{p'}^T(\theta)\exp\{\mathrm{i}kd_{p'p}\cos(\alpha_{p'p} - \theta)\}\mathrm{d}\theta \tag{5.186}$$

5.5.4　辐射阻抗和附加质量矩阵

注意到,根据式(5.155),辐射阻抗矩阵可写为

$$\boldsymbol{X} = \omega \boldsymbol{m} = -\mathrm{i}(\boldsymbol{Z} - \boldsymbol{R}) = \omega\rho\left(\lim_{r\to\infty}\iint_{S_\infty} \frac{\partial \boldsymbol{\varphi}^*}{\partial r}\boldsymbol{\varphi}^{\mathrm{T}}\mathrm{d}S - \iint_{S} \frac{\partial \boldsymbol{\varphi}^*}{\partial n}\boldsymbol{\varphi}^{\mathrm{T}}\mathrm{d}S\right) \tag{5.187}$$

此公式运用了式(5.169)和式(5.175)。这表明阻抗矩阵 $\boldsymbol{X}$,因此附加质量矩阵 $\boldsymbol{m}$ 以某种方式与近场区域中的辐射波相关。等式(2.90)表示了简单机械振荡装置的阻抗与动能和势能之间的差相关。在文中,将辐射阻抗矩阵与近场区域中的动能和势能之间的差异相关联。注意到,在远场区域,也在平面波中,这种差异消失了[查阅等式(4.121)和(4.127)]。为使之更加明确,展示如下

$$\frac{1}{4}\hat{\boldsymbol{u}}^{\mathrm{T}}\boldsymbol{m}\hat{\boldsymbol{u}}^* = \frac{1}{4\omega}\hat{\boldsymbol{u}}^{\mathrm{T}}\boldsymbol{X}\hat{\boldsymbol{u}}^* = W_{\mathrm{k}} - W_{\mathrm{p}} \tag{5.188}$$

其中,$W_{\mathrm{k}} - W_{\mathrm{p}}$ 是与等式(5.160)给出的辐射波 $\hat{\phi}_{\mathrm{r}}$ 引起的动能和势能之间的差。如果 $W_{\mathrm{k}} > W_{\mathrm{p}}$,则负附加质量是可能的。

动能(时间平均)是[参见式(2.85)]

$$W_{\mathrm{k}} = \frac{1}{4}\rho\iiint_V \hat{\boldsymbol{v}}\cdot\hat{\boldsymbol{v}}^*\mathrm{d}V = \frac{1}{4}\rho\iiint_V \nabla\hat{\phi}_{\mathrm{r}}^*\cdot\nabla\hat{\phi}_{\mathrm{r}}\mathrm{d}V \tag{5.189}$$

其中积分是在图 5.13 所示的流体体积上进行的。该体积由海床 S_{b}、控制表面 S_∞、自由水表面 S_0 和产生波浪的表面 S 组成的封闭表面界定[由方程(5.166)定义]。由于 $\hat{\phi}_{\mathrm{r}}$ 遵守拉普拉斯方程(4.35),因此得出

$$\nabla\cdot(\hat{\phi}_{\mathrm{r}}^*\nabla\hat{\phi}_{\mathrm{r}}) \equiv \hat{\phi}_{\mathrm{r}}^*\nabla^2\hat{\phi}_{\mathrm{r}} + \nabla\hat{\phi}_{\mathrm{r}}^*\cdot\nabla\hat{\phi}_{\mathrm{r}} = \nabla\hat{\phi}_{\mathrm{r}}^*\cdot\nabla\hat{\phi}_{\mathrm{r}} \tag{5.190}$$

因此,因为被积函数是向量 $\hat{\phi}_{\mathrm{r}}^*\nabla\hat{\phi}_{\mathrm{r}}$ 的扩展度,可以使用高斯散度定理,通过以下闭合面积分代替体积积分(5.189)

$$W_{\mathrm{k}} = \frac{\rho}{4}\oiint(-\boldsymbol{n})\cdot\hat{\phi}_{\mathrm{r}}^*\nabla\hat{\phi}_{\mathrm{r}}\mathrm{d}S = -\frac{\rho}{4}\oiint\hat{\phi}_{\mathrm{r}}^*\frac{\partial\hat{\phi}_{\mathrm{r}}}{\partial n}\mathrm{d}S \tag{5.191}$$

其中单位法线 $\boldsymbol{n}$ 指向流体(见图 5.13)。注意,S_0 上 $\partial/\partial n = -\partial/\partial z$,$S_\infty$ 上 $\partial/\partial n = -\partial/\partial r$。此外,观察到,由于边界条件(4.18)的结果,该被积函数在海床 S_{b} 上消失。

通过使用等式(4.119)、(4.41)和(4.43),得到(时间平均)势能

$$W_{\mathrm{p}} = \iint_{S_0} E_{\mathrm{p}}\mathrm{d}S = \frac{\rho g}{4}\iint_{S_0}\hat{\eta}\hat{\eta}^*\mathrm{d}S = \frac{\omega^2\rho}{4g}\iint_{S_0}\hat{\phi}_{\mathrm{r}}^*\hat{\phi}_{\mathrm{r}}\mathrm{d}S =$$

$$\frac{\rho}{4}\iint_{S_0}\hat{\phi}_{\mathrm{r}}^*\frac{\partial\hat{\phi}_{\mathrm{r}}}{\partial z}\mathrm{d}S = -\frac{\rho}{4}\iint_{S_0}\hat{\phi}_{\mathrm{r}}^*\frac{\partial\hat{\phi}_{\mathrm{r}}}{\partial n}\mathrm{d}S \tag{5.192}$$

方程式(5.191)和方程式(5.192)做减法,得出

$$W_{\mathrm{k}} - W_{\mathrm{p}} = \frac{\rho}{4}\iint_{S_\infty}\hat{\phi}_{\mathrm{r}}^*\frac{\partial\hat{\phi}_{\mathrm{r}}}{\partial r}\mathrm{d}S - \frac{\rho}{4}\iint_{S}\hat{\phi}_{\mathrm{r}}^*\frac{\partial\hat{\phi}_{\mathrm{r}}}{\partial n}\mathrm{d}S \tag{5.193}$$

观察式(5.160),可以写出 $\hat{\phi}_{\mathrm{r}}^* = \hat{\boldsymbol{u}}^\dagger\boldsymbol{\varphi}^*$ 和 $\hat{\phi}_{\mathrm{r}} = \boldsymbol{\varphi}^{\mathrm{T}}\hat{\boldsymbol{u}}$,此外,$\hat{\boldsymbol{u}}^\dagger$ 和 $\hat{\boldsymbol{u}}$ 可以在积分之外,我们发现等式(5.187)和(5.193)表明

$$\lim_{r\to\infty}(W_{\mathrm{k}} - W_{\mathrm{p}}) = \frac{1}{4\omega}\hat{\boldsymbol{u}}^\dagger\boldsymbol{X}\hat{\boldsymbol{u}} = \frac{1}{4}\hat{\boldsymbol{u}}^\dagger\boldsymbol{m}\hat{\boldsymbol{u}} \tag{5.194}$$

因为($W_{\mathrm{k}} - W_{\mathrm{p}}$) 是一个实数标量, 而 $\boldsymbol{X}$(和 $\boldsymbol{m}$) 是一个实的对称矩阵, 所以方程(5.187) 和(5.194) 的右半部分必须等于它们自己的共轭以及它们自己的转置。因此, 如果取方程(5.194) 的复共轭, 并且假定限制操作($r \to \infty$) 是隐含的, 就会得到方程(5.188), 因为圆柱控制面 S_∞ 的半径 r 必须足够大以便包含 S_∞ 内部的完整近场区域。

附加质量矩阵的替代表达式如下。利用方程式(5.155)、(5.173) 和(5.169), 得出

$$
\begin{aligned}
\boldsymbol{m} = \frac{\boldsymbol{X}}{\omega} &= \frac{1}{2\mathrm{i}\omega}(\boldsymbol{Z} - \boldsymbol{Z}^*) = \frac{1}{2\mathrm{i}\omega}(\boldsymbol{Z} - \boldsymbol{Z}^\dagger) = \\
&- \frac{\rho}{2}\iint_S \left(\frac{\partial \boldsymbol{\varphi}^*}{\partial n}\boldsymbol{\varphi}^{\mathrm{T}} + \boldsymbol{\varphi}^* \frac{\partial \boldsymbol{\varphi}^{\mathrm{T}}}{\partial n} \right) \mathrm{d}S = \\
&- \frac{\rho}{2}\iint_S \frac{\partial}{\partial n}(\boldsymbol{\varphi}^* \boldsymbol{\varphi}^{\mathrm{T}})\,\mathrm{d}S
\end{aligned} \tag{5.195}
$$

以这种方式, 附加质量矩阵被表示为在波生成表面 S(湿体表面的总体) 上的积分。

5.5.5 激振力矢量:Haskind 关系

对于每一个浮体 N, 可以定义激振力矢量 $\boldsymbol{F}_{e,p}$, 其通常具有六个分量, 如在等式(5.27) 或(5.143) 中。注意, ϕ_{d} 的边界条件(5.28) 或(5.163) 不仅在浮体 p 的湿表面上满足, 而且在所有其他浮体的湿表面上都满足。因此, 当所有浮体都处于非振荡状态时, $\boldsymbol{F}_{e,p}$ 代表波形上的波浪力。

对于 N 个体的整个系统, 定义了用于激振力的列向量 $\boldsymbol{F}_{\mathrm{e}}$(通常为 $6N$ 维度)

$$
\boldsymbol{F}_{\mathrm{e}} = (\boldsymbol{F}_{e,1}^{\mathrm{T}} \cdots \boldsymbol{F}_{e,p}^{\mathrm{T}} \cdots \boldsymbol{F}_{e,N}^{\mathrm{T}})^{\mathrm{T}} \tag{5.196}
$$

此处 $\boldsymbol{F}_{e,p}$ 是浮体 p 的(通常是六维的) 激振力向量。根据等式(5.27) 可以写出

$$
\hat{\boldsymbol{F}}_{e,p} = \mathrm{i}\omega\rho \iint_{S_p} (\hat{\phi}_0 + \hat{\phi}_{\mathrm{d}})\, n_p \mathrm{d}S \tag{5.197}
$$

其中, $\boldsymbol{n}_p$ 是由方程(5.5) 和(5.6) 定义的(六维) 单位法向量, 但现在针对浮体 p。应当注意, 绕射速度势 $\hat{\phi}_{\mathrm{d}}$ 应满足边界条件(5.163), 满足 S_p 和 S 的其余部分。

因为向量 $\boldsymbol{\varphi}$ 所有分量 φ_i 满足边界条件(5.164) 以及在无限远 $\hat{\phi}_{\mathrm{d}}$ 相同的辐射条件下, 可以推广等式(5.141) 和(5.143) 至

$$
\hat{\boldsymbol{F}}_{\mathrm{e}} = \mathrm{i}\omega\rho \boldsymbol{I}[(\hat{\phi}_0 + \hat{\phi}_{\mathrm{d}}), \boldsymbol{\varphi}] = \mathrm{i}\omega\rho \boldsymbol{I}(\hat{\phi}_0, \boldsymbol{\varphi}) \tag{5.198}
$$

也适用于 N 浮体的情况。特别是针对浮体 p

$$
\hat{\boldsymbol{F}}_{\mathrm{e}} = \mathrm{i}\omega\rho \boldsymbol{I}(\hat{\phi}_0, \boldsymbol{\varphi}_p) \tag{5.199}
$$

根据等式(5.144), 如果入射波是平面波, 也可以推广等式(5.146) 和(5.147) 到 N 浮体的情况。因此, 激振力矢量为

$$
\hat{\boldsymbol{F}}_{\mathrm{e}}(\beta) = \boldsymbol{f}_g(\beta)A = \frac{\rho g D(kh)}{k}\boldsymbol{h}(\beta \pm \pi)A \tag{2.200}
$$

这里

$$
\boldsymbol{f}_g(\beta) = \frac{\rho g D(kh)}{k}\boldsymbol{h}(\beta \pm \pi) = \frac{\rho g D(kh)}{k}\sqrt{2\pi}\,\boldsymbol{a}(\beta \pm \pi)\mathrm{e}^{\mathrm{i}\pi/4} \tag{5.201}
$$

一般来说, 是由全局参考原点 $(x,y) = (0,0)$ 的激振力系数组成 $6N$ 维列向量。注意, 激振力取决于入射波的入射角 β。

类似地,辐射阻尼矩阵用激振力矢量表示的互易关系(5.148) ~ (5.150) 可以直接推广到 $6N$ 维的情况。

注意,在式(5.200) 中,A 是(全局) 原点$(x,y)=(0,0)$ 的未受干扰的入射波的波高。考虑浮体 p 的激振力矢量 $\boldsymbol{F}_{e,p}$,从方程(5.200) 和(5.201) 得到

$$\hat{F}_{e,p}(\beta)=\boldsymbol{f}_{g,p}(\beta)A=\frac{\rho g D(kh)}{k}\sqrt{2\pi}\,a_p(\beta\ \pm\pi)\mathrm{e}^{\mathrm{i}\pi/4}A \tag{5.202}$$

使用局部和全局远场系数之间的关系(5.183),发现

$$\hat{F}_{e,p}(\beta)=\boldsymbol{f}_{p}(\beta)A_p=\frac{\rho g D(kh)}{k}\sqrt{2\pi}\,b_p(\beta\ \pm\pi)\mathrm{e}^{\mathrm{i}\pi/4}A_p \tag{5.203}$$

此处

$$A_p=A\exp\{-\mathrm{i}k(x_p\cos\beta+y_p\sin\beta)\} \tag{5.204}$$

(见方程(5.144)) 是对应于浮体 p 的局部原点处$(x,y)=(x_p,y_p)$ 的未受干扰的入射波的波高。在等式(5.202) 和(5.203) 中,针对浮体 p 的激振力系数$\boldsymbol{f}_{g,p}(\beta)$ 和$\boldsymbol{f}_p(\beta)$ 分别指全局原点$(x,y)=(0,0)$ 和局部原点$(x,y)=(x_p,y_p)$。

可以注意到,通过使用等式(4.107) 和(4.110) 的相位和群速度,可以写出系数 $\rho g D(kh)/k$,其出现在方程(5.200) ~ (5.203) 中,为 $2v_g v_p\boldsymbol{\rho}$。注意,方程(7.180) 是方程(5.203) 的扩展。

5.5.6　宽间距近似

如果两个不同浮体(例如 p 和 p') 之间的距离足够大,则两个浮体之间的绕射和辐射相互作用可以通过宽间距近似来充分表示。要求是一个浮体不受另一浮体对衍射辐射波的近场贡献的影响。将说明辐射问题的宽间距近似。我们将对两个实体应用渐进近似(5.162)。这意味着必须假设两个浮体的水深都相等。

两个浮体之间的相互作用由 6×6 矩阵 $\boldsymbol{Z}_{pp'}$ 表示。认为浮体 p 上的力

$$\Delta'\hat{\boldsymbol{F}}_p=-\boldsymbol{Z}_{pp'}\hat{\boldsymbol{u}}_{p'} \tag{5.205}$$

是随着浮体 p' 速度向上的振荡力。使用与 p' 代替 p 的远场近似(5.162) 和方程(5.127) 及(4.41),得到相应的波高

$$\Delta'\hat{\eta}_{\mathrm{r}}(r_{p'},\theta_{p'})=-\frac{\mathrm{i}\omega}{g}\boldsymbol{\varphi}_{p'}^{\mathrm{T}}(r_{p'},\theta_{p'},0)\hat{\boldsymbol{u}}_{p'} \tag{5.206}$$

$$\sim-\frac{\mathrm{i}\omega}{g}\boldsymbol{b}_{p'}^{\mathrm{T}}(\theta_{p'})(kr_{p'})^{-1/2}\exp\{-\mathrm{i}kr_{p'}\}\hat{\boldsymbol{u}}_{p'} \tag{5.207}$$

如果 $kd_{pp'}\to\infty$,这个波在到达浮体 p 时可以被认为是平面波,其中$(r_{p'},\theta_{p'})=(d_{pp'},\alpha_{pp'})$;见图 4.13。使用方程(5.203) 得出

$$\Delta'\hat{\boldsymbol{F}}_p\sim\frac{\rho g D(kh)}{k}\sqrt{2\pi}\,\boldsymbol{b}_p(\alpha_{pp'}\ \pm\pi)\mathrm{e}^{\mathrm{i}\pi/4}\Delta'\hat{\eta}_{\mathrm{r}}(d_{pp'},\alpha_{pp'}) \tag{5.208}$$

从近似(5.207) 插入并与式(5.205) 比较,得出以下渐进近似为

$$Z_{pp'}\sim\frac{\mathrm{i}\omega\rho D(kh)}{k}\sqrt{2\pi}\,\boldsymbol{b}_p(\alpha_{p'p})\boldsymbol{b}_{p'}^{\mathrm{T}}(\alpha_{pp'})(kd_{pp'})^{-1/2}\exp\left\{-\mathrm{i}kd_{pp'}+\frac{\pi}{4}\right\} \tag{5.209}$$

注意,$\boldsymbol{b}_p(\alpha_{p'p})$ 表示来自浮体 p 的对浮体 p' 的作用,$\boldsymbol{b}_{p'}(\alpha_{pp'})$ 则反之亦然。结果与预期近似(5.157) 一致。也很容易看到,一般相互作用关系(5.170) 满足了近似(5.209)。

5.6　弗鲁德 - 克雷洛夫力和小浮体近似法

与式(5.197)相应的,可以把 p 的激振力矢量 $\boldsymbol{F}_{e,p}$ 分解为两部分

$$\hat{\boldsymbol{F}}_{e,p}=\hat{\boldsymbol{F}}_{FK,p}+\hat{\boldsymbol{F}}_{d,p} \tag{5.210}$$

此处[由 $\boldsymbol{n}_p=(\boldsymbol{n}_p,\boldsymbol{S}_p\times\boldsymbol{n}_p)$,见式(5.5) ~ (5.6)]

$$\hat{\boldsymbol{F}}_{FK,p}=\mathrm{i}\omega\rho\iint_{S_p}\hat{\phi}_0\boldsymbol{n}_p\mathrm{d}S \tag{5.211}$$

是弗鲁德 - 克雷洛夫力的矢量,且有

$$\hat{\boldsymbol{F}}_{d,p}=\mathrm{i}\omega\rho\iint_{S_p}\hat{\phi}_\mathrm{d}\boldsymbol{n}_p\mathrm{d}S \tag{5.212}$$

是绕射力矢量。作为一种选择,也可由 Haskind 关系[摩擦系数式(5.199)]

$$\hat{\boldsymbol{F}}_{e,p}=\mathrm{i}\omega\rho\boldsymbol{I}(\hat{\phi}_0,\boldsymbol{\varphi}_p)=\mathrm{i}\omega\rho\iint_S\left(\hat{\phi}_0\frac{\partial\hat{\boldsymbol{\varphi}}_p}{\partial n}-\boldsymbol{\varphi}_p\frac{\partial\hat{\phi}_0}{\partial n}\right)\mathrm{d}S \tag{5.213}$$

第一项代表了弗鲁德 - 克雷洛夫力。因为当 $p'\neq p$ 时在 $S_{p'}$ 上有 $\partial\varphi_p/\partial n=0$,且在 S_p 上有 $\partial\varphi_p/\partial n=\boldsymbol{n}_p$;见式(5.164)。因此,可以计算绕射力的矢量

$$\hat{\boldsymbol{F}}_{d,p}=-\mathrm{i}\omega\rho\iint_S\boldsymbol{\varphi}_p\frac{\partial\hat{\phi}_0}{\partial n}\mathrm{d}S \tag{5.214}$$

通过解决辐射问题而不是解决散射(或绕射)问题,可以得出上式。

根据已给的入射波和浮体 p 的几何结构,通过直接的整合,得到弗鲁德 - 克雷洛夫力矢量 $\hat{\boldsymbol{F}}_{FK,p}$。为了计算绕射波,有必要去解决散射与辐射相关的边值问题。后者的问题常见,但不总出现,相对容易解决的。

5.6.1　弗鲁德 - 克雷洛夫力和力矩

下面要考虑弗鲁德 - 克雷洛夫力的平移分量。

对于

$$i=6(p-1)+q\quad(q=1,2,3) \tag{5.215}$$

把弗鲁德 - 克雷洛夫力的三个分量写作

$$\hat{F}_{FK,i}=\hat{F}_{FK,pq}=\mathrm{i}\omega\rho\iint_{S_p}\hat{\phi}_0 n_{pq}\mathrm{d}S=\mathrm{i}\omega\rho\iint_{S_p}\hat{\phi}_0\boldsymbol{e}_q\cdot\boldsymbol{n}_p\mathrm{d}S \tag{5.216}$$

此处 $\boldsymbol{e}_q(q=1,2,3)$ 是方向 x、y 或 z 中的单位向量,分别代表纵荡、横荡或垂荡。单位法向分量 n_{pq} 在式(5.5)中已经给出,是浮体 p 的分量。通过做出湿的表面 S_p 和浮体 p 的水线面积 S_{wp} 的并集(见图5.14),可以把这个整体分解成于闭合表面 S_p+S_{wp} 上的一个整体和在 $S_{wp'}$ 表面的一个整体。

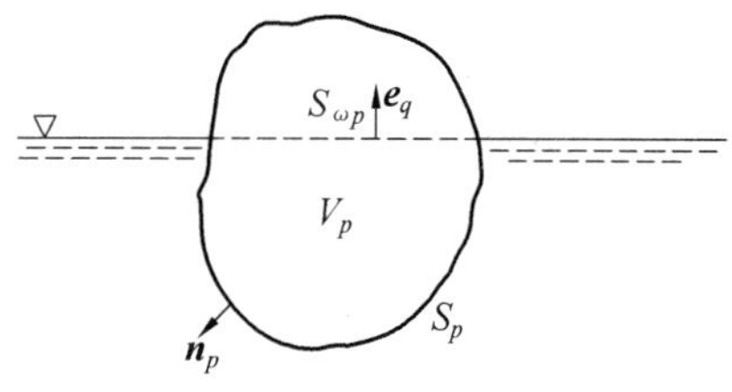

图 5.14　水线面积为 S_{wp} 的浮体,水下体积 V_p(移位的水的体积)和单位法线为 $\boldsymbol{n}_p$ 的湿体表面 S_p。纵向单位向量由 $\boldsymbol{e}_3$ 标注

$$\hat{\boldsymbol{F}}_{FK,pq} = \mathrm{i}\omega\rho \oint\!\!\!\oint_{S_p+S_{\omega p}} \hat{\phi}_0 \boldsymbol{e}_q \cdot \boldsymbol{n}_p \mathrm{d}S - \mathrm{i}\omega\rho \iint_{S_{\omega p}} \hat{\phi}_0 \delta_{q3} \mathrm{d}S \tag{5.217}$$

注意,最后的一项中除了垂荡模型($q=3$)外都消失了,因为在 S_{wp} 上 $n_q=\delta_{q3}$。在封闭曲面积分中应用了高斯定理并把它转换成完整的水的体积 V_p

$$\mathrm{i}\omega\rho \oint\!\!\!\oint_{S_p+S_{\omega p}} \hat{\phi}_0 \boldsymbol{e}_q \cdot \boldsymbol{n}_p \mathrm{d}S = \mathrm{i}\omega\rho \iiint_{V_p} (\nabla \hat{\phi}_0) \cdot \boldsymbol{e}_q \mathrm{d}V = \mathrm{i}\omega\rho \iiint_{V_p} \frac{\partial \hat{\phi}_0}{\partial x_q} \mathrm{d}V \tag{5.218}$$

($x_1=x, x_2=y, x_3=z$)。这可能是直接从把高斯的散度定理应用到散度 $\nabla \cdot (\boldsymbol{\phi}_0 \boldsymbol{e}_q)$ 中得来的,其中 $\boldsymbol{e}_q$ 是一个常数(单位) 向量。
因此有

$$\hat{F}_{FK,pq} = \mathrm{i}\omega\rho \iiint_{V_p} \frac{\partial \hat{\phi}_0}{\partial x_q} \mathrm{d}V + \delta_{q3}\rho g \iint_{S_{\omega p}} \hat{\eta}_0 \mathrm{d}S \tag{5.219}$$

这里也使用了式(4.41)。注意 $\hat{\phi}_0$ 是速度势 $\hat{\eta}_0$,是未被扰乱的入射波的浪高,即,波浪中没有的 N 浮体。观察[见式(4.38)] $\mathrm{i}\omega \partial \hat{\phi}_0 / \partial x_q = \mathrm{i}\omega \hat{v}_{0q} = \hat{a}_{0q}$,可以把式(5.219) 写成

$$\hat{F}_{FK,pq} = \rho \iiint_{V_p} \hat{a}_{0q} \mathrm{d}V + \delta_{q3}\rho g \iint_{S_{\omega p}} \hat{\eta}_0 \mathrm{d}S \tag{5.220}$$

这里 $\hat{a}_{0q}$ 表示由入射波引起的流体加速度的 q 组量。在纯粹的入射平面波传播的情况中,式(4.92) 和(4.102) 给出了 $\hat{\phi}_0$,之后有未经干扰的组量所给的流体质点

$$\begin{aligned} \hat{a}_{0z} = \hat{a}_{03} = \mathrm{i}\omega \hat{v}_{03} &= -gkAe'(kz)\exp\{-\mathrm{i}kr(\beta)\} = \\ &-\omega^2 A \frac{\sinh(kz+kh)}{\sinh(kh)} \exp\{-\mathrm{i}kr(\beta)\} \end{aligned} \tag{5.221}$$

和

$$(\hat{a}_{0x}, \hat{a}_{0y}) = (\hat{a}_{01}, \hat{a}_{02}) = \mathrm{i}\omega(\hat{v}_{01}, \hat{v}_{02}) = a_{0H}(\cos\beta, \sin\beta) \tag{5.222}$$

此处有

$$a_{0H} = \mathrm{i}kgAe(kz)\exp\{-\mathrm{i}kr(\beta)\} \tag{5.223}$$

对比式(4.94)、(4.95) 和(4.277)。

最后,把弗鲁德 - 克雷洛夫"力" 的转动模态(即弗鲁德 - 克雷洛夫的横摇、纵摇和艏摇的时刻) 视为浮体 p,对于

$$i = 6(p-1) + 3 + q \quad (q = 1,2,3) \tag{5.224}$$

规定 $F_i = M_{pq}$;因此,根据式(5.6) 和(5.20),弗鲁德 - 克雷洛夫时刻由下面的式子给出

$$\hat{M}_{FK,pq} = \hat{\boldsymbol{F}}_{FK,i} = \mathrm{i}\omega\rho \iint_{S_p} \hat{\phi}_0 n_{pq} \mathrm{d}S = \mathrm{i}\omega\rho \iint_{S_p} \hat{\phi}_0 \boldsymbol{e}_q \cdot \boldsymbol{s}_p \times \boldsymbol{n}_p \mathrm{d}S \tag{5.225}$$

这里 $\boldsymbol{s}_p$ 是湿的表面 S_p(见图5.3 和5.13) 上的表面元素 dS 的浮体参考点(x_p, y_p, z_p) 的矢量。在水线面积 S_{wp}(见图 5.14),有 $\boldsymbol{n}_p = \boldsymbol{e}_3$ 和 $\boldsymbol{e}_q \cdot (\boldsymbol{s}_p \times \boldsymbol{e}_3) = (y-y_p)\delta_{q1} - (x-x_p)\delta_{q2}$,因此

$$\begin{aligned} \hat{M}_{FK,pq} = &\mathrm{i}\omega\rho \oint\!\!\!\oint_{S_p+S_{\omega p}} \hat{\phi}_0 \boldsymbol{e}_q \times \boldsymbol{s}_p \cdot \boldsymbol{n}_p \mathrm{d}S - \\ &\mathrm{i}\omega\rho \iint_{S_{\omega p}} \hat{\phi}_0 [(y-y_p)\delta_{q1} - (x-x_p)\delta_{q2}] \mathrm{d}S \end{aligned} \tag{5.226}$$

注意,对于艏摇模态($j=6$ 或 $q=3$),最后一项没有贡献。在封闭曲面积分上应用高

斯定理，有

$$\hat{M}_{FK,pq} = \mathrm{i}\omega\rho \iiint_{V_p} \nabla \cdot (\hat{\phi}_0 \boldsymbol{e}_q \times \boldsymbol{s}_p)\mathrm{d}V - \mathrm{i}\omega\rho \iint_{S_{wp}} \hat{\phi}_0 [(y - y_p)\delta_{q1} - (x - x_p)\delta_{q2}]\mathrm{d}S \tag{5.227}$$

这里的体积积分中，被积函数可以有多种写法

$$\nabla \cdot (\hat{\phi}_0 \boldsymbol{e}_q \times \boldsymbol{s}_p) = \boldsymbol{s}_p \cdot \nabla \times (\hat{\phi}_0 \boldsymbol{e}_q) - \hat{\phi}_0 \boldsymbol{e}_q \cdot \nabla \times \boldsymbol{s}_p = \boldsymbol{s}_p \cdot \nabla \times (\hat{\phi}_0 \boldsymbol{e}_q) = \boldsymbol{s}_p \cdot (\nabla \hat{\phi}_0) \times \boldsymbol{e}_q = \boldsymbol{e}_q \cdot \boldsymbol{s}_p \times \nabla \hat{\phi}_0 = (\boldsymbol{s}_p \times \nabla \hat{\phi}_0)_q = (\boldsymbol{s}_p \times \hat{\boldsymbol{v}}_0)_q = (\boldsymbol{s}_p \times \hat{\boldsymbol{a}}_0)_q \frac{1}{\mathrm{i}\omega} \tag{5.228}$$

这里 $\nabla \hat{\phi}_0 = \hat{\boldsymbol{v}}$ 代表了未被干扰的速度势 ϕ_0 相应的流体速度 $\boldsymbol{v}_0$，且 $\boldsymbol{a}_0$ 是相应的流体加速度。

5.6.2 绕射力

之后（下一章）考虑小浮体的弗鲁德－克雷洛夫力、绕射力和激振力。然后会利用式(5.220)、(5.227)和(5.228)。之后也会粗略估计以下的绕射力的等式，这个等式仍是精确的（在势能理论范围内）。根据式(5.214)，可以把绕射力写作

$$\hat{\boldsymbol{F}}_{d,p} = -\mathrm{i}\omega\rho \sum_{p'=1}^{N} \iint_{S_{p'}} \boldsymbol{\varphi}_p \frac{\partial \hat{\phi}_0}{\partial n}\mathrm{d}S \tag{5.229}$$

在 $S_{p'}$ 上，有

$$\frac{\partial \hat{\phi}_0}{\partial n} = \boldsymbol{n}_{p'} \cdot \nabla \hat{\phi}_0 = \boldsymbol{n}_{p'} \cdot \hat{\boldsymbol{v}}_0 = \frac{1}{\mathrm{i}\omega}\boldsymbol{n}_{p'} \cdot \hat{\boldsymbol{a}}_0 = \frac{1}{\mathrm{i}\omega}\sum_{q=1}^{3} n_{p'q}\hat{a}_{0q} \tag{5.230}$$

因此

$$\hat{\boldsymbol{F}}_{d,p} = -\rho \sum_{q=1}^{3} \sum_{p'=1}^{N} \iint_{S_{p'}} \boldsymbol{\varphi}_p n_{p'q} \hat{a}_{0q}\mathrm{d}S \tag{5.231}$$

此处，p' 上的总和表明，绕射波不仅来自浮体 p，还来自所有其他的浮体（$p' \neq p$），也产生有助作用于浮体 p 上的绕射波。

5.6.3 对于一群小型浮体的近似值

如果浮体 p 的水平和垂直延伸都远小于一个波长，就可以在式(5.220)和(5.227)中作为一个近似值，把入射波的量，如 $\hat{\phi}_0$，$\hat{\boldsymbol{v}}_0$ 和 $\hat{\boldsymbol{a}}_0$，从整体中提取出。然后（对于 $q = 1,2,3$），弗鲁德－克雷洛夫力和力矩的组量由如下给出

$$\hat{F}_{FK,pq} \approx \rho \hat{a}_{0pq} V_p + \delta_{q3}\rho g \hat{\eta}_{0p} S_{wp} \tag{5.232}$$

$$\hat{M}_{FK,pq} \approx \rho (\hat{\boldsymbol{\Gamma}}_p \times \hat{\boldsymbol{a}}_{0p})_q + \rho g \hat{\eta}_{0p}(S_{yp}\delta_{1q} - S_{xp}\delta_{2q}) \tag{5.233}$$

此处 $\boldsymbol{a}_{0p}$ 是由对于浮体 p 在参考点 $(x,y,z) = (x_p, y_p, z_p)$ 处的未被干扰的入射波所引起的流体加速度，比如，质心或者位移体积的中心。此外，$\hat{\eta}_{0p}$ 与 $(x,y) = (x_p, y_p)$ 处的波高相等。此外

$$\boldsymbol{\Gamma}_p = \iiint_{V_p} \boldsymbol{s}_p \mathrm{d}V_p \tag{5.234}$$

和

$$S_{xp} = \iint_{S_{wp}} (x - x_p)\,\mathrm{d}S,\quad S_{yp} = \iint_{S_{wp}} (y - y_p)\,\mathrm{d}S \tag{5.235}$$

是位移体积 V_p 和浮体 p 的水线面积 S_{wp} 的力矩。此外，式(4.41)和(5.228)也用于获得式(5.233)。

小型浮体假设，即速度势 $\hat{\phi}_0$ 及其导数用其在参考点 (x_p, y_p, z_p) 处的泰勒展开的一阶(零阶)项来表示。因此，假设 $\hat{\phi}_0$ 是由式(4.87)或者式(4.92)和(4.102)给出的，就会很容易发现 $\boldsymbol{O}\{ka\}$ 在作为 $ka \to 0$ 的顺序中，近似值的错误是很小的，此处

$$a = \max(|\boldsymbol{s}_p|) \tag{5.236}$$

因此，认为如果 $ka \ll 1$，那么近似值是比较准确的，即，当浮体的线性扩展与波长相比是非常小的时候。因此，称之为小型浮体的近似值，或者，可以用长波长近似值。如果 $k \to 0$，则对参考点的选择就没有多大用处了。然而，为了让近似值可以对于 k 不接近于0的时候也适用，一些特定的选择就会比其他的更好。为了有助于对参考点的选择，与实验或者数值模拟计算的比较也许是有用的。

在估算绕射力的值之前，可以进一步假设，不仅仅是浮体 p，还有浮体 N 中的每一个浮体的水平和垂直尺寸与一个波长相比都是非常小的。对于每一个浮体 p'，可以在式(5.231)的被积函数把它作为围绕参考点 $(x_{p'}, y_{p'}, z_{p'})$ 的泰勒系列对 $\hat{a}_{0q}$ 进行扩展。如果忽略了当 $k \to 0$ 时的 $\boldsymbol{O}\{ka\}$ 的顺序，那么浮体 p 的绕射力的第 j 组量 $(j = 1, 2, \cdots, 6)$ 就可以接近于

$$\hat{F}_{d,i} \approx \frac{1}{\mathrm{i}\omega} \sum_{p'=1}^{N} \sum_{q=1}^{3} Z_{ii'} \hat{a}_{0p'q} = \sum_{p'=1}^{N} \sum_{q=1}^{3} Z_{ii'} \hat{v}_{0p'q} \tag{5.237}$$

此处 $i = 6(p-1) + j, i' = 6(p'-1) + q$，且

$$Z_{ii'} = -\mathrm{i}\omega\rho \iint_{S_{p'}} \varphi_i n_{p'q}\,\mathrm{d}S \tag{5.238}$$

是辐射阻抗矩阵的一个元素。见式(5.152)、(5.39)和(5.165)。

考虑到激振力是弗鲁德 - 克雷洛夫力和绕射力的总和，是与式(5.210)相一致的。因此，在浮体 p 上的激振力的第 j 组量可以由以下的式子得出

$$\hat{F}_{e,i} = \hat{F}_{FK,i} + \hat{F}_{d,i} \tag{5.239}$$

此处 $\hat{F}_{d,i}$ 由式(5.237)得出，$\hat{F}_{FK,i}$ 是由用一个平移的模态 $(j = q = 1, 2, 3)$ 的式(5.232)或者由旋转的模态 $(j = q + 3 = 4, 5, 6)$ 中的式(5.233)得出的。

5.6.4　单个小浮体的近似值

在本部分的剩余部分中，来考虑只有一个浮体的情况；从而有 $N = 1, p = p' = 1, i = j$ 和 $i' = q$。因此，在这一部分，省略 $\hat{a}_{0pq}$、$\hat{v}_{0pq}$ 和 $\hat{\eta}_{0p}$ 的下标 p。在式(5.237)中的到 p' 的和只有一项，从而，绕射力可由此得出

$$\hat{F}_{d,j} \approx \frac{1}{\mathrm{i}\omega} \sum_{q=1}^{3} Z_{jq} \hat{a}_{0q} = \sum_{q=1}^{3} Z_{jq} \hat{v}_{0q} \tag{5.240}$$

其中，考虑到式(5.44)，可以写作

$$\hat{F}_{d,j} \approx \sum_{q=1}^{3} (m_{jq}\hat{a}_{0q} + R_{jq}\hat{v}_{0q}) \tag{5.241}$$

如在 5.2.4 这一部分中的观察，对于小浮体的辐射阻抗通常由辐射阻抗所控制，即

$$|\omega m_{jq}| = |X_{jq}| \gg R_{jq} \tag{5.242}$$

在深水中，可以显示出（见下方）

$$|R_{33}/(\omega m_{33})| = \boldsymbol{O}\{ka\} \tag{5.243}$$

（甚至对于 jq 组合会更小）当 $ka \to 0$。此时，绕射力为

$$\hat{F}_{d,j} \approx \sum_{q=1}^{3} m_{jq}\hat{a}_{0q} \tag{5.244}$$

当忽略与 $\boldsymbol{O}\{1\}$ 相关的 $\boldsymbol{O}\{ka\}$ 的阶时，这是一个一致的近似值。Kyllingstad 给出了一个比式(5.241)更为一致的高阶近似值。

在深水的情况中，自由表面边界条件是

$$0 = \left(-\frac{\omega^2}{g} + \frac{\partial}{\partial z}\right)\varphi_j = \left(-k + \frac{\partial}{\partial z}\right)\varphi_j \tag{5.245}$$

当 $k \to 0$ 时，这个情况就成为

$$\frac{\partial}{\partial z}\varphi_j = 0 \quad (z = 0) \tag{5.246}$$

也就是说，它与水上坚硬的平板（或者冰）相对应。在这种情况中，没有表面的波可以作为浮体振荡（慢！）的结果在表面上进行传播。然而，当限制为 $k \to 0$ 时，仍有有限的附加质量，因为在流体中有有限的动能；见式(5.188)。小浮体近似值(5.232)~(5.233)和相互作用关系(5.149)清楚地表明了对于一个漂浮在深水上的浮体（有 $D = 1$），当 $ka \to 0$ 时，R_{jq}/ω 是 $\boldsymbol{O}\{k\}$ 的量级，当 $(j,q) = (3,3)$ 时，量级是 $\boldsymbol{O}\{a^4\}$，还有甚至更小的是其他 jq 可能的组合。此外，在继式(5.91)之后的文中[也见式(5.90)]，也认为假设 m_{jq} 是 $\boldsymbol{O}\{k^0\}$ 和 $\boldsymbol{O}\{a^3\}$ 的是合情合理的。因此，$|R_{jq}/(\omega m_{jq})|$ 属于 $\boldsymbol{O}\{ka\}$ 或者更小的浮体。

忽略 $\boldsymbol{O}\{ka\}$ 阶的项，对于平移模态，有 $j = q = 1,2,3$，下面是在单个小浮体上的激振力的近似值

$$\hat{F}_{e,q} \approx \rho g \hat{\eta}_0 S_w \delta_{q3} + \rho V \hat{a}_{0q} + \sum_{q=1}^{3} m_{jq}\hat{a}_{0q} \tag{5.247}$$

对于旋转模态（$j = q + 3 = 4,5,6$），通过两个近似值(5.233)和(5.244)的相加，获得了激振力矩的近似值。

假设一个浮体上的激振力有两个相互正交的垂直对称面（比如，$x = 0$ 和 $y = 0$ 面）。其中的一个特例是轴对称体（z 轴是对称轴）。因为在这种情况中，φ_3 是对称的，而 n_1 和 n_2 是不对称的，它来自辐射阻抗的定义(5.39)中 $Z_{13} = 0$ 和 $Z_{23} = 0$，并且因此 $m_{13} = m_{23} = 0$。对于 $j = q = 1,2,3$，上述 $F_{e,j}$ 的近似值可简化为

$$\hat{F}_{e,q} \approx \rho g \hat{\eta}_0 S_w \delta_{q3} + \rho V(1 + \mu_{qq})\hat{a}_{0q} \tag{5.248}$$

此处

$$\mu_{jj} = m_{jj}/(\rho V) \tag{5.249}$$

是无维度的附加质量系数。如果未被干扰的速度势代表由式(4.92)和(4.102)发出的一个完全的发散波，且如果单个浮体的参考轴 $p - p$（见图 5.13）是垂直线 $(x,y) = (0,0)$，

那么有$\hat{\eta}_0 = A$。把它插入到式(5.248)中,可以得到垂荡的激振力为

$$\hat{F}_{e,3} = \hat{F}_{FK,3} + \hat{F}_{d,3} \approx \left[\rho g S_w + (\rho V + m_{33})\frac{\hat{a}_{03}}{A}\right]A \tag{5.250}$$

使用式(5.221)所给,有

$$\hat{F}_{e,3} \approx \left[\rho g S_w - \omega^2(\rho V + m_{33})\frac{\sinh(kz_1 + kh)}{\sinh(kh)}\right]A \tag{5.251}$$

此处z_1是浮体的参考点的z坐标。在深水中,现在有

$$\hat{F}_{e,3} \approx [\rho g S_w - \omega^2\rho V(1 + \mu_{33})\exp\{kz_1\}]A \tag{5.252}$$

此处已经介绍过了附加质量系数$\mu_{33} = m_{33}/(\rho V)$。对于一个$z_1 \approx 0$小漂浮浮体,有

$$\hat{F}_{e,3} \approx [\rho g S_w - \omega^2\rho V(1 + \mu_{33})]A \tag{5.253}$$

注意,当$\omega \to 0$时,$F_3/A \to \rho g S_w$,这是流体静力学(浮升力)刚度(见5.9.1小节)。第一项$\rho g S_w$中的ω的小值影响第二项$-\omega^2\rho V(1+\mu_{33})$。在深水中$\omega^2 = gk$,第二项是$k$中的线性近似值(忘记了$\mu_{33}$的通常的小相关频率)。这与在图5.15中的曲线所显示的$ka = 0$处的切线相对应。

对于大多数的浮体的形状,垂荡激振力$\hat{F}_{e,3}$与未被干扰的波幅同相。当小浮体的近似值试用时,A是ka的小值。而一个有相对小的水线面的浮体的形状是一个例外,这在图5.16中已经说明了。在公式的第二项在小浮体的近似值的频率间隔有效区间内可能是主导项。之后在$\hat{F}_3$和在角频率为$\{gS_w/[V(1+\mu_{33})]\}^{1/2}$的一个较小的比率间隔上的$A$之间有一个$\pi$的相移。

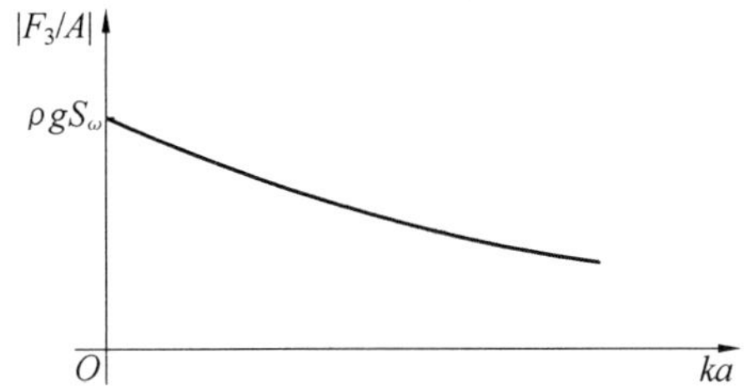

图5.15　角波率的相对较小值上的浮动浮体的垂荡力振幅的典型变化

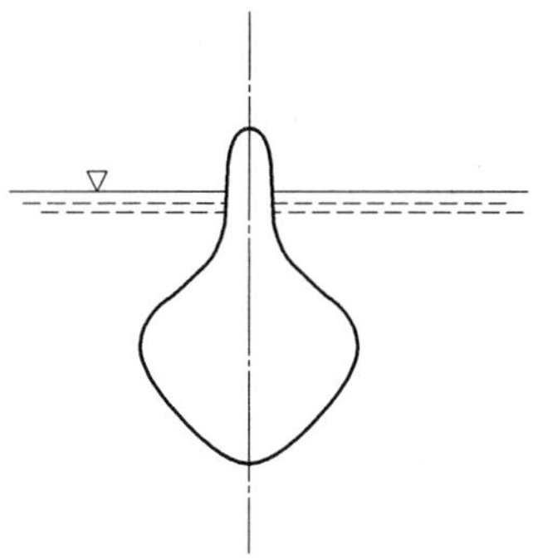

图5.16　水线面积相对较小的浮体

对于一个水下的部分($S_w = 0$),有

$$\hat{F}_{e,3} \approx -\omega^2\rho V(1 + \mu_{33})\exp\{kz_1\}A \tag{5.254}$$

此时$\hat{F}_3$和A在有效近似值附近区域的逆相位上。这个逆相位可以通过流体动力学压力来进行简单的解释,也就是在与浪高同相位[见式(4.93)],水中的浮体要比上面压力小。

可以观察到,假设没有其他外界力施加到这个水下浮体上,那么如果小浮体近似值中的垂荡激振力与浪高是逆相位的,该浮体的垂直运动在本质上就是与浪高同相位的。这与浮体的机械阻抗是由惯性所主导的这一事实是相符的。之后,加速度和偏移在本质上

与激振力分别是同相位和逆相位的(也见 2.2 和5.9 两部分)。对于上面的在图 5.17 中显示的力的振幅曲线中第一段上升部分相应的$\hat{F}_{e,3}$ 近似公式(5.254)中 $ka = \omega^2 a/g$ 的小值。ka 中的更大值的曲线的减小部分是由于公式(5.254) 中的指数因子所致。

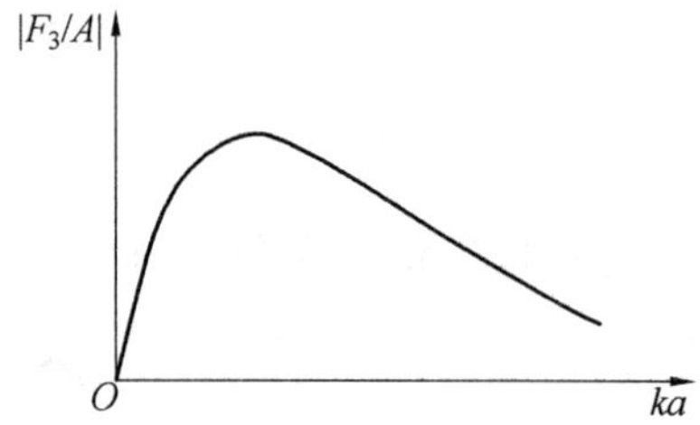

图 5.17　水下运动体的浮沉力振幅的典型变化与弧度测量波数

对于中心至少有一个直径在自由水面之下的卧式气缸,附加质量系数$\mu_{33} = \mu_{11}$ 接近于1,这是它们的一个无限流体的精确值(没有任何自由水面)。在附加质量系数μ_{11}、μ_{22} 和μ_{33} 上应用的一个相似的近似值,它们是完全在水下的球体,且在一个无限流体中的附加质量系数为 1/2。

5.7　轴对称振动系统

一组同心轴对称体可以被视作是一个对称系统。在图 5.18 中,展示了含三个浮体的案例。关于海床,必须假定水的深度或者海床结构,与悬浮体对称且同轴(如果水的深度恒等于 h,那么后者情况成立)。因为参考轴(图 5.13 中 $p-p$) 对于所有的悬浮体来说都相同,可以选择其作为 z 轴(垂直轴)。相应地,整体坐标轴 $(x,y,z) = (r\cos\theta, r\sin\theta, z)$ 与局部坐标轴$(x_p, y_p, z) = (r_p\cos\theta_p, r_p\sin\theta_p, z)$ 相一致,关联每个悬浮体中的 p(所有的 p)。

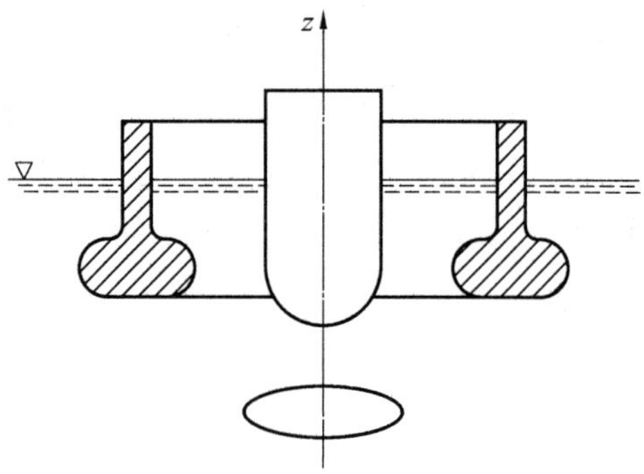

图5.18　轴对称系统的三个同心轴对称组成部分 —— 两个部分悬浮,一个部分在水下

关于轴对称体压力,如图 5.19 所示,在适当的位置的水界面元素 dS 的微分

$$\boldsymbol{s}_p = (x,y,z) = (r\cos\theta, r\sin\theta, z) \tag{5.255}$$

有一个单位法线

$$\boldsymbol{n}_p = (n_{px}, n_{py}, n_{pz}) = (n_{pr}\cos\theta, n_{pr}\sin\theta, n_{pz}) = (n_{p1}, n_{p2}, n_{p3}) \tag{5.256}$$

与此同时

$$\boldsymbol{s}_p \times \boldsymbol{n}_p = (n_{p4}, n_{p5}, n_{p6}) \tag{5.257}$$

其中

$$\begin{aligned} n_{p4} &= yn_{pz} - zn_{py} = (rn_{pz} - zn_{pr})\sin\theta \equiv -n_{pM}\sin\theta \\ n_{p5} &= zn_{px} - xn_{pz} = (zn_{pr} - rn_{pz})\cos\theta = n_{pM}\cos\theta \\ n_{p6} &= xn_{py} - yn_{px} = rn_{pr}(\cos\theta\sin\theta - \sin\theta\cos\theta) = 0 \end{aligned} \tag{5.258}$$

总结起来,对 $j = 1,6$,单位法线成分可以被表示为列的量

$$\boldsymbol{n}_p = (n_{pr}\cos\theta, n_{pr}\sin\theta, -n_{pM}\sin\theta, n_{pM}\cos\theta, 0)^{\mathrm{T}} \tag{5.259}$$

其中

$$n_{pM} = zn_{pr} - rn_{pz}, \quad n_{pr} = \sqrt{n_{px}^2 + n_{py}^2} \tag{5.260}$$

注意到，当 $j = 6$ 时，如果 $\varphi_{p6} \equiv 0$，那么边界条件(5.164)会被满足。这是正常结果，因为轴对称体在理想流体中偏荡不会产生波浪。复函数 $\varphi_{pj}(j = 1,5)$ 必须满足拉普拉斯方程，在自由面 $z = 0$ 和固定表面(如海床 $z = -h$)上满足一般性齐次边界条件。同时，φ_{pj} 必须满足辐射条件。

对对称体而言，不难发现这种类型的特殊解决方案

$$\varphi_{pj} = \varphi_{pj}(r,\theta,z) = \varphi_{pj0}(r,z)\Theta_j(\theta) \qquad (5.261)$$

满足拉普拉斯方程，$\Theta_j(\theta)$ 由方程式(4.210)给出。如果选择

$$\begin{cases}\Theta_1(\theta) = \Theta_5(\theta) = \cos\theta \\ \Theta_2(\theta) = \Theta_4(\theta) = \sin\theta \\ \Theta_3(\theta) = \Theta_6(\theta) = 1\end{cases} \qquad (5.262)$$

之后在拉普拉斯方程条件(5.164)中 S_p 可以满足且符合方程式(5.259)。(注意，$\varphi_{p60} \equiv 0$)在远场区域，根据方程式(4.221)和(4.224)，已接近

$$\varphi_{pj} \sim (\text{constant}) \times \Theta_j(\theta)e(kz)H_n^{(2)}(kz) \qquad (5.263)$$

当 $j = 3$ 则 $n = 0$，当 $j = 1,2,4,5$ 则 $n = 1$。

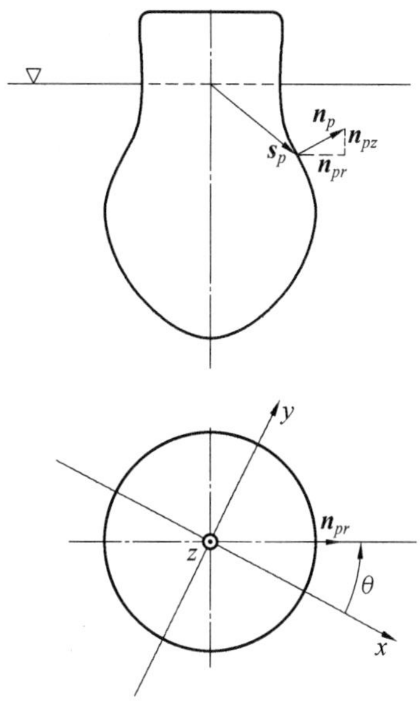

图 5.19　轴对称体关于 z 轴的侧视图和俯视图，图中单位法线 $\boldsymbol{n}_p$ 水界面元素 S 的微分在位置 $\boldsymbol{s}_p$ 参考点 $(0,0,z_p) = (0,0,0)$

因为解 $\varphi_{pj}(r,\theta,z)$ 和函数(5.261)在远场区域是同样类型的，可以写入柯钦函数和远场系数如下

$$\begin{aligned} h_{pj}(\theta) &= h_{pj0}\Theta_j(\theta) \\ a_{pj}(\theta) &= a_{pj0}\Theta_j(\theta) \end{aligned} \qquad (5.264)$$

对比方程式(5.261)和(4.246)可以看出，在远场区域所有的函数 $\varphi_{pj0}(r,z)$，r 和 z 以相同的方式变化，因为远方渐进式

$$\varphi_{pj0}(r,z) \sim a_{pj0}e(kz)(kz)^{-\frac{1}{2}}\mathrm{e}^{-\mathrm{i}kr} \qquad (5.265)$$

当 $k\boldsymbol{r} \to \infty$。注意 a_{pj0} 独立于 r、θ 和 z。

相似地，可根据 Haskind 关系(5.202)，写出激振力系数如下

$$f_{pj}(\beta) = f_{pj0}\Theta_j(\beta \pm \pi) \qquad (5.266)$$

在此情况下

$$f_{pj0} = \frac{\rho g D}{k}h_{pj0} = \frac{\rho g D}{k}\sqrt{2\pi}\,a_{pj0}\mathrm{e}^{\mathrm{i}\pi/4} \qquad (5.267)$$

从方程式(5.262)可得出 $\Theta_j(\beta \pm \pi) = -\Theta_j(\beta)(j = 1,2,4,5)$。

5.7.1　辐射阻抗

辐射阻抗矩阵 $\mathbf{Z}$，根据方程式(5.156)，划分为 6×6 矩阵 $\mathbf{Z}_{pp'}$，在其中每一要素都是此种类型[可参照方程式(5.167)和(5.164)]

$$Z_{pj,p'j'} = -\mathrm{i}\omega\rho\iint_{S_p}\varphi_{p'j'}\frac{\partial\varphi_{pj}^*}{\partial n}\mathrm{d}S \qquad (5.268)$$

让我们思考，湿体表面 S_p 作为由曲线 l_p 引起的回转曲面，如图 5.20 所示。之后

$$Z_{pj,p'j'} = -\mathrm{i}\omega\rho\int_0^{2\pi}\mathrm{d}\theta\int_{l_p}\mathrm{d}lR(z)\varphi_{p'j'}\frac{\partial\varphi_{pj}^*}{\partial n} = -\mathrm{i}\omega\rho\int_0^{2\pi}\Theta_{j'}(\theta)\Theta_j(\theta)\mathrm{d}\theta \times \int_{l_p}\varphi_{p'j'0}\frac{\partial\varphi_{pj0}^*}{\partial n}R(z)\mathrm{d}l \tag{5.269}$$

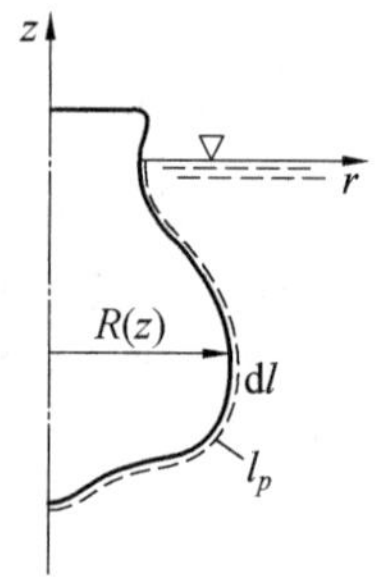

图 5.20　轴对称体的湿面 S_p 是由曲线 l_p 引起的回转曲面

注意 $\varphi_{pj0} = \varphi_{pj0}(r,z)$。现在因为

$$\int_0^{2\pi}(\cos\theta,\sin\theta,\sin\theta\cos\theta)\mathrm{d}\theta = (0,0,0) \tag{5.270}$$

$$\int_0^{2\pi}(\cos^2\theta,\sin^2\theta,1^2)\mathrm{d}\theta = (\pi,\pi,2\pi) \tag{5.271}$$

辐射阻抗矩阵 $\mathbf{Z}_{pp'}$ 形式为

$$\mathbf{Z}_{pp'} = \begin{bmatrix} Z_{p1,p'1} & 0 & 0 & 0 & Z_{p1,p'5} & 0 \\ 0 & Z_{p1,p'1} & 0 & Z_{p1,p'5} & 0 & 0 \\ 0 & 0 & Z_{p3,p'3} & 0 & 0 & 0 \\ 0 & Z_{p5,p'1} & 0 & Z_{p5,p'5} & 0 & 0 \\ Z_{p5,p'1} & 0 & 0 & 0 & Z_{p5,p'5} & 0 \\ 0 & 0 & 0 & 0 & 0 & 0 \end{bmatrix} \tag{5.272}$$

对于轴对称系统有 $Z_{p2,p'2} = Z_{p1,p'1}, Z_{p4,p'4} = Z_{p5,p'5}, Z_{p2,p'4} = Z_{p1,p'5}$ 和 $\varphi_{p6} = \varphi_{p60} \equiv 0$ 的事实，注意矩阵 $\mathbf{Z}_{pp'}$ 是单数，秩至多为 5。一个 $n\times n$ 的阶数为 $k(k\leqslant n)$ 的矩阵，如果在此矩阵中存在一个较小的非零的 $k\times k$ 矩阵，但不会再有更大秩的矩阵。

非零元素 $\mathbf{Z}$ 可以被表示为

$$Z_{pj,p'j'} = -\mathrm{i}\omega\rho(1+\delta_{3j}\delta_{3j'})\pi\int_{l_p}\varphi_{p'j'0}\frac{\partial\varphi_{pj0}^*}{\partial n}R(z)\mathrm{d}l \tag{5.273}$$

此处如果 $j=3$，则 $\delta_{3j}=1$，否则 $\delta_{3j}=0$。因此，有辐射阻力矩阵

$$Z_{pj,p'j'} = -\mathrm{i}\omega\rho\sigma_{jj'}\pi\int_{l_p}\varphi_{p'j'0}\frac{\partial\varphi_{pj0}^*}{\partial n}R(z)\mathrm{d}l \tag{5.274}$$

此处，$\sigma_{jj'}$ 的 36 个要素中 27 个化为零。这里有 9 个非零数值，即

$$\sigma_{33} = 2 \tag{5.275}$$

和

$$\sigma_{11} = \sigma_{22} = \sigma_{44} = \sigma_{55} = \sigma_{15} = \sigma_{51} = \sigma_{24} = \sigma_{42} = 1 \tag{5.276}$$

5.7.2　辐射阻尼和激振力

辐射阻尼矩阵 $\boldsymbol{R}_{pp'}$ 是取自函数(5.272) 的实数部分，这显示出至少 36 个要素中 27 个化为零。为了计算非零要素 $R_{pj,p'j'}$，将积分代入位于远场区域的控制圆柱面 S_∞(见图 5.13) 的母线 $r=$ 常数($r\to\infty$) 而不是曲线 l_p；那就是说，如方程式(5.274) 中的 $r=R(z)$。比较方程式(5.156)、(5.164)、(5.169) 和(5.175)。

因此，这个辐射阻尼矩阵是

$$R_{pj,p'j'} = -\mathrm{i}\omega\rho\sigma_{jj'}\pi\lim_{r\to\infty}\int_{-h}^{0}\varphi_{p'j'0}\frac{\partial\varphi_{pj0}^{*}}{\partial r}r\mathrm{d}z \tag{5.277}$$

从方程式(4. 224)—— 也可参见方程式(4. 282)、(5. 261) 和(5. 264)—— 可以得到渐进表达式

$$\varphi_{pj0}(r,z)\ \sim\ h_{pj0}e(kz)\ (2\pi kr)^{-1/2}\mathrm{e}^{-\mathrm{i}(kr+\pi/4)} \tag{5.278}$$

于是得出

$$R_{pj,p'j'} = -\mathrm{i}\omega\rho\sigma_{jj'}\pi h_{p'j'0}h_{pj0}^{*}\frac{\mathrm{i}k}{2\pi k}\int_{-h}^{0}e^{2}(kz)\,\mathrm{d}z = \frac{1}{2}\omega\rho\sigma_{jj'}h_{p'j'0}h_{pj0}^{*}\frac{D(kh)}{2k} = \frac{\omega\rho D(kh)}{4k}\sigma_{jj'}h_{p'j'0}h_{pj0}^{*} = \frac{\omega k}{4\rho g^{2}D(kh)}\sigma_{jj'}f_{p'j'0}f_{pj0}^{*} = \frac{\omega k}{4\rho g^{2}D(kh)}\sigma_{jj'}f_{p'j'0}^{*}f_{pj0} \tag{5.279}$$

这里会用到方程式(4. 112) 和(5. 267) 得到 $R_{pj,p'j'}$ 是实数。记录方程式(5. 279),在辐射阻力矩阵中的对角元素 $R_{pj,pj}$ 是必须为非负的。这是预期结果,否则这将违背能量守恒定理。如果只有浮体 p 的 j 模式振动,辐射率同方程式(5. 177) 相一致,$1/2R_{pj,pj}|\hat{u}_j|^2$ 当然不可能为负值。

因为辐射阻尼矩阵是成立的,这由方程式(5. 279) 推知,在 j 和 j' 的排列中 $\sigma_{jj'}$ 不可化为零,可得出

$$f_{pj0}f_{p'j'0}^{*} = f_{pj0}^{*}f_{p'j'0} \tag{5.280}$$

是成立的。这也同(5. 173) 的互反关系相一致,在其中这遵循

$$R_{p'j',pj} = R_{pj,p'j'} \tag{5.281}$$

因此

$$\frac{f_{p'j'0}}{f_{p'j'0}^{*}} = \frac{f_{pj0}}{f_{pj0}^{*}}\quad 或\quad \frac{f_{p'j'0}^{2}}{|f_{p'j'0}|^{2}} = \frac{f_{pj0}^{2}}{|f_{pj0}|^{2}} \tag{5.282}$$

取其平方根

$$\frac{f_{p'j'0}}{|f_{p'j'0}|} = \pm\frac{f_{pj0}}{|f_{pj0}|} \tag{5.283}$$

这显示出激振力系数 $f_{p'j'0}$ 和 f_{pj0} 有相等的或者相反的相位。这只有当 $\sigma_{jj'}\neq 0$ 时应用。同时,方程式(5. 279) 中的记录

$$R_{pj,p'j'} = \pm\sqrt{R_{pj,pj}R_{p'j',p'j'}} \tag{5.284}$$

假设是无预期结果的,只有在此情况,f_{pj0} 和 $f_{p'j'0}$ 具有相反的相位。

仅考虑悬浮体 p,可以发现强迫纵荡力和纵摇力矩在相等或相反的相位,也同样可以描述为激发横荡力和横摇力矩。R_{pp} 中仅有的非零对角线向量为

$$R_{p1,p5} = R_{p5,p1} = \pm\sqrt{R_{p1,p1}R_{p5,p5}} \tag{5.285}$$

$$R_{p2,p4} = R_{p4,p2} = \pm\sqrt{R_{p2,p2}R_{p4,p4}} \tag{5.286}$$

这等同于轴对称的结果。从中这遵循 $\boldsymbol{R}_{pp}$ 相较于 $\boldsymbol{Z}_{pp}$ 更是一种奇异矩阵。它们的次序分别至多是 3 和 5(可参阅问题 5. 13)。

思考两个悬浮体组成的系统。之后,因为 $\sigma_{33}=2\neq 0$,方程式(5. 283) 显示这两个悬浮体的波动激振力要么同相位,要么反相位。如果两个部分都是漂浮的(如上部分图 5. 18 所示),我们知道它们也有相同相位,如果频率相当低,接近可应用近似值(5. 248),

那么同样 $R_{p3,p'3}$ 是正的。然而,如果一个悬浮体漂浮而另一个沉浸于水下(假设图 5.18 中最大环形的实验体被移除),之后因为后者有几乎为零的水线面面积,波动激振力在相反的相位,频率相当低,其中近似值是可应用的。在此种情况下,$R_{p3,p'3}$ 为负值。此外,由于该系统的强迫性纵荡力和纵摇力矩,两个悬浮体有相等或相反的相位。双悬浮体系统辐射阻力矩阵 $\mathbf{Z}$ 为 12 × 12 维,有如下结构

$$\mathbf{Z} = \begin{bmatrix} Z_{pp} & Z_{pp'} \\ Z_{p'p} & Z_{p'p'} \end{bmatrix} \tag{5.287}$$

从方程式(5.272) 可以看出,4 × 36 = 144 矩阵中至少 4 × 27 = 108 元素化为零。因为对称关系 $\mathbf{Z}^{\mathrm{T}} = \mathbf{Z}$,在 4 × 9 = 36 的剩余元素中,至多23 个不同的值显然是可能的,可参见方程式(5.171)。但是,事实上只有 13 个非零值,即使矩阵(5.272) 只有 9 个不同的非零元素,且这 9 个元素中只有4 或5 个不同的值(分别是 $p' = p$ 或者 $p' \neq p$)。矩阵 $\mathbf{Z}$ 是单数的,其秩至多为10。然而作为关联(5.279) 的一个结果,辐射阻力矩阵 $\boldsymbol{R}$ 的秩同 $\mathrm{Re}(\mathbf{Z})$ 相同且不能超过3。这一现象的物理解释会在下面章节介绍(参见 6.4.2 小节)。在此仅提及最大秩 3 是和此事实有关联的,只有三个线性独立函数,在方程式(5.262) 已给出。

如果第三悬浮体包含于我们的轴对称系统中,18 × 18 的矩阵 $\mathbf{Z}$ 的秩不能大过 15,但是 18 × 18 的矩阵 $\boldsymbol{R}$ 仍不能超过 3。

如果辐射阻力矩阵是单数,则可能使浮体在静止的水中产生振动,但在远场区域不会产生波浪。作为例子,思考单体的纵荡和纵摇。根据方程式(5.262) 可知 $\Theta_1(\theta) = \Theta_5(\theta) = \cos\theta$,这可能选择 $\hat{u}_1$ 和 $\hat{u}_5$ 联合,远场波浪受纵荡纵摇辐射影响而相互抵消。这样的抵消在远场区域中可能出现(可见渐进逼近(5.265)),但不存在于大体的近场区域,在此流体运动同附加质量矩阵有所关联(参阅方程式(5.187) ~ (5.188))。

5.7.3 二体系统的数值表达

我们思考有普通的纵轴对称的两个浮体。一个浮体(序号 1) 呈悬浮状态,另一个浮体(序号 2) 则浸于水中。仅考虑垂荡运动。之后根据编码制方程式(5.152),同行的激振力系数是 $f_3(\omega)$ 和 $f_9(\omega)$,二者都独立于波浪入射角 β。相应地,辐射阻力矩阵 $\mathbf{Z}(\omega) = \boldsymbol{R}(\omega) + \mathrm{i}\omega\boldsymbol{m}(\omega)$ 有以下感兴趣的元素:Z_{33}、Z_{99} 和 $Z_{39} = Z_{93}$。这遵循方程式(5.279) 和(5.275)

$$\frac{f_i f_{i'}^*}{8R_{ii'}} = \frac{J}{k|A|^2} = \frac{J\lambda}{2\pi|A|^2} = v_g \rho g \lambda/(4\pi) \tag{5.288}$$

在此脚注 i 和 i' 是3 或者9。与此同时,$\lambda = 2\pi/k$ 是波长,v_g 是波群速度(可以参阅5.4.3 节最后一段话)。

作为例子,让我们给出这一情况的数值结果,在此案例中几何学规定如下。悬浮体上部即处于较低的一端的漂浮的半球体圆筒。在平衡状态下,半径为 a,吃水深度为 $2.21a$。该浮体排水量为 $\pi a^3(1.21 + 2/3) \approx 5.89a^3$。悬浮体下部则完全浸入水中,其形状可看作一个椭圆体,短轴半径为 $2.27a$,纵向延伸为 $0.182a$。该浮体的排水总量为 $\pi a^3(2.27^2 \times 0.182)2/3 = 1.96a^3$。椭圆体中心位于水下 $6.06a$,水深 $h = 15a$。

从几何学角度看,水力参数可由计算机编码 AQUADYN - 2.1 计算得出。悬浮体的上部和下部分别接近于水平面 660 和 540。水力参数由计算机编码计算得出的数值结果

在精度2% ~3% 前提下视为正确。激振力系数$f_3(\omega)$和$f_9(\omega)$由图5.21和5.22的曲线给出。观察可发现,此处存在一个频段,相当于$0.2 < ka < 0.4$,这里的波动激振力接近相等却相反地作用于两个浮体。可以称之为“力补偿”,且这一现象被应用于一些钻井平台(半潜式浮动钻井装置)。辐射阻尼$R_{33}(\omega)$和$R_{99}(\omega)$由图5.23中的曲线给出。从方程式(5.288),这遵循$R_{39}^2 = R_{93}^2 = R_{33}R_{99}$,且根据观察$f_3/f_9 = -|f_3/f_9|$,可知$R_{39} = R_{93}$为负值;即

$$R_{39} = -(R_{33}R_{99})^{1/2} \tag{5.289}$$

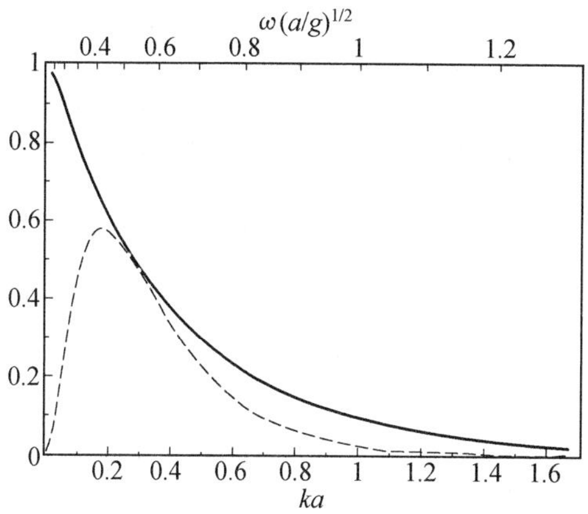

图5.21　激振力系数模量$|f_i(\omega)|/(\rho g\pi a^2)$同$i = 3$时悬浮体悬浮上部(实曲线)和$i = 9$浸没于水中的下部(虚曲线)

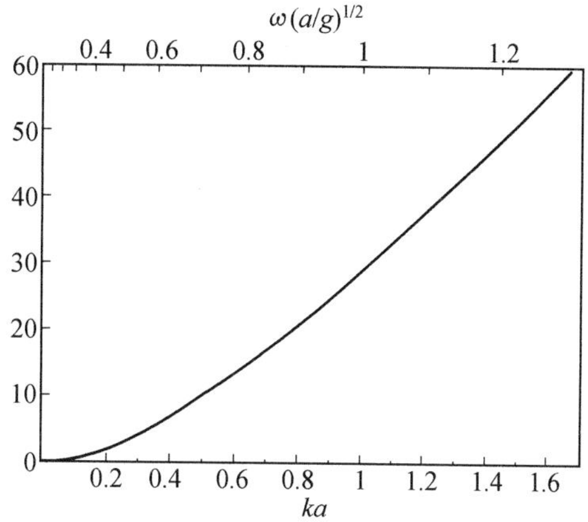

图5.22　相角$\angle f_3(\omega)$(度数表示)表示悬浮上部的垂荡激振力系数。这不同于$\pi(180°)$表示沉没下部相应的相角$\angle f_9(\omega)$

从数值计算可以发现,附加质量矩阵的无限频率元素是标准化数量$m_{ii'}(\infty)/(\rho a^3 2\pi/3)$,由0.58、15.0和-0.156给出,$(i,i')$分别等于(3,3),(9,9)和(3,9)。如果动态二体系统被研究于特定时域[参见5.3.1节和方程式(5.337)],则这些数值是所需的。构成因果脉冲响应函数$k_{33}(t)$、$k_{99}(t)$和$k_{39}(t) = k_{93}(t)$也是必需的。对$t > 0$,根据方程式(5.115),这些分别两倍于傅里叶变换式$R_{33}(\omega)$、$R_{99}(\omega)$和$R_{39}(\omega) = R_{93}(\omega)$。在图5.24中的曲线显示了脉冲响应的计算机估计数值结果。观察可得出,这些数值同上述的$m_{ii'}(\infty)$的数值一起,和复合辐射阻尼矩阵$Z_{33}(\omega)$、$Z_{99}(\omega)$和$Z_{39}(\omega)$基本上展示了相同的定量信息。

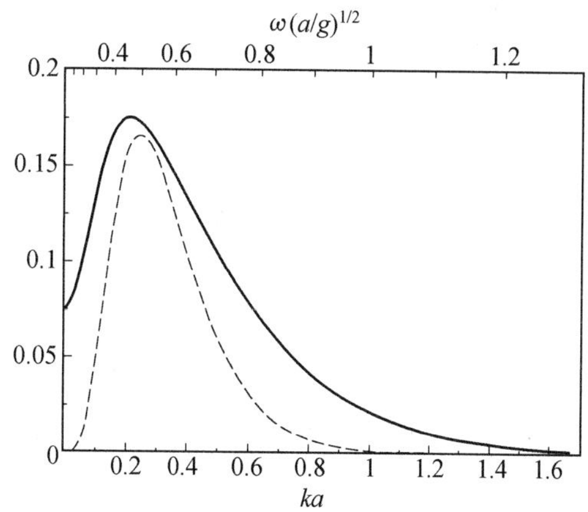

图5.23　正常化的辐射阻力矩阵$R_{i,i'}(\omega)/(\omega\rho a^3 2\pi/3)$,$(i,i') = (3,3)$(实曲线),$(i,i') = (9,9)$(虚曲线),与之相对,规格角度波数$ka$(下部区域)和规格频率$\omega(a/g)^{1/2}$(上部区域)

脉冲反应函数$f_{t,3}(t)$和$f_{t,9}(t)$分别是激振力系数$f_3(\omega)$和$f_9(\omega)$的逆傅里叶变式。

这些展示于图 5.25 的曲线展示了轴对称二体实例的计算机数值结果。通过观察,脉冲反应函数在 $t < 0$ 的情况下,不能化为零,因此,如 5.3.2 节所述,它们非因果。

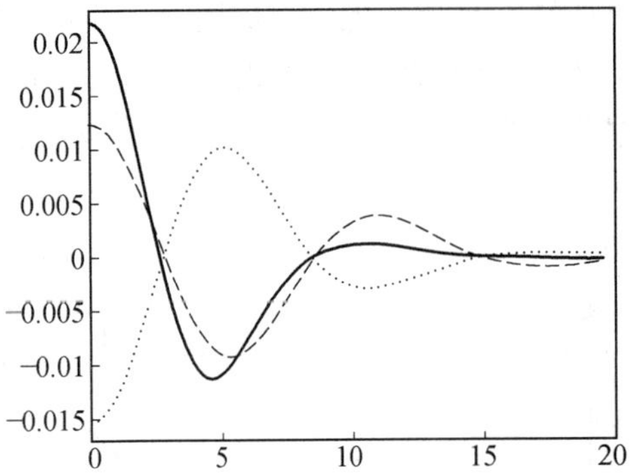

图 5.24 正常化的励磁问题脉冲响应函数 $k_{ii'}/(\pi\rho g a^2)$, 对正常化时间 $t(g/a)^{1/2}$, $(i,i') = (3,3)$(实曲线), $(i,i') = (9,9)$(虚曲线), $(i,i') = (3,9)$(点曲线)

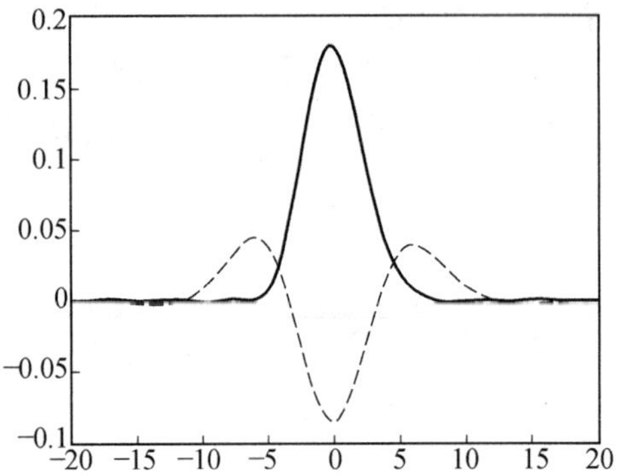

图 5.25 正常化励磁问题脉冲响应函数 $f_{t,i}(t)(a/g)^{1/2}/(\pi\rho g a^2)$, 对于正常化时间 $t(g/a)^{1/2}$, $i = 3$(实曲线)和 $i = 9$(虚曲线)

5.8 二维系统

在二维系统中,在纵轴 y 方向没有变化,波浪传播在横轴 x 方向。每个浮体有三自由度(运动方式),即垂荡、横摇和纵摇,分别对应 $j = 1$、$j = 3$ 和 $j = 5$。

让我们用角分符号表示因变量代表每个单位宽度的物理量。因此 F'、m'、Z' 和 R' 分别代表二维系统中单位宽度的力、质量、阻抗和阻尼。浮体 p 的总波浪力是每单位宽度,由下式给出

$$\hat{\boldsymbol{F}}'_{pt} = \hat{\boldsymbol{F}}'_{pe} + \hat{\boldsymbol{F}}'_{pr} = \hat{\boldsymbol{F}}'_{pe} - \sum_{p'} \boldsymbol{Z}'_{pp'} \hat{\boldsymbol{u}}_{p'} \tag{5.290}$$

这是一个三维列向量。这两个结果分别由入射波和浮体的辐射波造成。3×3 系数矩阵 $\boldsymbol{Z}'_{pp'}$ 表示 p' 浮体对 p 浮体的辐射作用。

类比方程式(5.196),可以定义 $3N$ 维力向量 $\boldsymbol{F}'_t$ 和 $\boldsymbol{F}_e$,相应的 $3N$ 维速度向量 $\boldsymbol{u}$,二者相互关系为

$$\hat{\boldsymbol{F}}'_t = \hat{\boldsymbol{F}}'_e - \boldsymbol{Z}'\hat{\boldsymbol{u}} \tag{5.291}$$

在此 $3N \times 3N$ 矩阵 $\boldsymbol{Z}'$ 表示每单位宽度辐射阻力。这个辐射波速度势来自于

$$\hat{\phi}_r = \sum_{p=1}^{N} \boldsymbol{\varphi}_p^{\mathrm{T}} \hat{\boldsymbol{u}}_p = \boldsymbol{\varphi}^{\mathrm{T}} \hat{\boldsymbol{u}} \tag{5.292}$$

在此 $\boldsymbol{\varphi}_p$ 和 $\boldsymbol{\varphi}$ 分别为 3 和 $3N$ 维列向量的系数。根据方程式(4.256),远场(渐进)的近似值可写作

$$\boldsymbol{\varphi} \sim -\frac{g}{\mathrm{i}\omega} \boldsymbol{a}^{\pm} e(kz) \mathrm{e}^{\mp \mathrm{i}kx} \quad (x \to \pm \infty) \tag{5.293}$$

再者,计算方程式(4.258)的复共轭,发现

$$\boldsymbol{I}'(\boldsymbol{\varphi}^*, \boldsymbol{\varphi}^{\mathrm{T}}) = -\mathrm{i}\left(\frac{g}{\omega}\right)^2 D(kh)(\boldsymbol{a}^{+*}\boldsymbol{a}^{+\mathrm{T}} + \boldsymbol{a}^{-*}\boldsymbol{a}^{-\mathrm{T}}) \tag{5.294}$$

方程式(4.259)给出

$$\boldsymbol{I}'(\boldsymbol{\varphi},\boldsymbol{\varphi}^{\mathrm{T}})=0 \tag{5.295}$$

二维辐射柯钦函数出自

$$\boldsymbol{h}'(0)=-\frac{k}{D(kh)}\boldsymbol{I}'\{e(kz)\mathrm{e}^{\mathrm{i}kx},\boldsymbol{\varphi}\}=-\frac{gk}{\omega}\boldsymbol{a}^{+} \tag{5.296}$$

$$\boldsymbol{h}'(\pi)=-\frac{k}{D(kh)}\boldsymbol{I}'\{e(kz)\mathrm{e}^{-\mathrm{i}kx},\boldsymbol{\varphi}\}=-\frac{gk}{\omega}\boldsymbol{a}^{-} \tag{5.297}$$

这同方程式(4.278)、(4.298)和(4.299)相一致。衍射波柯钦函数 $H'_{\mathrm{d}}(\beta)(\beta=0,\pi)$ 出自类似的表达,在方程式(5.293)~(5.297)中,$\boldsymbol{\varphi}$、$\boldsymbol{a}^{\pm}$ 和 $\boldsymbol{h}'$ 分别由 $\hat{\phi}_{\mathrm{d}}$、$A_{\mathrm{d}}^{\pm}$ 和 H_{d}' 代替。关于衍射问题(如在浮体不运动的情况下),可以定义振幅反射率

$$\Gamma_{\mathrm{d}}=A_{\mathrm{d}}^{-}/A \tag{5.298}$$

[参见方程式(4.88)]和传递系数

$$T_{\mathrm{d}}=1+A_{\mathrm{d}}^{+}/A \tag{5.299}$$

这些系数量化描述了振幅 $|A|$ 的入射波分解为反射波和折射波,这些传播超越浮体。从能量守恒观点出发,这可被预估为

$$|\Gamma_{\mathrm{d}}|^2+|T_{\mathrm{d}}|^2=1 \tag{5.300}$$

这完全可以从数学角度证明(参见问题5.14)。

现在思考在二维系统中的辐射阻尼和激振力的一些互反关系。单位宽度的辐射阻力性由 $3N\times 3N$ 矩阵给出

$$\begin{aligned}\boldsymbol{R}'&=\frac{1}{2}\mathrm{i}\omega\boldsymbol{\rho}\boldsymbol{I}'(\boldsymbol{\varphi}^{*},\boldsymbol{\varphi}^{\mathrm{T}})=\frac{\rho g^2D(kh)}{2\omega}(\boldsymbol{a}^{+*}\boldsymbol{a}^{+\mathrm{T}}+\boldsymbol{a}^{-*}\boldsymbol{a}^{-\mathrm{T}})=\\&\frac{\omega\rho D(kh)}{2k^2}\{\boldsymbol{h}'^{*}(0)[h'(0)]^{\mathrm{T}}+\boldsymbol{h}'^{*}(\pi)[h'(\pi)]^{\mathrm{T}}\}=\\&\frac{\omega\rho D(kh)}{2k^2}\{\boldsymbol{h}'(0)[h'(0)]^{\dagger}+\boldsymbol{h}'(\pi)[\boldsymbol{h}'(\pi)]^{\dagger}\}\end{aligned} \tag{5.301}$$

比较方程式(4.304)、(5.174)、(5.296)和(5.297)。观察因为 $\boldsymbol{R}'$ 是实的,可以在不改变结果的前提下采用一部分的方程式(5.301)的复共轭。每单位宽度的激振力是

$$\boldsymbol{F}'_{\mathrm{e}}=\boldsymbol{f}'(\beta)A=\mathrm{i}\omega\rho\boldsymbol{I}'(\hat{\phi}_0,\boldsymbol{\varphi}) \tag{5.302}$$

在此,对 $\beta=0$ 或者 $\beta=\pi$

$$\boldsymbol{f}'(\beta)=\frac{\rho gD(kh)}{k}\boldsymbol{h}'(\beta\pm\pi) \tag{5.303}$$

即

$$\boldsymbol{f}'(0)=\frac{\rho gD(kh)}{k}\boldsymbol{h}'(\pi)=-\frac{\rho g^2D(kh)}{\omega}\boldsymbol{a}^{-} \tag{5.304}$$

$$\boldsymbol{f}'(\pi)=\frac{\rho gD(kh)}{k}\boldsymbol{h}'(0)=-\frac{\rho g^2D(kh)}{\omega}\boldsymbol{a}^{+} \tag{5.305}$$

比较方程式(5.198)、(5.296)和(5.297)。同样的二维版方程式(4.281)可被应用,同者考虑到 $A_j=0,A_i=A,\phi_j=\boldsymbol{\varphi}$ 和 $H'_j=\boldsymbol{h}'$。注意激振力在波道活塞处导出[参见方程式(5.86)],这同一般方程(5.302)和方程式(5.304)的结合体相一致。

单个相称浮体垂荡,波动辐射是轴对称的,因此

$$\begin{bmatrix} a_3^- \\ h'_3(\pi) \\ f'_3(0) \end{bmatrix} = \begin{bmatrix} a_3^+ \\ h'_3(0) \\ f'_3(\pi) \end{bmatrix} \tag{5.306}$$

如果横摇和纵摇，辐射是反对称的，因此

$$\begin{bmatrix} a_j^- \\ h'_j(\pi) \\ f'_j(0) \end{bmatrix} = \begin{bmatrix} a_j^+ \\ h'_j(0) \\ f'_j(\pi) \end{bmatrix} \quad (j=1, j=5) \tag{5.307}$$

因此，根据方程式(5.301)，二维对称体辐射阻尼矩阵是

$$\boldsymbol{R}' = \frac{\rho g^2 D(kh)}{\omega}\begin{bmatrix} |a_1^+|^2 & 0 & a_5^+ a_1^{+*} \\ & |a_3^+|^2 & 0 \\ a_1^+ a_5^{+*} & 0 & |a_5^+|^2 \end{bmatrix} \tag{5.308}$$

在此矩阵中可能发现非零的2×2矩阵，但很难发现规模为3×3矩阵。因此，$\boldsymbol{R}'$是一个降秩(矩)阵，秩不超过2。

因为$\boldsymbol{R}'$是对称实矩阵，可以应用方程式(5.304)和(5.305)，如我们之前讨论的方程式(5.280)～(5.286)的联系。之后可总结矩阵$\boldsymbol{R}'$的非对角元是正值或负值，如果对称二维体在横摇和纵摇的激振力系数分别在相同或相反的相位。

如上述所示，一般来说，对于一个二维的振荡体系统其辐射阻尼矩阵的秩最多是2，另$\boldsymbol{x}$和$\boldsymbol{y}$为2个任意的$3N$阶的列向量，那么$\boldsymbol{xy}^{\mathrm{T}}$矩阵的秩最多为1(见Pease第239页)。在方程(5.301)中的矩阵$\boldsymbol{R}'$是2个这种矩阵的和。因此，矩阵$\boldsymbol{R}'$的秩不会大于2(如果$\boldsymbol{a}^+$和$\boldsymbol{a}^-$这两个列向量是线性相关的，那么这个秩就会小于2)。至于这个秩为什么会有这种限制，其物理原因会在下一章给出相应解释(见6.4.3小节)。

5.9　运动响应和运动控制

当浸入水中的浮体不运动时，如果入射波存在则这受制于激振力$\boldsymbol{F}_e$。如果浮体处于运动状态，则受制于两个其他的力，辐射力$\boldsymbol{F}_r$和静水浮力$\boldsymbol{F}_b$，辐射力早已考虑过[参见方程式(5.37)和(5.110)]。静水浮力来自于静态浮力项——方程式(4.14)中的$\rho g z$，这是由于浮体的振荡导致湿表面变化而产生的静压力的变化。然而，浪涌振荡、激增、摇摆或摆动的运动模式并不产生任何静态浮力。在此前提下，将研究限定于垂荡运动的细节研究。对于静水浮力的更一般处理方法，参阅由纽曼(Newman)或者梅(Mei)所著的书，纽曼(Newman)(第六章)，梅(Mei)(第七章)。在线性理论中，假定静水浮力$\boldsymbol{F}_b$是同浮体在平衡位置的总位移$\boldsymbol{s}$成比例的。可做记录

$$\boldsymbol{F}_b = -S_b \boldsymbol{s} \tag{5.309}$$

在此，“浮力劲度”矩阵S_b元素是比例系数。36个元素中的许多元素，例如，所有的元素都同浪涌或摇摆、消失有联系。同时记下速率是

$$\boldsymbol{u} = \frac{\mathrm{d}}{\mathrm{d}t}\boldsymbol{s} \tag{5.310}$$

在此可能有很多附加力作用于振动浮体，比如线性力$\boldsymbol{F}_v$和控制或负载力$\boldsymbol{F}_u$，力来自于一个控制机制或提供或吸收能量的机制。在此也同样存在一个摩擦力$\boldsymbol{F}_f$，这个摩擦力

的产生是由于这些机制或者其他传输力的途径。再次，这里也可能存在系泊力，系泊力不再详细探讨。可假定系泊力包含于 $\boldsymbol{F}_u$（或者存在于 $\boldsymbol{F}_b$，如果系泊力十分灵活且线性理论适用）。根据牛顿定律，振动浮体的动力方程可写为

$$\boldsymbol{m}_m \frac{\mathrm{d}^2}{\mathrm{d}t^2}\boldsymbol{s} = \boldsymbol{F}_e + \boldsymbol{F}_r + \boldsymbol{F}_b + \boldsymbol{F}_v + \boldsymbol{F}_f + \boldsymbol{F}_u \tag{5.311}$$

矩阵 $\boldsymbol{m}_m$ 表示振动浮体的惯性。三个首要对角线元素是 $m_{m11} = m_{m22} = m_{m33} = m_m$，在此 m_m 为浮体的质量。一些参与旋转运动的 $\boldsymbol{m}_m$ 的非对角线元素可能不同于 0（参见纽曼（Newman）第六章，梅（Mei）第七章）。当 j 和 j' 等于 4、5 或者 6 时，$m_{mjj'}$ 是惯性力矩的维数。

虽然 $\boldsymbol{F}_e + \boldsymbol{F}_r$ 的和代表总波浪力，但是上面提到的附加力由方程式（5.311）最后三项展示。最后一项 $\boldsymbol{F}_u$ 出于一些目的。这是一种有意的控制力，例如，减少海洋中船舶或者浮式平台的振动，或者这是一种载荷力，对于海浪的能量转化是十分必需的。

最后的第三项和第二项 $\boldsymbol{F}_v$ 和 $\boldsymbol{F}_f$ 代表了无法避免的黏性和摩擦效应。因此，虽然在 4.1 节假定了一种理想状态的液体，在这个时域构想下，要做出实践校正通过引入方程式（5.311）中的非无耗力。大体上来说，这种力很明确地取决于时间，也取决于 $\boldsymbol{s}$ 和 $\boldsymbol{u}$。出于数学上的便捷，假定 $\boldsymbol{F}_f$ 可写作

$$\boldsymbol{F}_f = -\boldsymbol{R}_f\boldsymbol{u} = -\boldsymbol{R}_f\frac{\mathrm{d}s}{\mathrm{d}t} \tag{5.312}$$

此处 $\boldsymbol{R}_f$ 是一个常量摩擦阻力矩阵。黏性阻力矩阵 $\boldsymbol{R}_v$ 可以被同样类似的方法去定义。

垂荡浮体动力学分析

本节内容假设悬浮体只做垂荡运动。然后视该模型为式（5.309）、（5.311）和式（5.312）中的标量 S_b、m_m 和 R_f。

首先决定将浮力刚度 S_b 作为研究案例，考虑到球体半径 a 和质量 $m_m = \rho 2\pi a^3/3$，因此在平衡状态下球体处于半潜状态。如图 5.26 所示，当球体排开一定量水悬浮于液面，重心距水面距离为 S_3 时，排水量则为 $\pi(2a^3 - 3a^2s_3 + s_3^3)/3$，因而此时存在一个反作用力 $F_b = -\rho g\pi(a^2s_3 - s_3^3/3)$，通过该公式发现浮力强度即为

$$S_b = \pi\rho g a^2(1 - s_3^2/3a^2) \tag{5.313}$$

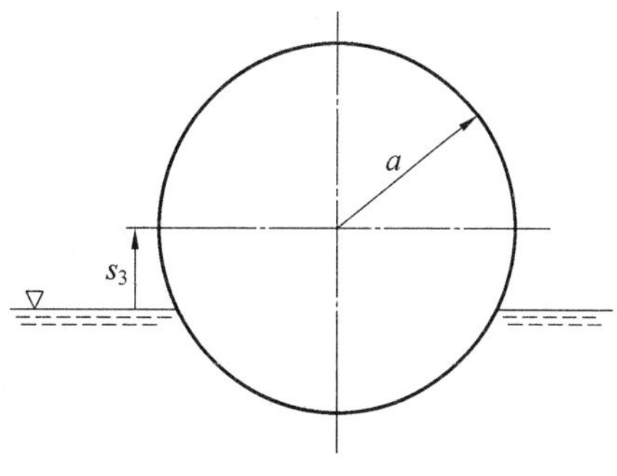

图5.26　悬浮球体重心位置高于半潜平衡位置为 s_3

由于 $|s_3| < a$，因此在特殊情况下，当 $|S_3|$ 远小于 a 时，得出

$$S_b \approx \pi\rho g a^2 \tag{5.314}$$

此时浮力强度大小与 s_3 无关。注意到这个数值的大小与 ρg 乘以水面接触面积有关。对于一个漂浮的球体，浮力的大小（此时上下浮动距离 s_3 很小）即为

$$S_b = \rho g S_w \tag{5.315}$$

式中 S_w 即为球体平衡状态时与水面接触的面积。（对于一个圆柱而言，其与水面的接触面积则与平衡状态时 s_3 无关。此时流体静力强度 S_b 是永恒不变的，即使 s_3 数值较大时也

不变）对于自由漂浮的浮体而言自身的重力等于ρgV,此时V代表浮体在水中静止时排开水的体积。

只考虑悬浮浮体上下浮动时,动态平衡式(5.311)则为

$$m_m\ddot{s}_3 = F_{e3} + F_{r3} + F_{b3} + F_{v3} + F_{f3} + F_{u3} \tag{5.316}$$

考虑到复杂情况下的运动,该公式还可以写

$$\{-\omega^2[m_m + m_{33}(\omega)] + \mathrm{i}\omega[R_v + R_f + R_{33}(\omega)] + S_b\}\hat{s}_3 = \hat{F}_{e3} + \hat{F}_{u3} \tag{5.317}$$

同式(5.38)、(5.44)、(5.309)、(5.310)和(5.312),注意公式(5.317)符合时域方程(5.316)的傅里叶转换。[比较公式(2.161)和(2.169)]其中固有的转换函数为

$$G_i(\omega) = S_b + \mathrm{i}\omega R_l - \omega^2 m_m + \mathrm{i}\omega Z_{33}(\omega) \tag{5.318}$$

其中$R_l = R_v + R_f$表示阻力损耗,简单地将方程式(5.317)写作

$$G_i(\omega)\hat{s}_3 = \hat{F}_{e3} + \hat{F}_{u3} \equiv \hat{F}_{ext} \tag{5.319}$$

使用"固有的"这个词是因为G_i中各个项都关系到振动系统的物理性质,方程式(5.319)从数量角度描述了振动系统如何对外力$F_{ext} = F_{e3} + F_{u3}$产生反应,其中$F_{e3}$表示突发性波浪产生的力,第二项$F_{u3}$表示操作者或者是振动体的辅助控制。在特殊条件下,$F_{e3}$和$F_{u3}$可能会消失。例如在完全没有太阳辐射的情况下,就不存在突发波浪,因而

$$F_{e3} = 0(F_{ext} = F_{u3})$$

同时引入"固有机械阻抗"公式

$$Z_i(\omega) = Z_{33}(\omega) + R_l + \mathrm{i}\omega m_m + S_b[1/(\mathrm{i}\omega) + \pi\delta(\omega)] \tag{5.320}$$

因为

$$G_i(\omega) = \mathrm{i}\omega Z_i(\omega) \tag{5.321}$$

所以得出

$$Z_i(\omega)\hat{u}_3 = \hat{F}_{e3} + \hat{F}_{u3} = \hat{F}_{ext} \tag{5.322}$$

方程(5.320)中带有$\delta(\omega)$的最后一项,保证了$Z_i(\omega)$反傅里叶转换是随机的(见问题2.15),当$\omega \neq 0$时,该项则没有意义。但是当在方程(5.322)中输入与输出是傅里叶转换而不是复杂的振动时,就具备一定的重要性。同时需要注意该项不能明确在方程(5.318)中表示出$G_i(\omega)$的大小,因为$\mathrm{i}\omega\delta(\omega) = 0$。

通过已给外力$\hat{F}_{e3} + \hat{F}_{u3}$,当$\omega \neq 0$时,则方程(5.322)解为

$$\hat{u}_3 = \frac{\hat{F}_{ext}}{Z_i(\omega)} = \frac{\hat{F}_{ext}}{R_{33}(\omega) + R_l + \mathrm{i}[\omega m_{33}(\omega) + \omega m_m - S_b/(\mathrm{i}\omega)]} \tag{5.323}$$

这里将方程(5.44)代入到方程(5.320)中。当固有的阻力消失以后,就说系统产生了共振。这种情况发生的频率为$\omega = \omega_0$,即

$$\mathrm{Im}\{Z_i(\omega_0)\} = 0 \quad 或 \quad \omega_0 = \sqrt{S_b/[m_m + m_{33}(\omega_0)]} \tag{5.324}$$

然后垂荡变化的速度就与外力相关。如果$R_{33}(\omega)$随着ω变化缓慢变化,仍然能够得到振幅变化的最大速度$|\hat{u}_3/\hat{F}_{ext}|$,其频率接近$\omega_0$。

现在考虑一个半径为a、在半潜状态下取得平衡的一个漂浮球体。当这个球体在深水中垂荡运动时,其辐射阻力取决于图5.6中提到的频率。静水刚度则为$S_b = \rho g\pi a^2$,质量为$m_m = \rho(2\pi/3)a^3$。此外,增加的质量为$m_{33}(\omega) = m_m\mu_{33}$,其中无维参数$\mu_{33} = \mu_{33}(ka)$的变化区间是$0.38 < \mu_{33} < 0.9$,这一数值与图5.6相同。注意当$\mu_{33} \to 0.5$,当$ka \to \infty$时,代入方程(5.324)以后得出起伏半潜球体的共振公式为

$$\omega_0 = \sqrt{\frac{3g}{2a[1+\mu_{33}(\omega_0)]}} \tag{5.325}$$

可能借用迭代来解决 ω_0。如果取第一个近似值，假设 $\mu_{33} \approx 0.5$，得出 $\omega_0 \approx \sqrt{g/a}$。接下来继续提高近似值的精度，因为 $\omega_0 = \sqrt{g/a}$，也就是说当 $k_0 a = \omega_0^2 a/g = 1$ 时，得出 $\mu_{33} = 0.43$。然后得出下列精确的角本征频率值为

$$\omega_0 = \sqrt{3g/[2a(1+0.43)]} = 1.025\sqrt{g/a} \tag{5.326}$$

相应地，也就能够得出 $k_0 a = \omega_0^2 a/g \approx 1.05$。对于直径为 20 m（$a$ = 10 m）的球体而言，其共振频率则表示为 $\omega_0 \approx 1.01$ rad/s，$f_0 = \omega_0/(2\pi) \approx 0.161$ Hz。共振周期则表示为 $T_0 = 1/f_0 \approx 6.2$ s。

另外一个例子，如图 5.27 所示，一个漂浮的圆柱体，底面半径为 a，半潜深度为 l。假设 $a \ll l$，静水刚度为 $S_b = \rho g \pi a^2$，质量为 $m_m = \rho \pi a^2 l$。此外增加的质量是 $m_{33} = m\mu_{33}$，其中无维质量增加系数 μ_{33} 取决于 ka、l/a 和 kh。从麦考密克的《海洋潮汐能转换》一书获得了该数值

$$m_{33} = 0.167\rho(2a)^3 = 0.64(2\pi/3)a^3\rho \tag{5.327}$$

$$\omega_0 = \sqrt{S_b/(m_m + m_{33})} \approx \sqrt{S_b/m_m} = \sqrt{g/l} \tag{5.328}$$

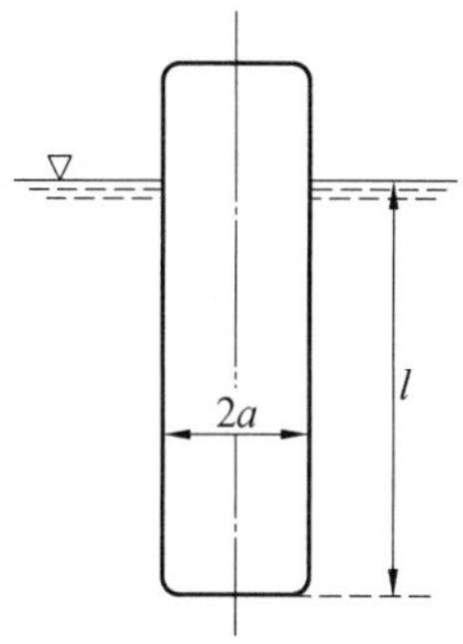

图 5.27　直漂浮圆柱，直径为 $2a$，半潜深度为 l

相应地，其振动周期为 $T_0 \approx 2\pi\sqrt{l/g}$，相当于当时间 T_0 = 10 s 时，圆柱的浮动深度为 25 m。

见方程组（5.319）和（5.322）。将 $G_i(\omega)$ 和 $Z_i(\omega)$ 看成线性方程组转换，其中输入函数分别为垂荡距离和垂荡速度。两个函数的输出值都是力，将这个力称为外力。这些线性方程组“产生”了一个辐射力、摩擦力、阻力和惯性力，这些力的合力与这个外力平衡。

然而，如果将外力造成的垂荡振动考虑进来，就会发现线性方程组中的输入与输出函数之间的互相交替更加贴近自然。状态从数学角度，这些函数可以表示为

$$s_3(\omega) = H_i(\omega)F_{\text{ext}}(\omega) \tag{5.329}$$

$$u_3(\omega) = Y_i(\omega)F_{\text{ext}}(\omega) \tag{5.330}$$

这里将输入与输出值写作傅里叶转换而不是复振幅（比较式（2.161）和（2.169））。这些线性函数的转换函数如下

$$H_i(\omega) = 1/G_i(\omega) \tag{5.331}$$

$$Y_i(\omega) = H_i(\omega)/(\mathrm{i}\omega) \tag{5.332}$$

[注意可以将 Y_i 定义为 Z_i 的转换，因为式（5.320）中数值 $\delta(\omega)$ 的转换不存在。同一问题也可以参见问题 2.15。]

通过引用傅里叶转换，得出了下列四个经过深思的线性方程组的时域替代式

$$g_i(t) * s_3(t) = z_i(t) * u_3(t) = F_{\text{ext}}(t) \tag{5.333}$$

$$h_i(t) * F_{\text{ext}}(t) = s_3(t), \quad y_i(t) * F_{\text{ext}}(t) = u_3(t) \tag{5.334}$$

这些脉冲反应函数 $g_i(t)$、$z_i(t)h_i(t)$ 和 $y_i(t)$ 转变为卷积函数以后则成为反傅里叶转换，分别为 $G_i(\omega)$、$Z_i(\omega)$、$H_i(\omega)$ 和 $Y_i(\omega)$。通过表格 2.2，方程组（5.109）和（5.112）以及方程组（5.320）和（5.321），我们发现

$$z_i(t) = k_{33}(t) + R_l\delta(t) + [m_{33}(\infty) + m_m]\dot{\delta}(t) + S_b U(t) \tag{5.335}$$

$$g_i(t) = \dot{z}_i(t) = \dot{k}_{33}(t) + R_l\dot{\delta}(t) + [m_{33}(\infty) + m_m]\ddot{\delta}(t) + S_b\delta(t) \tag{5.336}$$

如5.3节解释的一样，知道辐射的脉冲反应函数$k_{33}(t)$是随机的。因而，函数$z_i(t)$和$g_i(t)$的随机性就显而易见了。注意若函数(5.320)中不含有$\delta(\omega)$的项，可能就会用$\frac{1}{2}\mathrm{sgn}(t)$代替函数(5.335)中的随机单步函数$U(t)$，但是函数(5.336)就会保持不变。结合函数(5.333)和函数(5.335)，将时域动态方程写作

$$[m_{33}(\infty) + m_m]\ddot{s}_3(t) + R_l\dot{s}_3(t) + k_{33}(t) * \dot{s}_3(t) S_b s_3(t) = F_{\mathrm{ext}}(t) \tag{5.337}$$

当注意到$\dot{k}_{33}(t) * s_3(t) = k_{33}(t) * \dot{s}_3(t)$，是因为$k_{33}(t) \to 0, t \to \infty$。[通过部分合并以后公式可能更清晰明了。同见于方程(2.418)]与之相似

$$\dot{\delta}(t) * s_3(t) = \delta(t) * \dot{s}_3(t), \quad \ddot{\delta}(t) * s_3(t) = \dot{\delta}(t) * \dot{s}_3(t) = \ddot{s}_3(t)$$

有理由假设脉冲反应函数$h_i(t)$和$y_i(t)$也是随机的。通过研究问题2.15，可以获得一些理论支撑。然而，Wehausen为该假想提供了一个有力的证明。

问题

问题5.1　铰链板的纵荡和纵摇

一个矩形的钢板垂直安放在水里，其上边缘高出水面，而其下边缘链接在水面以下，深度为c。建立一个坐标系，在坐标系中钢板处于垂直平面其横坐标$x = 0$，铰链位于水平平面$x = 0, z = -c$。进而，为该钢板确定了坐标参考点$(x, y, z) = (0, 0, z_0)$；如图5.3所示。该钢板同铰链按正弦函数图像做旋转运动。运动的角振幅表示为β_5(假设该值较小)，角速率为ω。在这种情况下，采用在5.1.1中已经定义的六维向量$\boldsymbol{u}$和$\boldsymbol{n}$来分别研究三种情况：

(a)$z_0 = -c$(参考点在铰链处)

(b)$z_0 = 0$(参考点在自由表面)

(c)$z_0 = -c/2$(参考在铰链和$z = 0$之间)

问题5.2　波浪槽中漂浮活塞激振力

假设一个波浪槽从$x = 0$向$x \to \infty$延展。水深是h，槽宽是d。建立一个合理的坐标系，使得池壁接触水的一面坐标为：$x = 0, 0 < y < d, 0 > z > -h$。

在垂直的墙面上存在一个矩形的活塞，宽度为d_1，高度为$a_2 - a_1$，相对于表面其坐标为

$$x = 0, \quad b < y < c, \quad -a_2 < z < -a_1$$

其中$c - b = d_1 (0 < b < c < d)$。在这种情况下，该活塞不做振荡运动，式(5.31)给出了其运动势。从中可以从A、ρ、g、k、h、a_1、a_2和d_1得出该活塞的激振力。

问题5.3　垂直钢板的辐射阻力

一个宽为d、深度为h的波浪槽其中一端位于造波机(即垂直摆放的钢板)位，即$x = 0$。该钢板做稳定的振动，振动速度为$\hat{u}_1$(仅在漂浮运动状态下)，角速度为ω。在波浪槽相反的一侧，存在一个理想的吸波器。也就是说，可以视这个波浪槽的长度为无限大$(0 < x < \infty)$。

(a) 通过无穷级数为该波浪寻找一个正确的表达式,无穷级数中的一些参数已经通过方程式明确定义。

(b) 通过基本的函数,通过波率 k、液体密度 ρ 和长度 h 及 d 来描述辐射阻力 R_{11}。画出($R_{11}\omega^3/(\rho g^2 d)$) 和 kh 的曲线图。

(c) 同时能够解决连接的铰链位于钢板下端的情况($z=-h$),现在$\hat{u}_1$ 表示平均水位是速度势的水平分力。

问题 5.4　像造波机一样拍动

一个突然的波浪 $\hat{\eta}=A\mathrm{e}^{-ikx}$ 撞击到垂直的钢板上,钢板的下端水深 $z=-c$,水平位置 $x=0$,其中 $0<c<h$。当 $x=0$ 时,$-h<z<-c$(在铰链以下),存在一个垂直的固定的墙。将该系统看成一个宽度 $\Delta y=d$ 的波浪槽。

(a) 确定用 ρ、g、k、A、h 和 d 来表达纵摇力矩$\hat{M}_y=\hat{F}_5$。用更简便的方式表达两种情况 $h\to\infty$ 和 $c=h$。

(b) 通过表达式 $\varphi_5=\hat{\phi}_r/\hat{u}_5$ 解决辐射问题。并进一步得出辐射阻抗的公式 $Z_{55}=R_{55}+\omega m_{55}$。

(c) 检查 $R_{55}=|\hat{F}_5/A^2|\omega/(2\rho g^2 Dd)$。检查通过应用 Haskind 关系函数激发时刻$\hat{F}_5$能否恢复。

问题 5.5　以垂直旋转钢板作为造波机

与问题 5.4 基本相同,但是在该问题中将钢板的 z 坐标改为 $z=-h$,而铰链依然位于 $z=-c$。在这种情况下用 $c/h(0<c<h/2)$,就可以发现从何处开始辐射波消失 —— 即 $R_{55}=0$。[注:用一个波浪频率(波数) 来表示相应的频率,这样就可以用一个涉及双曲线函数的方程解决了。解决办法可以用图表,可以用直线与正切函数图像($kh/2$) 交叉来表示。]

问题 5.6　圆形造波机

一个底面半径为 a 的圆柱垂直安放在海床上,其高度高于水深,$z=-h$。此时,圆柱的外壁在半径方向上做规律的运动,振幅速度为$\hat{u}_r(z)=\hat{u}_0 c(z)$,其中持续的$\hat{u}_0=\hat{u}_r(0)$ 表示平均水位 $z=0$ 时的振动速度。注意 $c(0)=1$。假设该系统是轴对称,也就是说角 θ 的大小不会发生变化。

(a) 从正常化的垂直特征函数$\{Z_n(z)\}$ 以及对应的特征数角度 $\lambda_0=k^2$,$\lambda_1=-m_1^2$,$\lambda_2=-m_2^2$,…,将潜在速度 $\hat{\phi}=\varphi\hat{u}_0$ 表示为已经生成的波浪无穷级数。

(b) 将辐射阻力 Z_{00} 作为无穷级数,并为辐射阻力 R_{00} 找到一个简便的表达式。

[注:通过贝塞尔函数,我们得出$(\mathrm{d}/\mathrm{d}x)\mathrm{J}_0(x)=-\mathrm{J}_1(x)$ 函数对应 $\mathrm{N}_0(x)$、$\mathrm{H}_0^{(2)}(x)$ 和 $\mathrm{K}_0(x)$,而$(\mathrm{d}/\mathrm{d}x)\mathrm{I}_0(x)=\mathrm{I}_1(x)$。此处 I_n 和 K_n 分别是第一类和第二类 n 阶修改后的贝塞尔函数。其渐进表达为 $\mathrm{I}_0(x)\to\mathrm{e}^x/\sqrt{2\pi x}$,当 $x\to+\infty$ 时有 $\mathrm{K}_0(x)\to\pi\mathrm{e}^{-x}/\sqrt{2\pi x}$。此外,还得出 $\mathrm{J}_1(x)\mathrm{N}_0(x)-\mathrm{J}_0(x)\mathrm{N}_1(x)=2/(\pi x)$]

问题 5.7　远场系数辐射阻尼

振动浮体单位时间产生的机械能可以表达为

$$P_r=\sum_{j=1}^{6}\sum_{j'=1}^{6}\frac{1}{2}R_{jj'}\hat{u}_j^*\hat{u}_{j'}$$

在理想流体中,单位时间产生的能量在辐射波力传递过程中可以恢复,例如,在远场区域波能以平面波传递时公式是可行的。在远场区域,反射波为

$$\hat{\phi}_r = \hat{\phi}_l(r,\theta,z) + A_r(\theta)e(kz)(kr)^{-1/2}e^{-ikr}$$

其中近场区域$\hat{\phi}_l$ 是可以忽略的,因为$\hat{\phi}_l = \boldsymbol{O}\{r^{-1}\}$ 中 $r \to \infty$。用分解的公式

$$A_r(\theta) = \sum_{j=1}^{6} a_j(\theta)\ \hat{u}_j$$

利用上述分解推导出以远场系数向量 $a_j(\theta)$ 表示的辐射阻力矩阵 $R_{jj'}$。

问题 5.8 激振力脉冲反应

作者认为垂直表面水平方向单位宽度产生的激振力垂直于意外波。高度为 Δz 的水平位置包含一个间隔$(z - \Delta z, z)$,其中 $z < 0$。用激振力脉冲函数表示可得到

$$\Delta f'_{t,1}(t) = \rho g\ (g/(\pi\ |\ z\ |\ ))^{1/2}e^{+gt^2/(4z)}\Delta z \to 2\rho g\delta(t)\Delta z$$

当 $z \to 0$ 时,比较 4.9.2 和 5.3.2。

问题 5.9 轴对称浮体的弗鲁德 - 克雷洛夫力

一个垂直方向对称的浮体对称轴$(x = y = 0)$,湿面的半径为 $a = a(z)$。将平面干扰波 $\hat{\eta} = Ae^{-ikx}$ 引起的弗鲁德 - 克雷洛夫力垂直分力表示为

$$f_{FK,3} = F_{FK,3}/A = \pi\rho g\int_{-b}^{-c} J_0(ka)\ \frac{da^2(z)}{dz}e(kz)\,dz$$

其中 J_0 表示第一象限零阶贝塞尔函数。另外,b 和 c 分别表示湿面底部和顶部潜入的深度。如果该浮体是漂浮状态,则 $c = 0$。浮体底端的位置则是 $z =- b$。

对于底部为半球型的垂直漂浮浮体,表达式为

$$a^2(z) = \begin{cases} a_0^2 & (-l < z < 0) \\ a_0^2 - (z + l)^2 & (-l - a_0 < z - l) \end{cases}$$

其中 $l = b - a_0$ 表示湿面圆柱体部分的长度。可以沿用上面的公式表示 $f_{FK,3}$ 作为(ka_0) 和(kl) 的指数幂。假设水的深度$(kh \gg 1)$,并找到该延伸的第一象限表达。比较先前从较小的浮体上得到的近似弗鲁德 - 克雷洛夫力。

[注:假设已知一下部分

$$\frac{1}{2\pi}\int_0^{2\pi} e^{-ix\cos\theta}d\theta = J_0(x) = 1 - \frac{(x/2)^2}{(1!)^2} + \frac{(x/2)^4}{(2!)^2} - \cdots]$$

问题 5.10 零频率辐射阻尼限制

将一个轴对称漂浮浮体的上下运动辐射阻尼表示为

$$R_{33} = \varepsilon_{33}\omega\rho a^3 2\pi/3$$

其中 a 表示水平面的半径。表明如果水的深度是无限的,则当 $ka \to 0$ 时,$\varepsilon_{33} \to ka3\pi/4$,而对于无限水深 h 则有当 $ka \to 0$ 时,$\varepsilon_{33} \to 3\pi a/(8h)$ 。

[注:使用方程式(5.253) 和(5.279)]

问题 5.11 半潜球体的垂荡激振力

将一个半径为 a 的半潜漂浮球体的激振力写作 $F_3 = \kappa SA = \kappa\rho g\pi a^2 A$,其中 S 表示浮力大小 A 是位于半球中间位置稳定的扰动波的复振幅。此外,κ 表示无维激振力。它的辐射阻力表达式为

$$Z_{33} = R_{33} + i\omega m_{33} = \omega\rho\ \frac{2}{3}\pi a^3(\varepsilon + i\mu)$$

至于深水部分($kh \gg 1$)，$\varepsilon = \varepsilon(ka)$ 和 $\mu = \mu(ka)$ 的值，Hulme 计算的结果如下

$ka = 0$	0.05	0.1	0.2	0.3	0.4
$\mu = 0.8310$	0.8764	0.8627	0.7938	0.7157	0.6452
$\varepsilon = 0$	0.1036	0.1816	0.2793	0.3254	0.3410
$ka = 0.5$	0.6	0.7	0.8	0.9	1.0
$\mu = 0.5861$	0.5381	0.4999	0.4698	0.4464	0.4284
$\varepsilon = 0.3391$	0.3271	0.3098	0.2899	0.2691	0.2484

通过辐射阻力与激振力之间的正确的相互作用关系，从 ε 的值计算出 $|\kappa|$ 的数值。同时，通过小浮体激振力近似值从 μ 计算出 κ 的近似值。在同一个表格中画出精确的 $|\kappa|$ 图像与近似的 κ 的图像以及 $ka(0 < ka < 1)$ 并比较。

问题 5.12　圆柱体的辐射阻力

一个底面直径为 $2a$、高为 $2l$ 的垂直圆柱（为了减少依附性损失）的底部连接一个球体。当圆柱在平衡位置漂浮时，其水下高度为 $l + a$（圆柱体上顶端水上的高度为 l）。在此前提下考虑深水的情况。

为了简便，假设垂荡激振力为

$$\hat{F}_3 \equiv F(l) \approx e^{-kl}F(0) \tag{1}$$

其中 $F(0)$ 为半径为 a 的半潜球体的垂荡激振力，它遵守辐射阻尼与激振力［如下面函数(4) 所示］之间的相互作用关系，辐射阻力为

$$R_{33} \equiv R_0 \approx R_H e^{-2kl} \tag{2}$$

其中半潜球体的辐射阻力为

$$R_H = \omega\rho(2\pi/3)a^3\varepsilon \tag{3}$$

其中 $\varepsilon = \varepsilon(ka)$ 为 Havelock 无维阻尼系数，数值由 Hulme 计算而来。比较下列的图表或者问题5.11 中的图表［从问题5.9 的解决方法可以发现：(1) 这个关系对于弗鲁德 - 克雷洛夫力是绝对正确的。在实验浮体较小的情况下如果增加的质量的变化和长度 l 被忽略时，近似值(1) 能够有效地描述波浪的绕射力。然而，该假设不完全正确，根据克拉茂 - 克朗尼希关系基于近似值(2) 辐射阻力的变化与增加质量的变化存在一定关系。见5.3.1 小节］

对于一个深水中的轴对称浮体，得出其相互作用关系为

$$R_0 = R_{33} = (\omega k/(2\rho g^2))\,|f_3|^2 \tag{4}$$

其中，$f_3 = \hat{F}_3/A$ 是垂荡激振力系数，A 是扰动波浪上升振幅（初始复杂振幅）。用 ε、ka 和 kl 来表示无维参数 $|f_3|/S$ 和 $\omega R_{33}/S$。计算这些数据的数值用 $l/a = 0$、$4/3$ 和 $8/3$，其他各 ka 的值则参考下列表格

$ka = 0.01$	0.05	0.1	0.15	0.2	0.3
$\varepsilon = 0.023$	0.1036	0.1816	0.24	0.2793	0.3254

问题 5.13　辐射阻尼矩阵特征值

考虑到对角矩阵元素是非负的，表明轴对称浮体的 6×6 辐射阻力矩阵至少具有三个消失本征值（或者说，表达不一致，一个三重本征值等于 0），因此，该矩阵的阶数最大为 $6 - 3 = 3$。而且，其余三个本征值为正（或者在特殊情况下为 0）并且其中两个是相等的

（或者说，表达不一致，或存在一个不必为 0 的双重本征值）。

［注：思考下列 6 × 6 矩阵

$$\boldsymbol{r}=\begin{pmatrix} r_{11} & 0 & 0 & 0 & r_{15} & 0 \\ 0 & r_{22} & 0 & r_{24} & 0 & 0 \\ 0 & 0 & r_{33} & 0 & 0 & 0 \\ 0 & r_{24} & 0 & r_{44} & 0 & 0 \\ r_{15} & 0 & 0 & 0 & r_{55} & 0 \\ 0 & 0 & 0 & 0 & 0 & 0 \end{pmatrix}$$

矩阵中 $r_{33} \geqslant 0, r_{22}=r_{11} \geqslant 0, r_{44}=r_{55} \geqslant 0, r_{24}=r_{15}$ 且 $r_{15}^2=r_{11}r_{55}$；比较方程式(5.272)，(5.279)和方程式(5.286)。本征值 λ 的数值使得行列式 $\boldsymbol{r}-\lambda\boldsymbol{I}$ 等于 0，$\boldsymbol{I}$ 即恒等矩阵。分解行列式（含 λ 的六项多项式），直接就能得到本征值。］

问题 5.14　绕射波间的相互作用关系

与方程(5.166)一致，如图 5.13 所示用 S 表示悬浮振动体的全部湿面。

其遵从边界条件(5.163)和(4.240)，定义

$$I(\hat{\phi}_i,\hat{\phi}_j)=0,\quad I(\hat{\phi}_i^{\,*},\hat{\phi}_j^{\,*})=0$$

如果 $\hat{\phi}_i$ 和 $\hat{\phi}_j$ 表示意外扰动波和绕射波总数，也就是

$$\hat{\phi}_j=(-g/(\mathrm{i}\omega))A_j e(kz)\exp\{-\mathrm{i}kr(\beta_j)\}+\hat{\phi}_{d,j}$$

类似于 $\hat{\phi}_i$ 的脚注 j 被 i 所代替。（图 5.13 所示的悬浮体假设是固定的）考虑二维情况，两道波要么从相反方向而来，此时 $\beta_i=\beta_1=0, \beta_j=\beta_2=\pi$，也就是说 $r(\beta_i)=-x$，$r(\beta_j)=x$，要么从同一方向而来。

(a) 科钦绕射波函数 $H'(\beta)=H'_{\mathrm{d}}(\beta)$ 表明

$$A_i H_j'^{\,*}(\beta_i)+A_j^{*}H'_i(\beta_j)=\frac{\omega}{gk}[H'_i(0)H_j'^{\,*}(0)+H'_i(\pi)H_j'^{\,*}(\pi)]$$

［注：用方程(4.304)和二维方程(4.308)］

(b) 通过考虑远场平面绕射波，将传递系数 T 和反射系数 Γ 表示如下

$$T_1=1+A_1^{+}/A_1,\quad \Gamma_1=A_1^{-}/A_1$$

$$T_2=1+A_2^{-}/A_2,\quad \Gamma_2=A_2^{+}/A_2$$

函数(4.298)和函数(4.299)给出了远场系数 $A_j^{\pm}$ 和科钦函数 H_j' 之间的关系。

得出如下三个关系

$$\Gamma_j\Gamma_j^{*}+T_jT_j^{*}=1,\quad j=1,2, T\Gamma_2^{*}+T_2^{*}\Gamma_1=0$$

（第一个关系式表示的是能量守恒。当浮体几何对称时，后一个关系式的结果会降到问题 4.13 中得到的数值。）

［注：考虑当 (i,j) 等于 (1,1)、(2,2) 和 (1,2) 三种情况。］

(c) 使用二维方程(4.281)表示 $T_2=T_1$，同纽曼得出的一样。

问题 5.15　二维绕射波和二维辐射波

根据边界条件(5.164)，$\partial\boldsymbol{\varphi}/\partial n$ 真实存在于造波器湿面 S 上。因此，可以在方程(5.198)和方程(5.141)～(5.143)中用 $\boldsymbol{\varphi}^{*}$ 代替 $\boldsymbol{\varphi}$。结合方程(5.198)和方程(5.200)，得出

$$\boldsymbol{I}'(\hat{\phi}_0+\hat{\phi}_d,\boldsymbol{\varphi}^*)=\frac{gD(kh)}{\mathrm{i}\omega k}\boldsymbol{h}'(\beta\ \pm\pi)A$$

对于这样的二维情况,此处$\hat{\phi}_0+\hat{\phi}_d=\hat{\phi}$已经在问题5.14中给出(省略脚注$j$)。

(a) 用方程(4.304)和二维方程(4.308)来表示(对于$\beta=0$)

$$\Gamma_d h'^*(\pi)+T_d h'^*(0)=h'(\pi)$$

公式中$\Gamma_d=\Gamma_1,T_d=T_1$。(此处反射系数$\Gamma_1$和传递系数$T_1$已经在问题5.14中给出定义)

[注:在方程(4.304)和(4.308)中使$H_i'=H'_d,H_j'=h',A_i=A,A_j=0$。参见纽曼。]

(b) 现在考虑一个悬浮体(二维),该浮体具备一个对称平面$x=0$,同时该浮体只做垂荡运动。此时,在远离该悬浮体的远场区域(即$x\to\infty$)不存在发散波,除非垂荡运动的速度如下

$$\hat{u}_3=T_d(gk/(\omega h'_3))A$$

因为绕射问题辐射波会抵消透射波。

(c) 表明被吸收的最大的吸波功率,垂荡速度为

$$\hat{u}_3=\hat{u}_{3,\mathrm{opt}}=(gk/(2\omega h'^*_3))A$$

[提示:参考方程(6.9)和方程(5.301)~(5.304)]

若$\hat{u}_3=2\ \hat{u}_{3,\mathrm{opt}}$,吸波功率为多少?

(d) 寻找一个可能的值表示$\hat{u}_3$,因为远场扩散波向负x方向($x\to-\infty$)是同意外扰动波一样大。注意$\hat{u}_3$的值不唯一,因为往负方向扩散的波的相位还未规定。

(e) 比较讨论以上获得的不同的$\hat{u}_3$的数值,假设悬浮体很小,$\Gamma_d\to0$。你能就上述未明细的相反相位——$\Gamma_d\to0$和$\Gamma_d\to1$做一些补充吗?(后一种情况悬浮体要求较大)

问题 5.16　波槽端壁矩形活塞

假设一个波槽从$x=0$向$x\to-\infty$延伸。水深为h,槽宽为d。建立一个坐标系满足端壁湿面$0>z>-h,0<y<d$。

在垂直的端壁上存在一个宽为d_1、高为a_2-a_1的矩形活塞,相应的坐标为:$x=0,b<y<c,-a_2<z<-a_1$。其中$c-b=d_1$。活塞复振幅速度为$\hat{u}_1$。该速度势的复振幅为$\hat{\phi}=\varphi_1\ \hat{u}_1$,其中

$$\varphi_1=\sum_{n=0}^{\infty}\sum_{q=0}^{\infty}b_{nq}\exp\{\gamma_{nq}x\}\cos\left(\frac{q\pi y}{d}\right)Z(m_n z),\quad q=0,1,2,3,\cdots$$

此外

$$\gamma_{nq}=\{m_n^2+(q\pi/d)^2\}^{1/2}$$

$$Z_n(m_n z)=N_n^{-1/2}\cos\{m_n(z+h)\}$$

$$N_n=\frac{1}{2}+\sin(2m_n h)/(4m_n h)$$

且m_n是公式$\omega^2=-gm\tan(mh)$的第$(n+1)$次的解。

又$m_0=\mathrm{i}k$

$$\lambda_0=k^2=-m_0^2>\lambda_1=-m_1^2>\lambda_2=-m_2^2>\cdots>\lambda_n=-m_n^2>\cdots$$

表明$\hat{\phi}$的值满足流体拉普拉斯方程,辐射条件为$x=-\infty$,自由面同质边界条件为$z=0$,底部$z=-h$,端壁$y=0$和波槽$y=d$。进一步表明若位置系数为

$$b_{nq} = \sigma_q(d_1/d)t_q N_n^{-1/2} s_n/\gamma_{nq}$$

端壁 $x = 0$ 的边界条件满足。

未知条件中 $\sigma_0 = 1$，$q \geqslant 1$ 时则 $\sigma_q = 2$。进一步可得

$$t_{\mathrm{d}} = (d/(q\pi d_1))\{\sin(q\pi c/d) - \sin(q\pi b/d)\}$$

$$s_n = \{\sin[m_n(h - a_1)] - \sin[m_n(h - a_2)]\}/m_n h$$

另外，辐射阻尼可表示为

$$R_{11} = \frac{\omega\rho s_0^2 d_1^2 h}{kN_0 d}\left(1 + \sum_{q=1}^{q_0} \frac{2kt_q^2}{\{k^2 - (q\pi/d)^2\}^{1/2}}\right)$$

其中 q_0 表示 kd/π 的整数部分。最后，增加的质量为 n 和 q 的和。

第 6 章　振荡浮子的波能吸收

本章开篇考虑了一个入射波和一个辐射波之间作为一个相消干涉的吸收。之后对只被一种模式下的振荡浮子吸收做了详细描述。吸收能力最大化的最佳运动是一个大家特别感兴趣的课题。本章的最后一部分是关于一组浮在几种自由度中的振荡体吸收,以及对辐射阻尼矩阵的奇异性给出了解释。

大规模利用海洋波能,目前在科技发展中仍处于不成熟的状态。海洋资源工程委员波能转换工作组评述了这一现代技术。大约 10 年前,有一些更短的评述描述这项技术的状态。埃文斯(Evans) 在 1981 年评述了波浪能吸收理论。

6.1　被视为波干涉的吸收

在水中振荡的浮体会产生波。假如更小浮体的振荡振幅更大,一个大的浮体和一个小的浮体可能产生相同大的波。这可以被用来转换波能,例如一个小的浮体因为入射波而垂荡,尤其是当振荡体的振幅比波振幅大时。

通常来说,一个好的波吸收体必须是一个好的波产生体。因此,为了吸收波能,要在正确的相位(时间) 以振荡的方式排水。为转换而吸收波能意味着要从波中排除能量。因此必须消除或减少经过能量转换设备,或者正被能量设备反射的波。假如它产生的波与正在经过或者反射的波呈相反(呈反相),可以通过振荡系统取消或者减少此类波。换言之,产生的波要与其他的波相消干涉。这解释了一个看似矛盾但普遍的说法,“摧毁一个波意味着创造一个波。”图6. 1 的例子说明,百分之百的波能吸收是可能的。这个相当于一条振荡小浮子的无线长线(垂直于图形),均匀分隔成一小段距离(短于一条波长)。细长体也可以完全吸收入射波能,在如图 6. 1 中所示的横截面上,假设浮体以最佳方式垂直和水平振荡,并与图形中的平面垂直定向。

本章后面的章节[参见方程式(6. 113)]将会展示,如果只有对称的辐射波,也有可能只吸收50%,如图6. 1 的曲线(b) 所示,由只在一种运动模式即垂直(上下起伏) 振荡的对称体,产生的波。同样地,如果只有来自对称体的反对称辐射波(曲线(c)),理论上不可能吸收超过 50%。然而,如果一个充足的反对称体,只在一种运动模式下振荡,它可能有能力吸收所有的入射波能[参见方程式(6. 108)]。

图 6. 2 展示了另一个例子。一个起伏的点式波能接收器,吸收波能,必须辐射与入射平面波相消干涉的圆形波。一个点式波能接收器可能是一个浮动体,根据定义是波长的微小延展。在本章后面的部分[参见方程式(6. 77)]会讲解,可能被一个垂荡轴对称体吸收的最大能量,等于被入射波波前宽度运输的波能,等于波长除以 2π。这个宽度的术语是“吸收宽度”。

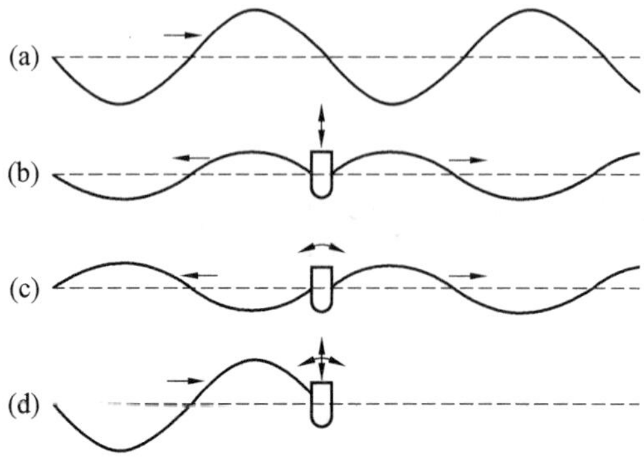

图 6.1　一个高效的波能吸收装置同时也是个高效的造波装置。曲线(a) 代表一个未被干扰的入射波。曲线(b) 说明由一排垂直均匀分布的小浮体垂荡振荡(上下起伏) 产生的对称波(在本来平静的水上)。曲线(c) 说明反对称波的产生。曲线(d) 代表以上三种波的叠加(总数),说明完全吸收入射波能力

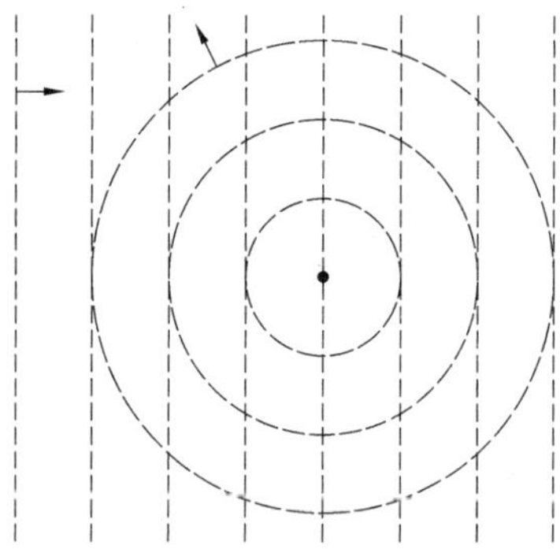

图 6.2　从上面看两个干扰波的波形。当一个点式波能接收器从一个入射波中吸收能量,会产生一个从接收器的浸没表面辐射出的圆形波

为了从波中得到最大能量,需要波 - 能量转换器(WEC) 的最佳振荡。正弦入射波有一个振荡的最佳相位和一个最佳振幅。

为了解释这点,请再参见图 6.1。在这种情况下,辐射波(曲线(b) 和曲线(c)) 的振幅需要恰好是入射波(曲线(a)) 的一半。

因此需要 WEC 垂直和水平振荡的振幅有固有值。注意这些最佳振幅与入射波的振幅成正比。

此外,两个振荡模式的最佳相位条件,两个向右辐射的相对应波要有相同的相位(例如,同步波峰和同步波谷)。这同样意味着对称和反对称的辐射波向左侧互相取消。此外,两个振荡的相位要根据入射波的相位进行调整。因为向右辐射的波峰(曲线(b) 和曲线(c)) 必须与入射波的波谷(曲线(a)) 一致。

在只有一种振荡模式的情况下,例如垂荡,生成的波与图 6.1 中波(a) 和(b) 的叠加(总数) 一致。那么最佳起伏(垂直) 振幅和相位就是如上所述的两种模式。向左辐射的波和生成的向右传递的波,都有一个等于入射波振幅的一半的振幅。因为波能与波振幅的平方成正比,这意味着 25% 的入射波能向左反射,同样有 25% 的入射波能向右传递。剩下的 50% 被 WEC 吸收,这就是如前所述的理论最大值。

一种模式的振动系统如果与波共振,就会恰好产生最佳相位条件。那就意味着波动频率(周期的倒数) 与振动系统的自然频率相同。那么系统的振荡速度与作用于系统的波的激振力同相。

6.2　单自由度振荡浮体的波能吸收

简单来说,先考虑一个只有一种运动程度的单一浮体,假设只有垂荡运动($j = 3$) 或者只有纵荡运动($j = 5$)。一个入射波产生一种激振力 $F_{e,j}$。浮体以 u_j 的振荡速度回应这

个力。用方程式(5.153)计算合力,在这种情况下方程式简化为

$$\hat{F}_{t,j} = \hat{F}_{e,j} - Z_{jj}\hat{u}_j \tag{6.1}$$

如果把这个等式乘以$\frac{1}{2}\hat{u}_j^*$,并且只取得到的实数部分,根据方程式(2.78),时均吸收的功率为

$$P = \frac{1}{2}\mathrm{Re}\{\hat{F}_{t,j}\hat{u}_j^*\} = P_e - P_r \tag{6.2}$$

其中

$$P_e = \frac{1}{2}\mathrm{Re}\{\hat{F}_{e,j}\hat{u}_j^*\} = \frac{1}{4}(\hat{F}_{e,j}\hat{u}_j^* + \hat{F}_{e,j}^*\hat{u}_j) \tag{6.3}$$

是来自入射波的激振功率,并且

$$P_r = \frac{1}{2}\mathrm{Re}\{Z_{jj}\hat{u}_j\hat{u}_j^*\} = \frac{1}{2}R_{jj}|\hat{u}_j|^2 \tag{6.4}$$

是由振荡引起的辐射功率。在此 $R_{jj} = \mathrm{Re}\{Z_{jj}\}$ 是辐射阻尼。

注意激振功率

$$P_e = \overline{F_{e,j}(t)u_j(t)} = \frac{1}{2}\mathrm{Re}\{\hat{F}_{e,j}\hat{u}_j^*\} = \frac{1}{2}|\hat{F}_{e,j}|\cdot|\hat{u}_j|\cos\gamma_j \tag{6.5}$$

($\gamma_j = \phi_u - \phi_F$是 $\hat{u}_j$ 和 $F_{e,j}$ 间的相位差异)是 u_j 中的线性方程,然而辐射功率

$$P_r = -\overline{F_{r,j}(t)u_j(t)} = \frac{1}{2}R_{jj}|\hat{u}_j|^2 \tag{6.6}$$

是 u_j 中的二次方程,因为 $F_{r,j}$ 在 u_j 中是线性方程。因此 P 与 $|\hat{u}_j|$ 相对的曲线图是一个抛物线,如图 6.3 所示。

观察到,为了吸收波功率——如果 $0 < |\hat{u}_j| < (|\hat{F}_{e,j}|/R_{jj})\cos\gamma_j$,就有可能发生——激振功率 P_e的某一部分到达振荡体,一定会作为辐射功率 P_r 返回海里。波干涉可以解释这一事实。辐射波与入射波相消干涉。

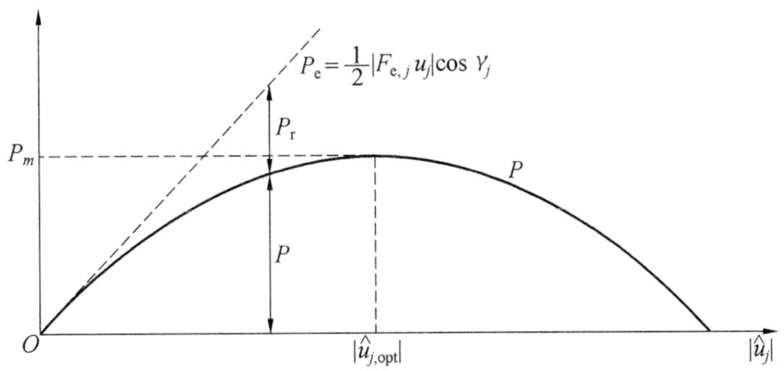

图 6.3　功率吸收(实曲线)与速度振幅相对。辐射功率 P_r 是激振功率 P_e(虚线)和吸收功率 P 的差异

生成的波越过波吸收体传播,比入射波传输的功率少。

6.2.1　最大吸收功率

对于一个已知体和一个已知的入射波,激振力 $F_{e,j}$ 是一个已知量。下面讨论吸收功率 P 是如何取决于振荡速度 u_j 的。

观察方程式(6.2)～(6.5)和图6.3中的抛物线,注意到以下几点。最佳速度振幅是

$$|\hat{u}_j|_{\mathrm{opt}} = (|\hat{F}_{\mathrm{e},j}|/(2R_{jj}))\cos\gamma_j \tag{6.7}$$

给出最大吸收功率

$$P = P_{\max} \equiv (|\hat{F}_{\mathrm{e},j}|^2/(8R_{jj}))\cos^2\gamma_j = (P_{\mathrm{r}})_{\mathrm{opt}} = \frac{1}{2}(P_{\mathrm{e}})_{\mathrm{opt}} \tag{6.8}$$

有了这个最佳条件,辐射功率和吸收功率一样大。如果振幅是方程式(6.7)所给出最佳值的2倍,那么$P=0$,并且$P_{\mathrm{r}}=P_{\mathrm{e}}=4P_{\max}$。这是当共振起伏细长体的线型排列(即$\gamma_i=0$)被用作一个动态波反射体时会产生的情况。注意共振$\gamma_i=0$,在这种情况下写成(如下所示)$\hat{u}_{j,\mathrm{OPT}}$而不是$\hat{u}_{j,\mathrm{opt}}$。

可以看出(参见问题6.5)方程式(6.8)给定的$P_{\max}$比方程式(3.41)给定的$P_{\mathrm{a},\max}$大,除非当$\gamma_i=0$时它们同样大,即在共振时(参见问题6.5)。$P_{\mathrm{a},\max}$可能小于$P_{\max}$的原因是,在之前的例子中振荡振幅被简单的动态方程式(3.30)限制,然而$\hat{u}_j$在本节中被认为是一个自由选择的数量。因此,为了实现最佳的$\hat{u}_j$,可能需要在振荡系统中包含一个控制部分。

假设,除了根据方程式(6.7)选择最佳振幅,也选择最佳相位$\gamma_j=0$,即,一个最佳复振幅

$$\hat{u}_{j,\mathrm{OPT}} = (\hat{F}_{\mathrm{e},j}/(2R_{jj})) \tag{6.9}$$

那么最大吸收功率是

$$P = P_{\mathrm{MAX}} \equiv |\hat{F}_{\mathrm{e},j}|^2/(8R_{jj}) = (P_{\mathrm{r}})_{\mathrm{OPT}} = \frac{1}{2}(P_{\mathrm{e}})_{\mathrm{OPT}} \tag{6.10}$$

注意此处的P_{MAX}与本节中的方程式(3.45)对于共振吸收的观点一致。

6.2.2　功率容积比的最大值

从方程式(6.10)中可以看出,当$|\hat{u}_j|=|\hat{u}_j|_{\mathrm{OPT}}$时,入射激振功率的一半$P_{\mathrm{e}}$被吸收,而剩下的一半被辐射。另一方面,如果$|\hat{u}_j|\ll|\hat{u}_j|_{\mathrm{OPT}}$,那么

$$P_{\mathrm{r}} \ll P \approx P_{\mathrm{e}} \tag{6.11}$$

即,大部分激振功率被吸收,并且很小一部分功率被辐射。然而,在这种情况下,只有小部分在海洋中可以利用的波功率被吸收。大部分波功率仍然留在海洋中。从经济上的角度来说,这种情况对波能装置是有益的。因为海洋中的波功率是免费的,然而实现一个大的浮体速度振幅需要经济支出,这可能有利于把目标建立在一个比$|\hat{u}_j|_{\mathrm{OPT}}$小得多的速度振幅,除了在极度缺少波的条件下,波振幅会小,因此$|F_{\mathrm{e},j}|$和$|\hat{u}_j|_{\mathrm{OPT}}$也会相当小。

应该把产生的能量和包括投资、维修、操作在内的总消费的比率增大到最大值。然而,很难找到这个问题的答案。一个更简单的问题是考虑产生的能量和波吸收体体积的比率。下面几段展示了这个P/V比率的最大值。

转换的有用功率最多等于吸收的功率P。从方程式(6.2)、(6.4)和方程式(6.5)中得到的吸收功率为

$$P < \frac{1}{2}|\hat{F}_{\mathrm{e},j}|\cdot|\hat{u}_j|\cos\gamma_j < \frac{1}{2}|\hat{F}_{\mathrm{e},j}|\cdot|\hat{u}_j| \tag{6.12}$$

如果$|\hat{u}_j|\ll|\hat{u}_j|_{\mathrm{OPT}}$,并且相位大约分别接近最佳值,这里的两个不等式就会接近相等。现在假设,浮体的体积V和水平面区域S_w在垂荡振荡。那么假设垂荡激振的设计振幅

$|s_3|_{max}$ 不超过 $V/(2S_w)$，这种假设（至少对于一个圆柱体）是比较合理的。那么就有进一步的不等式

$$|\hat{u}_3| < \omega V/(2S_w), \quad |\hat{F}_{e,j}| < \rho g S_w A \tag{6.13}$$

在这个等式中用了小浮体近似法(5.253)。如果浮体小到可以忽视其产生的衍射时，后面的不等式接近等式，那么与波长相比浮体的线性延伸就很小。将不等式(6.13)和最后一个不等式(6.12)相结合就会产生最大值

$$\frac{P}{V} < \frac{\rho g \omega A}{4} = \frac{\pi \rho g A}{2T} = \frac{\pi \rho g H}{4T} \tag{6.14}$$

式中，最大值 $H = 2A$ 是正弦波的波高，T 是它的周期。

以典型数值 $T = 8$ s 和 $H = 2$ m 为例，得出一个最大值 $P/V < 2.0$ kW/m^3。从以上讨论中看出，为了接近这个最大值，浮体体积 V 需要接近零，当然，一个波能转换器不太可能实现这一点。在问题 6.2 中讨论了一个直径 $2a = 6$ m 的浮动体的例子，每 8 s 波 100 m 与波长相比很小。尽管浮体体积只有 283 m^3，在这种情况下 P/V 值只有 0.8 kW/m^3，这比最大值 2.0 kW/m^3 小很多。问题 6.2 中也讨论了更大波长，或者更大波周期，得到一种稍微接近最大值的现象。

6.2.3　有效功率的最大转换

在波浪发电设备中，吸收的能量分解为转化的有用能 P_u 和在黏滞效应、膜材和非理想型的能源转换装置中丢失的能 P_f。

简单起见，考虑一个线性的动力输出系统，原理图如 6.4 所示。在此阻尼 R_f 代表丢失的能量[见式(5.312)]。相似地，引入了负载阻尼 R_u 和负载压力 $F_{u,j}$[见式(5.311)和(5.316)]，即

$$F_{u,j} = -R_u u_j \tag{6.15}$$

此处，假设能够用可控的方法来改变 R_u。质量 m 包括振荡体的质量，刚度 S 包括流体静力学浮力效应。辐射阻尼 R_{jj} 和附加质量 m_{jj} 在图 6.4 的原理图上没有显示。

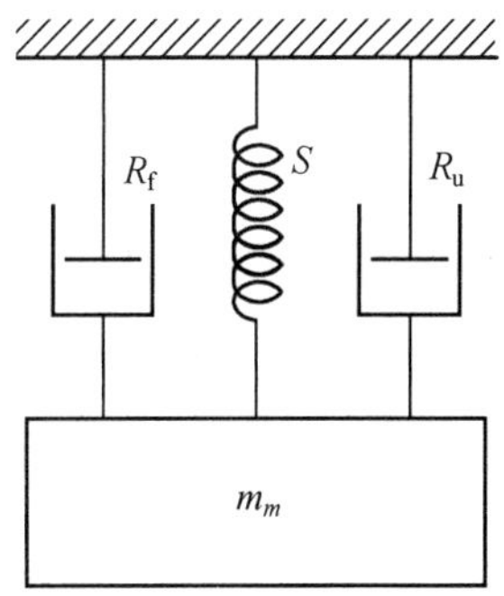

图 6.4　振荡体系中的线性能量动力输出体系的图解模型。力学阻力 R_u 和 R_f 解释了转换的有用能量和分别在摩擦以及黏滞阻尼中损失的能量

损耗的能量是

$$P_f = \frac{1}{2} R_f |\hat{u}_j|^2 \tag{6.16}$$

有用的能量是

$$P_u = \frac{1}{2} R_u |\hat{u}_j|^2 = P - P_f = P_e - (P_r + P_f) = \frac{1}{2}|\hat{F}_{e,j}||\hat{u}_j| \cos\gamma_j - \frac{1}{2}(R_{jj} + R_f)|\hat{u}_j|^2 \tag{6.17}$$

对于 $\gamma_j = 0$ 这样的情况，在图 6.5 中给出了与 $|u_j|$ 相对的 P_u、P、P_e 和 P_f 的图形解释法。如果

$$\hat{u}_j = \hat{F}_{e,j}/[2(R_{jj} + R_f)] \tag{6.18}$$

也就是说，如果 $\gamma_j=0$ 且 $|\hat{u}_j|=|\hat{F}_{e,j}|/[2(R_{jj}+R_f)]$，那么有效能量的最大值为

$$P_{u,MAX}=|\hat{F}_{e,j}|^2/[8(R_{jj}+R_f)] \tag{6.19}$$

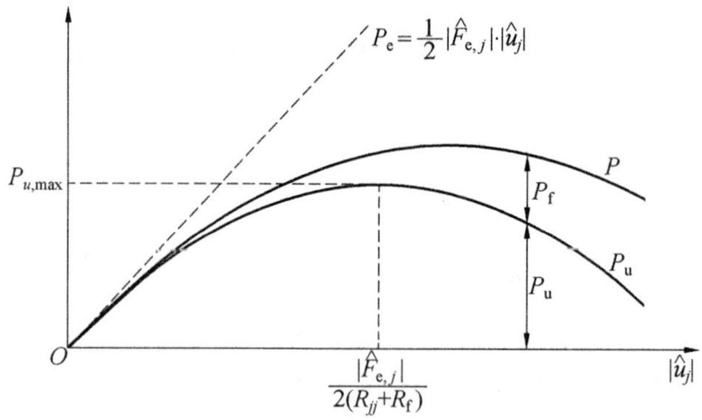

图6.5　曲线显示了与在最佳相位的速度振幅 $|\hat{u}_j|$ 吸收的能量 P，有效的能量 P_u 和激振力 P_e

注意，通过一个较低幅值的振荡可以得到最大的有效功率，但这个并不是最大的吸收功率。最适宜的相位情况 $\gamma_j=0$ 在两种情况中都适用。速度必须与激振力同相位。

在上述的讨论中，假设 $\hat{u}_j$ 是一个变量，也就是说也许可以随意选择 $|\hat{u}_j|$ 或者 γ_j。为了实现想的价值，可能发现需要给动态体系提供一个特定的动力输出和振荡控制装置。这个装置在激振力 $F_{e,j}$ 之外提供一个“负载”力 $F_{u,j}$，与式(5.322)类比，激振速度必须符合等式

$$Z_i(\omega)\hat{u}_j=\hat{F}_{e,j}+\hat{F}_{u,j} \tag{6.20}$$

此处 $Z_i(\omega)$ 是振荡模态 j 的内在机械阻抗。它属于振荡体系中的振荡阻抗，包括辐射阻尼，但不包括提到的控制和动力输出装置的效果。这些影响在式(6.20)中的最后一项 $\hat{F}_{u,j}$ 中展示了出来，现在假设负载力可以写作

$$\hat{F}_{u,j}=-Z_u(\omega)\hat{u}_j \tag{6.21}$$

此处 $Z_{u,j}(\omega)$ 是负载阻抗。把它引入式(6.20)中，有

$$[Z_i(\omega)+Z_u(\omega)]\hat{u}_j=\hat{F}_{e,j} \tag{6.22}$$

转换的有效能量是

$$P_u=\frac{1}{2}\text{Re}(-\hat{F}_u\hat{u}_j^*)=\frac{1}{2}\text{Re}[Z_u(\omega)]|\hat{u}_j|^2=$$

$$\frac{1}{2}\text{Re}[Z_u(\omega)]\frac{|\hat{F}_{e,j}|^2}{|Z_i(\omega)+Z_u(\omega)|^2}=$$

$$\frac{R_u(\omega)|\hat{F}_{e,j}|^2/2}{[R_i(\omega)+R_u(\omega)]^2+[X_i(\omega)+X_u(\omega)]^2} \tag{6.23}$$

此处，在最后一步，把阻抗 $Z(\omega)$ 分解为实部 $R(\omega)$ 和虚部 $X(\omega)$。注意，这里的最后一个表达与式(3.39)中的一致。使用式(3.42)和(3.44)中的结论，可以发现 $R_u(\omega)$ 和 $X_u(\omega)$ 的最佳值分别是 $R_i(\omega)$ 和 $-X_i(\omega)$。因此，对于

$$Z_u(\omega)=Z_i^*(\omega)\equiv Z_{u,OPT}(\omega) \tag{6.24}$$

有效能量的最大值[与式(6.19)一致]为

$$P_u = \frac{|\hat{F}_{e,j}|^2}{8R_i} \equiv P_{u,MAX} \tag{6.25}$$

注意,所有的抗性的阻抗部分在最适宜的情况下已经被取消了。这在共振的情况下自动地填满了。此外,在最适宜的情况下,有相应的阻力$[R_u(\omega) = R_i(\omega)]$。

6.3　最大化转换功率的优化控制

本节的目的是研究非正弦波的波浪能转换,并讨论将转换功率最大化所需的条件。因为只在一个模式里讨论振荡,例如垂荡($j=3$)或纵摇($j=5$)。所以为简单起见,在本节将省略下标j。用相应的傅里叶变换$u(\omega)$、$F_e(\omega)$和$F_u(\omega)$代替复振幅$\hat{u}$、$\hat{F}_e$和$\hat{F}_u$。方程式(6.20)则可以写为

$$Z_i(\omega)u(\omega) = F_e(\omega) + F_u(\omega) = F_{ext}(\omega) \tag{6.26}$$

写出相应的时域方程

$$z_i(t) * u_t(t) = F_{e,t}(t) + F_{u,t}(t) \tag{6.27}$$

就垂荡模式而言,指的是方程式(5.333)。因果脉冲响应函数$z_i(t)$是固有机械阻抗的傅里叶逆变换$Z_i(\omega)$,参见 2.6 节。

类比方程式(6.6),平均有用功率为$P_u = -\overline{F_{u,t}(t)u_t(t)}$,因此转换有用功率为

$$W_u = -\int_{-\infty}^{\infty} F_{u,t}(t)u_t(t)\,dt \tag{6.28}$$

(如果被积函数无限趋近于零且$t \to \pm\infty$时积分成立)。运用频率卷积定理(2.150),令$\omega = 0$,并且$F_{u,t}(t)$和$u_t(t)$为实数。类比方程式(2.208)和(2.212),则可以得到

$$W_u = \frac{1}{2\pi}\int_0^{\infty} \{-F_u(\omega)u^*(\omega) - F_u^*(\omega)u(\omega)\}\,d\omega \tag{6.29}$$

由积的代数运算,可将其改写为

$$W_u = \frac{1}{2\pi}\int_0^{\infty} \left\{\frac{|F_e(\omega)|^2}{2R_i(\omega)} - \left[\frac{F_e(\omega)F_e^*(\omega)}{2R_i(\omega)} + F_u(\omega)u^*(\omega) + F_u^*(\omega)u(\omega)\right]\right\} d\omega =$$

$$\frac{1}{2\pi}\int_0^{\infty} \left\{\frac{|F_e(\omega)|^2}{2R_i(\omega)} - \frac{\alpha(\omega)}{2R_i(\omega)}\right\} d\omega \tag{6.30}$$

其中

$$\alpha(\omega) = F_e(\omega)F_e^*(\omega) + 2R_i(\omega)[F_u(\omega)u^*(\omega) + F_u^*(\omega)u(\omega)] \tag{6.31}$$

这里的$F_e(\omega)$是激振力$F_{e,t}(t)$的傅里叶转换,并且

$$R_i(\omega) = \frac{Z_i(\omega) + Z_i^*(\omega)}{2} \tag{6.32}$$

是固有机械阻抗,也就是固有机械阻抗的实部。接下来将证明$\alpha(\omega) \geq 0$,并且验证$\alpha(\omega) \equiv 0$成立的最佳条件。这样的话,因为$R_i(\omega) > 0$,那么根据方程式(6.30),当对所有ω都有$\alpha(\omega) = 0$成立时,有用能源转换的最大化方程式为

$$W_{u,MAX} = \frac{1}{2\pi}\int_0^{\infty} \frac{|F_e(\omega)|^2}{2R_i(\omega)}\,d\omega \tag{6.33}$$

否则

$$W_u = W_{u,MAX} - W_{u,P} \tag{6.34}$$

其中

$$W_{u,P} = \frac{1}{2\pi}\int_0^{\infty} \frac{\alpha(\omega)}{2R_i(\omega)}\,\mathrm{d}\omega \tag{6.35}$$

是未能达到最佳操作时的能量消失。考虑 $W_{u,P} \geqslant 0$，将 $W_{u,P}$ 最小化，如果可能的话取其最小值0。可以发现，表达式(6.25) 可以运用到正弦波上，这和表达式(6.33) 一致，参见问题2.14。

为了证明 $\alpha \geqslant 0$，用动态方程(6.26) 消掉表达式(6.31) 中的 $F_e(\omega)$ 或者 $F_u(\omega)$。

暂时不考虑参数 ω，发现表达式(6.26) 变成了 $F_e = Z_i u - F_u$，由此可得

$$F_e F_e^* = F_u F_u^* + Z_i Z_i^* uu^* - F_u Z_i^* u^* - F_u^* Z_i u \tag{6.36}$$

再运用表达式(6.32)，可得

$$\begin{aligned}2R_i(F_u u^* + F_u^* u) &= (Z_i + Z_i^*)(F_u u^* + F_u^* u) = \\ &F_u Z_i u^* + F_u^* Z_i^* u + F_u Z_i^* u^* + F_u^* Z_i u\end{aligned} \tag{6.37}$$

将这两个表达式代入表达式(6.31)，则有

$$\alpha = F_u F_u^* + Z_i Z_i^* uu^* + F_u Z_i u^* + F_u^* Z_i^* u = (F_u + Z_i^* u)(F_u^* + Z_i u^*) \tag{6.38}$$

由此可得

$$\alpha(\omega) = | F_u(\omega) + Z_i^*(\omega) u(\omega) |^2 \geqslant 0 \tag{6.39}$$

因此最佳条件为

$$F_u(\omega) = - Z_i^*(\omega) u(\omega) \tag{6.40}$$

则正弦波和激荡与表达式(6.21) 和(6.24) 一致。

在动态方程(6.26) 中将两者分别消去，则有 $F_u = Z_i u - F_e$，然后将结果代入表达式(6.31)，则有

$$\begin{aligned}\alpha &= F_e F_e^* + 2R_i(Z_i uu^* - F_e u^* + Z_i^* uu^* - F_e^* u) = \\ &F_e F_e^* + (R_i)^2 uu^* - 2F_e R_i u^* - 2F_e^* R_i u = \\ &(F_e - 2R_i u)(F_e^* - 2R_i u^*)\end{aligned} \tag{6.41}$$

当表达式(6.32) 也满足时，则有

$$\alpha(\omega) = | F_e(\omega) - 2R_i(\omega) u(\omega) |^2 \geqslant 0 \tag{6.42}$$

由 $\alpha \geqslant 0$ 的第二个论证，可将最佳条件改写为

$$F_e(\omega) = 2R_i(\omega) u(\omega) \tag{6.43}$$

或者

$$u(\omega) = \frac{F_e(\omega)}{2R_i(\omega)} \tag{6.44}$$

正弦波和激荡与表达式(6.18) 一致。

在很长一段时间，都用表达式(6.40) 和(6.44) 这两种不同的方法来表达最佳条件。为了达到最佳状态(6.40)，即无功控制或复共轭控制，人们已经在20世纪70年代中期在正弦波中进行了实验。“无功控制”指的是阻抗 X_u(假设达到最优的 $Z_u = - F_u/u$，即 Z^*) 抵消阻抗 X_i(Z_i 的虚部)。“复共轭控制”指的是最佳负载阻抗 Z_u 等于固有阻抗 Z_i 的复共轭。相反，要获得最佳条件(6.44)，也就是说相位控制和振幅控制，因为条件(6.44)的关系，首先要求振荡速度 u 与激振力 F_e 同阶；其次，速度幅值 $| u |$ 必须等于 $| F_e | /(2R_i)$。在1970之前，人们提出并研究了一种类似的方法。然后试图在当波浪位

于波道的“上游”位置时,以波测量为基础,实现最佳的振荡。在此特定情况下,目的不是利用波浪能,而是试图实现波道完整的吸波。

需要注意的是,为了实现 $\alpha(\omega) \equiv 0$ 这一最佳条件,除非 Z_i 为实数,否则要达到最佳必须要有无功功率。这意味着提供负载力 F_u 的负载－控制机械不仅要接收能量,在振荡周期的一部分还要返回一些能量。(2. 3. 1 的最后一部分有助于我们理解这一事实)显然,要是这种机器的能量转换率非常高(几乎接近 1),这当然非常好。如果由于某种我们不希望的原因或我们无法返回所需的能量,则有一个次优控制,其中 $\alpha(\omega) \neq 0$,因此,$E_{u,P} > 0$[见方程式(6. 35)]。比如说,通过闭锁原则实现相位控制,图 6. 6 对这一原理进行了具体阐释:对于一个质量极小的上升体而言,其激振力与入射波仰角(在这里指的是正弦)同相。通过比较图 6. 6 的曲线 b 和 c,很容易发现,如果谐振(曲线 b)表示与条件(6. 44)的最佳情况,则闭锁相位控制(曲线 c)一定是次优的。目前,闭锁相位控制实验还未能提供使取力器机械在振荡周期的某一部分返回能量的方法。

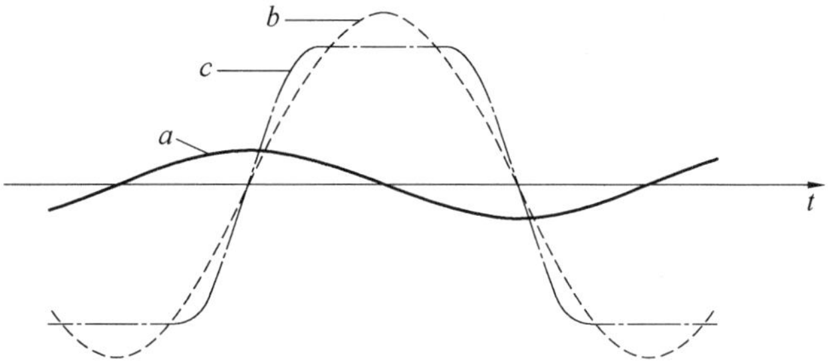

图 6. 6　共振与相位控制。曲线显示了(不同版本的)垂荡体的入射波垂直位移和时间函数。曲线 a:入射波引起水表面高度上升(在浮体的位置)。这也代表一个浮体(质量可以忽略不计)的垂直位置。对于一个直径小于波长的浮体而言,曲线 a 也代表波浪在这一浮体上的垂荡力。曲线 b:将一个质量巨大的上升体进行垂直位移,其自然周期等于波周期(共振)。曲线 c:将一个质量较小的浮体进行垂直位移,其自然周期比波周期短。其相位控制是通过保持浮体在一固定时间段的垂直位置得到的

方程式(6. 26)表示的是如何将物理动力系统中的有效能输出最大化的最优控制问题,图6. 7 的框图对这一问题做了详细阐释。振动速度是系统输入外力 $F_{ext} = F_e + F_u$ 后得到的结果。框图中的转换符号表明可以选择不同的方法来确定最佳负荷力 F_u。一种方法是适用于最佳条件(6. 40)的无功控制(也叫复共轭控制)法,另一种方法是适用于最佳条件(6. 44)的幅相控制法,其中波振激力 F_e 决定最佳振动速度 $u_{opt} = F_e/(2R_i)$,然后将其与实测速度 u 比较。两者之间的绝对偏差是指示控制器(不针对某一特定控制器)的输入值,得到最佳载荷 F_u。这种方法与无功控制法相对,要求知道振激力 F_e 的数值。

图 6. 7 的另一个转换图表明可以从两种方法中任选一种来决定激振力。可以测量总波浪力 $F_w = F_e + F_r = F_e - Z_r u$ 中作用于动态系统的力(见图 6. 8),也可以测量在距离系统有一定参考距离的入射仰角 A(见图 6. 9)。即使其所处位置在上游(简称波传播方向),激振力 $f_e(\omega)$ 也可能符合一种非因果脉冲响应函数。(参见 5. 3. 2 小节)

如果设备已经安装完毕,有两种方法来决定 F_e 和 F_u,那么图 6. 7 中代表选择的两个转换符号表明的是一种冗余状态。可以比较两种选择结果,所以如果在实践中很难实现令人满意的最佳控制,这样的冗余则非常有用。

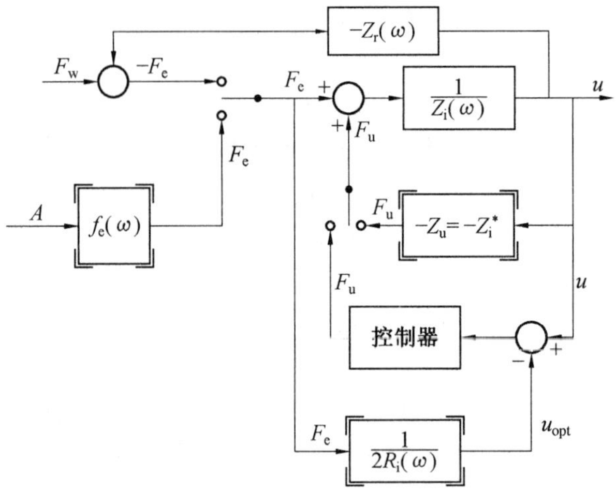

图 6.7　一个概述将转换能量最大化的控制问题的框图，这个系统由传递函数 $1/Z_i(\omega)$ 表示，其中，外力 $F_{ext} = F_e + F_u$ 是输入值，速度 u 是结果。图中显示，有两种方法可以决定激振力 $F_e = f_e A = F_w - F_r$ 和最佳载荷振动速度。角落带弯的三个图块区域表示的是非因果系统

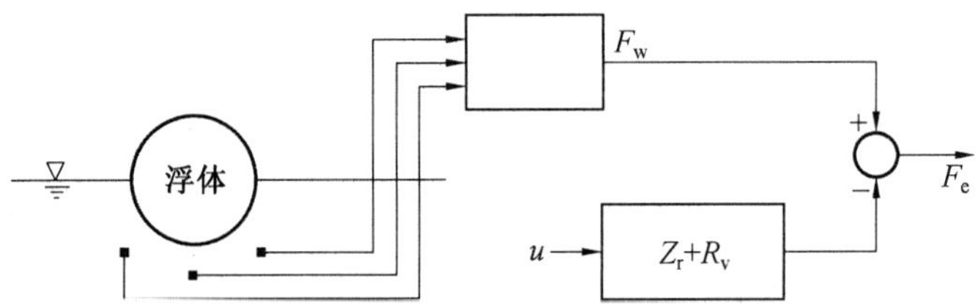

图 6.8　压力传感器，放置在浮体的湿表面上或靠近其潮湿表面，可以用来测量动水压力，从而估算总波对浮体的合力 F_w。从 F_w 中减去由于自身振荡而产生的波浪力 $(Z_r + R_v)u$，可以得到波浪激振力 F_e

图 6.9 阐释了这样一种情形：波高的测量被作为确定激振力 F_e 的方法，并且振幅和相位的控制法被选为使有用功率最大化的方法。

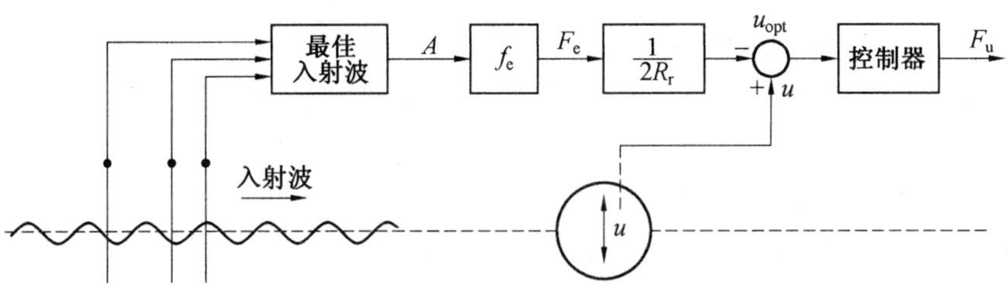

图 6.9　入射波高程 A 的测量，在距离浮体一段距离的位置，测得激振力 $F_e = f_e A$ 和最佳振荡速度 $u_{opt} = F_e/(2R_i)$，其数值与实测振荡速度 u 的偏差是控制器为浮体提供正确负载力 F_u 的信号

图 6.8 显示的是测量总波浪力 F_w 的一种更为直接的方法。压力转换的阵列被放置在浮体的湿表面或者在这个表面附近的某个固定位置。通过测试流体压力，可以用方程式(5.22) 来估算 F_w。如果已知浮体的速度 u，可以通过以下方程式计算波激振力 F_e

$$F_e = F_w - F_r - F_v + [-F_b] = F_w + Z_r u + R_v u + [S_b s] \tag{6.45}$$

其中 Z_r 是辐射阻抗(如图 6.7 最上块所示),R_v 是黏性阻力(如图 5.9 所示)。此外,$s(\omega)=u(\omega)/(\mathrm{i}\omega)$ 是振荡位移的傅里叶变换。鉴于此,比较图 6.7 最上面的图块,在图 6.8 中用 $Z_r + R_v$ 替换 Z_r,并做了一个概括。如果图 6.8 所示的压力传感器被放置在浮体的湿表面,方程式(6.45)括号内的条件应该被包括;如果压力传感器被置于水中的固定位置,括号内的条件应该排除在外。

然后来讨论一下最佳条件(6.40)和(6.43)或(6.44)在时间域内的重要性。很明显,$Z_i(\omega)$ 的逆傅里叶转换 $z_i(t)$ 是一个因果函数(参考 5.9.1 小节)。因此,在方程式(2.181)~(2.185)的前提下,得到了以下结果。令

$$\mathscr{F}^{-1}\{Z_i(\omega)\} = z_i(t) = R_i(t) + x_i(t) = \begin{cases} 2r_i(t) & (t>0) \\ r_i(0) & (t=0) \\ 0 & (t<0) \end{cases} \tag{6.46}$$

其中,$z_i(t)$ 的奇数和偶数部分,即 $r_i(t)$ 和 $x_i(t)$,分别是 $R_i(\omega)=\mathrm{Re}\{Z_i(\omega)\}$ 和 $X_i(\omega)=\mathrm{Im}\{Z_i(\omega)\}$ 的逆傅里叶转换。因此,$Z_i^*(\omega)$ 的逆傅里叶转换是

$$\mathscr{F}^{-1}\{Z_i^*(\omega)\} = r_i(t) - x_i(t) = r_i(-t) + x_i(-t) = z_i(-t) \tag{6.47}$$

因此,$Z_i(\omega)$ 对应因果脉冲响应函数 $z_i(t)$。它的共轭 $Z_i^*(\omega)$ 对应非因果(具体来说是反因果)脉冲函数 $z_i(-t)$,如果 $t>0$ 则函数不成立。因此,除非是特殊情况(例如,当入射波是纯粹的正弦),最佳条件(6.40)不能完全满足。同样,最佳条件(6.43)或(6.44)一般来说也不能完全实现,因为传递函数 $R_i(\omega)$ 或者 $1/R_i(\omega)$ 中的 ω 为偶,因此,对应的是一个偶(因此非因果的)时间脉冲函数。

除此之外,如 5.3.2 小节阐释的那样,传递函数 $f_e(\omega)$ 对应的是非因果脉冲函数 $f_t(t)$。因此,图 6.7 中的三个图块代表的都是非因果脉冲函数,所以它们不能完全实现。仔细探讨一下这个例子,即时间领域的等式 $F_e(\omega)=f_e(\omega)A(\omega)$。运用方程式(5.116),可以得到激振力

$$F_{e,t}(t) = \int_{-\infty}^{\infty} f_t(t-\tau)a(\tau)\mathrm{d}t \tag{6.48}$$

其中,$f_t(t)$ 和 $a(t)$ 分别是$f_e(\omega)$ 和 $A(\omega)$ 的逆傅里叶转换。那么,由于f_t 是非因果函数,也就是说,$f_t(t-\tau)\neq 0$ 而且 $\tau>t$,区间 $t<\tau<\infty$ 有无数个积分。也就是说,这意味着要计算激振力的瞬时值 $F_{e,t}(t)$,必须知道入射波波高值 $a(t)$。同样,由于 $-Z_i^*(\omega)$ 和 $1/R_i(\omega)$ 是非因果脉冲函数,要计算现在时刻最佳载荷 $F_{u,t}(t)$ 和最佳浮体速度 $u(t)$ 的值,需要知道未来时刻的浮体速度 $u_t(t)$ 和实际激振力 $F_{u,t}(t)$ 的值。

可以尝试用以下两种策略,用取近似值的方式来解决这些不能实现的(非因果的)最优控制问题。可以将其称为次优控制方法。一种策略是预测未来某一时间的相关输入值,这对纯正弦波和振荡来说直接易得,但是宽带频谱的预估比某真实海域的窄带频谱要困难得多。另外一种策略是用实际可得的传递函数(它们代表因果脉冲函数,接近完美但不可实现的传递函数)代替传递函数$f_e(\omega)$、$-Z_i^*(\omega)$ 和 $1/(2R_i(\omega))$。其目的是很好地接近重要频率,即包含大部分波浪能的频率间隔。在这一间隔之外,所选的可实现传递函数可能会很大程度地偏离相应的完美但不可实现的传递函数。此外,采取这种次优策略,预估窄带频谱的结果可能比宽带频谱的结果好得多。

关于如何预测波抬高或者某一定点的水动力学压力，以及如何运用对最佳波能转换的预测，过去已经有了一些调查。人们已经就可实现的次优传递函数替换不可实现的理想传递函数这种方法做了一些研究。本节接下来的篇幅举了一个例子，使大家对 Perdigão 和 Sarmento 提出的因果逼近有一个大致的了解。

让我们分别讨论一下有理函数 $N(\omega)/D(\omega)$ 替换方程式(6.44)中传递函数 $1/[2R\mathrm{i}(\omega)]$ 的情况，其中 $N(\omega)$ 和 $D(\omega)$ 分别是 n 项和 m 项的多项式。我们想要确保其相应的对冲函数是因果性的而且控制是恒常的。因此，加了条件 $n < m$，而且 $D(\omega)$ 的所有零点都在 ω 平面的上半部分。接下来，用以下等式替换方程式(6.44)：

$$u(\omega) = F_e(\omega)N(\omega)/D(\omega) \tag{6.49}$$

然后做出相应替换，用一个可实现的模块替代图 6.7 中不可实现的模块。将方程式(6.49)代入方程式(6.42)可得

$$\alpha(\omega) = |F_e(\omega)|^2 |1 - 2R_i(\omega)N(\omega)/D(\omega)|^2 \tag{6.50}$$

将这一结果代入表达式(6.35)，可以很容易地得到，对于一个一般函数 $F_e(\omega)$，都有 $E_{u,P} > 0$。现在需要选择两个多项式的未知复杂系数消去 $E_{u,P}$。比如，如果选定 $m = 3$ 且 $n = 2$，则有

$$\frac{N(\omega)}{D(\omega)} = \frac{b_0 + b_1\omega + b_2\omega^2}{1 + a_1\omega + a_2\omega^2 + a_3\omega^3} \tag{6.51}$$

接下来需要确定复杂系数 a_1、a_2、a_3、b_0、b_1 和 b_2。因此，将 $E_{u,P}$ 作为一个函数的复杂系数，从而将其消去（注意这个约束条件：$D(\omega)$ 所有的零点都是正虚部）。我们发现方程式(6.50)中的定量 $|F_e(\omega)|^2$ 表示的波谱可以作为等式(6.35)中的权重因子，从而将其消去。因此，可以相信这一逼近的频率区间很好，$|F_e(\omega)|$ 很大，尤其当波谱很窄的时候。我们发现对于不同的波谱，也就是不同的函数 $F_e(\omega)$ 而言需要决定 $N(\omega)$ 和 $D(\omega)$ 的最佳多项式。然而需要注意的是，在现实中并不能完全确定傅里叶转换 $F_e(\omega)$，因为这要求在整个区间 $-\infty < t < \infty$ [参见方程式(2.137)] 都能积分。在现实中，只能根据过去数分钟或者数小时内的测量数据近似确定 $F_e(\omega)$。

6.4 多个振荡器系统的吸收问题

Budal 最早分析研究多个振荡器体的波浪能吸收问题，Evans 和 Falnes 后来系统地研究了这个问题。考虑一个具有 N 个浮体的系统，其中 $N(N \geq 1)$，每一个浮体至多有六个自由度。就像在 5.5 节中那样，给每一个浮体 $p(p = 1,2,\cdots, N)$ 的振动模式 $j(j = 1, 2,\cdots,6)$ 一个关联的振子数 $i = 6(p - 1) + j$。正如在 5.5.1 和 5.5.5 小节中讨论的那样，如果有入射波，就有激振力 $F_{e,i}$。作为对激振力的一个回应，振动器达到了速度 u_i，从而有了一种附加的波力，即辐射力 $F_{r,i}$。参照方程式(5.154)，振动器 i 上的总波力有一个复振幅

$$\hat{F}_{t,i} = \hat{F}_{e,i} + \hat{F}_{r,i} = \hat{F}_{e,i} - \sum_{i'=1}^{6N} Z_{ii'}\hat{u}_{i'} \tag{6.52}$$

其中，$Z_{ii'}$ 是一个辐射阻抗矩阵（在5.5.1 和5.5.3 小节中讨论过）中的要素。参照方程式(2.78)，振荡器 i 吸收的（平均时间内）功率可以写成

$$P_{\mathrm{i}} = \frac{1}{2}\mathrm{Re}\{\hat{F}_{t,i}\hat{u}_i^*\} = \frac{1}{4}(\hat{F}_{t,i}\hat{u}_i^* + \hat{F}_{t,i}^*\hat{u}_i) \tag{6.53}$$

用方程式(6.52)可以写成

$$P_i = \frac{1}{4}(\hat{F}_{\mathrm{e},i}\hat{u}_i^* + \hat{F}_{\mathrm{e},i}^*\hat{u}_i) - \frac{1}{4}\sum_{i'=1}^{6N}(Z_{ii'}\hat{u}_{i'}\hat{u}_i^* + Z_{ii'}^*\hat{u}_{i'}^*\hat{u}_i) \tag{6.54}$$

通过方程式(5.25),可以得到整个振荡体系统吸收的(平均时间内)功率为

$$P = \sum_{i=1}^{6N} P_{\mathrm{i}} = P_{\mathrm{e}} - P_{\mathrm{r}} \tag{6.55}$$

其中

$$P_{\mathrm{e}} = \frac{1}{4}\sum_i(\hat{F}_{\mathrm{e},i}\hat{u}_i^* + \hat{F}_{\mathrm{e},i}^*\hat{u}_i) = \frac{1}{4}(\hat{\boldsymbol{F}}_{\mathrm{e}}^{\mathrm{T}}\hat{\boldsymbol{u}}^* + \hat{\boldsymbol{F}}_{\mathrm{e}}^{\dagger}\hat{\boldsymbol{u}}) \tag{6.56}$$

是激振功率,且

$$P_{\mathrm{r}} = \frac{1}{2}\sum_i\sum_{i'}R_{ii'}\hat{u}_{i'}\hat{u}_i^* = \frac{1}{2}\hat{\boldsymbol{u}}^{\dagger}\boldsymbol{R}\hat{\boldsymbol{u}} = \frac{1}{2}\hat{\boldsymbol{u}}^{\mathrm{T}}\boldsymbol{R}\hat{\boldsymbol{u}}^* \tag{6.57}$$

是辐射功率。这里再次运用了第5章提到的矩阵符号。在方程式(6.56)中,可以用$\hat{\boldsymbol{u}}^{\mathrm{T}}\hat{\boldsymbol{F}}_{\mathrm{e}}^*$替换$\hat{\boldsymbol{F}}_{\mathrm{e}}^{\dagger}\hat{\boldsymbol{u}}$。在推导方程式(6.57)时,利用了这样一个事实:辐射功率P_{r}和阻抗辐射矩阵$\boldsymbol{R}$为实的。此外,运用了互补关系(5.173)和(5.174),得到

$$\frac{1}{4}(Z_{ii'} + Z_{i'i}^*) = \frac{1}{4}(Z_{ii'} + Z_{ii'}^*) = \frac{1}{2}R_{ii'} \tag{6.58}$$

假设所有的$\hat{F}_{\mathrm{e},i}$和$\hat{u}_i$都已知,且所有的矩阵元素$R_{ii'}$也已知,通过方程式(6.55)~(6.57)可以得到总吸收功率P。没必要知道辐射阻抗矩阵的虚部。然而,为了确定各振荡之间的吸收功率的分配,方程式(6.54)表明还需要知道$Z_{ii'}$或者附加质量矩阵的虚部。要想通过方程式(6.52)得到作用于各个振荡体的总波浪力$\hat{F}_{t,i}$,也需要这一已知项。

在没有入射波的情况下,可以得到$\boldsymbol{F}_{\mathrm{e}} \equiv 0$,则$P_{\mathrm{e}} = 0$。如果不是这样,那么当浮体振荡时,它们就相当于波发生器(也就是说$P < 0$),一些特殊情况例外(当$P = 0$时,这只有当辐射阻抗矩阵是单数时才会发生),这时浮体会以一种完美的流体振荡,没有远场区的非零辐射波干扰。在这种情况下,不可能存在正吸收功率P,否则就违背了能量守恒原理。方程式(6.55)告诉我们当$P_{\mathrm{r}} \geqslant 0$时,通过方程式(6.57)可得

$$\hat{\boldsymbol{u}}^{\dagger}\boldsymbol{R}\hat{\boldsymbol{u}} \geqslant 0 \tag{6.59}$$

对$\hat{\boldsymbol{u}}$的所有可能值都成立。因此,根据这种不等性,阻抗辐射矩阵$\boldsymbol{R}$是一个正半正定矩阵(Pease,第50页),因为它是一个实对称矩阵($\boldsymbol{R}^{\dagger} = \boldsymbol{R}^{\mathrm{T}} = \boldsymbol{R} = \boldsymbol{R}^*$)。如果$\boldsymbol{R}$是一个非奇异矩阵,它就是一个正定矩阵。然而,在很多情况下,已经在5.7和5.8节见过了,阻抗辐射矩阵是奇异矩阵(它的列比行少)。例如,对于一个一般性的非对称浮体来说,可能找到这样一个纵荡和纵摇模式下的非零复速度振幅,可以通过互相抵消来消去辐射波。因此,一般来说只能说这个矩阵是半正定矩阵。

在上面提到的例子中,奇异性是由于几何对称性产生的,所有频率的矩阵都是奇异矩阵。可以注意到,在某一频率消失的一个对角元素为这一频率下阻抗辐射矩阵成为奇异矩阵提供了另一种可能性。在特殊频率提供了另一种可能性,在该频率下的辐射电阻矩

阵成为单数。在很多年前(参见问题 5. 5。在这种情况下旋转波上部产生的波被旋转轴下部的相反运动抵消了),这样的情况已经被报道出来了。

观察方程式(6. 54) ~ (6. 57) 可得,净吸收功率的结果是两项的差。第一项是线性的,不但振荡器的速度是线性的,而且入射波的振幅也是线性的。第二个项是双线性(二次) 的,即振荡器的速度是双线性的。在没有入射波的情况下,这是唯一的非消失项。此外,应该观察到,如果所有振荡器保持不动($u = 0$),这两项都消失了。因此,第二项不代表固定浮体的反射或衍射功率。绕射波对浮体的作用存在于激振力 $\boldsymbol{F}_e$ 中。

如果振荡体振幅较小而入射波振幅相对较大,那么第二个双线性项和 $\boldsymbol{u}$ 中的线性项相比则显得微不足道了。那么,因为 $P_r \ll P_e$,由方程式(6. 55) 可得

$$P \approx P_e \tag{6.60}$$

6.4.1　最大吸收功率和有效功率

考虑一下这样一种情形,其中入射波振幅相对较小,且振荡体复速度的振幅 $\hat{u}_i$ 选择方式没有任何限制。选择适当的振幅,使得吸收功率 P 最大化。为了达到这一目的定义以下列向量

$$\boldsymbol{\delta} = \hat{\boldsymbol{u}} - \boldsymbol{U} \tag{6.61}$$

其中,$\boldsymbol{U}$ 是下面线性代数方程的一个解:

$$\boldsymbol{R}\boldsymbol{U} = \frac{1}{2}\hat{\boldsymbol{F}}_e \tag{6.62}$$

我们知道 $\boldsymbol{R}$ 是一个实对称矩阵,则方程式(6. 62) 的转置矩阵为 $\frac{1}{2}\hat{\boldsymbol{F}}_e^T = \boldsymbol{U}^T\boldsymbol{R}^T = \boldsymbol{U}^T\boldsymbol{R}$,将 $\hat{\boldsymbol{u}} = \hat{\boldsymbol{U}} + \hat{\boldsymbol{\delta}}$ 代入方程式(6. 56) 和(6. 57),从方程式(6. 55) 可得

$$\begin{aligned} P = P(\hat{\boldsymbol{u}}) &\equiv \frac{1}{4}(\hat{\boldsymbol{F}}_e^T\hat{\boldsymbol{u}}^* + \hat{\boldsymbol{F}}_e^\dagger\hat{\boldsymbol{u}}) - \frac{1}{2}\hat{\boldsymbol{u}}^\dagger\boldsymbol{R}\hat{\boldsymbol{u}} = \\ &\frac{1}{4}\hat{\boldsymbol{F}}_e^T\boldsymbol{U}^* + \frac{1}{4}\hat{\boldsymbol{F}}_e^\dagger\boldsymbol{U} + \frac{1}{4}\hat{\boldsymbol{F}}_e^T\boldsymbol{\delta}^* + \frac{1}{4}\hat{\boldsymbol{F}}_e^\dagger\boldsymbol{\delta} - \\ &\frac{1}{2}\boldsymbol{U}^\dagger\boldsymbol{R}\boldsymbol{U} - \frac{1}{2}\boldsymbol{\delta}^\dagger\boldsymbol{R}\boldsymbol{U} - \frac{1}{2}\boldsymbol{U}^\dagger\boldsymbol{R}\boldsymbol{\delta} - \frac{1}{2}\boldsymbol{\delta}^\dagger\boldsymbol{R}\boldsymbol{\delta} \end{aligned} \tag{6.63}$$

在这八项中,在互相抵消后,只剩下了第一项和第八项。由于这些项都是标量,它们与其转置矩阵对等。将第三项转为转置矩阵后,运用方程式(6. 62) 可以用第六项将其消去。在第七项中运用方程式(6. 62) 的共轭转置矩阵,可以看到第四项被消去了。依此类推,第二项和第五项互消。因此可得

$$P = P(\hat{\boldsymbol{u}}) = P(\boldsymbol{U} + \boldsymbol{\delta}) = \frac{1}{4}\hat{\boldsymbol{F}}_e^T\boldsymbol{U}^* - \frac{1}{2}\boldsymbol{\delta}^\dagger\boldsymbol{R}\boldsymbol{\delta} \tag{6.64}$$

到目前为止,就有了方程式(6. 55) ~ (6. 57) 的另一种版本。然而,考虑到(6. 59) 的不等关系,即 $\boldsymbol{R}$ 是半正定矩阵,可以看到最大吸收功率为

$$P_{MAX} = P(\boldsymbol{U}) = \frac{1}{4}\hat{\boldsymbol{F}}_e^T\boldsymbol{U}^* \tag{6.65}$$

因为方程式(6. 64) 中的最后一项只能减少而不是增加 P。

如果阻抗辐射矩阵 $\boldsymbol{R}$ 是非奇异矩阵,它的逆矩阵 $\boldsymbol{R}^{-1}$ 存在,方程式(6. 62) 对最佳速度

有一个唯一的解

$$\hat{\boldsymbol{u}}_{\mathrm{OPT}} \equiv \boldsymbol{U} = \frac{1}{2}\boldsymbol{R}^{-1}\hat{\boldsymbol{F}}_{\mathrm{e}} \tag{6.66}$$

只有当$\boldsymbol{\delta}=0$时,方程式(6.64)能取最大值。如果$\boldsymbol{R}$是奇异矩阵,则代数方程(6.62)是不定的。我们知道,方程式(6.64)中的最后一项可以消去$\boldsymbol{\delta}$一些特定非零值(比如说,参看5.7.2小节的最后一段)。用$\boldsymbol{U}$加上$\boldsymbol{\delta}$,则得到了另一个最佳速度$\boldsymbol{\delta}+\boldsymbol{U}$,其最大吸收功率与方程式(6.65)得出的一样。因此,尽管最佳速度

$$\hat{\boldsymbol{u}}_{\mathrm{OPT}} = \boldsymbol{U} \tag{6.67}$$

在$\boldsymbol{R}$是奇异矩阵时模糊不定,其最大吸收功率是唯一的。如果已知速度是方程(6.62)的一个解,那么就自然会有一个最大值(参见问题7.5)。

因为P_{MAX}是实数且为标量,可以将方程式(6.65)的右边转为一个共轭转置矩阵。如果运用方程式(6.56)、(6.57)和(6.62),可以从最大吸收功率的表达式中任选一个,比如

$$P_{\mathrm{MAX}} = P_{\mathrm{r,OPT}} = \frac{1}{2}P_{\mathrm{e,OPT}} = \frac{1}{2}\hat{\boldsymbol{u}}_{\mathrm{OPT}}^{\mathrm{T}}\boldsymbol{R}\hat{\boldsymbol{u}}_{\mathrm{OPT}}^{*} = \frac{1}{4}\hat{\boldsymbol{F}}_{\mathrm{e}}^{\mathrm{T}}\hat{\boldsymbol{u}}_{\mathrm{OPT}}^{*} = \frac{1}{4}\hat{\boldsymbol{u}}_{\mathrm{OPT}}^{\mathrm{T}}\hat{\boldsymbol{F}}_{\mathrm{e}}^{*} \tag{6.68}$$

如果$\boldsymbol{R}$是非奇异矩阵,那么同样可以通过方程式(6.66)得到

$$P_{\mathrm{MAX}} = \frac{1}{8}\hat{\boldsymbol{F}}_{\mathrm{e}}^{\mathrm{T}}\boldsymbol{R}^{-1}\hat{\boldsymbol{F}}_{\mathrm{e}}^{*} = \frac{1}{8}\hat{\boldsymbol{F}}_{\mathrm{e}}^{\dagger}\boldsymbol{R}^{-1}\hat{\boldsymbol{F}}_{\mathrm{e}} \tag{6.69}$$

现在考虑一下因为摩擦和黏性造成的能量损失,采用5.9节提出的简化模型。类比辐射功率方程(6.57),损失功率为

$$P_{\mathrm{loss}} = \frac{1}{2}\hat{\boldsymbol{u}}^{\mathrm{T}}\boldsymbol{R}_{\mathrm{f}}\hat{\boldsymbol{u}}^{*} \tag{6.70}$$

其中,$\boldsymbol{R}_{\mathrm{f}}$是在(5.312)中的摩擦阻力矩阵,则吸收功率和损失功率的差值为

$$P_{\mathrm{u}} = P - P_{\mathrm{loss}} = P_{\mathrm{e}} - P_{\mathrm{r}} - P_{\mathrm{loss}} \tag{6.71}$$

将其称为有效功率。通过方程式(6.56)、(6.57)和(6.70)可以得到

$$P_{\mathrm{u}} = \frac{1}{4}(\hat{\boldsymbol{F}}^{\mathrm{T}}\hat{\boldsymbol{u}}^{*} + \hat{\boldsymbol{F}}_{\mathrm{e}}^{\dagger}\hat{\boldsymbol{u}}) - \frac{1}{2}\hat{\boldsymbol{u}}^{\mathrm{T}}(\boldsymbol{R}+\boldsymbol{R}_{\mathrm{f}})\hat{\boldsymbol{u}}^{*} \tag{6.72}$$

如果在方程式(6.62)中用$(\boldsymbol{R}+\boldsymbol{R}_{\mathrm{f}})$替换$\boldsymbol{R}$,则可以得到使有效功率最大化所需振动速度的最佳条件。如果在方程式(6.68)中代入最佳速度,同样还是用$(\boldsymbol{R}+\boldsymbol{R}_{\mathrm{f}})$替换$\boldsymbol{R}$,则可以得到最大有效功率。尽管在很多情况下$\boldsymbol{R}$是奇异矩阵,还是假定$(\boldsymbol{R}+\boldsymbol{R}_{\mathrm{f}})$是非奇异矩阵。则可以得到最大有效功率为

$$P_{\mathrm{u,MAX}} = \frac{1}{8}\hat{\boldsymbol{F}}_{\mathrm{e}}^{\dagger}(\boldsymbol{R}+\boldsymbol{R}_{\mathrm{f}})^{-1}\hat{\boldsymbol{F}}_{\mathrm{e}}^{*} \tag{6.73}$$

就最优复速度振幅成分而言,其对应的矢量为

$$\hat{\boldsymbol{u}} = \frac{1}{2}(\boldsymbol{R}+\boldsymbol{R}_{\mathrm{f}})^{-1}\hat{\boldsymbol{F}}_{\mathrm{e}} \tag{6.74}$$

由于辐射阻尼矩阵$\boldsymbol{R}$的非对角元素,最佳条件(6.62)或(6.74)告诉我们,在有多个振荡器的情况下,对于振荡器i,让速度u_i和激振力$F_{e,i}$同相位不一定是最佳选择。

6.4.2　轴对称体的最大吸收功率

现在让我们来思考几个没有振幅限制的最大吸收功率案例。

以垂荡运动作为单轴对称振动的唯一振型体，辐射阻尼矩阵 $\boldsymbol{R}$ 和激振力矢量 $\hat{\boldsymbol{F}}_e$ 分别被简化为标量 R_{33} 和 $F_{e,3}=f_{30}A$。然后根据方程式(6.66)和(6.69)[参见方程式(3.45)]可得

$$P_{\mathrm{MAX}}=\frac{|\hat{F}_{e,3}|^2}{8R_{33}}\quad\left(\hat{u}_3=\hat{u}_{3,\mathrm{OPT}}=\frac{\hat{F}_{e,3}}{2R_{33}}\right)\tag{6.75}$$

通过倒数关系(5.279)可得

$$P_{\mathrm{MAX}}=\frac{|f_3|^2}{8R_{33}}|A|^2=\frac{|f_{30}|^2}{8R_{33}}|A|^2=\frac{2\rho g^2D(kh)}{8\omega k}|A|^2=\frac{1}{k}J\tag{6.76}$$

其中，由方程式(4.136)可知 $J=(\rho g^2D/(4\omega))|A|^2$ 是入射波正面的单位入射波能运输。因此，最大吸收宽度(定义为 P 和 J 之间的比率)是

$$d_{a,\mathrm{MAX}}=\frac{P_{\mathrm{MAX}}}{J}=\frac{1}{k}=\frac{\lambda}{2\pi}\tag{6.77}$$

Budal 和 Falnes、Evans 和 Newman 首先推导出这一结果。

接下来考虑一个单一轴对称体振荡的情况，它的振荡模式为三种：纵荡、横摇和垂荡。可以将振荡速度分量、激振力分量和辐射阻尼矩阵记为

$$\hat{\boldsymbol{u}}=\begin{bmatrix}\hat{u}_1\\ \hat{u}_2\\ \hat{u}_3\end{bmatrix},\quad \hat{\boldsymbol{F}}_e=\begin{bmatrix}\hat{F}_{e,1}\\ \hat{F}_{e,2}\\ \hat{F}_{e,3}\end{bmatrix},\quad \boldsymbol{R}=\begin{bmatrix}R_{11}&0&0\\0&R_{22}&0\\0&0&R_{33}\end{bmatrix}\tag{6.78}$$

由对称可得 $R_{22}=R_{11}$。则最佳条件(6.62)和最大功率(6.68)可记为

$$\hat{\boldsymbol{u}}=\begin{bmatrix}\hat{F}_{e,1}/(2R_{11})\\ \hat{F}_{e,2}/(2R_{22})\\ \hat{F}_{e,3}/(2R_{33})\end{bmatrix}=\boldsymbol{U}\tag{6.79}$$

和

$$P_{\mathrm{MAX}}=\frac{1}{4}\hat{\boldsymbol{F}}_e^{\mathrm{T}}\boldsymbol{U}^*=\frac{1}{8}\left(\frac{|\hat{F}_{e,1}|^2}{R_{11}}+\frac{|\hat{F}_{e,2}|^2}{R_{22}}+\frac{|\hat{F}_{e,3}|^2}{R_{33}}\right)\tag{6.80}$$

$$P_{\mathrm{MAX}}=\frac{1}{8}\left(\frac{|f_1|^2}{R_{11}}+\frac{|f_2|^2}{R_{22}}+\frac{|f_3|^2}{R_{33}}\right)|A|^2\tag{6.81}$$

由方程式(5.262)和(5.266)可得

$$f_1(\beta)=-f_{10}\cos\beta\tag{6.82}$$

$$f_2(\beta)=-f_{20}\sin\beta\tag{6.83}$$

$$f_3(\beta)=f_{30}\tag{6.84}$$

通过倒数关系(5.279)最终可得

$$P_{\mathrm{MAX}}=\frac{1}{8}\frac{4\rho g^2D(kh)}{\omega k}\left(\cos^2\beta+\sin^2\beta+\frac{1}{2}\right)|A|^2=$$

$$\frac{3}{k}\frac{\rho g^2D(kh)}{4\omega}|A|^2=\frac{3}{k}J\tag{6.85}$$

最大吸收宽度为

$$d_{a,\mathrm{MAX}} = \frac{P_{\mathrm{MAX}}}{J} = \frac{3}{k} = \frac{3}{2\pi}\lambda \tag{6.86}$$

Newman 最先得出这一结果。

对于振荡为纵荡、垂荡和纵摇三种模式的情况，辐射阻尼矩阵是奇异的。（它是一个秩为 2 的 3 × 3 矩阵）如问题 6.3 所示，结果是

$$P_{\mathrm{MAX}} = (3/k)J \tag{6.87}$$

且

$$d_{a,\mathrm{MAX}} = 3/k = \frac{3}{2\pi}\lambda \tag{6.88}$$

最后来考虑这样一个例子，两个同心轴对称的浮标 $p = 1$ 和 $p = 2$，它们只有垂荡振荡模式。然后有关振荡器为 $i = 6(p-1) + 3$，即 $i = 3$ 和 $i = 9$［参见方程式（5.152）］。然后根据方程式（5.279），这一系统的辐射阻尼矩阵为

$$\boldsymbol{R} = \begin{bmatrix} R_{33} & R_{39} \\ R_{93} & R_{99} \end{bmatrix} = \frac{\omega k}{2\rho g^2 D(kh)} \begin{bmatrix} |f_{30}|^2 & f_{30}f_{90}^* \\ f_{90}f_{30}^* & |f_{90}|^2 \end{bmatrix} \tag{6.89}$$

这个结果也符合方程式（5.288）。这很容易验证，当相应的行列式为零时，这意味着 $\boldsymbol{R}$ 是一个奇异矩阵。选择一个任意值 U_9，我们发现最优不定方程（6.62）为

$$U_3 = \frac{f_{30}A/2 - R_{39}U_9}{R_{33}} = \frac{f_{90}A/2 - R_{99}U_9}{R_{93}} \tag{6.90}$$

由方程式（6.65）可得最大功率为

$$P_{\mathrm{MAX}} = \frac{(f_{30}U_3^* + f_{90}U_9^*)A}{4} = \frac{|f_{30}A|^2}{8R_{33}} = \frac{f_{30}f_{90}^*|A|^2}{8R_{93}} \tag{6.91}$$

它不受 U_9 影响。将其代入方程式（6.89）及（4.136）可得

$$P_{\mathrm{MAX}} = \frac{\rho g^2 D(kh)}{4\omega k}|A|^2 = \frac{J}{k} \tag{6.92}$$

因此，所得吸收宽度与方程式（6.77）结果相同。这一观察为我们提供了一个线索，让我们明白为什么辐射阻尼矩阵可能会变成奇异矩阵。

可以由方程式（6.76）和（6.92）得到最大吸收功率，它对应入射平面波和一个或两个浮体的垂荡振荡产生的各向同性辐射圆极化波的破坏性干扰［分别是方程式下（6.76）和（6.92）的情况］；见图6.2。这种最佳干扰与哪个浮体的波源无关。要想通过增加另一个各向同性辐射体来增加最大吸收功率是不可能的。这是方程式（6.89）对辐射电阻矩阵奇异性给出的物理解释。如果只有各向同性辐射垂荡模式，矩阵的秩不超过一个。

现在让我们考虑一种更普遍的情况，允许所有六种运动模式参与。方程式（6.85）或（6.87）得出的最大功率对应三个辐射圆波对入射波的最佳干扰，按照方程式（5.262），它可能有三种不同的 θ 变形。因此，比如说纵荡已经涉及浪涌模式并得到了优化，那么要想通过增加倾斜模式改善最优状况是不可能的，因为这两种模式产生的波辐射变形 θ 相同。如果已经有对应三种不同 θ 变形的三种运动方式（或三振荡器）［见方程式（5.262）］，并且已经选好使三个辐射圆波与平面入射波产生最佳干扰波的复振幅，那么要想通过增加三个以上的自由度数量（或振荡器数量）来增加吸收功率是不可能的。因

此,轴对称系统的辐射阻尼矩阵的秩[如方程式(5.279)所示]不能超过3。因此,如果一个矩阵的阶大于3×3,它必然是奇异的。

6.4.3 二维情况下的最大吸收功率

对于二维情况(见5.8节),我们将最大功率方程式(6.68)和最佳振荡方程式(6.62)修订为

$$P'_{\mathrm{MAX}} = \frac{1}{4}\hat{\boldsymbol{F}}'^{\mathrm{T}}_{\mathrm{e}}\boldsymbol{U}^* = \frac{1}{2}\boldsymbol{U}^{\mathrm{T}}\boldsymbol{R}'\boldsymbol{U}^* \tag{6.93}$$

其中复速度振幅 $\hat{\boldsymbol{u}}_{\mathrm{OPT}} = \boldsymbol{U}$ 必须满足代数方程式

$$\boldsymbol{R}'\boldsymbol{U} = \frac{1}{2}\hat{\boldsymbol{F}}'_{\mathrm{e}} \tag{6.94}$$

这里 $\boldsymbol{R}'$ 和 $\boldsymbol{F}'_{\mathrm{e}}$ 分别表示单位宽度的辐射阻尼和激振力。现在根据柯钦函数用方程式(5.301)~(5.305)表达辐射阻尼和激振力(每单位宽度)。假定给定的入射波的传播方向在正 x 方向($\beta = 0$),可将单位宽度的最大吸收功率改写为

$$P'_{\mathrm{MAX}} = \frac{1}{4}\hat{\boldsymbol{F}}'^{\mathrm{T}}_{\mathrm{e}}\boldsymbol{U}^* = \frac{1}{4}\hat{\boldsymbol{F}}'^{\dagger}_{\mathrm{e}}\boldsymbol{U} = \frac{\rho g D(kh)}{4k}A^*\boldsymbol{h}'^{\dagger}(\pi)\boldsymbol{U} \tag{6.95}$$

其中,可以通过以下方程得到最优复振幅:

$$\{\boldsymbol{h}'(0)[\boldsymbol{h}'(0)]^{\dagger} + \boldsymbol{h}'(\pi)[\boldsymbol{h}'(\pi)]^{\dagger}\}\boldsymbol{U} = \frac{gk}{\omega}\boldsymbol{h}'(\pi)A \tag{6.96}$$

然后引入一个相对吸收功率

$$\varepsilon = \frac{P'}{J} = \frac{4\omega P'}{\rho g^2 D(kh)|A|^2} \tag{6.97}$$

和相对最佳振幅

$$\boldsymbol{\zeta} = \frac{\omega}{gk}\left(\frac{\boldsymbol{U}}{A}\right) \tag{6.98}$$

需要注意的是,ε 仅仅是入射波能量传输(4.136)吸收部分的比例。它的最大值

$$\varepsilon_{\mathrm{MAX}} = \frac{4\omega}{\rho g^2 D(kh)|A|^2}\frac{\rho g D(kh)}{4k}A^*\boldsymbol{h}'^{\dagger}\frac{gk}{\omega}A\boldsymbol{\zeta} \tag{6.99}$$

$$\varepsilon_{\mathrm{MAX}} = \boldsymbol{h}'^{\dagger}(\pi)\boldsymbol{\zeta} \tag{6.100}$$

在相对振幅矢量 ζ 满足以下方程式时可得:

$$\{\boldsymbol{h}'(0)[\boldsymbol{h}'(0)]^{\dagger} + \boldsymbol{h}'(\pi)[\boldsymbol{h}'(\pi)]^{\dagger}\}\boldsymbol{\zeta} = \boldsymbol{h}'(\pi) \tag{6.101}$$

注意到括号内的表达式是辐射阻尼矩阵的归一化版本,因此它等于自身的共轭[见方程式(5.301)的最后一个表达式]。可以将最佳条件(6.101)写为

$$\boldsymbol{h}'(\pi)\{[\boldsymbol{h}'(\pi)]^{\dagger}\boldsymbol{\zeta} - 1\} + \boldsymbol{h}'(0)[\boldsymbol{h}'(0)]^{\dagger}\boldsymbol{\zeta} = 0 \tag{6.102}$$

$\boldsymbol{h}\boldsymbol{h}^{\dagger}$ 类型的矩阵秩为1,在 $\boldsymbol{h}^{\dagger}\boldsymbol{h}$ 时为零秩矩阵(Pease,239页)。如果矢量 $\boldsymbol{h}'(0)$ 和 $\boldsymbol{h}'(\pi)$ 线性无关,阻抗矩阵秩为2。除此之外,它的秩最多为1。一般来说,振荡二维体的辐射阻尼为3×3矩阵。因此,这个矩阵一定是奇异的,因为它的秩至多为2。

假定矢量 $\boldsymbol{h}'(0)$ 和 $\boldsymbol{h}'(\pi)$ 线性无关,则最优条件(6.102)只有在下列条件下才能满足

$$[\boldsymbol{h}'(\pi)]^{\dagger}\boldsymbol{\zeta} - 1 = 0 \tag{6.103}$$

$$[\boldsymbol{h}'(0)]^{\dagger}\boldsymbol{\zeta}=0 \tag{6.104}$$

因此,可得两个标量方程,最佳振幅矢量$\boldsymbol{\zeta}$的分量必须满足这两个方程。所以,如果$\boldsymbol{\zeta}$的分量超过两个,那么这个方程组是不确定的。也就是说,在这种情况下,正如之前说过的那样,辐射阻尼矩阵是奇异的。

结合方程式(6.100)及(6.103),可得一个相对最大波吸收功率的明确值

$$\varepsilon_{\text{MAX}}=[\boldsymbol{h}'(\pi)]^{\dagger}\boldsymbol{\zeta}=1 \tag{6.105}$$

这意味着振荡体吸收了全部入射波。从[Falnes 86 中的(53) ~ (59)方程]可以知道,当满足条件(6.103)和(6.104),辐射波可以抵消从左边($x\to-\infty$)衍射的波、所有入射波以及从右边($x\to+\infty$)衍射的波。

向量$[\boldsymbol{h}'(\pi)]^{\mathrm{T}}$和$[\boldsymbol{h}'(0)]^{\mathrm{T}}$线性无关的一个必要不充分条件是它们至少是二阶矩阵的向量。也就是说,至少要有两种振荡模式参与。

如果浮体只有一种振荡模式,上述向量则简化为标量。

由此在这种情况下,方程式(6.100)和(6.101)可简化为

$$\varepsilon_{\text{MAX}}=h'^{*}(\pi)\zeta \tag{6.106}$$

$$[|h'(0)|^{2}+|h'(\pi)|^{2}]\zeta=h'(\pi) \tag{6.107}$$

这意味着浮体至少可以吸收一个入射波分量

$$\varepsilon_{\text{MAX}}=\frac{1}{1+|h'(0)/h'(\pi)|^{2}} \tag{6.108}$$

如果振荡体只能在负方向对波产生辐射,则$h'(0)=0$,可能完全吸收波能。如果浮体对称,不同方向的波辐射相同,则有$|h'(0)|=|h'(\pi)|$,这表示只有不到一半的入射波能被吸收。

如果浮体要吸收超过50%的入射波能量,它必须有非对称辐射能力。例如非对称浮体“鸭子”,专门用于纵摇模式的振荡。早在1974年,Salter就已经给出了对应入射波功率80%以上的实测吸收功率。

接下来,思考一下(在其平均时间位置)平面对称$x=0$的振荡体。很明显,垂荡运动辐射到的波是对称的,而横摇和纵摇运动辐射的波是非对称的。在柯钦函数里,可以表示为

$$h'_{3}(\pi)=h'_{3}(0) \tag{6.109}$$

$$h'_{1}(\pi)=-h'_{1}(0),\quad h'_{5}(\pi)=-h'_{5}(0) \tag{6.110}$$

可以说,如果浮体是一个水平圆柱或者其倾斜旋转轴为圆柱,则$|h'_{5}|=0$。此外,如果这个圆柱体完全浸没在深水中,则有

$$h'_{1}(0)=-\mathrm{i}h'_{3}(0) \tag{6.111}$$

这意味着,如果圆柱轴在垂荡和纵荡运动时以相差$\pi/2$的相位振荡,它们的振幅相等。也就是说,如果圆柱体的中心描述的是xz平面的一个圆环,那么圆柱体运动产生的波浪在单一方向上沿自由表面运动。Ogilvie的理论研究首次表明了这点,Evans之后提出了波能转换器的概念,利用水平淹没的圆柱体,这后来被称为“布里斯托尔柱”。

让我们现在回到一个一般对称体有三种振荡模式的情况,垂荡模式($j=3$)、纵荡模式($j=1$)和纵摇模式($j=5$),可以看到,矢量$\boldsymbol{h}'(\pi)$和$\boldsymbol{h}'(0)$线性无关。如果只涉及两种模式,当振荡模式为垂荡和纵荡或者垂荡和纵摇模式时这两个矢量线性无关。因此,在所有

这些情况下，只有实现最佳才能吸收全部波能。

然而，如果振荡体只有两种振荡模式，则矢量 $\boldsymbol{h}'(\pi)$ 和 $\boldsymbol{h}'(0)$ 线性无关；$\boldsymbol{h}'(\pi)=-\boldsymbol{h}'(0)$。在这种情况下，最佳条件

$$[\boldsymbol{h}'(\pi)-\boldsymbol{h}'(0)]^{\dagger}\boldsymbol{\zeta}=1 \tag{6.112}$$

由方程式(6.103)和(6.104)相加可得。于是，由方程式(6.100)和(6.112)可得

$$\varepsilon_{\mathrm{MAX}}=[\boldsymbol{h}'(\pi)]^{\dagger}\boldsymbol{\zeta}=\frac{1}{2} \tag{6.113}$$

这意味着在这种情况下只能吸收不到50%的波能。

我们注意到，3×3 辐射阻尼矩阵是奇异的。这很好理解。在有两个最佳振荡模式的情况下：一个对称模式（垂荡）和一个非对称模式（纵荡或纵摇），它能吸收100%的入射波功率。因此，要想通过增加振荡模式的方法使它吸收更多入射波功率是不可能的。在所有涉及三种振荡模式的优化问题中，$\boldsymbol{R}$ 是奇异的，因此确定 U_1、U_3 和 U_5 最优值的方程组是不确定的。最佳复振幅 U_3 是确定的。如果 U_1 任选，则 U_5 是一定的，反之亦然。这样，纵荡和纵摇振荡组合产生的非对称波，在远场区最优。如果对称波和非对称波都是最佳，振动体会吸收所有的入射波能（参见问题6.4）。

6.4.4 有振幅约束的最大吸收功率

在实际中，对振荡体的位移、速度和加速度有一定的局限性。因此，对于所有系统设计的浮体振幅都有上限。为保障高效低波没有达到这些限制，上一小节提到的无限制优化是可行的。对于中等和大的波高，这些限制或振幅约束可能相当重要。

为了便于研究，将那些系统中某些浮体的约束复杂化了。需要运用更加复杂的数值优化。当海浪很高时，所有最佳振幅都小于系统具体设计时情况简单得多。要分析只有一个全局约束条件的案例也相对简单。然而，在这里没有进一步讨论这些案例。

问题

问题 6.1 浮标吸收功率

一个轴对称的浮标在半球形的下端上有一个圆柱形的部分，圆柱高度 $2l=8$ m，直径 $2a=6$ m。浮标在其平衡位置的吃水深度为 $l+a=7$ m。垂荡幅度 $|\hat{s}|$ 最大为 l。假设给这个功率浮标配备了一个机械，可以控制其振荡运动。首先，控制垂荡速度与垂荡激振力同相。其次，调整振荡的阻尼（对应最佳振幅），使其在小波浪时能有最大吸收功率，有必要时还要限制在大波浪中的垂荡振幅。除了振幅限制外，还假定线性理论是适用的。此外，还假设波浪和垂荡振荡是正弦的。假定在深水中，海水密度 $\rho=1\ 020\ \mathrm{kg/m^3}$，重力加速度 $g=9.81\ \mathrm{m/s^2}$。

(a) 使用问题5.12的计算结果，计算和绘制吸收功率 P 的图表，波周期 T 为6.3 s、9.0 s、11.0 s和15.5 s时，它是入射波振幅 $|A|$ 的函数。有必要确定每一个周期内设计垂荡幅度限制起作用的波幅 $|A_c|$。

(b) 接下来，由于已安装机械问题，假设平均吸收功率必须限于 $P_{\mathrm{MAX}}=300$ kW。由于这个原因，调整速度和激振力之间的相位角 γ 达到一定值（$\gamma\neq0$）是可取的（作为一种使垂荡振动完全停止的替代），从而使吸收功率最大化。在这种入射波非常大的情况下，

为上述四个波周期计算并绘制一个图形 γ 作为 $|A|$ 的函数。

(c) 讨论(口头) 如果指定机械的外部阻尼力振幅最大值为 $|F_u|_{MAX}=2.4\times 10^5$ N(而不是300 kW) 或者(d) 指定最大负载电阻 $R_u=1.0\times 10^5$ Ns · m^{-1},应该做何修正。

问题 6.2　吸收功率比

假设已知(深水情况下) 一个规则的(正弦) 入射波振幅 $|A|=1$ m。思考间隔 5 s < T < 16 s 的波周期。优化控制垂荡浮标,使吸收波功率最大化(参见问题6.1)。浮标的形状为底部是半球形的圆柱体,它直径为 $2a$,总高度为 $a+2l$,其管状部分高 $2l$。它平衡状态下的吃水为 $a+l$。除了垂荡幅度 l 的设计限制外,假定线性理论是有效的。

(a) 从 ρ、g、a、l、$|A|$,$\omega=2\pi/T$、$|f_3|/S$ 和 $\omega R_{33}/S$(参看问题5.12 对这些符号的定义) 中,推导出吸收功率 P 和浮标体积 V 之间表达的一个比 P/V。给定固定值 l,表明当 $a\to 0$ 时 P/V 取最大值。绘制 $(P/V)_{MAX}$ 关于 T 的曲线。

(b) 运用问题 6.1 的结果,绘制当 $a=3$ m 且 $l=4$ m 时 P/V 关于 T 的曲线。除了 P/V(kW/m^3) 的比例外,还应该有 P(kW) 的比例。此外,再绘制一条没有垂荡幅度限制的曲线 P。

问题 6.3　轴对称体的最大吸收功率

在一个平面入射波中,由一个振荡体吸收的最大功率是

$$P_{MAX}=\frac{1}{2}\boldsymbol{URU}^*$$

其中 $\boldsymbol{R}$ 是辐射阻尼矩阵,最优速度矢量 $\boldsymbol{U}$ 必须满足以下代数方程:

$$\boldsymbol{RU}=\frac{1}{2}\hat{\boldsymbol{F}}$$

其中 $\hat{\boldsymbol{F}}$ 是组成浮体所有(六个) 激振力分量的矢量。用 λ 表示波长,J 表示入射波(简谐波) 的能量传输密度。

用辐射阻尼矩阵与激振力矢量之间的倒数关系,激振力矢量表示一个轴对称体以最佳复振幅振荡时吸收的功率

(a)
$$P_{MAX}=\left(\frac{3\lambda}{2\pi}\right)J$$

当它以纵荡和垂荡两种模式振荡时;

(b)
$$P_{MAX}=\left(\frac{\lambda}{\pi}\right)J$$

当它以纵荡和纵摇两种模式振荡时;

(c)
$$P_{MAX}=\left(\frac{3\lambda}{2\pi}\right)J$$

当它以上述三种模式振荡时。

要达到最佳复速度振幅的状态必须满足(a) ~ (c) 三种情况的任意一种。假定线性理论是适用的;即波的振幅要足够小,以确保振荡幅度不受限制。

问题 6.4　对称二维体的最大吸收功率

证明如果一个平面波垂直入射在一个二维体上,它有一个与波前平行的垂直对称平面,然后在达到最佳振动时,浮体

(a) 如果振荡模式为纵荡和纵摇,则吸收入射波功率的一半;

(b) 如果振荡模式为纵荡和垂荡或者纵荡、纵摇和垂荡,则吸收所有入射波功率。

陈述每一种情况下要达到最佳复速度振幅必须满足的条件。

问题 6.5 达到优化幅度时的最大吸收功率

由方程式(3.41)和(6.8)可知:当振荡的振幅最优,而相位未能实现最优时最大吸收功率有两种不同情况。在前者的情况下,振荡受动态方程(3.30)限制;而在后者的情况下,振幅可以任意选择(这可能需要控制装置是系统的一部分)。

(a) 在方程式(3.41)适用的情况下,用 $x \equiv (\omega m_m + \omega m_r - S/\omega)/R_r$ 确定速度和激振力之间的相位角 γ,用 $\hat{F}_e$、R_r 和 x 表示 $P_{a,MAX}$。

(b) 令 $\gamma_j = \gamma$、$R_{jj} = R_r$ 且 $\hat{F}_{e,j} = \hat{F}_e$,在方程式(6.8)中用 $\hat{F}_e$、R_r 和 x 表示 P_{MAX}。

(c) 然后用 x 表示 $p \equiv P_{MAX}/P_{a,MAX}$,证明 $p \geqslant 1$。最后,证明 $p = 1$ 时($x = 0$)共振。

第 7 章　波浪与振荡水柱间的相互作用

通过“振荡水柱”,可以理解有浸没开口的中空结构内水 - 空气界面下的含水量,振荡水柱的水与公海中的水相通(见图 4.2、4.5 或 7.1)。我们认为它们之间有两种相互作用:辐射问题和激振问题。辐射问题涉及水 - 空气界面之上动态空气压力振荡引起的波辐射。激振问题涉及的入射波在空气动力压力为零时引起的振荡。我们将其与波浪体相互作用相比较。此外,还讨论了振荡水柱的波能提取。最后,思考了几个振荡水柱与波浪相互作用(见图 7.1) 的情况。

到目前为止,有几个国家已经开展了关于带振荡水柱类型的波能转换装置的研究。动力输出装置可能是液压机械,但气动力输出装置一般为气涡轮机。在后一种情况下,振荡水柱上的水表有动态气压。在这种情况下,可以称振荡水柱为“周期性表面压力” 或者“振荡表面压力分布”。本章研究的课题正是这种振荡水柱。当讨论方程式(4.22) ~(4.28) 时,思考图 4.2 和 4.5 表示的振荡水柱。图 7.1 中有两个振荡水柱:一个是在浮动结构,另一个在固定结构。我们思考它与振动体(参见第 5 章) 以及振荡水柱的两种相互作用。

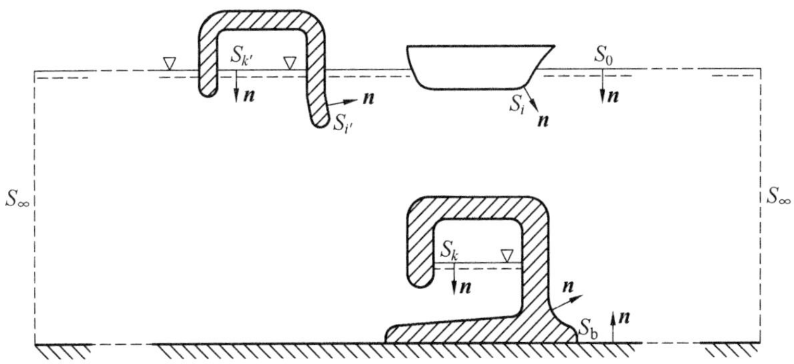

图 7.1　一个假想圆柱控制面 S_∞ 包含的压力分布体室系统(振荡水柱)。S_i 和 $S_{i'}$ 表示的是振荡体潮湿的表面,而 S_k 和 $S_{k'}$ 表示的是内部水表面。S_b 表示的是固定表面(海底等),S_0 表示的是外部自由水面。箭头表示的是单位法线

第一种是辐射问题。当出现动态气压时,p_k 振荡水柱可能会生成辐射波。否则的话,如果动态气压通过外部装置提供给系统,平静的水面上也可能产生海浪。

第二类是散射(或激荡) 问题。入射波产生水柱振荡,因此空气被内水表面抽走(当 $z = z_k$ 时)。 如果空气量不大(有限),就会产生动态气压。

如果 $z_k = 0$,那么根据方程式(4.15),内部空气的静态压力等于大气压力。那么可以简单地打开舱室通风,使动态气压消失($p_k = 0$)。

在振荡水柱近似理论研究中,人们可能会认为内部水面 S_k 是一个假想的失重刚性活塞,并将其视为一个振动体。由于边界条件(4.40) 不能完全满足,所以这样的理论不能

正确地模拟流体力学模型

$$\hat{\eta}_k = -\frac{\mathrm{i}\omega}{g}[\hat{\phi}]_{z=z_k} - \frac{1}{\rho g}\hat{p}_k \tag{7.1}$$

然而，当其波长大于水内表面 S_k(特征) 的水平长度时，它可以为低频率提供一个很好的近似结果。然后，除了这个表面的共振，它大致可作为一个水平平面活塞移动。

7.1　单个振荡水柱的应用压力描述

我们在这提供了与刚性活塞相比更加一般化、更正确的理论结果。它基于理想无旋流体的线性动力学理论。

方程式(4.35)、(4.36) 及(4.37) 给出了速度势的复振幅基本方程

$$\nabla^2\hat{\phi} = 0 \tag{7.2}$$

在流域里

$$\left[\frac{\partial\hat{\phi}}{\partial n}\right]_{S_\mathrm{b}} = 0 \tag{7.3}$$

在固定固体表面 S_b 上

$$\left[-\omega^2\hat{\phi} + g\frac{\partial\hat{\phi}}{\partial z}\right]_{S_0} = 0 \tag{7.4}$$

在自由水面 S_0 上以及在内水表面 S_k 上

$$\left[-\omega^2\hat{\phi} + g\frac{\partial\hat{\phi}}{\partial z}\right]_{S_k} = -\frac{\mathrm{i}\omega}{\rho}\hat{p}_k \tag{7.5}$$

在 $\hat{\phi}$ 的四个线性方程中，前三个是同质的，而方程式(7.5) 是异质的。方程式(7.5) 的右边是动态气压或者“气压波动”p_k 产生的驱动项。这个线性方程组可以作为有限距离辐射条件的一个补充，正如我们在4.1、4.3 和4.6 节中讨论的那样。在有入射波的情况下，这可以作为驱动函数。

引入入射波[参考方程式(4.92) 和(4.102)]

$$\hat{\phi}_0 = \frac{-g}{\mathrm{i}\omega}e(kz)\hat{\eta}_0 \tag{7.6}$$

其中

$$\hat{\eta}_0 = A\exp\{-\mathrm{i}k(x\cos\beta + y\sin\beta)\} \tag{7.7}$$

假设海底的水平深度为 $z=-h$。以 x 为轴，入射角是 β。将产生的速度势分解为

$$\phi = \phi_0 + \phi_\mathrm{d} + \phi_\mathrm{r} \tag{7.8}$$

其中最后两项分别代表绕射波和辐射波。要求流域里

$$\nabla^2\begin{bmatrix}\phi_0\\ \phi_\mathrm{d}\\ \phi_\mathrm{r}\end{bmatrix} = 0 \tag{7.9}$$

在自由水面 S_0 上

$$\left(-\omega^2 + g\frac{\partial}{\partial z}\right)\begin{bmatrix}\hat{\phi}_0\\ \hat{\phi}_\mathrm{d}\\ \hat{\phi}_\mathrm{r}\end{bmatrix} = 0 \tag{7.10}$$

且在内水表面 S_b 上

$$\frac{\partial}{\partial n}\begin{bmatrix}\phi_0 + \phi_d \\ \phi_r\end{bmatrix} = 0 \tag{7.11}$$

（注意：$\partial\phi_0/\partial n = 0$，因此，在海底平面 $z = -h$（S_b 的一部分）上有 $\partial\phi_d/\partial n = 0$）并且有

$$\left(-\omega^2 + g\frac{\partial}{\partial z}\right)(\hat{\phi}_0 + \hat{\phi}_d) = 0 \quad (\text{在 } S_k \text{ 上}) \tag{7.12}$$

$$\left(-\omega^2 + g\frac{\partial}{\partial z}\right)\hat{\phi}_r = -\frac{\mathrm{i}\omega}{\rho}\hat{p}_k \quad (\text{在 } S_k \text{ 上}) \tag{7.13}$$

运用方程式(7.8)，很容易证得：如果同时满足同质方程式(7.9) ~ (7.12)和异质边界条件，那么也一定满足方程式(7.2) ~ (7.5)。

另

$$\hat{\phi}_r = \varphi_k\hat{p}_k \tag{7.14}$$

我们发现，比例系数 φ_k 必须满足拉普拉斯方程，S_0 和 S_b 上的齐次边界条件和非齐次边界条件

$$\left(-\omega^2 + g\frac{\partial}{\partial z}\right)\varphi_k = -\frac{\mathrm{i}\omega}{\rho} \quad (S_k) \tag{7.15}$$

方程式(7.14)引入的系数 φ_k 可以类推到方程式(5.10)或(5.36)中的系数 φ_j。

由以下方程式可知振荡内水表面产生的体积流量

$$Q_{t,k} = \iint_{S_k} v_z \mathrm{d}S = \iint_{S_k}\frac{\partial\phi}{\partial z}\mathrm{d}S \tag{7.16}$$

体积流量的单位是 $\mathrm{m^3/s}$。因此很容易将总体积流量分解成以下两项

$$Q_{t,k} = Q_{e,k} + Q_{r,k} \tag{7.17}$$

其中引入了激振体积流量

$$Q_{e,k} = \iint_{S_k}\frac{\partial}{\partial z}(\phi_0 + \phi_d)\mathrm{d}S \tag{7.18}$$

以及辐射体积流量

$$Q_{r,k} = \iint_{S_k}\frac{\partial\phi_r}{\partial z}\mathrm{d}S \tag{7.19}$$

因为 ϕ_0 和 ϕ_d 在平面 A 是线性的，ϕ_r 在平面 p_k 是线性的，所以可得复振幅

$$\hat{Q}_{t,k} = \hat{Q}_{e,k} + \hat{Q}_{r,k} = q_{e,k}A - Y_{kk}\hat{p}_k \tag{7.20}$$

我们引入激振容积流量系数

$$q_{e,k} = \hat{Q}_{e,k}/A = \iint_{S_k}\frac{\partial}{\partial z}(\hat{\phi}_0 + \hat{\phi}_d)\frac{1}{A}\mathrm{d}S \tag{7.21}$$

以及辐射准入

$$Y_{kk} = -\iint_{S_k}\frac{\partial\phi_k}{\partial z}\mathrm{d}S \tag{7.22}$$

注意：当气压浮动为零（$p_k = 0$）时，激振容积流量 $Q_{e,k}$ 为容积流量。这是（遵循 Evans）选择(7.8)和(7.17)分解的结果。我们还承认，$|Y_{kk}|$ 越大，$|\hat{p}_k|$ 准入给定的 $|Q_{r,k}|$ 越大。“准入”术语来自电力电路理论，它指的是复振幅容积流量和气压浮动容

积流量之间的比率,其中电导纳是电阻抗的逆。它们真实/虚构的部分分别被称为阻尼和阻抗。因此,可以将辐射导纳分解成实部和虚部 $Y_{kk}=G_{kk}+\mathrm{i}B_{kk}$,其中

$$G_{kk}=\mathrm{Re}\{Y_{kk}\}=\frac{1}{2}(Y_{kk}+Y_{kk}{}^{*}) \tag{7.23}$$

是辐射电导

$$B_{kk}=\mathrm{Im}\{Y_{kk}\} \tag{7.24}$$

是辐射电阻。因此,Y_{kk}、G_{kk} 和 B_{kk} 的 SI 国际单位是 $\mathrm{m}^3\cdot\mathrm{s}^{-1}\cdot\mathrm{Pa}^{-1}=\mathrm{m}^5\cdot\mathrm{s}^{-1}\cdot\mathrm{N}^{-1}$。因此,在当前的语境中,机械阻抗(参见第 2 章和第 5 章)以及(气/液)准入不是数量的量纲。它的 SI 单位是$(\mathrm{N}\cdot\mathrm{s}\cdot\mathrm{m}^{-1})(\mathrm{m}^5\cdot\mathrm{s}^{-1}\cdot\mathrm{N}^{-1})=\mathrm{m}^4$。

7.1.1 吸收功率和辐射电导率

因为(气/液)准入代表容积流量和压力波动之间的比率,所以这两个量的产品具有功率的维数,其 SI 单位是$(\mathrm{m}^3\cdot\mathrm{s}^{-1})(\mathrm{N}\cdot\mathrm{m}^{-2})=\mathrm{N}\cdot\mathrm{m}\cdot\mathrm{s}^{-1}=\mathrm{W}$。类比方程式(6.1)~(6.6),可得(平均时间内)波浪吸收功率 P 为

$$P=\overline{p_k(t)Q_{t,k}(t)}=\frac{1}{2}\mathrm{Re}\{\hat{p}_k\hat{Q}_{t,k}^{*}\}=\frac{1}{2}\mathrm{Re}\{\hat{p}_k(\hat{Q}_{\mathrm{e},k}-Y_{kk}\hat{p}_k)^{*}\} \tag{7.25}$$

在这里使用方程式(7.20)和方程式(2.78)的类推式。在方程式(6.2)中,将吸收功率写为

$$P=P_{\mathrm{e}}-P_{\mathrm{r}} \tag{7.26}$$

激振功率为

$$P_{\mathrm{e}}=\frac{1}{4}\hat{p}_k\hat{Q}_{\mathrm{e},k}^{*}+\frac{1}{4}\hat{p}_k^{*}\hat{Q}_{\mathrm{e},k}=\frac{1}{2}\mathrm{Re}\{\hat{p}_k\hat{Q}_{\mathrm{e},k}^{*}\}=\frac{1}{2}\mathrm{Re}\{\hat{p}_kq_{\mathrm{e},k}^{*}A^{*}\} \tag{7.27}$$

辐射功率为

$$P_{\mathrm{r}}=\frac{1}{2}\hat{p}_k\hat{Y}_{kk}^{*}\hat{p}_k^{*}+\frac{1}{2}\hat{p}_k^{*}\hat{Y}_{kk}\hat{p}_k=\frac{1}{2}G_{kk}|\hat{p}_k|^2 \tag{7.28}$$

G_{kk} 由方程式(7.23)可知。因为 $P_{\mathrm{r}}\geqslant 0$,辐射电导率 G_{kk} 不可能为负。

7.1.2 阻尼功率和辐射率

因此,由于辐射电导率 G_{kk} 与辐射功率有关、辐射率 B_{kk} 代表阻尼功率,并可能与因气压波动 p_k 而产生的辐射波近场区的势能与动能差值 $W_{\mathrm{p}}-W_{\mathrm{k}}$ 有关。更明确地说,可以将其表示成

$$\frac{1}{4\omega}B_{kk}|\hat{p}_k|^2=W_{\mathrm{p}}-W_{\mathrm{k}} \tag{7.29}$$

可以类比方程式(5.188)(但是注意观察右边的符号)。此外,比较方程式(2.87)~(2.90)。当频率趋近零时,动能 W_{k} 也趋近零,而势能 W_{p} 在垂直位移下变成了水压能 $W_{\mathrm{p0}}=\rho gS_k|\hat{\eta}_{\mathrm{k0}}|^2/4$,在内水表面 S_k 替换为 $\eta_{\mathrm{k_0}}=pk/(\rho g)$。因此,当 $\omega\to 0$ 时

$$B_{kk}\to\frac{4\omega W_{\mathrm{p0}}}{|\hat{p}_k|^2}=\frac{\omega S_k}{\rho g} \tag{7.30}$$

注意,辐射率 B_{kk} 中包括了静刚度效应。这与垂荡体的情况相反,因为它的影响由一个单独的术语表示,同方程式(5.318)中的 S_{b} 项一样,而不是辐射阻抗(或附加质量)。

随着频率由零开始增加,振荡水柱外的自由水表波浪垂荡产生的势能也将不断增大。此外,动能将变得很重要。由 5.9.1 关于垂荡体共振的讨论可知,振荡水柱很可能也有共振。因此,从物理学的观点来看,认为方程式(5.328) 可以近似表示一个振荡水柱的共振频率,它位于一个表面穿孔的垂直管中,其淹没深度为 l,有一个相对 l 较小的直径。因为辐射率 B_{kk} 中包括了静刚度效应,当 $B_{kk}=0$ 时,也就是说,辐射导纳 Y_{kk} 为实的频率,会产生频率共振。

7.1.3　一个轴对称的例子

让我们来思考一下循环立管的例子,它较低的一端刚好接触水面,如图 7.2 所示。这是一个特别简单的几何振荡水柱舱室。

因为在这种情况下可以忽略绕射,很容易[参见问题 7.1 和方程式(7.46)]推导出激荡容积流量 $Q_{e,k}$ 和辐射电导 G_{kk} 的表达式,即

$$\hat{Q}_{e,k}=q_{e,k}A,\quad q_{e,k}=\frac{i\omega}{k}2\pi a J_1(ka) \tag{7.31}$$

$$G_{kk}=\frac{k}{8J}|\hat{Q}_{e,k}|^2=\frac{\omega k}{2\rho g^2 D}|q_{e,k}|^2=\frac{2\omega}{\rho g}[\pi a J_1(ka)]^2 \tag{7.32}$$

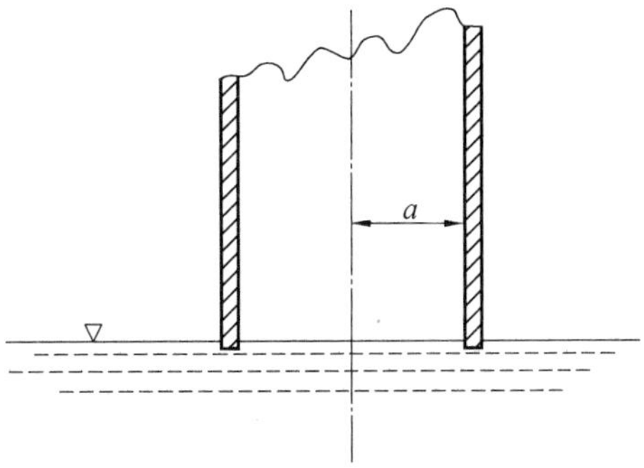

图 7.2　用一个刚好接触水面的垂直圆管表示一个简单的振荡水柱舱室

这里 J_1 是这种类型的一阶贝塞尔函数。因为

$$\left(\frac{2}{ka}\right)J_1(ka)=1+\boldsymbol{O}\{k^2a^2\}\quad(ka\to 0) \tag{7.33}$$

当长波极限为 $ka\leqslant 1$ 时有

$$\hat{Q}_{e,k}\approx i\omega A\pi a^2 \tag{7.34}$$

因为 $i\omega A$ 是原始入射波对应的流体速度垂直分量的复振幅,可以在长波的情况下得到这一结果。

G_{kk} 不可能为负。然而,它(和 $\hat{Q}_{e,k}$)的零点数与 $J_1(ka)$ 相同,即 $ka=3.832, 7.016, 10.173,\cdots$

辐射率的推导

$$B_{kk}=\mathrm{Im}\{Y_{kk}\} \tag{7.35}$$

更加复杂。Evans 给出了深水情况的结果。图 7.3 表明,低频(当势能主导动能)时 B_{kk} 为正值,而高频时多为负值。图中的零交叉点显示了前七个共振。

第一个共振是在 $ka=1.96$ 时发生的,相当于一个半径约为波长十分之三的圆盘 $(a/\lambda=ka/(2\pi)=1.96/(2\pi)=0.31)$。其对应的角频率为

$$\omega_0=\sqrt{k_0 g}=\sqrt{1.96g/a}=1.4\sqrt{g/a} \tag{7.36}$$

如果将这个最低固有频率与一个垂荡、刚性、失重的且半径为 a,静刚度为 $S_b=\rho g\pi a^2$ 的环形盘相联系,那么其附加质量 ω_0 为

$$m_{33}=\frac{S_b}{\omega_0^2}=\frac{g\pi a^2}{1.96g/a}=0.51\pi a^3\rho=0.76\frac{2\pi}{3}a^3\rho \tag{7.37}$$

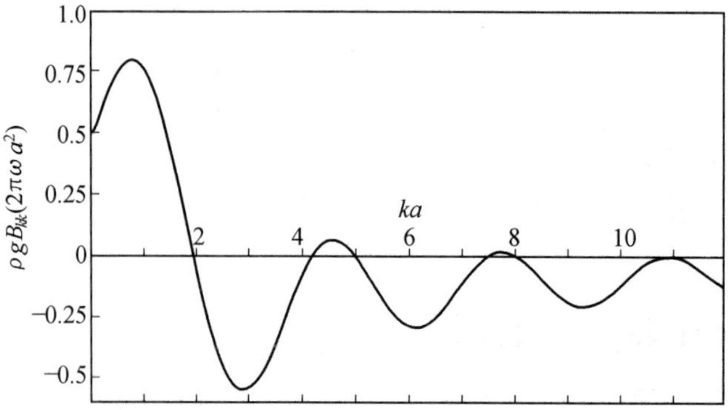

图 7.3　一个刚好淹没的圆管中圆形振荡水柱的辐射电纳 $B_{kk} = \mathrm{Im}\{Y_{kk}\}$，这里，当 $ka \to 0$ 时，$(\rho g/(2\omega\pi a^2))B_{kk} \to \frac{1}{2}$

这大约相当于一个半径为 a 的半球置换的水质量的四分之三。注意：辐射率 B_{kk} 包括了静刚度效应（与一个浮体的辐射阻抗相反，例如设想的硬盘）。在长波极限（$ka \to 0$）中，这种静压效应是唯一对 B_{kk} 有贡献的。因此，根据方程式（7.30），有

$$B_{kk} \to \omega\pi a^2/(\rho g) \quad (ka \to 0) \tag{7.38}$$

注意：思考的这个刚好淹没的圆管只能保持无穷小的振幅。一个更实际的例子需要一个淹没有限的圆管。

7.1.4　最大吸收功率

下面就让我们类比一下 6.2.1 对振荡体案例的讨论。方程式（7.27）中的激振力可写为

$$P_e = \frac{1}{2}|\hat{p}_k\hat{Q}_{e,k}|\cos(\gamma_k) = \frac{1}{2}|\hat{p}_k q_{e,k}A|\cos(\gamma_k) \tag{7.39}$$

其中，γ_k 是气压浮动 $\hat{p}_k$ 和激振容积流量 $\hat{Q}_{e,k}$ 之间的相角。注意：对于给定的入射波和给定相角来说，P_e 在气压振幅 $|\hat{p}_k|$ 中是线性的，而方程式（7.28）中的辐射功率 P_r 在 $|\hat{p}_k|$ 中是二次方程。因此，可以用图 7.4 中的抛物线来表示吸收功率 $P = P_e - P_r$。很容易证得当 $\hat{p}_k$ 取最佳值时抛物线取最大值。

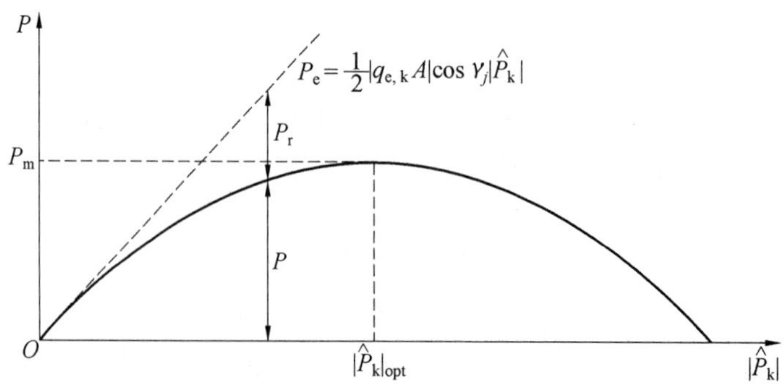

图 7.4　吸收功率 P（实线）与气室压力振幅 $|\hat{p}_k|$。辐射功率是激振功率 P_r（虚线）和吸收功率 P_e 之间的差值

$$|\hat{p}_k|_{OPT} = \frac{|\hat{Q}_{e,k}|}{2G_{kk}}\cos(\gamma_k) \tag{7.40}$$

对应最大吸收功率

$$P = P_{MAX} \equiv \frac{|\hat{Q}_{e,k}|^2}{8G_{kk}}\cos^2(\gamma_k) \tag{7.41}$$

还需要注意

$$(P_r)_{OPT} = \frac{1}{2}(P_e)_{OPT} = P_{MAX} \tag{7.42}$$

且当 $|\hat{p}_k| = 2|\hat{p}_k|_{OPT}$ 时,有 $P = 0$。

此外,如果(用共振或控制)可以满足这样的条件,即气腔压力波动 p_k 与激振容积流量 $Q_{e,k}$ 同相,那么 $\gamma_k = 0$,且吸收功率有最大值

$$P_{MAX} = \frac{|\hat{Q}_{e,k}|^2}{8G_{kk}} \tag{7.43}$$

$$\hat{p}_k = \hat{p}_{k,OPT} = \frac{\hat{Q}_{e,k}}{2G_{kk}} \tag{7.44}$$

这一最大吸收功率必须对应在 6.1 节讨论的最大破坏性干扰。

比如,对一个非对称系统来说,从方程式(6.76)可以知道

$$P_{MAX} = \frac{1}{k}J = \frac{\rho g^2 D(kh)}{4\omega k}|A|^2 \tag{7.45}$$

在优化吸收系统是非对称振荡水柱时也成立。记住这一点,由方程式(7.21)、(7.43)及(7.45)可知

$$G_{kk} = \frac{k}{8J}|\hat{Q}_{e,k}|^2 = \frac{\omega k}{2\rho g^2 D(kh)}|q_{e,k}|^2 \tag{7.46}$$

在轴对称的情况下,这种倒数关系,$\hat{Q}_{e,k} = q_{e,k}A$ 与入射波角 β 无关,类似于垂荡对称体的倒数关系(5.151)。换句话说,轴对称的振荡水柱可吸收的最大功率等于波前宽度上传输的功率

$$d_a = \frac{1}{k} = \frac{\lambda}{2\pi} \tag{7.47}$$

这是最大吸收宽度。

7.1.5　振荡水柱的相互作用

对于振荡水柱来说,其相互作用与振动体类似。现在,仅仅举出一些关系,但将证明放在 7.2.6 和 7.2.7。以下,分别给出了二维和三维情况下的关系。

在提出相互作用之前,需要辐射波的远场系数。在三维情况下,类比方程式(5.129),由辐射波渐进表达式可知其系数 $a_k(\theta)$ 满足

$$\hat{\phi}_r \sim \hat{p}_k a_k(\theta) e(kz)(kr)^{-1/2} e^{-ikr} \quad (kr \to \infty) \tag{7.48}$$

类比方程式(4.92)和(5.292),可以用渐进表达式定义二维远场系数 $a_k^{\pm}$

$$\hat{\eta}_r \sim \hat{p}_k a_k^{\pm} e^{-ik|x|} \tag{7.49}$$

正负号分别指在 X 正方向和 X 负方向上的辐射。

在三维情况下,与方程式(5.140)和(5.150)类似的关系如下。可以通过以下表达

式表示辐射率 $G_{kk}=\mathrm{Re}\{Y_{kk}\}$ 和远场系数 $a_k(\theta)$ 的关系：

$$G_{kk}=\frac{\omega\rho D(kh)}{2k}\int_0^{2\pi}|a_k(\theta)|^2\mathrm{d}\theta \tag{7.50}$$

辐射电阻与激振容积流量 $\hat{Q}_{e,k}(\beta)$ 的关系可以表示为

$$G_{kk}=\frac{k}{16\pi J}\int_{-\pi}^{\pi}|\hat{Q}_{e,k}(\beta)|^2\mathrm{d}\beta \tag{7.51}$$

我们可以发现，当 $\hat{Q}_{e,k}$ 独立于 β 时，可以直接从方程式(7.51)得到方程式(7.46)。与 Haskind 关系式类比可得

$$q_{e,k}(\beta)=\hat{Q}_{e,k}(\beta)/A=-\rho g[D(kh)/k]\sqrt{2\pi}a_k(\beta\pm\pi)\mathrm{e}^{\mathrm{i}\pi/4} \tag{7.52}$$

当读者将其和方程式(5.147)比较时，可能会怀疑有印刷错误，但是这个负号不是印刷错误。下面的比较可以解释这点。对垂荡模式($j=3$)而言，当浮体速度 u_j 和力 F_j 指向上方时，它们是正的。然而，如果气压波动为正，那么它对振荡水柱会产生一个向下的力。当这个运动向上时容积流量为正。

当波在宽为 d 的波道中传播且无交叉波时，也就是说，$kd<\pi$(参见问题4.6)，辐射电导率的相互关系为

$$G'_{kk}=\frac{1}{d}G_{kk}=\frac{\rho g^2D(kh)}{2\omega}(|a_k^+|^2+|a_k^-|^2) \tag{7.53}$$

$$G'_{kk}=\frac{1}{d}G_{kk}=\frac{1}{8J}\left(\left|\frac{\hat{Q}_{e,k}(0)}{d}\right|^2+\left|\frac{\hat{Q}_{e,k}(\pi)}{d}\right|^2\right)=\frac{1}{8J}(|\hat{Q}'_{e,k}(0)|^2+|\hat{Q}'_{e,k}(\pi)|^2) \tag{7.54}$$

可以将激振容积流量表示为

$$\hat{Q}_{e,k}(0)=A\frac{\rho g^2D(kh)d}{\omega}a_k^- \tag{7.55}$$

如果入射波产生于 $x=-\infty$(也就是说 $\beta=0$)，且

$$\hat{Q}_{e,k}(\pi)=A\frac{\rho g^2D(kh)d}{\omega}a_k^+ \tag{7.56}$$

如果它产生于 $x=+\infty$ ($\beta=\pi$)。当然，这些关系只适用于二维的例子，因为其假设前提是波道中没有交叉波。对于二维的例子，已经从辐射电导率 G'_{kk} 的激振容积流量 $\hat{Q}'_{e,k}$ 推导引入了单位宽度量(在 y 方向)。这些二维振荡水柱的相互关系可以与相似的二维体相互关系类比。参见方程式(5.301) ~ (5.305)。

思考一下宽为 $d<\pi/k$ 的波道中的入射波(正 x 方向)这一二维情况的应用问题。在这个案例中，由方程式(7.54)及(7.43)可得

$$P_{\mathrm{MAX}}=\frac{Jd|\hat{Q}_{e,k}(0)|^2}{|\hat{Q}_{e,k}(0)|^2+|\hat{Q}_{e,k}(\pi)|^2} \tag{7.57}$$

或者

$$P_{\mathrm{MAX}}=\frac{Jd}{1+|a_k^+/a_k^-|^2} \tag{7.58}$$

其中，已经用到了方程式(7.55)和(7.56)。请注意，振荡水柱的结果，方程式(7.58)，类似于振动体的结果，即方程式(6.108)。[要实现这个，你会发现用方程式(5.296)和(5.297)的远场系数表示科钦函数很有用。]对于辐射对称的振荡水柱来说(两个方向

的波相等，即 $a_k^+ = a_k^-$）有 $P_{MAX} = Jd/2$，这相当于吸收50% 入射波功率。相反，如果振荡水柱不能在正方向（$a^+ = 0$）辐射，$P_{MAX} = Jd$，这相当于吸收100% 的波。比如，当振荡水柱跨越一个下游的波道时，不考虑海滩的吸收情况，可以实现 $a_k^+ = 0$ 的情况。一个开放的气舱（$\hat{p}_k = 0$）无法吸收功率（$P = 0$），入射波将被完全反射回去。根据方程式（7.44）的最优气室压力，可以实现 100% 的功率吸收，这意味着负方向的最佳辐射波抵消了反射波。

7.1.6　有气动动力输出的振荡水柱

接下来讨论一下使气室压力达到最佳振幅和最佳相位的现实可能性。假设气室的体积为 V_a，气室和外大气层中间有一个空气涡轮。为了简单起见，用气动导纳 Λ_t 表示这个涡轮并假设它是一个我们可以随意处置的常数。（对一个合理的近似来说，威尔斯涡轮规律是线性的，它的 Λ_t 是实数并且在一定范围内与旋转速度成反比。）假设 Λ_t 不受气室压力波动 $\hat{p}_k$ 的影响，这就要求

$$|\hat{p}_k| \ll p_a \tag{7.59}$$

其中，p_a 是环绕绝对气压。

如果我们忽略压缩空气不计，涡轮的容积流量与内水表面的容积流量相等，这说明我们可以由以下方程式得到气压：

$$\hat{p}_k = \hat{Q}_{t,k}/\Lambda_t \tag{7.60}$$

如果考虑压缩空气可以表示为（参见问题 7.2）

$$\hat{p}_k = \hat{Q}_{t,k}/\Lambda \tag{7.61}$$

其中

$$\Lambda = \Lambda_t + i\omega(V_a/(\kappa p_a)) \tag{7.62}$$

κ 是绝热压缩气体定律中的指数（对空气 $\kappa = 1.4$）。Λ 的虚部在原尺寸的振荡水柱中可能很重要，但是在缩小比例尺的室内模型试验研究中则可以忽略不计了。

因此，振荡水柱的动力学通过以下关系式决定气室压力：

$$\hat{p}_k = q_{e,k}\Lambda/(Y_{kk} + \Lambda) \tag{7.63}$$

这一结果由方程式（7.20）和（7.61）可得。因此，最佳相位条件（$\hat{p}_k$ 与激振容积流量同相，$\hat{Q}_{e,k} = q_{e,k}\Lambda$ 或者 $\gamma_k = 0$）在以下条件下可满足：

$$B_{kk} + \frac{\omega V_a}{\kappa p_a} = \mathrm{Im}\{Y_{kk} + \Lambda\} = 0 \tag{7.64}$$

比较方程式（7.24）和（7.62）。如果压缩空气忽略不计，这对应流体动力学共振条件 $B_{kk} = 0$。此外，比较方程式（7.63）和（7.44）可以发现当满足附加条件时振幅 $\hat{p}_k$ 达到最佳。也就是说，必须选择一个与辐射电导率 G_{kk} 相等的（实）电导纳 Λ_t。

$$\mathrm{Re}\{\Lambda\} = G_{kk} \equiv \mathrm{Re}(Y_{kk}) \tag{7.65}$$

让我们思考下面这个数值例子。图 7.2 表示了一个轴对称的振荡水柱，其直径 $2a = 8$ m。那么，内水表面 $S_k = \pi a^2 = 50\ \mathrm{m}^2$。再假设平均气室容积 $V_a \approx 300\ \mathrm{m}^3$，环绕气压 $p_a = 10^5$ Pa。对于典型的波周期 $T = 2\pi/\omega = 9$ s，有（深水）波长 $\lambda = 2\pi/k = 126$ m，即 $ka = 0.20$。因此，$J_1(ka) = 0.099$。由方程式（7.32）可得 $G_{kk} = 2.2 \times 10^{-4}\ \mathrm{m}^5/(\mathrm{s}\cdot\mathrm{N})$。从图7.3 的曲线可知 $(\rho g/(2\pi\omega a^2))B_{kk} \approx 0.5$，即 $B_{kk} \approx 0.001\,8\ \mathrm{m}^5/(\mathrm{s}\cdot\mathrm{N})$，比 G_{kk} 大一个数量级。考虑到空气压力的影响，有 $\mathrm{Im}\{\Lambda\} = \omega V_a/(\kappa p_a) = 0.001\,5\ \mathrm{m}^5/(\mathrm{s}\cdot\mathrm{N})$，它为正且

数量级与 B_{kk} 相同。因此，最佳相位条件在这个例子中根本无法满足。然而，如果通过一些人工手段则可以实现这一相位。比如说，控制系统中的空气值，使最佳电导纳 $\Lambda_t \approx G_{kk} \approx 0.000\ 2\ \mathrm{m^5/(s \cdot N)}$。

最后，增加一些具有实际意义的评论。已经使用了线性分析并忽略了黏性效应。只有当振荡水柱障碍物处(进气口)的水振幅 $\hat{s}_b$ 不超过障碍物的曲率半径 ρ_b 时，这才能近似符合现实情况。我们所说的 Keulegan - Carpenter 数 $N = \pi|\hat{v}_b|/(\omega\rho_b)$ 很小(v_b 是障碍物中的水速)。这个数字与振荡流体浮体周围水涡的发生率相关。假设发生了谐波振荡，$|\hat{v}_b| = \omega|\hat{s}_b|$，其中 $|\hat{s}_b|$ 是障碍物处水的偏移幅度。那么，Keulegan - Carpenter 数减少到 $N = \pi|\hat{s}_b|/\rho_b$。$|\hat{s}_b| < \rho_b$ 时则 $N < \pi$，这一条件可以确保层流且没有水涡。如果 $N \geqslant \pi$，则会出现涡流分散且很可能有黏性损失。在实践中，振荡水柱的圆管壁厚度和淹没程度有限。这和我们在图 7.2 讨论的相关例子形成对比，在那个例子中，假设这两个量纲都趋近于零。如果容积流量不超过 $0.5\ \mathrm{m} \times 50\ \mathrm{m^2} \times 2\pi/(9\ \mathrm{s}) \approx 17\ \mathrm{m^3/s} \sim 20\ \mathrm{m^3/s}$，根据方程式(7.43)，其对应的 P_{MAX} 不超过 $(20\ \mathrm{m^3/s})^2/(8 \times 0.000\ 2\ \mathrm{m^5 \cdot s^{-1} \cdot N^{-1}}) = 0.25 \times 10^6\ \mathrm{W} = 0.25\ \mathrm{MW}$。可以通过增加障碍物底部的曲率半径增加线性行为的极限。比如说，可以让垂直管的底部呈喇叭状。

7.2 振荡水柱系统和振荡体

(这部分内容部分来自《应用海洋研究》第七卷中 Falnes 和 P. McIver1985 年所著的“振荡体系统和压力分布系统与波浪相互作用”第 225 ~ 234 页，这得到了 Elsevier Science 的许可。)他们最先开始了带振荡体和振荡水柱系统波的相互作用，之后 Fernandes 又独自展开了这方面的研究。在这里，让我们思考一个能保持振荡位置大致相同的 N_i 浮体以及一个气压振荡基本均值的 N_k 系统。在底部，振荡水柱关闭了所有气舱(见图 7.1)。如果舱室结构能够振动，它属于振荡浮体的一部分。这个振荡体部分或完全淹没(也见图 5.13)。如果相应地调整平均内部气压，那么内水表面的平衡水平位置可能与外水表面的平均水平位置不同。

如果每个浮体都能够自由选择六种振荡模式，系统有

$$N = 6N_{\mathrm{i}} + N_k \tag{7.66}$$

与振荡体无关。假设所有的振荡体是具有相同角频率的谐波。

前六个 N_i 振荡器的特征是振荡体的速度分量为 $u_{ij}(i = 1,2,3,\cdots,N_i)$。其中第二个下标 $j(j = 1,2,3,4,5,6)$ 表示的是运动模态(分别是纵荡、横荡、垂荡、横摇、纵摇和艏摇)，剩下的振荡器特征是舱室里的空气动压 $p_k(k = 1,2,3,\cdots,N_k)$。如果给定频率，可以由单复振幅($\hat{u}_{ij}$ 或者 $\hat{p}_k$)知道每个振荡器的状态。思考一下这个例子，每个振荡器的振幅均为零且为平面入射波

$$\eta_0(x,y) = A\mathrm{e}^{-\mathrm{i}kr}(\beta) \tag{7.67}$$

由方程式(4.102)可得。这里，A 是复升降振幅在原点 $r(\beta) = 0$ 的值且

$$r(\beta) = x\cos\beta + y\sin\beta \tag{7.68}$$

其中，(x,y) 为平面直角坐标系，β 是入射角。从质量中心中选择(x_i,y_i)作为浮体的垂直参考线，(x_k,y_k)为内水表面的垂直参考线。接下来，将位于振荡器参考线的入射波

的不受干扰的表面波高定义为

$$A_i = \eta_0(x_i, y_i),\quad A_k = \eta_0(x_k, y_k) \tag{7.69}$$

7.2.1 现象学理论

入射波会在浮体表面 S_i 产生一个水动力，内水表面 S_k 的诱导运动还会产生容积流量。当对所有的 i 和 j 都有 $u_{ij}=0$，对所有的 k 都有 $p_k=0$ 时，将其分别称为激振力 F_{ij} 和激振容积流量 Q_k。在线性理论中，它们的复振幅与入射波振幅 A 成正比。写作

$$\hat{F}_{ij} = f_{ij}A_i,\quad \hat{Q}_k = q_k A_k \tag{7.70}$$

这些复系数是 ω 和 β 的函数。称其为激振系数、激振力系数 f_{ij} 以及激振容积流量系数 q_k。（注意：我们在这一部分省略激振参数 F_{ij} 和 Q_k 的下标 e）

接下来，思考一下这个例子。振荡体的振幅非零，$u_{ij}\neq 0$ 且 $p_k\neq 0$。这些将成为作用于浮体 i 以及舱室 k 容积流量的力分量 j。我们假设是线性的，则可得输入和输出的比例。接下来，引入附加复系数（$Z_{ij,i'j'}$、$H_{ij,k}$、$Y_{k,k'}$ 和 $H_{k,ij}$）。在之后可以运用叠加原理，将作用于浮体 i 的合力分量 j 记为

$$\hat{F}_{t,ij} = f_{ij}A_i - \sum_{i'j'} Z_{ij,i'j'}\hat{u}_{i'j'} - \sum_k H_{ij,k}\hat{p}_k \tag{7.71}$$

其中，第二个求和从 $k=1$ 到 $k=N_k$。第一个求和中 i' 从 1 取到 N_i，j' 从 1 取到 6。[不用单指数 $l=6(i'-1)+j'$，而是用一个明显的双指数 $i'j'$ 代指体振荡。这样是为了将它与单指数 k 代指的压控振荡器区分开]

同样，内水表面 S_k 振荡产生的总容积流量为

$$\hat{Q}_{t,k} = q_k A_k - \sum_{k'} Y_{k,k'}\hat{p}_{k'} - \sum_{ij} H_{k,ij}\hat{u}_{ij} \tag{7.72}$$

我们会发现，用向量和矩阵表示上述关系很方便。先为振荡器、浮体模式以及振荡水柱指定入射波高在参考位置的复振幅列向量（或者更精确地说，是垂直参考线）

$$\boldsymbol{A}_{\mathrm{u}} = (A_{11}, A_{12}, \cdots, A_{ij}, \cdots, A_{N_i6})^{\mathrm{T}} \tag{7.73}$$

$$\boldsymbol{A}_p = (A_1, A_2, \cdots, A_k, \cdots, A_{N_k})^{\mathrm{T}} \tag{7.74}$$

其中对于 $j=1,2,\cdots,6$ 有 $A_{ij}\equiv A_i$，由方程式(7.69)可得 A_k 和 A_i。

用以下矢量描述振荡器的状态

$$\boldsymbol{u} = (u_{11}, u_{12}, \cdots, u_{ij}, \cdots, u_{N_i6})^{\mathrm{T}} \tag{7.75}$$

$$\boldsymbol{p} = (p_1, p_2, \cdots, p_k, \cdots, p_{N_k})^{\mathrm{T}} \tag{7.76}$$

此外，用以下定义激振力矢量 $\boldsymbol{F}$ 和激振容积流量矢量 $\boldsymbol{Q}$

$$\boldsymbol{F} = (F_{11}, F_{12}, \cdots, F_{ij}, \cdots, F_{N_i6})^{\mathrm{T}} \tag{7.77}$$

$$\boldsymbol{Q} = (Q_1, Q_2, \cdots, Q_k, \cdots, Q_{N_k})^{\mathrm{T}} \tag{7.78}$$

可得

$$\hat{\boldsymbol{F}} = \boldsymbol{f}\boldsymbol{A}_{\mathrm{u}},\quad \hat{\boldsymbol{Q}} = \boldsymbol{q}\boldsymbol{A}_p \tag{7.79}$$

其中激振系数矩阵为对角线的，可得

$$\boldsymbol{f} = \mathrm{diag}(f_{11}, f_{12}, \cdots, f_{ij}, \cdots, f_{N_i6}) \tag{7.80}$$

$$\boldsymbol{q} = \mathrm{diag}(q_1, q_2, \cdots, q_k, \cdots, q_{N_k}) \tag{7.81}$$

方程式(7.71)中的系数集 $Z_{ij,i'j'}$ 是振荡体的辐射阻抗矩阵 Z（参见 5.5 节）。方程式

(7.72) 中的复合系数集 $Y_{k,k'}$ 是振荡面压力分布的辐射导纳矩阵 $\boldsymbol{Y}$,这是由 Evans 首次提出的。在之后会说明这两个矩阵都是对称的(参见 7.2.5 小节),这意味着它们转置以后不变

$$\boldsymbol{Z}^{\mathrm{T}} = \boldsymbol{Z}, \quad \boldsymbol{Y}^{\mathrm{T}} = \boldsymbol{Y} \tag{7.82}$$

这些新的复合系数 $H_{ij,k}$ 和 $H_{k,ij}$ 具有长度平方的量纲($j = 1,2,3$ 和 $j = 4,5,6$ 长度立方量纲),它们表示振荡体与振荡压力分布之间的水动力偶合。通过类比互易电路(见问题 7.3) 可知

$$H_{ij,k} = - H_{k,ij} \tag{7.83}$$

后面[参见方程式(7.160)] 会证明这一关系式。定义辐射耦合矩阵 $\boldsymbol{H}$ 为

$$\boldsymbol{H} = \{H_{ij,k}\} \equiv \boldsymbol{H}_{\mathrm{up}} \tag{7.84}$$

矩阵 $\boldsymbol{Z}$、$\boldsymbol{Y}$ 和 $\boldsymbol{H}$ 的秩分别为$(N - N_k) \times (N - N_k)$、$N_k \times N_k$ 以及$(N - N_k) \times N_k$。

机械阻抗的量纲是速度除以力。与电路理论的通用不同,为方便计数,在这里定义一个与阻抗量纲不为逆的导纳。注意,$Y'_{k,k'} \equiv Y_{k,k'}/(S_k S_{k'})$ 与 $Z_{ij,i',j'}$ 的量纲互逆。然而,更方便的是在方程式(7.72) 中用 $Y_{k,k'}$ 代替 $S_k S_{k'} Y'_{k,k'}$。

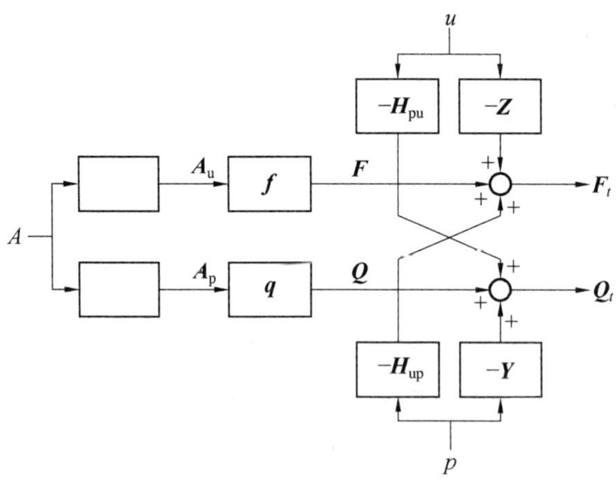

图 7.5　振荡体系统和振荡水柱的框图。将入射波、振荡体的速度以及振荡气室的压力(分别由 A、$\boldsymbol{u}$ 和 $\boldsymbol{p}$ 表示) 作为系统的输入值。浮体力和容积流量(用 $\boldsymbol{F}_t$ 和 $\boldsymbol{Q}_t$ 表示),将它们视为输出值。空白图块对应方程式(7.67) 及(7.69);而该图阐释了方程式(7.85) 及(7.86)

现在,可以把表示总容积流量的方程式(7.71) 和(7.72) 用矩阵符号表示为

$$\hat{\boldsymbol{F}}_t = \boldsymbol{f}A_{\mathrm{u}} - \boldsymbol{Z}\hat{\boldsymbol{u}} - \boldsymbol{H}_{\mathrm{up}}\hat{\boldsymbol{p}} \tag{7.85}$$

$$\hat{\boldsymbol{Q}}_t = \boldsymbol{q}A_p - \boldsymbol{Y}\hat{\boldsymbol{p}} - \boldsymbol{H}_{\mathrm{pu}}\hat{\boldsymbol{u}} \tag{7.86}$$

这些等式表示的是图 7.5 阐释的线性系统。由非对称式(7.83) 可知 $\boldsymbol{H}_{\mathrm{up}} = - \boldsymbol{H}_{\mathrm{pu}}^{\mathrm{T}} = \boldsymbol{H}$。因此,可以将方程式(7.85) 和(7.86) 写成

$$\begin{bmatrix} \hat{\boldsymbol{F}}_t \\ \hat{\boldsymbol{Q}}_t \end{bmatrix} = \begin{bmatrix} \hat{\boldsymbol{F}} \\ \hat{\boldsymbol{Q}} \end{bmatrix} - \begin{bmatrix} \boldsymbol{Z} & \boldsymbol{H} \\ -\boldsymbol{H}^{\mathrm{T}} & \boldsymbol{Y} \end{bmatrix} \begin{bmatrix} \hat{\boldsymbol{u}} \\ \hat{\boldsymbol{p}} \end{bmatrix} \tag{7.87}$$

其中第一项表示的是激振量,后一项表示的是辐射问题。

对于实数 ω 来说,可以很方便地将复辐射矩阵分解为实部和虚部

$$\boldsymbol{Z} = \boldsymbol{R} + \mathrm{i}\boldsymbol{X} \tag{7.88}$$

$$\boldsymbol{Y} = \boldsymbol{G} + \mathrm{i}\boldsymbol{B} \tag{7.89}$$

$$\boldsymbol{H} = \boldsymbol{C} + \mathrm{i}\boldsymbol{J} \tag{7.90}$$

类比电路中的用法,可以分别用 $\boldsymbol{R}$、$\boldsymbol{G}$、$\boldsymbol{X}$ 和 $\boldsymbol{B}$ 定义辐射阻尼矩阵、电导率矩阵、阻抗矩阵和导纳矩阵。注意,在水动力学中,有些作者将 $\boldsymbol{R}$ 定义为辐射阻尼矩阵;然而在这里我们想保留其复合矩阵 $N \times N$(复合、厄米)的定义

$$\Delta = \begin{bmatrix} \boldsymbol{R} & -\mathrm{i}\boldsymbol{J} \\ \mathrm{i}\boldsymbol{J}^{\mathrm{T}} & \boldsymbol{G} \end{bmatrix} \tag{7.91}$$

7.2.2　吸收功率

系统平均时间内从波中吸收的功率是

$$P = \mathrm{Re}\{\boldsymbol{P}\} \tag{7.92}$$

其中我们引入了复功率

$$\boldsymbol{P} = \sum_{ij} \boldsymbol{P}_{ij} + \sum_{k} \boldsymbol{P}_{k} = \sum_{ij} \frac{1}{2}\hat{F}_{t,ij}\hat{u}_{ij}^{*} + \sum_{k} \frac{1}{2}\hat{p}_{k}\hat{Q}_{t,k}^{*} \tag{7.93}$$

注意,$P_{ij} = \mathrm{Re}\{\boldsymbol{P}_{ij}\}$ 是浮体 i 在模式 j 中振荡时吸收的功率,$P_{k} = \mathrm{Re}\{\boldsymbol{P}_{k}\}$ 是通过振荡内水表面 S_k 吸收的功率。用方程式(7.70)~(7.72)可得

$$\boldsymbol{P}_{ij} = \frac{1}{2}\Big(\hat{F}_{ij}\hat{u}_{ij}^{*} - \sum_{i'j'} Z_{ij,i'j'}\hat{u}_{i'j'}u_{ij}^{*} - \sum_{k} H_{ij,k}\hat{p}_{k}\hat{u}_{ij}^{*}\Big) \tag{7.94}$$

$$\boldsymbol{P}_{k} = \frac{1}{2}\Big(\hat{Q}_{k}^{*}\hat{p}_{k} - \sum_{k'} Y_{k,k'}^{*}\hat{p}_{k'}^{*}\hat{p}_{k} - \sum_{ij} H_{k,ij}^{*}\hat{u}_{ij}^{*}\hat{p}_{k}\Big) \tag{7.95}$$

在对所有振荡器做加和时,发现用矩阵符号很方便。总吸收功率为

$$P = P_{\mathrm{e}} - P_{\mathrm{r}} \tag{7.96}$$

其中,激振功率为

$$P_{\mathrm{e}} = \mathrm{Re}\{\boldsymbol{P}_{\mathrm{e}}\} = \frac{1}{2}\mathrm{Re}\{\hat{\boldsymbol{F}}^{\mathrm{T}}\hat{\boldsymbol{u}}^{*} + \hat{\boldsymbol{p}}^{\mathrm{T}}\hat{\boldsymbol{Q}}^{*}\} \tag{7.97}$$

辐射功率为

$$P_{\mathrm{r}} = \mathrm{Re}\{\boldsymbol{P}_{\mathrm{r}}\} \tag{7.98}$$

且

$$2\boldsymbol{P}_{\mathrm{r}} = \hat{\boldsymbol{u}}^{\dagger}(\boldsymbol{Z}\hat{\boldsymbol{u}} + \boldsymbol{H}\hat{\boldsymbol{p}}) + \hat{\boldsymbol{p}}^{\mathrm{T}}\boldsymbol{Y}^{*}\hat{\boldsymbol{p}}^{*} - \boldsymbol{H}^{\dagger}\hat{\boldsymbol{u}}^{*} = \hat{\boldsymbol{u}}^{\dagger}\boldsymbol{Z}\hat{\boldsymbol{u}} + \hat{\boldsymbol{p}}^{\mathrm{T}}\boldsymbol{Y}^{*}\hat{\boldsymbol{p}}^{*} + 2\mathrm{i}\hat{\boldsymbol{u}}^{\dagger}\boldsymbol{J}\hat{\boldsymbol{p}} \tag{7.99}$$

为了得到这一表达式,使用了方程式(7.82)、(7.87)和(7.90)。通过方程式(7.88)和(7.89),还发现辐射功率

$$P_{\mathrm{r}} = \frac{1}{2}(\boldsymbol{P}_{\mathrm{r}} + \boldsymbol{P}_{\mathrm{r}}^{*}) = \frac{1}{2}\hat{\boldsymbol{u}}^{\dagger}\boldsymbol{R}\hat{\boldsymbol{u}} + \frac{1}{2}\hat{\boldsymbol{p}}^{\dagger}\boldsymbol{G}\hat{\boldsymbol{p}} - \mathrm{Im}\{\hat{\boldsymbol{u}}^{\dagger}\boldsymbol{J}\hat{\boldsymbol{p}}\} \tag{7.100}$$

引入量纲为 N 维列向量

$$\hat{\boldsymbol{v}} = \begin{bmatrix} \hat{\boldsymbol{u}} \\ -\hat{\boldsymbol{p}} \end{bmatrix}, \quad \hat{\boldsymbol{k}} = \begin{bmatrix} \hat{\boldsymbol{F}} \\ -\hat{\boldsymbol{Q}} \end{bmatrix} \tag{7.101}$$

可以将辐射功率写为

$$
\begin{aligned}
P_r = &\frac{1}{2}\hat{\boldsymbol{u}}^{\dagger}\boldsymbol{R}\hat{\boldsymbol{u}} + \frac{1}{2}\hat{\boldsymbol{p}}^{\dagger}\boldsymbol{G}\hat{\boldsymbol{p}} - \frac{1}{2\mathrm{i}}(\hat{\boldsymbol{u}}^{\dagger}\boldsymbol{J}\hat{\boldsymbol{p}} - \hat{\boldsymbol{u}}^{\mathrm{T}}\boldsymbol{J}^{*}\hat{\boldsymbol{p}}^{*}) = \\
&\frac{1}{2}(\hat{\boldsymbol{u}}^{\dagger}\boldsymbol{R}\hat{\boldsymbol{u}} + \hat{\boldsymbol{p}}^{\dagger}\boldsymbol{G}\hat{\boldsymbol{p}} + \hat{\boldsymbol{u}}^{\dagger}\mathrm{i}\boldsymbol{J}\hat{\boldsymbol{p}} - \hat{\boldsymbol{p}}^{\dagger}\mathrm{i}\boldsymbol{J}^{\mathrm{T}}\hat{\boldsymbol{u}}) = \\
&\frac{1}{2}\boldsymbol{u}^{\dagger}(\boldsymbol{R}\hat{\boldsymbol{u}} + \mathrm{i}\boldsymbol{J}\hat{\boldsymbol{p}}) + \frac{1}{2}\boldsymbol{p}^{\dagger}(\boldsymbol{G}\hat{\boldsymbol{p}} - \mathrm{i}\boldsymbol{J}^{\mathrm{T}}\hat{\boldsymbol{u}}) = \\
&\frac{1}{2}(\hat{\boldsymbol{u}}^{\dagger}\ \ -\hat{\boldsymbol{p}}^{\dagger})\begin{pmatrix}\boldsymbol{R}\hat{\boldsymbol{u}} + \mathrm{i}\boldsymbol{J}\hat{\boldsymbol{p}} \\ \mathrm{i}\boldsymbol{J}^{\mathrm{T}}\hat{\boldsymbol{u}} - \boldsymbol{G}\hat{\boldsymbol{p}}\end{pmatrix} = \\
&\frac{1}{2}(\hat{\boldsymbol{u}}^{\dagger}\ \ -\hat{\boldsymbol{p}}^{\dagger})\begin{pmatrix}\boldsymbol{R} & -\mathrm{i}\boldsymbol{J} \\ \mathrm{i}\boldsymbol{J}^{\mathrm{T}} & \boldsymbol{G}\end{pmatrix}\begin{pmatrix}\hat{\boldsymbol{u}} \\ -\hat{\boldsymbol{p}}\end{pmatrix} = \\
&\frac{1}{2}\hat{\boldsymbol{v}}^{\dagger}\boldsymbol{\Delta}\hat{\boldsymbol{v}}
\end{aligned} \tag{7.102}
$$

其中用到了定义项(7.91)。由于 P_r 是实数(还是标量),所以它等于自己的复共轭(以及它的转置矩阵)。因此

$$P_r = \frac{1}{2}\hat{\boldsymbol{v}}^{\dagger}\boldsymbol{\Delta}\hat{\boldsymbol{v}} = \frac{1}{2}\hat{\boldsymbol{v}}^{\mathrm{T}}\boldsymbol{\Delta}^{*}\hat{\boldsymbol{v}}^{*} = \frac{1}{2}\hat{\boldsymbol{v}}^{\dagger}\boldsymbol{\Delta}^{\dagger}\hat{\boldsymbol{v}} \tag{7.103}$$

因为对任意向量 $\hat{\boldsymbol{v}}$ 来说它都为真实的,所以有 $\boldsymbol{\Delta} = \boldsymbol{\Delta}^{\dagger}$,或者

$$\boldsymbol{\Delta}^{\mathrm{T}} = \boldsymbol{\Delta}^{*} \tag{7.104}$$

因此,辐射阻尼矩阵 $\boldsymbol{\Delta}$ 是一个厄米矩阵,因为它等于自己的共轭(参见 Pease,第 50 页)。陈述(7.83)符合这一事实仍待证;参见方程式(7.160)。

在有入射波的情况下,激振参数消失($\boldsymbol{F} \equiv 0$ 且 $\boldsymbol{Q} \equiv 0$)。由能量守恒原理可得 $P \leqslant 0$。因此,由方程式(7.96)可知 $P_r \geqslant 0$,由方程式(7.102)可知

$$\hat{\boldsymbol{v}}^{\dagger}\boldsymbol{\Delta}\hat{\boldsymbol{v}} \geqslant 0 \tag{7.105}$$

对向量 $\hat{\boldsymbol{v}}$ 的所有值成立。这表明,厄米辐射阻尼矩阵 $\boldsymbol{\Delta}$ 是半正定的。

将方程式(7.97)、(7.101)和(7.103)代入方程式(7.96),可以将总吸收功率记为

$$P = P(\hat{\boldsymbol{v}}) = \frac{1}{4}(\hat{\boldsymbol{\kappa}}^{\mathrm{T}}\hat{\boldsymbol{v}}^{*} + \hat{\boldsymbol{\kappa}}^{\dagger}\hat{\boldsymbol{v}}) - \frac{1}{2}\hat{\boldsymbol{v}}^{\dagger}\boldsymbol{\Delta}\hat{\boldsymbol{v}} \tag{7.106}$$

如果没有对列向量 $\hat{\boldsymbol{v}}$ 分量复振幅的限制(速度或者气压),可知(参见问题 7.5)吸收功率 P 的最大值为

$$P_{\mathrm{MAX}} = P(\boldsymbol{U}) = \frac{1}{4}\hat{\boldsymbol{\kappa}}^{\dagger}\boldsymbol{U} = \frac{1}{2}\boldsymbol{U}^{\dagger}\boldsymbol{\Delta}\boldsymbol{U} \tag{7.107}$$

对应于一个最佳的振荡振幅矢量

$$\hat{\boldsymbol{v}}_{\mathrm{OPT}} = \boldsymbol{U} \tag{7.108}$$

其中,$\boldsymbol{U}$ 是代数方程的一个解

$$\boldsymbol{\Delta}\boldsymbol{U} = \frac{1}{2}\hat{\boldsymbol{\kappa}} \tag{7.109}$$

注意,方程式(7.107)的推导是式(6.65)推导的延伸,对应一个实对称辐射阻尼矩阵,而不是复合厄米矩阵。在两种情况下,矩阵都为半正定。

如果辐射阻尼矩阵 $\boldsymbol{\Delta}$ 非奇异,有唯一的解

$$\hat{\boldsymbol{v}}_{\mathrm{OPT}} = \boldsymbol{U} = \frac{1}{2}\boldsymbol{\Delta}^{-1}\hat{\boldsymbol{\kappa}} \tag{7.110}$$

$$P_{\mathrm{MAX}} = \frac{1}{8}\hat{\boldsymbol{\kappa}}^{\dagger}\Delta^{-1}\hat{\boldsymbol{\kappa}} \tag{7.111}$$

对 Δ 为奇异矩阵的情况，可以在 6.41 中论证而不是这里，但是可以参见问题 7.5。

7.2.3　水动力方程式

和方程式(5.158)一样，在这里还是要把速度势分解成三个项，分别是入射波、绕射波和辐射波

$$\phi = \phi_0 + \phi_{\mathrm{d}} + \phi_{\mathrm{r}} \tag{7.112}$$

然而，需要详述绕射和辐射对 ϕ_{d} 和 ϕ_{r} 这两项的限制。首先，需要 ϕ_{d} 和 ϕ_{r} 满足在有限距离输出波(辐射波)的辐射条件。比较方程式(4.246)及(4.256)。其次，如果比较图 7.1 和图 5.13 可以看到，现在(与 5.5.2 小节相比)必须应用带有右边非零项的内表面边界条件(4.37)。将辐射波分解成对应于单个振荡器的分量

$$\hat{\phi}_{\mathrm{r}} = \sum_{ij} \varphi_{ij}\hat{u}_{ij} + \sum_{k} \varphi_k \hat{p}_k = \boldsymbol{\varphi}_{\mathrm{u}}^{\mathrm{T}}\hat{\boldsymbol{u}} + \boldsymbol{\varphi}_{\mathrm{p}}^{\mathrm{T}}\hat{\boldsymbol{p}} \tag{7.113}$$

其中 $\boldsymbol{\varphi}_{\mathrm{u}}$ 是组成 φ_{ij} 所有复势能系数的列向量，这些系数取决于 x、y、z 和 ω。当然，转置 $\boldsymbol{\varphi}_{\mathrm{u}}^{\mathrm{T}}$ 是相应的列向量。同样，$\boldsymbol{\varphi}_{\mathrm{p}}$ 是组成 φ_k 所有系数的列向量。

参考图 7.1 定义的表面，需要每一个 φ_{ij}、φ_k 和($\phi_0 + \phi_{\mathrm{d}}$)满足齐次边界条件

$$\frac{\partial \phi}{\partial n} = 0 \quad (S_b) \tag{7.114}$$

$$-\omega^2\hat{\phi} + g\frac{\partial \hat{\phi}}{\partial z} = 0 \quad (S_0) \tag{7.115}$$

以及在表面 S_i 和 S_k 上的条件。在振荡体 $i(i = 1,2,\cdots,N_i)$ 的湿表面 S_i 上，要求

$$\frac{\partial \varphi_{i'j}}{\partial n} = n_{ij}\delta_{ii'} = \begin{cases} n_{ij} & (i' = i) \\ 0 & (i' \neq i) \end{cases} \tag{7.116}$$

$$\frac{\partial \varphi_k}{\partial n} = 0 \tag{7.117}$$

$$\frac{\partial}{\partial n}(\phi_0 + \phi_{\mathrm{d}}) = 0 \tag{7.118}$$

其中，根据方程式(5.5)和(5.6)，n_{ij} 是湿表面 S_i 指向流体的单位法线 $\boldsymbol{n}_i$ 的 j 分量(图 7.1)。在舱室 $k(k = 1,2,\cdots,N_k)$ 的内水表面 $S_k(z = z_k)$ 上，要求

$$\left(\frac{\partial}{\partial z} - \frac{\omega^2}{g}\right)\phi_{k'} = -\frac{\mathrm{i}\omega}{\rho g}\delta_{kk'} = \begin{cases} -\mathrm{i}\omega/(\rho g) & (k' = k) \\ 0 & (k' \neq k) \end{cases} \tag{7.119}$$

$$\left(\frac{\partial}{\partial z} - \frac{\omega^2}{g}\right)\phi_{ij} = 0 \tag{7.120}$$

$$\left(\frac{\partial}{\partial z} - \frac{\omega^2}{g}\right)(\hat{\phi}_0 + \hat{\phi}_{\mathrm{d}}) = 0 \tag{7.121}$$

用这个可以证明 $\hat{\phi} = \hat{\phi}_0 + \hat{\phi}_{\mathrm{d}} + \sum_{i'}\sum_{j}\varphi_{i'j}\hat{u}_{i'j} + \sum_{k'}\varphi_{k'}\hat{p}_{k'}$ 满足在表面 S_k 和 S_i 上的非齐次边界条件。首先，使用 S_i 上的边界条件(7.116) ~ (7.118)可得

$$\frac{\partial \hat{\phi}}{\partial n} = \frac{\partial}{\partial n}\left(\hat{\phi}_0 + \hat{\phi}_{\mathrm{d}} + \sum_{i'}\sum_{j}\varphi_{i'j}\hat{u}_{i'j} + \sum_{k'}\varphi_{k'}\hat{p}_{k'}\right) =$$

$$
\begin{aligned}
&0 + \frac{\partial}{\partial n}\sum_{i'}\sum_{j}\varphi_{i'j}\hat{u}_{i'j} + 0 = \\
&\sum_{i'}\sum_{j}\frac{\partial}{\partial n}\varphi_{i'j}\hat{u}_{i'j} = \sum_{i'}\sum_{j} n_{ij}\delta_{ii'}\hat{u}_{i'j} = \\
&\sum_{j} n_{ij}\hat{u}_{i'j} = \hat{\boldsymbol{U}}_i \cdot \boldsymbol{n}_i + \hat{\boldsymbol{\Omega}}_i \cdot \boldsymbol{s}_i \times \boldsymbol{n}_i = \\
&\hat{\boldsymbol{u}}_i \cdot \boldsymbol{n}_i = \hat{\boldsymbol{u}}_{i,n}
\end{aligned}
\tag{7.122}
$$

在最后一步用方程式(5.7)的一个概括式。因此,非齐次边界条件(4.36)

$$
\frac{\partial \hat{\phi}}{\partial n} = \hat{u}_{i,n} \tag{7.123}
$$

在每一个湿表面 S_i 上都满足。其次,在 S_k 表面使用条件(7.119) ~ (7.121),可得

$$
\begin{aligned}
\left(\frac{\partial}{\partial z} - \frac{\omega^2}{g}\right)\hat{\phi} &= \left(\frac{\partial}{\partial z} - \frac{\omega^2}{g}\right)\left(\hat{\phi}_0 + \hat{\phi}_{\mathrm{d}} + \sum_{i'}\sum_{j}\varphi_{i',j}\hat{u}_{i',j} + \sum_{k'}\varphi_{k'}\hat{p}_{k'}\right) = \\
&0 + 0 + \left(\frac{\partial}{\partial z} - \frac{\omega^2}{g}\right)\sum_{k'}\varphi_{k'}\hat{p}_{k'} = \\
&\sum_{k'}\left(\frac{\partial}{\partial z} - \frac{\omega^2}{g}\right)\varphi_{k'}\hat{p}_{k'} = \\
&\sum_{k'} - \frac{\mathrm{i}\omega}{\rho g}\delta_{kk'}\hat{p}_{k'} = \\
&- \frac{\mathrm{i}\omega}{\rho g}\hat{p}_{k'}
\end{aligned}
\tag{7.124}
$$

因此,非齐次边界条件(4.37)

$$
\left(-\omega^2 + g\frac{\partial}{\partial z}\right)\hat{\phi} = -\frac{\mathrm{i}\omega}{\rho}\hat{p}_k \tag{7.125}
$$

在每一个 S_k 表面上都满足。

7.2.4 水动力参数

接下来思考一下激振参数和辐射参数。浮体 i 由于水动力压力 $\hat{p} = -\mathrm{i}\omega\rho\hat{\phi}$ 产生的总功率的分量 j。根据方程式(5.23)积分可得

$$
\hat{F}_{t,ij} = -\iint_{S_i}\hat{p}n_{ij}\mathrm{d}S = \mathrm{i}\omega\rho\iint_{S_i}n_{ij}\hat{\phi}\mathrm{d}S \tag{7.126}
$$

使用分解式(7.112)和(7.113),很容易发现由方程式(7.71)可得 $F_{t,ij}$

$$
\hat{F}_{t,ij} = f_{ij}A_i = \mathrm{i}\omega\rho\iint_{S_i}n_{ij}(\hat{\phi}_0 + \hat{\phi}_{\mathrm{d}})\mathrm{d}S \tag{7.127}
$$

$$
Z_{ij,i'j'} = -\mathrm{i}\omega\rho\iint_{S_i}n_{ij}\varphi_{i'j'}\mathrm{d}S \tag{7.128}
$$

$$
H_{ij,k} = -\mathrm{i}\omega\rho\iint_{S_i}n_{ij}\varphi_k\mathrm{d}S \tag{7.129}
$$

通过平均水位表面 S_k 的总容积流量为

$$
\hat{Q}_{t,k} = \iint_{S_k}\hat{v}_z\mathrm{d}S = \iint_{S_k}\frac{\partial\hat{\phi}}{\partial z}\mathrm{d}S \tag{7.130}
$$

使用分解式(7.112)和(7.113),很容易发现 $\hat{Q}_{t,k}$ 由方程式(7.72)可得

$$\hat{Q}_k = q_k A_k = \iint_{S_k} \frac{\partial}{\partial z}(\hat{\phi}_0 + \hat{\phi}_d)\,\mathrm{d}S \tag{7.131}$$

$$Y_{k,k'} = -\iint_{S_k} \frac{\partial}{\partial z}\varphi_{k'}\,\mathrm{d}S \tag{7.132}$$

$$H_{k,ij} = -\iint_{S_k} \frac{\partial}{\partial z}\varphi_{ij}\,\mathrm{d}S \tag{7.133}$$

下一个任务是证明对称关系(7.82)、(7.83)和一些附加的倒数关系,包括对 Haskind 关系式的拓展。

7.2.5　辐射参数的倒数关系

由湿表面 S_i 的边界条件(7.116),可以将辐射阻抗矩阵的表达式(7.128)改写为

$$Z_{ij,i'j'} = -\mathrm{i}\omega\rho\iint_{S_i} \frac{\partial\varphi_{ij}}{\partial n}\varphi_{i'j'}\,\mathrm{d}S \tag{7.134}$$

由于边界条件相同,可以对该积分的范围 S_i 进行扩展,包括其他浮体的湿表面。此外,发现由平面 S_k 的边界条件(7.120)可得

$$0 = -\mathrm{i}\omega\rho\iint_{S_k}\left(\frac{\partial}{\partial n} + \frac{\omega^2}{g}\right)\varphi_{ij}\varphi_{i'j'}\,\mathrm{d}S \tag{7.135}$$

因为在表面 S_k 上有 $\partial/\partial n = -\partial/\partial z$,还注意到由于在表面 S_i 上 $\partial\varphi_{ij}/\partial n$ 是实数,因此可以在方程式(7.134)和(7.135)用 φ_{ij}^* 替换 φ_{ij}。现在将该积分范围扩展到整个波面

$$S = \sum_{i=1}^{N_i} S_i + \sum_{k=1}^{N_k} S_k \tag{7.136}$$

比较 4.7 节。用矩阵符号求和可得

$$\boldsymbol{Z} = -\mathrm{i}\omega\rho\iint_{S} \frac{\partial\boldsymbol{\varphi}_{\mathrm{u}}}{\partial n}\boldsymbol{\varphi}_{\mathrm{u}}^{\mathrm{T}}\,\mathrm{d}S - \sum_k \mathrm{i}\omega\rho\iint_{S_k}\frac{\omega^2}{g}\boldsymbol{\varphi}_{\mathrm{u}}\boldsymbol{\varphi}_{\mathrm{u}}^{\mathrm{T}}\,\mathrm{d}S \tag{7.137}$$

或者

$$\boldsymbol{Z} = -\mathrm{i}\omega\rho\iint_{S} \frac{\partial\boldsymbol{\varphi}_{\mathrm{u}}^*}{\partial n}\boldsymbol{\varphi}_{\mathrm{u}}^{\mathrm{T}}\,\mathrm{d}S - \sum_k \mathrm{i}\omega\rho\iint_{S_k}\frac{\omega^2}{g}\boldsymbol{\varphi}_{\mathrm{u}}^*\boldsymbol{\varphi}_{\mathrm{u}}^{\mathrm{T}}\,\mathrm{d}S \tag{7.138}$$

请注意,这些辐射阻抗矩阵 $\boldsymbol{Z}$ 的表达式是方程式(5.168)和(5.169)的扩展方程,在这种情况下,将产生波的振荡水体也包括进了振荡系统。

用方程式(7.137)减去它的转置矩阵,发现最后一项(加和)不会因为消去有影响。因此 $\boldsymbol{Z} - \boldsymbol{Z}^{\mathrm{T}}$ 在方程式(5.171)里化为零。也就是说

$$\boldsymbol{Z}^{\mathrm{T}} = \boldsymbol{Z} \tag{7.139}$$

这意味着 $\boldsymbol{Z}$ 是一个对称矩阵。

此外,用方程式(7.138)与它的共轭(转置矩阵和复共轭)相加。对所有实数 ω,有辐射阻尼矩阵

$$\boldsymbol{R} = \mathrm{Re}(\boldsymbol{Z}) = \frac{1}{2}(\boldsymbol{Z} + \boldsymbol{Z}^*) = \frac{1}{2}(\boldsymbol{Z} + \boldsymbol{Z}^\dagger) =$$

$$-\frac{1}{2}\mathrm{i}\omega\rho\iint_S\left(\frac{\partial\boldsymbol{\varphi}_u^*}{\partial n}\boldsymbol{\varphi}_u^{\mathrm{T}}-\boldsymbol{\varphi}_u^*\frac{\partial\boldsymbol{\varphi}_u^{\mathrm{T}}}{\partial n}\right)\mathrm{d}S=$$

$$\frac{\mathrm{i}}{2}\omega\rho\boldsymbol{I}(\boldsymbol{\varphi}_u^*,\boldsymbol{\varphi}_u^{\mathrm{T}})=-\frac{\mathrm{i}}{2}\omega\rho\boldsymbol{I}(\boldsymbol{\varphi}_u,\boldsymbol{\varphi}_u^{\dagger}) \tag{7.140}$$

因为在这里方程式(7.138)的最后一项(加和)也被消去了,所以方程式(7.140)和(5.174)的区别仅仅是下标 u。一个替换的表达式

$$\boldsymbol{R}=-\mathrm{i}\omega\rho\lim_{r\to\infty}\iint_{S_\infty}\frac{\partial\boldsymbol{\varphi}_u^*}{\partial r}\boldsymbol{\varphi}_u^{\mathrm{T}}\mathrm{d}S \tag{7.141}$$

可以用方程式(4.255)从方程式(7.140)中推导出。

接下来,由方程式(7.132)可知辐射阻抗矩阵 $\boldsymbol{Y}$(以分量的形式)。可将表面 $S_{k''}$ 上的边界条件写作 $\delta_{k'k''}=-[\mathrm{i}\,\omega\rho+(\rho g/(\mathrm{i}\,\omega))\partial/\partial z]\varphi_{k'}$。将其代入方程式(7.132)可得

$$Y_{k,k'}=\iint_{S_k}\frac{\partial\varphi_{k'}}{\partial z}\left(\mathrm{i}\omega\rho+\frac{\rho g}{\mathrm{i}\omega}\frac{\partial}{\partial z}\right)\varphi_k\mathrm{d}S=\sum_{k''}\iint_{S_{k''}}\frac{\partial\varphi_{k'}}{\partial z}\left(\mathrm{i}\omega\rho+\frac{\rho g}{\mathrm{i}\omega}\frac{\partial}{\partial z}\right)\varphi_k\mathrm{d}S \tag{7.142}$$

因为由边界条件(7.117)可得,在表面 $S_{k''}$ 上有 $\partial/\partial n=-\partial/\partial z$,表面 S_i 上有 $\partial\varphi_{k'}/\partial n=0$。可得

$$Y_{k,k'}=\sum_{k''}\iint_{S_{k''}}\frac{\partial\varphi_{k'}}{\partial z}\left(-\mathrm{i}\omega\rho+\frac{\rho g}{\mathrm{i}\omega}\frac{\partial}{\partial n}\right)\varphi_k\mathrm{d}S=$$

$$\iint_S\frac{\partial\varphi_{k'}}{\partial n}\left(-\mathrm{i}\omega\rho+\frac{\rho g}{\mathrm{i}\omega}\frac{\partial}{\partial n}\right)\varphi_k\mathrm{d}S=$$

$$-\mathrm{i}\omega\rho\iint_S\varphi_k\frac{\partial\varphi_{k'}}{\partial n}\mathrm{d}S+\frac{\rho g}{\mathrm{i}\omega}\iint\frac{\partial\varphi_{k'}}{\partial n}\frac{\partial\varphi_k}{\partial n}\mathrm{d}S \tag{7.143}$$

因为对所有实数 ω,有

$$1=-\left(\mathrm{i}\omega\rho+\frac{\rho g}{\mathrm{i}\omega}\frac{\partial}{\partial z}\right)\varphi_k=\left(\mathrm{i}\omega\rho+\frac{\rho g}{\mathrm{i}\omega}\frac{\partial}{\partial z}\right)\varphi_k^*\quad(S_k) \tag{7.144}$$

还可得

$$Y_{k,k'}=\mathrm{i}\omega\rho\iint_S\varphi_k^*\frac{\partial\varphi_{k'}}{\partial n}\mathrm{d}S-\frac{\rho g}{\mathrm{i}\omega}\iint_S\frac{\partial\varphi_{k'}}{\partial n}\frac{\partial\varphi_k^*}{\partial n}\mathrm{d}S \tag{7.145}$$

因此

$$Y_{k,k'}^*=-\mathrm{i}\omega\rho\iint_S\varphi_k\frac{\partial\varphi_{k'}^*}{\partial n}\mathrm{d}S+\frac{\rho g}{\mathrm{i}\omega}\iint_S\frac{\partial\varphi_{k'}^*}{\partial n}\frac{\partial\varphi_k}{\partial n}\mathrm{d}S \tag{7.146}$$

用这些表达式,可以推导出以下结果。首先,参照方程式(4.240)及(4.249),有

$$Y_{k,k'}-Y_{k',k}=-\mathrm{i}\omega\rho\iint_S\left(\varphi_k\frac{\partial\varphi_{k'}}{\partial n}-\varphi_{k'}\frac{\partial\varphi_k}{\partial n}\right)\mathrm{d}S=-\mathrm{i}\omega\rho I(\varphi_k,\varphi_{k'})=0 \tag{7.147}$$

因为 φ_k 和 $\varphi_{k'}$ 满足同样的辐射条件,因此

$$Y_{k,k'}=Y_{k',k} \tag{7.148}$$

或者,像方程式(7.82)那样用矩阵符号表示为

$$\boldsymbol{Y}^{\mathrm{T}}=\boldsymbol{Y} \tag{7.149}$$

这证明辐射导纳矩阵是对称的。其次,这个矩阵的实部,即所谓的辐射电导率矩阵,是

$$G_{k,k'}=\frac{1}{2}(Y_{k,k'}+Y_{k,k'}^*)=\frac{1}{2}(Y_{k,k'}+Y_{k',k}^*)=\frac{\mathrm{i}\omega\rho}{2}\iint_S\left(\varphi_k^*\frac{\partial\varphi_{k'}}{\partial n}-\varphi_{k'}\frac{\partial\varphi_k^*}{\partial n}\right)\mathrm{d}S \tag{7.150}$$

或者,用方程式(4.240)

$$G_{k',k} = G_{k,k'} = \mathrm{Re}\{Y_{k,k'}\} = \frac{\mathrm{i}\omega\rho}{2} I(\varphi_k^*, \varphi_{k'}) \tag{7.151}$$

替代表达式

$$G_{k,k'} = \mathrm{i}\omega\rho \lim_{r\to\infty} \iint_{S_\infty} \varphi_k^* \frac{\partial \varphi_{k'}}{\partial n} \mathrm{d}S \tag{7.152}$$

由表达式(4.255)可得。这些表达式可以用矩阵符号重写为

$$\boldsymbol{G} = \mathrm{Re}\{\boldsymbol{Y}\} = \frac{\mathrm{i}\omega\rho}{2} \boldsymbol{I}(\boldsymbol{\varphi}_p^*, \boldsymbol{\varphi}_p^{\mathrm{T}}) = -\frac{\mathrm{i}\omega\rho}{2} \boldsymbol{I}(\boldsymbol{\varphi}_p, \boldsymbol{\varphi}_p^{\dagger}) \tag{7.153}$$

$$\boldsymbol{G} = \mathrm{i}\omega\rho \lim_{r\to\infty} \iint_{S_\infty} \boldsymbol{\varphi}_p^* \frac{\partial \boldsymbol{\varphi}_p^{\mathrm{T}}}{\partial r} \mathrm{d}S = -\mathrm{i}\omega\rho \lim_{r\to\infty} \iint_{S_\infty} \frac{\partial \boldsymbol{\varphi}_p^*}{\partial r} \boldsymbol{\varphi}_p^{\mathrm{T}} \mathrm{d}S \tag{7.154}$$

在这里,假设 ω 是实数,而且已经发现 $\boldsymbol{G}$ 是非对称矩阵。

接下来看看倒数关系(7.83),即 $\boldsymbol{H}^{\mathrm{T}} = -\boldsymbol{H}$ 的证明,其中,耦合矩阵 $\boldsymbol{H}$ 的定义由方程式(7.84)可得。第一步,用方程式(7.129)中 φ_{ij} 的非齐次边界条件(7.116),可得

$$H_{ij,k} = -\mathrm{i}\omega\rho \sum_{i'} \iint_{S_{i'}} \varphi_k \frac{\partial \varphi_{ij}}{\partial n} \mathrm{d}S \tag{7.155}$$

由边界条件(7.120)以及在平面 $S_{k'}$ 上有 $\partial/\partial z = -\partial/\partial n$,可以将其改写为

$$H_{ij,k} = -\mathrm{i}\omega\rho \iint_{S} \varphi_k \frac{\partial \varphi_{ij}}{\partial n} \mathrm{d}S - \frac{\mathrm{i}\omega^3\rho}{g} \sum_{k'} \iint_{S_{k'}} \varphi_k \varphi_{ij} \mathrm{d}S \tag{7.156}$$

由方程式(7.136)可得积分平面 S。

此外,使用方程式(7.133)中 φ_k 的非齐次边界条件(7.119),可以发现

$$H_{k,ij} = \frac{g\rho}{\mathrm{i}\omega} \sum_{k'} \iint_{S_{k'}} \frac{\partial \varphi_{ij}}{\partial z} \left(\frac{\partial \varphi_k}{\partial z} - \frac{\omega^2}{g} \varphi_k \right) \mathrm{d}S \tag{7.157}$$

此外,由 φ_k 和 φ_{ij} 的齐次边界条件(7.117)和(7.120),得到

$$H_{k,ij} = \mathrm{i}\omega\rho \iint_{S} \varphi_{ij} \frac{\partial \varphi_k}{\partial n} \mathrm{d}S + \frac{\mathrm{i}\omega^3\rho}{g} \sum_{k'} \iint_{S_{k'}} \varphi_{ij} \varphi_k \mathrm{d}S \tag{7.158}$$

将其与方程式(7.156)相加,有

$$H_{ij,k} + H_{k,ij} = -\mathrm{i}\omega\rho \iint_{S} \left(\varphi_k \frac{\partial \varphi_{ij}}{\partial n} - \varphi_{ij} \frac{\partial \varphi_k}{\partial n} \right) \mathrm{d}S + 0 = -\mathrm{i}\omega\rho I(\varphi_k, \varphi_{ij}) = 0 \tag{7.159}$$

根据方程式(4.249)。因此,有

$$H_{ij,k} = -H_{k,ij} \tag{7.160}$$

这与陈述(7.83)一致。

注意,方程式(7.119)右边所有的实数 ω 都是虚数。因此,在方程式(7.157)的被积函数中,可以用 $-\varphi_k^*$ 替换 φ_k。同样,在方程式(7.158)中也可以将其替换掉。此外,因为在方程式(7.116)等式右边是实数,所以可以在方程式(7.155)中用 φ_{ij}^* 替换 φ_{ij}。在方程式(7.156)中可做同样的替换。可得

$$J_{ij,k} = \mathrm{Im}\{H_{ij,k}\} = \frac{1}{2\mathrm{i}}(H_{ij,k} - H_{ij,k}^*) = \frac{1}{2\mathrm{i}}(H_{ij,k} + H_{k,ij}^*) \tag{7.161}$$

在方程式(7.156)中用 φ_{ij}^* 替换 φ_{ij},在方程式(7.158)中用 $-\varphi_k^*$ 替换 φ_k,再分别求和,可

得

$$J_{ij,k} = -\frac{\omega\rho}{2}I(\varphi_k,\varphi_{ij}^*) = \frac{\omega\rho}{2}I(\varphi_{ij}^*,\varphi_k) \tag{7.162}$$

在这里用到了方程式(4.240)及(4.244)。运用方程式(4.255),也有

$$J_{ij,k} = -\omega\rho\lim_{r\to\infty}\iint_{S_\infty}\varphi_k\frac{\partial\varphi_{ij}^*}{\partial r}\mathrm{d}S = \omega\rho\lim_{r\to\infty}\iint_{S_\infty}\frac{\partial\varphi_k}{\partial r}\varphi_{ij}^*\mathrm{d}S \tag{7.163}$$

用矩阵符号可表示为

$$\boldsymbol{J} = \frac{\omega\rho}{2}\boldsymbol{I}(\boldsymbol{\varphi}_\mathrm{u}^*,\boldsymbol{\varphi}_p^\mathrm{T}) = \omega\rho\lim_{r\to\infty}\iint_{S_\infty}\boldsymbol{\varphi}_\mathrm{u}^*\frac{\partial\boldsymbol{\varphi}_p^\mathrm{T}}{\partial r}\mathrm{d}S \tag{7.164}$$

在7.2.7小节,会以方程式(7.140)、(7.151)及(7.162)为基础,来表示矩阵$\boldsymbol{G}$、$\boldsymbol{R}$和$\boldsymbol{J}$的远场系数、柯钦函数以及激振参数。

7.2.6 对 Haskind 关系式的拓展

根据方程式(7.127)及(7.131),激振力为

$$\hat{F}_{ij} = f_{ij}A_i = \mathrm{i}\omega\rho\iint_{S_i}n_{ij}(\hat{\phi}_0+\hat{\phi}_\mathrm{d})\mathrm{d}S \tag{7.165}$$

激振容积流量为

$$\hat{Q}_k = q_kA_k = \iint_{S_k}\frac{\partial}{\partial z}(\hat{\phi}_0+\hat{\phi}_\mathrm{d})\mathrm{d}S \tag{7.166}$$

(注意,这里和7.2一样,也省去了激振力参数F_{ij}和Q_k的下标e)。根据Haskind公式对单一激振体作用的激振力的描述,以及接下来对Haskind关系式的拓展,可以消去绕射势$\hat{\varphi}_\mathrm{d}$。得到辐射势能系数φ_{ij}。就振荡水体而言,辐射能系数φ_k进入了激振容积流量的Haskind关系式,而不是φ_{ij}。

运用边界条件(7.116)和(7.118),即在表面S_i上的$\partial\varphi_{i'j}/\partial n = n_{ij}\delta_{ii'}$和$\partial/\partial n(\hat{\phi}_0+\hat{\phi}_\mathrm{d})=0$,可以将方程式(7.165)记作

$$\hat{F}_{ij} = \mathrm{i}\omega\rho\iint_{S_i}\left[(\hat{\phi}_0+\hat{\phi}_\mathrm{d})\frac{\partial\varphi_{ij}}{\partial n} - \varphi_{ij}\frac{\partial}{\partial n}(\hat{\phi}_0+\hat{\phi}_\mathrm{d})\right]\mathrm{d}S \tag{7.167}$$

当$i'\neq i$时,在表面$S_{i'}$上被积函数的两项都为零。当在表面S_k上有$\partial/\partial n = -\partial/\partial z$时,这两项再其次边界条件(7.120)和(7.121)的作用下相互抵消。因此,积分区域可由S_i拓展到S,即

$$\hat{F}_{ij} = \mathrm{i}\omega\rho I[(\hat{\phi}_0+\hat{\phi}_\mathrm{d}),\varphi_{ij}] = \mathrm{i}\omega\rho I(\hat{\phi}_0,\varphi_{ij}) + \mathrm{i}\omega\rho I(\hat{\phi}_\mathrm{d},\varphi_{ij}) \tag{7.168}$$

利用方程式(4.240)。现在,因为$\hat{\phi}_\mathrm{d}$和φ_{ij}满足相同的辐射条件,由方程式(4.249)可得$I(\hat{\phi}_\mathrm{d},\varphi_{ij})=0$,因此有

$$\hat{F}_{ij} = \mathrm{i}\omega\rho I(\hat{\phi}_0,\varphi_{ij}) \tag{7.169}$$

注意,如果φ_{ij}只有在远场区是已知的,而在表面S上是未知的,根据方程式(4.243)计算面S_∞上的积分。

使用边界条件(7.119)和(7.121),即方程式(7.166),在表面$S_{k'}$上有$-[\mathrm{i}\omega\rho + (\rho g/(\mathrm{i}\omega))\partial/\partial z]\varphi_k = \delta_{kk'}$和$[\mathrm{i}\omega\rho + (\rho g/(\mathrm{i}\omega))\partial/\partial z](\hat{\phi}_0+\hat{\phi}_\mathrm{d})=0$,可以将激振容积流量

改写为

$$\hat{Q}_k = -\iint_{S_k}\left\{\frac{\partial}{\partial z}(\hat{\phi}_0+\hat{\phi}_{\rm d})\left(\mathrm{i}\omega\rho+\frac{\rho g}{\mathrm{i}\omega}\frac{\partial}{\partial z}\right)\varphi_k - \left(\mathrm{i}\omega\rho+\frac{\rho g}{\mathrm{i}\omega}\frac{\partial}{\partial z}\right)(\hat{\phi}_0+\hat{\phi}_{\rm d})\frac{\partial\varphi_k}{\partial z}\right\}\mathrm{d}S =$$

$$-\mathrm{i}\omega\rho\iint_{S_k}\left[\varphi_k\frac{\partial}{\partial z}(\hat{\phi}_0+\hat{\phi}_{\rm d})-(\hat{\phi}_0+\hat{\phi}_{\rm d})\frac{\partial\varphi_k}{\partial z}\right]\mathrm{d}S =$$

$$\mathrm{i}\omega\rho\iint_{S_k}\left[\varphi_k\frac{\partial}{\partial n}(\hat{\phi}_0+\hat{\phi}_{\rm d})-(\hat{\phi}_0+\hat{\phi}_{\rm d})\frac{\partial\varphi_k}{\partial n}\right]\mathrm{d}S \tag{7.170}$$

注意,在表面 $S_{k'}$ 上,第一个积分中被积函数的两项由于边界条件(7.119)和(7.121)化为零项。因此,其积分区域可以从 S_k 扩展到 $\sum_{k'} S_{k'}$。此外,根据边界条件(7.117)和(7.118),在表面 S_i 上,最后一个积分中被积函数的最后一项为零,因此其积分区域可以扩展到 S。然后运用方程式(4.240),可得

$$\hat{Q}_k = -\mathrm{i}\omega\rho I[(\hat{\phi}_0+\hat{\phi}_{\rm d}),\varphi_k] = -\mathrm{i}\omega\rho I(\hat{\phi}_0,\varphi_k)-\mathrm{i}\omega\rho I(\hat{\phi}_{\rm d},\varphi_k) \tag{7.171}$$

按照方程式(4.249),因为 $\hat{\phi}_{\rm d}$ 和 ϕ_k 满足相同的辐射条件,所以最后一项为零。因此,激振容积流量可以由以下公式得出

$$\hat{Q}_k = -\mathrm{i}\omega\rho I(\hat{\phi}_0,\varphi_k) \tag{7.172}$$

它是 Haskind 公式的一个拓展。

总而言之,可以将激振参数方程式(7.169)和(7.172)用矢量符号改写为

$$\hat{\boldsymbol{F}} = \mathrm{i}\omega\rho\boldsymbol{I}(\hat{\phi}_0,\boldsymbol{\varphi}_{\rm u}) \tag{7.173}$$

$$\hat{\boldsymbol{Q}} = -\mathrm{i}\omega\rho\boldsymbol{I}(\hat{\phi}_0,\boldsymbol{\varphi}_p) \tag{7.174}$$

其中,$\boldsymbol{\varphi}_{\rm u}$ 是构成所有 φ_{ij} 的列向量,$\boldsymbol{\varphi}_p$ 是构成所有 φ_k 的列向量。根据柯钦函数 $h_{ij}(\beta)$ 的定义式(4.278)有

$$h_{ij}(\beta\pm\pi) = -\frac{k}{D(kh)}I[e(kz)\mathrm{e}^{-\mathrm{i}k(x\cos\beta+y\sin\beta)},\varphi_{ij}] \tag{7.175}$$

因此,在有入射波的情况下

$$\hat{\phi}_0 = -\frac{g}{\mathrm{i}\omega}Ae(kz)\mathrm{e}^{-\mathrm{i}k(x\cos\beta+y\sin\beta)} \tag{7.176}$$

激振力为

$$\hat{F}_{ij} = \hat{F}_{ij}(\beta) = \mathrm{i}\omega\rho I(\hat{\phi}_0,\varphi_{ij}) = \frac{\rho g D(kh)}{k}h_{ij}(\beta\pm\pi)A \tag{7.177}$$

同样,激振容积流量为

$$\hat{Q}_k = \hat{Q}_k(\beta) = \mathrm{i}\omega\rho I(\hat{\phi}_0,\varphi_k) = -\frac{\rho g D(kh)}{k}h_k(\beta\pm\pi)A \tag{7.178}$$

根据方程式(4.282),辐射波的柯钦函数 $h_{ij}(\theta)$ 和 $h_k(\theta)$ 可以用全球远场系数 $a_{ij}(\theta)$ 和 $a_k(\theta)$ 表示。或者,根据方程式(4.271),可以通过局部远场系数 $b_{ij}(\theta)$ 和 $b_k(\theta)$ 表示。因此,对于远场系数,有

$$h_{ij}(\beta\pm\pi) = \mathrm{e}^{\mathrm{i}\pi/4}\sqrt{2\pi}\,a_{ij}(\beta\pm\pi)$$

$$\mathrm{e}^{\mathrm{i}\pi/4}\sqrt{2\pi}\,b_{ij}(\beta\pm\pi)\mathrm{e}^{-\mathrm{i}kx_i\cos(\beta\pm\pi)+\mathrm{i}ky_i\sin(\beta\pm\pi)} =$$

$$e^{i\pi/4}\sqrt{2\pi}\,b_{ij}(\beta\ \pm\pi)\,e^{-ik(x_i\cos\beta+y_i\sin\beta)} \tag{7.179}$$

因此,依据辐射波的局部远场系数,可以将激振力改写为[参见方程式(5.203)]

$$\hat{F}_{ij}(\beta)=\frac{\rho g D(kh)}{k}\sqrt{2\pi}\,b_{ij}(\beta\ \pm\pi)A_i e^{i\pi/4} \tag{7.180}$$

有

$$A_i=\eta_0(x_i,y_i)=Ae^{-ik(x_i\cos\beta+y_i\sin\beta)} \tag{7.181}$$

因此,可得

$$\hat{F}_{ij}(\beta)=f_{ij}(\beta)A_i \tag{7.182}$$

其中,激振系数为

$$f_{ij}(\beta)=\frac{\rho g D(kh)}{k}\sqrt{2\pi}\,b_{ij}(\beta\ \pm\pi)e^{i\pi/4}=$$

$$\frac{\rho g D(kh)}{k}h_{ij}(\beta\ \pm\pi)e^{ik(x_i\cos\beta+y_i\sin\beta)} \tag{7.183}$$

同样,激振容积流量为

$$\hat{Q}_k(\beta)=q_k(\beta)A_k \tag{7.184}$$

有

$$A_k=\eta_0(x_k,y_k) \tag{7.185}$$

激振容积流量系数为

$$q_k(\beta)=-\frac{\rho g D(kh)}{k}\sqrt{2\pi}\,b_k(\beta\ \pm\pi)e^{i\pi/4} \tag{7.186}$$

注意,通过测量一定方向入射波β的激振系数,也获得了相反方向辐射波的相应远场系数(见图5.12)。

为了总结Haskind关系式,分别定义一个维度为$6N_i$和维度为N_k的柯钦函数(列)向量$\boldsymbol{h}_u(\theta)$和$\boldsymbol{h}_p(\theta)$,它们分别构成了$h_{ij}(\theta)$和$h_k(\theta)$。然后,可以用矢量符号将激振参数的方程式(7.177)和(7.178)改写为

$$\hat{\boldsymbol{\kappa}}=\hat{\boldsymbol{\kappa}}(\beta)=\begin{bmatrix}\hat{\boldsymbol{F}}(\beta)\\ -\hat{\boldsymbol{Q}}(\beta)\end{bmatrix}=\frac{\rho g D(kh)}{k}A\begin{bmatrix}\boldsymbol{h}_u(\beta\ \pm\pi)\\ \boldsymbol{h}_p(\beta\ \pm\pi)\end{bmatrix}\equiv$$

$$\frac{\rho g D(kh)}{k}A\boldsymbol{h}(\beta\ \pm\pi) \tag{7.187}$$

在这里,已经介绍了N维科钦函数向量$\boldsymbol{h}(\theta)$。根据方程式(4.282),它与整体远场系数矢量

$$\boldsymbol{a}(\theta)=\begin{bmatrix}\boldsymbol{a}_u(\theta)\\ \boldsymbol{a}_p(\theta)\end{bmatrix} \tag{7.188}$$

相关。关系表现为

$$\boldsymbol{h}(\theta)=\sqrt{2\pi}\,\boldsymbol{a}(\theta)e^{i\pi/4} \tag{7.189}$$

比例系数矢量$\boldsymbol{\varphi}_u$和$\boldsymbol{\varphi}_p$,已经在方程式(7.113)中介绍过了,通过渐进逼近与全面远场系数矢量相关

$$\boldsymbol{\varphi}\equiv\begin{bmatrix}\boldsymbol{\varphi}_u\\ \boldsymbol{\varphi}_p\end{bmatrix}\sim\boldsymbol{a}(\theta)e(kz)(kr)^{-1/2}e^{-ikr} \tag{7.190}$$

当 $kr \to \infty$ 时。比较方程式(4.246)。

7.2.7　辐射阻尼矩阵的倒数关系

根据定义(7.91),用矩阵 $\boldsymbol{G}$、$\boldsymbol{R}$ 和 $\boldsymbol{J}$ 表示辐射阻尼矩阵 $\boldsymbol{\Delta}$。使用上述结果,推导出这些矩阵远场系数、柯钦函数或激振参数的倒数关系。

利用一般关系式(4.254)以及波 $\psi_{i,j}$ 满足辐射条件时的复共轭,发现由表达式(7.140)、(7.153)及(7.164)可得

$$\boldsymbol{R} = \frac{\omega\rho D(kh)}{2k}\int_0^{2\pi}\boldsymbol{a}_{\mathrm{u}}(\theta)\boldsymbol{a}_{\mathrm{u}}^{\dagger}(\theta)\,\mathrm{d}\theta = \frac{\omega\rho D(kh)}{2k}\int_0^{2\pi}\boldsymbol{a}_{\mathrm{u}}^{*}(\theta)\boldsymbol{a}_{\mathrm{u}}^{\mathrm{T}}(\theta)\,\mathrm{d}\theta \tag{7.191}$$

$$\boldsymbol{G} = \frac{\omega\rho D(kh)}{2k}\int_0^{2\pi}\boldsymbol{a}_{p}(\theta)\boldsymbol{a}_{p}^{\dagger}(\theta)\,\mathrm{d}\theta = \frac{\omega\rho D(kh)}{2k}\int_0^{2\pi}\boldsymbol{a}_{p}^{*}(\theta)\boldsymbol{a}_{p}^{\mathrm{T}}(\theta)\,\mathrm{d}\theta \tag{7.192}$$

$$\mathrm{i}\boldsymbol{J} = \frac{\omega\rho D(kh)}{2k}\int_0^{2\pi}\boldsymbol{a}_{\mathrm{u}}^{*}(\theta)\boldsymbol{a}_{p}^{\mathrm{T}}(\theta)\,\mathrm{d}\theta = -\frac{\omega\rho D(kh)}{2k}\int_0^{2\pi}\boldsymbol{a}_{\mathrm{u}}(\theta)\boldsymbol{a}_{p}^{\dagger}(\theta)\,\mathrm{d}\theta \tag{7.193}$$

注意,假定 ω 和 k 为实数,并且定义 $\boldsymbol{G}$、$\boldsymbol{R}$ 和 $\boldsymbol{J}$ 为实数。此外,通过矩阵转置可得

$$\mathrm{i}\boldsymbol{J}^{\mathrm{T}} = \frac{\omega\rho D(kh)}{2k}\int_0^{2\pi}\boldsymbol{a}_{p}(\theta)\boldsymbol{a}_{\mathrm{u}}^{\dagger}(\theta)\,\mathrm{d}\theta = -\frac{\omega\rho D(kh)}{2k}\int_0^{2\pi}\boldsymbol{a}_{p}^{*}(\theta)\boldsymbol{a}_{\mathrm{u}}^{\mathrm{T}}(\theta)\,\mathrm{d}\theta \tag{7.194}$$

同样,运用上述关于辐射阻尼矩阵表达式(7.91)的描述,有

$$\boldsymbol{\Delta} = \begin{bmatrix}\boldsymbol{R} & -\mathrm{i}\boldsymbol{J}\\ \mathrm{i}\boldsymbol{J}^{\mathrm{T}} & \boldsymbol{G}\end{bmatrix} = \frac{\omega\rho D(kh)}{2k}\int_0^{2\pi}\begin{bmatrix}\boldsymbol{a}_{\mathrm{u}}(\theta)\boldsymbol{a}_{\mathrm{u}}^{\dagger}(\theta) & \boldsymbol{a}_{\mathrm{u}}(\theta)\boldsymbol{a}_{p}^{\dagger}(\theta)\\ \boldsymbol{a}_{p}(\theta)\boldsymbol{a}_{\mathrm{u}}^{\dagger}(\theta) & \boldsymbol{a}_{p}(\theta)\boldsymbol{a}_{p}^{\dagger}(\theta)\end{bmatrix}\mathrm{d}\theta \tag{7.195}$$

使用方程式(7.188)、(7.189)及(7.187),可以将此写为

$$\begin{aligned}\boldsymbol{\Delta} &= \frac{\omega\rho D(kh)}{2k}\int_0^{2\pi}\boldsymbol{a}(\theta)\boldsymbol{a}^{\dagger}(\theta)\,\mathrm{d}\theta = \\ &\frac{\omega\rho D(kh)}{4k}\int_0^{2\pi}\boldsymbol{h}(\theta)\boldsymbol{h}^{\dagger}(\theta)\,\mathrm{d}\theta = \\ &\frac{\omega k}{4\pi\rho g^2 D(kh)\,|A|^2}\int_{-\pi}^{\pi}\hat{\boldsymbol{\kappa}}(\beta)\,\hat{\boldsymbol{\kappa}}^{\dagger}(\beta)\,\mathrm{d}\beta\end{aligned} \tag{7.196}$$

最后一个积分的因数也可以写成

$$\frac{\omega k}{4\pi\rho g^2 D(kh)\,|A|^2} = \frac{k}{8\pi\rho g v_{\mathrm{g}}\,|A|^2} = \frac{k}{16\pi J} \tag{7.197}$$

根据方程式(4.110)及(4.136)。在这里,v_{g} 是波浪群速度,J 是波能传输(波功率水平)。

在只有振荡体没有振荡水柱的情况下,方程式(7.196)变为(5.140)和(5.149)。$\boldsymbol{\Delta} = \boldsymbol{R}$ 是一个实对称矩阵。同时,方程式(7.32)、(7.50)和(7.51)是当系统只包含一个振荡水柱时方程式(7.196)的变体。

然而,对其中至少包含一个振荡体和一个振荡水体的系统而言,其辐射阻尼矩阵 $\boldsymbol{\Delta}$ 是复的。事实上,它是一个厄米特矩阵(即 $\boldsymbol{\Delta} = \boldsymbol{\Delta}^{\dagger}$),这很容易通过方程(7.196)的置换和共轭得到。

所有 $\boldsymbol{\Delta}$ 的对角元素均是非负实数。具体来说

$$R_{ij,ij} = \frac{\omega\rho D(kh)}{2k}\int_0^{2\pi}|a_{ij}(\theta)|^2\,\mathrm{d}\theta = \frac{k}{16\pi J}\int_{-\pi}^{\pi}|\hat{F}_{ij}(\beta)|^2\,\mathrm{d}\beta \geqslant 0 \tag{7.198}$$

$$G_{kk}=\frac{\omega\rho D(kh)}{2k}\int_0^{2\pi}|a_k(\theta)|^2\mathrm{d}\theta=\frac{k}{16\pi J}\int_{-\pi}^{\pi}|\hat{Q}_k(\beta)|^2\mathrm{d}\beta\geqslant 0 \tag{7.199}$$

因此,所有对角元素的加和,即辐射阻尼矩阵 Δ 所谓的迹,必然是非负实数。矩阵的迹也是矩阵所有特征值的总和(参见 Pease,第 86 页)。这和等式(7.105)一致,这意味着厄米特矩阵 Δ 是半正定矩阵。这样的矩阵具有唯一的非负特征值(参见 Pease,第 109 页)。

7.2.8　轴对称系统

在 5.7 节中,思考了轴对称体与辐射波或入射波相互作用的情况。现在让我们讨论一下同心轴对称体和振荡水柱系统的情况。然而,我们的讨论仅限于各向同性辐射的情况。也就是说,排除了振荡体的垂荡模式 2(即 $j=3$)。在轴对称的情况下,远场系数和柯钦函数与方向 θ 无关。此外,激振参数独立于入射波的方向 β。因此,有

$$\Delta=\frac{\pi\omega\rho D(kh)}{k}\boldsymbol{a}\boldsymbol{a}^{\dagger}=\frac{\omega\rho D(kh)}{2k}\boldsymbol{h}\boldsymbol{h}^{\dagger}=\frac{k}{8J}\hat{\boldsymbol{\kappa}}\hat{\boldsymbol{\kappa}}^{\dagger} \tag{7.200}$$

根据方程式(7.196)及(7.197),具体有

$$R_{i3,i'3}=\frac{k}{8J}\hat{F}_{i3}\hat{F}_{i'3}^{*} \tag{7.201}$$

$$G_{k,k'}=\frac{k}{8J}\hat{Q}_k\hat{Q}_{k'}^{*} \tag{7.202}$$

$$\mathrm{i}J_{i3,k}=-\mathrm{i}J_{k,i3}=-\frac{k}{8J}\hat{F}_{i3}\hat{Q}_k^{*} \tag{7.203}$$

有一个含有两个同心振荡水柱的浮动结构,如图 7.6 所示。例如,如果系统还包含一个同心环形的垂荡体(图中未标示),那么方程式(7.201)~(7.203)的指数 i 和 k 的值可能为 1 或 2($N_i=2$ 且 $N_k=2$)。

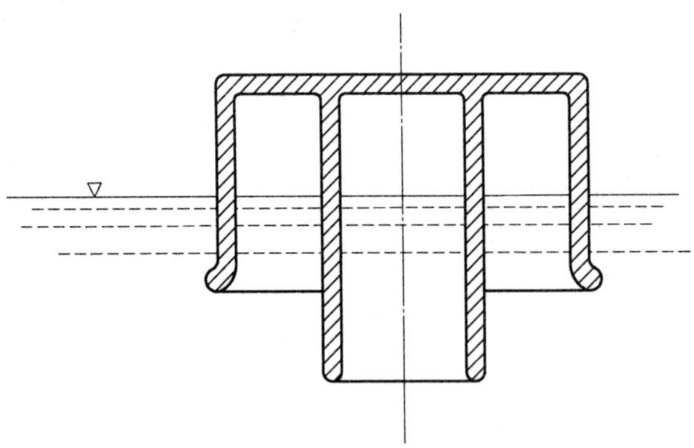

图 7.6　含有两个同心振荡水柱的轴对称浮动结构

然而,让我们简单考虑一下一个更简单的案例,有两个同心振荡水柱的固定结构。(假设,如图 7.6 所示的结构有一个同心圆柱支柱未标示,其结构相对海底固定)根据方程式(7.202),在这种情况下可得辐射电导率矩阵

$$\boldsymbol{G}=\frac{k}{8J}\begin{bmatrix}|\hat{Q}_1|^2 & \hat{Q}_1\hat{Q}_2^{*}\\ \hat{Q}_1^{*}\hat{Q}_2 & |\hat{Q}_2|^2\end{bmatrix} \tag{7.204}$$

行列式为零,因为

$$\frac{8J}{k}|\boldsymbol{G}| = \begin{vmatrix} |\hat{Q}_1|^2 & \hat{Q}_1\hat{Q}_2^* \\ \hat{Q}_1^*\hat{Q}_2 & |\hat{Q}_2|^2 \end{vmatrix} = |\hat{Q}_1|^2|\hat{Q}_2|^2 - \hat{Q}_1\hat{Q}_2^*\hat{Q}_1^*\hat{Q}_2 = 0 \tag{7.205}$$

因此,$\boldsymbol{G}^{-1}$ 不存在且 $\boldsymbol{G}$ 是奇异的。一般来说,如果有一个以上的振荡水体,在轴对称的情况下,$\boldsymbol{G}$ 是奇异的。因此,有

$$G_{12} = \pm\sqrt{G_{11}G_{22}} \tag{7.206}$$

考虑一下两个同心振荡水体的激振容积流量之间的复振幅比值。利用公式(7.202) 发现

$$\frac{\hat{Q}_k}{\hat{Q}_{k'}} = \frac{\hat{Q}_k\hat{Q}_{k'}^*}{|\hat{Q}_{k'}|^2} = \frac{8J}{k}\frac{G_{k,k'}}{|\hat{Q}_{k'}|^2} \tag{7.207}$$

因此,$\hat{Q}_k/\hat{Q}_{k'}$ 为实数。如果它是奇异的($G_{k,k'} > 0$),那么这两个激振容积流量 $\hat{Q}_k$ 和 $\hat{Q}_{k'}$ 相位相同。如果 $G_{k,k'} < 0$,则它们有对立的相位。

现在回到方程式(7.201),根据抗辐射矩阵的非对角元素符号 $R_{i3,i'3}$,很容易发现垂荡激振力 $\hat{F}_{i3}$ 和 $\hat{F}_{i'3}$ 处在相等或者对立相位。注意,$R_{i3,i'3} = \pm(R_{i3,i3}R_{i'3,i'3})^{1/2}$。这意味着激荡垂荡力和激荡容积流量的相位相差 $\pi/2$。

最后,思考一下这样一个例子。其中 $N_i = N_k = 1$,也就是说在垂荡轴对称体里有一个振荡水柱(就像图 7.6 里的系统那样,只不过两个垂直“管体”中有一个被移除了)。在这种情况下,方程式(7.101) 定义的矢量 $\boldsymbol{\kappa}$ 和 $\boldsymbol{v}$ 为二维矢量

$$\hat{\boldsymbol{\kappa}} = \begin{bmatrix} \hat{F}_{i3} \\ -\hat{Q}_k \end{bmatrix}, \quad \hat{\boldsymbol{v}} = \begin{bmatrix} \hat{u}_{i3} \\ -\hat{p}_k \end{bmatrix} \tag{7.208}$$

根据方程式(7.200),辐射阻尼矩阵 Δ 是

$$\Delta = \frac{k}{8J}\hat{\boldsymbol{\kappa}}\hat{\boldsymbol{\kappa}}^\dagger = \frac{k}{8J}\begin{bmatrix} |\hat{F}_{i3}|^2 & -\hat{F}_{i3}\hat{Q}_k^* \\ -\hat{Q}_k\hat{F}_{i3}^* & |\hat{Q}_k|^2 \end{bmatrix} = \begin{bmatrix} R_{i3,i3} & -\mathrm{i}J_{i3,k} \\ \mathrm{i}J_{i3,k} & G_{kk} \end{bmatrix} \tag{7.209}$$

请注意,辐射阻尼矩阵是奇异的,因为它的行列式为零

$$\begin{vmatrix} |\hat{F}_{i3}|^2 & -\hat{F}_{i3}\hat{Q}_k^* \\ -\hat{Q}_k\hat{F}_{i3}^* & |\hat{Q}_k|^2 \end{vmatrix} = |\hat{F}_{i3}|^2|\hat{Q}_k|^2 - \hat{F}_{i3}\hat{Q}_k^*\hat{Q}_k\hat{F}_{i3}^* = 0 \tag{7.210}$$

因此有

$$J_{i3,k}^2 = R_{i3,i3}G_{kk}, \quad J_{i3,k} = \pm\sqrt{R_{i3,i3}G_{kk}} \tag{7.211}$$

对于一个尺寸小于波长的系统来说,预计垂荡力 $\hat{F}_{i3}$ 和内水表面位移 $\hat{Q}_k/(\mathrm{i}\omega)$ 与入射波的高程相位很近。那么实数$(\hat{Q}_k/\mathrm{i}\omega)/\hat{F}_{i3}$ 是奇异的。因此,在这种情况下

$$J_{i3,k} = -\mathrm{i}\frac{k}{8J}\hat{Q}_k^*\hat{F}_{i3} = -\mathrm{i}\frac{k}{8J}\frac{|\hat{Q}_k|^2\hat{F}_{i3}}{\hat{Q}_k} = \frac{k}{8J}|\hat{Q}_k|^2\frac{\hat{F}_{i3}}{\hat{Q}_k/\mathrm{i}} \tag{7.212}$$

是奇异的,那么

$$J_{i3,k} = \sqrt{R_{i3,i3}G_{kk}} \tag{7.213}$$

已经发现,对于有一个以上振荡模态的系统来说,辐射阻尼矩阵是奇异的,其波辐射是各向同性的。对于这一点,有合理的解释。思考一下平面入射波的最大波功率吸收,

7.2.2 小节已经讨论过这个问题，它表明如果 Δ 是奇异的，代数方程组的最佳条件(7.109) 不定。从物理上来讲，最大功率吸收与平面入射波和波功率吸收系统中的各向同性辐射波之间的最佳相消相关。有一定的辐射波是必需的。但是，吸收系统的不同振荡器模式如何达到所需的各向同性辐射波却是随机的。

问题

问题 7.1　圆柱形振荡水柱

半径为 a 的垂直薄壁管下端刚好穿过自由水面。这个管在振荡水体上方构成了一个气室。假设流体为理想状态，忽略衍射。可以推导出当有平面入射波时激振容积流量 $\hat{Q}_e$ 的表达式

$$\hat{\phi}_0 = \frac{-g}{i\omega}e(kz)\hat{\eta}_0$$

$$\hat{\eta}_0 = Ae^{-ikx}$$

让 z 轴与管轴重合。

此外，找到振荡水柱辐射电导率 G_{kk} 的表达式。简化其在深水情况下的表达式($kh \leqslant 1$)。

[提示：使用倒数关系(7.199)

$$G_{kk} = \frac{k}{16\pi J}\int_{-\pi}^{\pi} | \hat{Q}_{e,k}(\beta) |^2 d\beta$$

也可以使用积分

$$\int_0^x tJ_0(t)\,dt = xJ_1(x),\quad \int_0^{2\pi} e^{ix\cos t}dt = 2\pi J_0(x)$$

其中，$J_0(x)$ 和 $J_1(x)$ 是第一类贝塞尔函数，分别为零阶和一阶。]

问题 7.2　空气的可压缩性

使用绝热压缩的表达式

$$p_a V_a^{\kappa} = (p_a + \Delta p_a)(V_a + \Delta V_a)^{\kappa}$$

推导方程式(7.62)的最后一项。假设 Δp_a 和 ΔV_a 很小，可以忽略高阶项的小项。

问题 7.3　二端口线性带电体

思考一下带有"二端口"的带电体(也被称为"四端口")。输入电流、输入电压、输出电压和输出电流的复振幅分别为 U_1、I_1、U_2 和 I_2。假设电路是线性的，可以用电流表示电压

$$\begin{bmatrix} U_1 \\ U_2 \end{bmatrix} = \mathbf{Z}\begin{bmatrix} I_1 \\ I_2 \end{bmatrix}$$

其中

$$\mathbf{Z} = \begin{bmatrix} Z_{11} & Z_{12} \\ Z_{21} & Z_{22} \end{bmatrix}$$

是二端口的阻抗矩阵。

通过求解线性代数方程，发现可以将这种关系用其他方法表示，如

$$\begin{bmatrix} I_1 \\ I_2 \end{bmatrix} = \boldsymbol{Y}\begin{bmatrix} U_1 \\ U_2 \end{bmatrix}, \quad \begin{bmatrix} U_2 \\ I_2 \end{bmatrix} = \boldsymbol{K}\begin{bmatrix} U_1 \\ I_1 \end{bmatrix}, \quad \begin{bmatrix} U_1 \\ I_2 \end{bmatrix} = \boldsymbol{H}\begin{bmatrix} I_1 \\ U_2 \end{bmatrix}$$

其中,$\boldsymbol{Y}$是“导纳”矩阵,$\boldsymbol{K}$是“链”矩阵,$\boldsymbol{H}$是“混合”矩阵。用$\boldsymbol{Z}$的四个矩阵元素表示$\boldsymbol{Y}$和$\boldsymbol{H}$的四个矩阵元素。

如果阻抗矩阵是对称的,即 $Z_{21} = Z_{12}$,则线性电路可以说是互为倒数的。那么,在混合矩阵中对应的条件是什么?

一个机械系统的带电体类推式将力和速度分别比喻成电压和电流。对于一个由一个振荡水柱和单一模式振动体组成的机械系统而言,可以将上述混合矩阵视为方程式(7.87)的平方辐射矩阵的带电体类推。讨论一下这个类比。

问题 7.4　最大吸收功率

对于一个含有振荡水体和振荡体的系统,吸收功率可以写为[参考方程式(7.106)]

$$P = P(\hat{\boldsymbol{\nu}}) = \frac{1}{4}(\hat{\boldsymbol{\kappa}}^{\mathrm{T}}\hat{\boldsymbol{\nu}}^{*} + \hat{\boldsymbol{\kappa}}^{\dagger}\hat{\boldsymbol{\nu}}) - \frac{1}{2}\hat{\boldsymbol{\nu}}^{\dagger}\boldsymbol{\Delta}\hat{\boldsymbol{\nu}}$$

假设辐射阻尼矩阵 $\boldsymbol{\Delta}$ 非奇异(即 $\boldsymbol{\Delta}^{-1}$ 存在),证明

$$P_{\mathrm{MAX}} = \frac{1}{8}\hat{\boldsymbol{\kappa}}^{\dagger}\boldsymbol{\Delta}^{-1}\hat{\boldsymbol{\kappa}}$$

推导激振矢量 $\hat{\boldsymbol{\kappa}}$ 的最佳振荡矢量 $\hat{\boldsymbol{v}}_0$的显式。注意,$\boldsymbol{\Delta}$ 是一个奇异半正定的复式厄米特矩阵。[提示:引入矢量 $\hat{\boldsymbol{\delta}} = \hat{\boldsymbol{v}} - \frac{1}{2}(\boldsymbol{\Delta}^{*})^{-1}\hat{\boldsymbol{\kappa}}$,令$\frac{1}{2}\hat{\boldsymbol{\delta}}^{\mathrm{T}}\boldsymbol{\Delta}\hat{\boldsymbol{\delta}}$ 为非负量。如果 $\hat{\boldsymbol{\delta}}$ 是复振荡振幅向量,它就是辐射功率]

问题 7.5　最大吸收波功率

(a) 在式(7.106)的基础上,证明由方程式(7.107),可知在当$\boldsymbol{U}$满足方程式(7.109)时最佳振荡的最大吸收功率。[提示:在从方程式(6.63)到(6.64)的推导中做必要的归纳。]

(b) 如果辐射阻尼矩阵$\boldsymbol{\Delta}$是奇异的,方程式(7.109)的$\boldsymbol{U}$有无数个解。假设$\boldsymbol{U}_1$和$\boldsymbol{U}_2$是两个不同的解。证明 $P(\boldsymbol{U}_1) = P(\boldsymbol{U}_2)$。因此,尽管方程式(7.109)不定,最大吸收功率 P_{MAX} 是一定的。[提示:使用方程式(7.104)、(7.107)及(7.109)]

参考文献

[1] C. C. Mei. *The Applied Dynamics of Ocean Surface Waves*. World Scientific Publishing, Singapore, 1983. Second printing, 1989 (ISBN 9971-50-789-7 or 9971-50-773-0).

[2] O. M. Faltinsen. *Sea Loads on Ships and Offshore Structures*. Cambridge University Press, Cambridge, UK, 1990.

[3] T. Sarpkaya and M. Isaacson. *Mechanics of Wave Forces on Offshore Structures*. Van Nostrand Reinhold, New York, 1981.

[4] S. K. Chakrabarti. *Hydrodynamics of Offshore Structures*. Springer-Verlag, Berlin, 1987.

[5] S. H. Salter. World progress in wave energy -1988. *International Journal of Ambient Energy*, 10(1):3-24, 1989.

[6] A. D. Carmichael and J. Falnes. State of the art in wave power recovery. In Richard J. Seymour, editor, *Ocean Energy Recovery*, Chap. 8, pp. 182-212. American Society of Civil Engineers, New York, 1992. (ISBN 0-87262-894-9).

[7] Engineering Committee on Oceanic Resources, Working Group on Wave Energy Con-version. *Waves: A Vast Renewable Energy Resource*. Publication in preparation.

[8] H. W. Bode. *Network Analysis and Feedback Amplifier Design*. Van Nostrand, New York, 1945.

[9] B. Friedland. *Control System Design: An Introduction to State-Space Methods*. McGraw-Hill, New York, 1986.

[10] C. Moler and C. Van Loan. Nineteen dubious ways to compute the exponential of a matrix. *Society for Industrial and Applied Mathematics Review*, 20:801-836, 1978.

[11] P. Hr. Petkov, N. D. Christov, and M. M. Konstantinov. *Computational Methods for Linear Control Systems*. Prentice-Hall, Englewood Cliffs, NJ, 1991.

[12] M. C. Pease. *Methods of Matrix Algebra*. Academic Press, New York, 1965.

[13] A. Papoulis. *The Fourier Integral and Its Applications*. McGraw-Hill, New York, 1962.

[14] R. N. Bracewell. *The Fourier Transform and Its Applications*. McGraw Hill, New York, of America, 12(6):547-557, 1926.

[15] H. A. Kramers. La diffusion de la lumiere par les atomes. In *Atti del Congresso Internazionale dei Fisici*, Vol. II, pp. 545-557, Como, settembre 1927. Nicola Zanichelli, Bologna, 1928.

[16] R. de L. Kronig. On the theory of dispersion of X-rays. *Journal of the Optical Society of America*, 12(6):547-557,1926.

[17] L. E. Kinsler and A. R. Frey. *Fundamentals of Acoustics*. Wiley, New York, third edition, 1982.

[18] K. H. Panofsky and M. Phillips. *Classical Electricity and Magnetism*. Addison-Wesley, Reading, MA, 1955.

[19] P. McIver and D. V. Evans. The occurrence of negative added mass in free-surface problems involving submerged oscillating bodies. *Journal of Engineering Mathematics*, 18:7-22, 1984.

[20] J. N. Miles. Resonant response of harbours: an equivalent circuit analysis. *Journal of Fluid Mechanics*, 46:241-265, 1971.

[21] J. Falnes. Radiation impedance matrix and optimum power absorption for interacting oscillators in surface waves. *Applied Ocean Research*, 2(2):75-80, 1980.

[22] E. Meyer and E. G. Neumann. *Physikalische und technische Akustik*, pp. 180-182. Vierweg, Braunschweig, 1967.

[23] E. Titchmarsh. *Eigenfunction Expansion Associated with Second-order Differential Equations*. Oxford University Press, New York, 1946.

[24] J. N. Newman. *Marine Hydrodynamics*. MIT Press, Cambridge, MA, 1977.

[25] M. S. Longuet-Higgins. The mean forces exerted by waves on floating or submerged bodies, with application to sand bars and wave power machines. *Proceedings of the Royal Society of London*, A352:463-480, 1977.

[26] Y. Goda. *Random Seas and Design of Maritime Structures*. University of Tokyo Press, Tokyo, Japan, 1985. (ISBN 4-13-068110-9).

[27] M. J. Tucker. *Waves in Ocean Engineering: Measurements, Analysis, Interpretation*. Ellis Horwood, New York, 1991. (ISBN 0-13-932955-2).

[28] M. Abramowitz and I. A. Stegun. *Handbook of Mathematical Functions*. Dover Publications, New York, 1965.

[29] J. V. Wehausen and E. V. Laitone. Surface waves. In S. Flugge, editor, *Encyclopedia of Physics*, Vol. IX, pp. 446-778. Springer-Verlag, Berlin, 1960.

[30] J. N. Newman. The interaction of stationary vessels with regular waves. In *Proceedings of the 11th Symposium on Naval Hydrodynamics*, pp. 491-501. Mechanical Engineering Pub., London, 1976.

[31] J. Falnes. On non-causal impulse response functions related to propagating water waves. *Applied Ocean Research*, 17(6):379-389, 1995.

[32] B. King. *Time-Domain Analysis of Wave Exciting Forces on Ships and Bodies*. Tech-nical Report 306. The Department of Naval Architecture and Marine Engineering, University of Michigan, Ann Arbor, MI, 1987.

[33] F. T. Korsmeyer. The time domain diffraction problem. In *The Sixth International Workshop on Water Waves and Floating Bodies*. Woods Hole, MA, 1991.

[34] S. Naito and S. Nakamura. Wave energy absorption in irregular waves by feed-forward control system. In D. V. Evans and A. F. de O. Falcao, editors, *Hydrodynamics of Ocean Wave-Energy Utilization*, pp. 169-280. Springer-Verlag, Berlin, 1986. IUTAM Symposium, Lisbon, 1985.

[35] E. L. Morris, H. K. Zienkiewich, M. M. A. Pourzanjani, J. O. Flower, and M. R. Belmont. Techniques for sea state prediction. In *Second International Conference on Manoeuvring and Control of Marine Craft*, pp. 547-569. Computational Mechanics, Southampton, UK, 1992.

[36] S. E. Sand. *Three-Dimensional Deterministic Structure of Ocean Waves*. Technical Report 24. Institute of Hydrodynamics and Hydraulic Engineering (ISVA), Techni-cal University of Denmark (DTH), DK-2800, Lyngby, 1979.

[37] A. Erd'elyi, editor. *Tables of Integral Transforms*. McGraw-Hill, New York, 1954.

[38] M. J. L. Greenhow. The hydrodynamic interactions of spherical wave-power devices in surface waves. In B. Count, editor, *Power from Sea Waves*, pp. 287-343. Academic Press, London, 1980.

[39] A. Kyllingstad. *Approximate Analysis Concerning Wave-Power Absorption by Hydro-dynamically Interacting Buoys*. Ph. D. thesis. Institutt for eksperimentalfysikk, NTH, Trondheim, Norway, 1982.

[40] M. A. Srokosz. Some relations for bodies in a canal, with application to wave-power absorption. *Journal of Fluid Mechanics*, 99:145-162, 1980.

[41] J. Falnes and K. Budal. Wave-power absorption by parallel rows of interacting oscillating bodies. *Applied Ocean Research*, 4(4):194-207, 1982.

[42] T. Havelock. Waves due to a floating sphere making periodic heaving oscillations. *Proceedings of the Royal Society of London*, 231A:1-7, 1955.

[43] A. Hulme. The wave forces acting on a floating hemisphere undergoing forced periodic oscillations. *Journal of Fluid Mechanics*, 121:443-463, 1982.

[44] Havard Eidsmoen. Hydrodynamic parameters for a two-body axisymmetric system. *Applied Ocean Research*, 17(2):103-115, 1995.

[45] R. Eatock Taylor and E. R. Jeffreys. Variability of hydrodynamic load predictions for a tension leg platform. *Ocean Engineering*, 13(5):449-490, 1986.

[46] *WAMIT User Manual*. (http://www.wamit.com).

[47] F. T. Korsmeyer, C. H. Lee, J. N. Newman, and P. D. Sclavounos. The analysis of wave effects on tension-leg platforms. In *Proceedings of the Seventh International Conference on Offshore Mechanics and Arctic Engineering*, Vol. 2, pp. 1-14. American Society of Mechanical Engineers, New York, 1988.

[48] W. E. Cummins. The impulse response function and ship motions. *Schiffstechnik*, 9: 101-109, 1962.

[49] J. Kotik and V. Mangulis. On the Kramers-Kronig relations for ship motions. *International Shipbuilding Progress*, 9(97): 9, 1962.

[50] Martin Greenhow. A note on the high-frequency limits of a floating body. *Journal of Ship Research*, 28:226-228, 1984.

[51] B. M. Count and E. R. Jefferys. Wave power, the primary interface. In *Proceedings of the 13th Symposium on Naval Hydrodynamics*, Paper 8, pp. 1-10. The Shipbuilding Re-

search Association of Japan, Tokyo, 1980.

[52] L. J. Tick. Differential equations with frequency-dependent coefficients. *Journal of Ship Research*, 3(3):45-46, 1959.

[53] S. Goldman. *Transformation Calculus and Electric Transients*. Constable and Co., London, 1949.

[54] S. P. Timoshenko and J. M. Gere. *Mechanics of Materials*. Van Nostrand, New York, 1973.

[55] M. D. Haskind. The exciting forces and wetting of ships (in Russian). *Izvestiya Akademii Nauk SSSR, Otdelenie Tekhnicheskikh Nauk*, 7:65-79, 1957.

[56] J. N. Newman. The exciting forces on fixed bodies in waves. *Journal of Ship Research*, 6(3):10-17, 1962.

[57] D. V. Evans. Some analytic results for two and three dimensional wave-energy absorbers. In B. Count, editor, *Power from Sea Waves*, pp. 213-249. Academic Press, London, 1980.

[58] K. Budal. Theory of absorption of wave power by a system of interacting bodies. *Journal of Ship Research*, 21:248-253, 1977.

[59] A. Kyllingstad. A low-scattering approximation for the hydrodynamic interactions of small wave-power devices. *Applied Ocean Research*, 6:132-139, 1984.

[60] T. Arzel, T. Bjarte-Larsson, and J. Falnes. Hydrodynamic parameters for a floating WEC force-reacting against a submerged body. Fourth European Wave Energy Conference *Proceedings of an International Conference held at Aalborg University in Denmark* 4-6 *December* 2000, pp. 265-272. Energy Centre Denmark, Danish Technological In-stitute, Copenhagen, 2001 (ISBN 87-90074-09-2).

[61] K. Budal. Floating structure with heave motion reduced by force compensation. In *Proceedings of the Fourth International Offshore Mechanics and Arctic Engineering Symposium*, pp. 92-101. American Society of Mechanical Engineers, New York, 1985.

[62] J. Falnes. Wave-energy conversion through relative motion between two single-mode oscillating bodies. *Journal of Offshore Mechanics and Arctic Engineering (ASME Trans-actions)*, 121:32-38, 1999.

[63] M. McCormick. *Ocean Wave Energy Conversion*. Wiley, New York, 1981.

[64] J. V. Wehausen. Causality and the radiation condition. *Journal of Engineering Mathematics*, 26:153-158, 1992.

[65] D. V. Evans. Power from water waves. *Annual Review of Fluid Mechanics*, 13:157-187, 1981.

[66] J. Falnes and K. Budal. Wave-power absorption by point absorbers. *Norwegian Maritime Research*, 6(4):2-11, 1978.

[67] K. Budal and J. Falnes. Interacting point absorbers with controlled motion. In B. Count, editor, *Power from Sea Waves*, pp. 381-399. Academic Press, London, 1980. (ISBN 0-12-193550-7).

[68] J. Falnes. Small is beautiful: how to make wave energy economic. In 1993 *European Wave Energy Symposium*, pp. 367-372, NEL-Renewable Energy, East Kilbride, Scotland, UK, 1994 (ISBN 0-903640-84-8).

[69] S. H. Salter. Power conversion systems for ducks. In *Proceedings of the International Conference on Future Energy Concepts*, Publication 171, pp. 100-108, Institution of Electrical Engineers, London, 1979.

[70] P. Nebel. Maximizing the efficiency of wave-energy plants using complex-conjugate control. *Journal of Systems and Control Engineering*, 206(4):225-236, 1992.

[71] S. H. Salter, D. C. Jeffery, and J. R. M. Taylor. The architecture of nodding duck wave power generators. *The Naval Architect*, pp. 1:21-24, 1976.

[72] K. Budal and J. Falnes. Optimum operation of improved wave-power converter. *Marine Science Communications*, 3:133-159, 1977.

[73] J. H. Milgram. Active water-wave absorbers. *Journal of Fluid Mechanics*, 43:845-859, 1970.

[74] K. Budal, J. Falnes, T. Hals, L. C. Iversen, and T. Onshus. Model experiment with a phase controlled point absorber. In *Proceedings of the Second International Symposium on Wave and Tidal Energy*, pp. 191-206. BHRA Fluid Engineering, Cranford, Bedford, UK, 1981 (ISBN 0-906085-43-9).

[75] K. Budal, J. Falnes, L. C. Iversen, P. M. Lillebekken, G. Oltedal, T. Hals, T. Onshus, and A. S. Hφy. The Norwegian wave-power buoy project. In H. Berge, editor, *Proceedings of the Second International Symposium on Wave Energy Utilization*, pp. 323-344. Tapir, Trondheim, Norway, 1982. (ISBN 82-519-0478-1).

[76] J. N. B. A. Perdigao and A. J. N. A. Sarmento. A phase control strategy for OWC devices in irregular seas. In J. Grue, editor, *The Fourth International Workshop on Water Waves and Floating Bodies*, pp. 205-209. University of Oslo, Oslo, 1989.

[77] J. N. B. A. Perdigao. *Reactive-Control Strategies for an Oscillating-Water-Column Device*. Ph. D. thesis. Universidade T′ecnica de Lisboa, Instituto Superior T′ecnico, Energy, East Kilbride, Scotland, UK, 1993.

[78] A. Cl′ement and C. Maisondieu. Comparison of time-domain control laws for a piston wave absorber. In *European Wave Energy Symposium*, pp. 117-122. NEL-Renewable.

[79] G. Chatry, A. Cl′ement, and T. Gouraud. Self-adaptive control of a piston wave absorber. In *The Proceedings of the Eighth (1998) International Offshore and Polar Engineer-ing Conference*, Vol. 1, pp. 127-133. Golden, Colo., ISOPE (International Society of Offshore and Polar Engineering), 1998.

[80] J. L. Black, C. C. Mei, and M. C. G. Bray. Radiation and scattering of water waves by rigid bodies. *Journal of Fluid Mechanics*, 46:151-164, 1971.

[81] C. C. Mei. Power extraction from water waves. *Journal of Ship Research*, 20:63-66, 1976.

[82] J. R. Thomas. The absorption of wave energy by a three-dimensional submerged duct.

Journal of Fluid Mechanics, 104:189-215, 1981.

[83] G. P. Thomas. A hydrodynamic model of a submerged lenticular wave energy device. *Applied Ocean Research*, 5:69-79, 1983.

[84] K. Budal and J. Falnes. A resonant point absorber of ocean waves. *Nature*, 256:478-479, 1975. With Corrigendum in Vol. 257, p. 626.

[85] D. V. Evans. A theory for wave-power absorption by oscillating bodies. *Journal of Fluid Mechanics*, 77:1-25, 1976.

[86] J. Falnes. Wave-power absorption by an array of attenuators oscillating with unconstrained amplitudes. *Applied Ocean Research*, 6:16-22, 1984.

[87] S. H. Salter. Wave power. *Nature*, 249:720-724, 1974.

[88] T. F. Ogilvie. First- and second-order forces on a cylinder submerged under a free surface. *Journal of Fluid Mechanics*, 16:451-472, 1963.

[89] Clare, R., Evans, D. V., and Shaw, T. L. Harnessing sea wave energy by a submerged cylinder device. *Journal of Institution of Civil Engineers*, 73:356-385, 1982.

[90] G. P. Thomas and D. V. Evans. Arrays of three-dimensional wave-energy absorbers. *Journal of Fluid Mechanics*, 108:67-88, 1981.

[91] D. V. Evans. Maximum wave-power absorption under motion constraints. *Applied Ocean Research*, 3(4):200-203, 1981.

[92] D. J. Pizer. Maximum wave-power absorption of point absorbers under motion constraints. *Applied Ocean Research*, 15:227-234, 1993.

[93] A. J. N. A. Sarmento and A. F. de O. Falcao. Wave generation by an oscillating surface 150:467-485, 1985. (Presented previously at the 15*th International Congress of Theoretical Applied Mechanics*, University of Toronto, Canada, 1980.)

[94] D. V. Evans. Wave-power absorption by systems of oscillating surface pressure distributions. *Journal of Fluid Mechanics*, 114:481-499, 1982.